Thieme

Physik für Mediziner

Walter Seibt

6., unveränderte Auflage

264 Abbildungen

Georg Thieme Verlag
Stuttgart · New York

Prof. Dr. Walter Seibt
ehem.: II. Physikalisches Institut
der Justus-Liebig-Universität
Heinrich-Buff-Ring 16
D-35392 Gießen

Bibliografische Information Der Deutschen Bibliothek
Die Deutsche Bibliothek verzeichnet diese Publikation in der Deutschen Nationalbibliografie; detaillierte bibliografische Daten sind im Internet über <http://dnb.ddb.de> abrufbar.

Wichtiger Hinweis: Wie jede Wissenschaft ist die Medizin ständigen Entwicklungen unterworfen. Forschung und klinische Erfahrung erweitern unsere Erkenntnisse, insbesondere was Behandlung und medikamentöse Therapie anbelangt. Soweit in diesem Werk eine Dosierung oder eine Applikation erwähnt wird, darf der Leser zwar darauf vertrauen, dass Autoren, Herausgeber und Verlag große Sorgfalt darauf verwandt haben, dass diese Angabe **dem Wissensstand bei Fertigstellung des Werkes** entspricht.

Für Angaben über Dosierungsanweisungen und Applikationsformen kann vom Verlag jedoch keine Gewähr übernommen werden. **Jeder Benutzer ist angehalten**, durch sorgfältige Prüfung der Beipackzettel der verwendeten Präparate und gegebenenfalls nach Konsultation eines Spezialisten festzustellen, ob die dort gegebene Empfehlung für Dosierungen oder die Beachtung von Kontraindikationen gegenüber der Angabe in diesem Buch abweicht. Eine solche Prüfung ist besonders wichtig bei selten verwendeten Präparaten oder solchen, die neu auf den Markt gebracht worden sind. **Jede Dosierung oder Applikation erfolgt auf eigene Gefahr des Benutzers.** Autoren und Verlag appellieren an jeden Benutzer, ihm etwa auffallende Ungenauigkeiten dem Verlag mitzuteilen.

Rüdigerstraße 14
D-70469 Stuttgart
Unsere Homepage: http://www.thieme.de

Printed in Germany

Umschlaggestaltung: Thieme Verlagsgruppe
Umschlaggrafik: Martina Berge, Erbach
Satz: Konrad Triltsch,
Print und digitale Medien GmbH,
97199 Ochsenfurt-Hohestadt
Druck: Grafisches Centrum Cuno, Calbe

ISBN 3-13-113236-9

Vorwort zur 3. Auflage

Da sich die Vorgaben für dieses Buch, wie sie im Vorwort zur ersten Auflage erläutert werden, nicht geändert haben, besteht auch kein Anlaß, am Konzept des Buches Änderungen vorzunehmen. Es wird lediglich der Stoff behandelt, der laut Gegenstandskatalog in der ärztlichen Vorprüfung geprüft werden kann.

Dies bedeutet allerdings einen Verzicht auf die ausführliche Darstellung einer ganzen Reihe moderner medizinischer Diagnose- bzw. Therapieverfahren, deren physikalische Grundlagen erheblich über den in diesem Buch gebotenen Stoff hinausgehen. Die Einbeziehung solcher Themen würde jedoch zum einen den Umfang und damit auch den Preis des Buches beträchtlich steigern, für den Studenten andererseits die gezielte Vorbereitung auf die Vorprüfung erschweren. Für interessierte Medizinstudenten stehen genügend weiterführende Bücher zur Verfügung, um sich zu informieren.

Aus diesem Grund wurden wie auch bereits in der 2. Auflage lediglich Druckfehler berichtigt und kleinere Verbesserungen eingearbeitet. Die freundliche Aufnahme, die das Buch bisher gefunden hat, bestärkt mich in der Hoffnung, den Studenten mit diesem Buch einen brauchbaren Helfer für ein erfolgreiches Studium an die Hand zu geben.

Gießen, Januar 1995 Walter Seibt

Aus dem Vorwort zur 1. Auflage

Eine „Physik für Mediziner“ zu schreiben, heißt, einen guten Kompromiß zu finden: Auf der einen Seite sind die Vorgaben des „Gegenstandskataloges für die ärztliche Vorprüfung“ zu beachten, und diesen steht der Wunsch des Autors gegenüber, die Physik in *geschlossener*, wenn auch einfacher Form zu präsentieren. Ziel dieses Buches ist es also, dem Medizinstudenten physikalische Grundkenntnisse zu vermitteln, die es ihm einerseits ermöglichen, die Prüfungshürden zu nehmen, und die andererseits seine Allgemeinbildung erweitern und ihm im Leben und Beruf von Nutzen sind.

Wie jedes Lehrbuch soll auch dieses dem Studenten das Gefühl vermitteln, sich im Rahmen der Physikausbildung mit Dingen zu beschäftigen, die für sein Fachstudium wichtig sind. Er soll die Überzeugung gewinnen, daß letztlich alle Lebensvorgänge physikalischen Gesetzen folgen und daß eine Vielzahl diagnostischer und therapeutischer Methoden auf physikalischen Grundlagen basieren. Gelingt das, dann wird er sein Grundstudium mit mehr Engagement absolvieren als sein Kommilitone, den ständig der Zweifel quält: „Wozu braucht man denn das?"

Um diesem Ziel zu entsprechen, habe ich versucht, physikalische Fakten und Gesetze durch Beispiele zu erläutern, die einen engen Bezug zu Alltag und Umwelt haben und – wenn möglich – dem medizinischen Anwendungsbereich entstammen. Für das Verständnis der Beispiele sind keine medizinischen Vorkenntnisse erforderlich. Sie entsprechen dem Wissensstand eines Studenten im vorklinischen Studienabschnitt. Themen der Physiologievorlesung sollen hier nicht vorweggenommen werden.

Auch wenn man sich mit Physik nur auf elementarem Niveau befaßt, kommt man nicht umhin, sich der Mathematik zu bedienen. Ohne Mathematik ist die exakte Darstellung physikalischer Zusammenhänge nicht möglich. Eine leicht verständliche Einführung in die Physik muß daher auch das erfahrungsgemäß bei den meisten Studenten vorhandene Defizit an mathematischen Grundkenntnissen ausgleichen. Dem wird hier dadurch Rechnung getragen, daß den Physik-Kapiteln ein Kapitel über das mathematische Rüstzeug vorangeht. Zahlreiche Beispiele stellen darin sofort den Bezug zu den Anwendungen her.

Das Mathematikkapitel steht mit Absicht am Anfang des Buches. Damit soll nicht nur die Unentbehrlichkeit mathematischer Methoden, sondern auch deren enge Verknüpfung mit physikalischen Problemstellungen zum Ausdruck gebracht werden. Ein Anhang in Form einer mathematischen Formelsammlung vermöchte dies nicht zu leisten. Zur ersten Orientierung über die benötigte Mathematik genügt es, das Anfangskapitel schnell zu lesen. Später wird auf die jeweils wichtigen Abschnitte verwiesen, die dann genauer studiert werden sollten.

Den Benutzern dieses Buches Spaß an der Physik zu wünschen, wäre wohl vermessen. Ich hoffe aber, daß alle, die mit diesem Buch arbeiten, den erwarteten Nutzen daraus ziehen, ohne mit Frustrationen kämpfen oder die Physik täglich aufs Neue verwünschen zu müssen.

Für Verbesserungsvorschläge und für Hinweise auf Fehler bin ich jederzeit dankbar.

Gießen, September 1986 W. Seibt

Inhalt

1 Mathematische Grundlagen

Die Physik ist eine quantitativ beschreibende Wissenschaft. Aus diesem Grund muß sie sich mathematischer Methoden bedienen. Mathematische Grundkenntnisse sind daher eine notwendige Vorbedingung, wenn man physikalische Zusammenhänge verstehen, exakt beschreiben und sinnvoll anwenden will.

Benötigt werden elementare Kenntnisse in Algebra und Geometrie, die hier als bekannt vorausgesetzt werden. Daneben sind die Grundbegriffe der Vektor-, Differential- und Integralrechnung sowie die Kenntnis der Eigenschaften einiger wichtiger und oft benutzter Funktionen (Potenz-, Winkel- und Exponentialfunktion) erforderlich, in die auf den folgenden Seiten kurz eingeführt werden soll.

Man erleichtert sich den Einstieg in dieses Gebiet erheblich, wenn man sich stets darüber im klaren ist, daß den in der Mathematik zur Bezeichnung von Variablen und Konstanten verwendeten Buchstaben (a, b, c, u, v, x, y, usw.) in der physikalischen Anwendung physikalische Größen entsprechen (z. B. Länge, Zeit, Geschwindigkeit usw.), die mit bestimmten Zahlenwerten (z. B. 3 m, 5 kg, usw.) belegt werden können. Es sollte daher möglich sein, sich zumindest bei einfachen Zusammenhängen konkret „vorzustellen", was eine bestimmte mathematische Operation in der praktischen Anwendung bedeutet.

Gleichzeitig wird versucht, diesen Sachverhalt mit geeigneten Beispielen zu verdeutlichen, um so der Mathematik etwas von ihrer Abstraktheit zu nehmen.

1.1 Vektoren

Viele physikalische Größen können mit den uns bekannten Rechenregeln behandelt werden.

Addieren wir etwa zwei Volumina ($1\,L + 2\,L = 3\,L$) oder zwei Zeiten ($10\,\text{s} + 15\,\text{s} = 25\,\text{s}$), dann erhalten wir die erwarteten eindeutigen Ergebnisse.

Es gibt jedoch in der Physik auch Größen, auf die sich diese Regeln nicht anwenden lassen: die Vektoren.

1.1.1 Der Vektorbegriff

Beispiel 1.1: Summe zweier gerichteter Strecken
Ein Auto fährt eine Straße entlang und passiert zu bestimmten Zeiten die Punkte P_0, P_1, P_2 usw. (Abb. 1.1). Betrachten wir nun die „Ortsänderungen" zwischen diesen Zeitpunkten ($P_0 P_1$, $P_1 P_2, \ldots$), so lassen sich diese durch die Pfeile (= gerichtete Strecken) Δr_1, Δr_2 beschreiben.

Das Ergebnis zweier nacheinander durchgeführter Ortsänderungen (z. B. $\Delta r_1 = 3$ km und $\Delta r_2 = 2$ km) ist nun aber nicht gleich der arithmetischen Summe der Einzelstrecken, sondern hängt offensichtlich vom Winkel zwischen den Einzelstrecken ab und könnte demnach zwischen 1 km und 5 km liegen.

Wir erkennen, daß z. B. einer gerichteten Strecke neben dem Betrag zur eindeutigen Charakterisierung auch eine Richtung zugeordnet werden muß.

Physikalische Größen, die eine Richtung im Raum haben, heißen Vektoren. Ungerichtete Größen nennt man Skalare.

In Diagrammen wird ein Vektor durch einen Pfeil repräsentiert, der die Richtung der betreffenden Größe angibt; seine Länge ist ein Maß für den Betrag der Größe. Den vektoriellen Charakter einer physikalischen Größe kennzeichnet man in Texten oder in der Beschriftung von Abbildungen durch einen kleinen Pfeil über dem Symbol (z. B. $\vec{a}$, $\vec{b}$, $\vec{F}$ usw.) oder durch gleichzeitig kursive und halbfette Schreibweise (z. B. $\boldsymbol{a}$, $\boldsymbol{b}$, $\boldsymbol{F}$ usw.). Fehlt der Pfeil bzw. der Halbfettdruck (a) oder wird der Vektor zwischen Betragsstriche gesetzt ($|\vec{a}|$ bzw. $|\boldsymbol{a}|$), dann ist damit der Betrag des Vektors gemeint. (Aus Gründen der Ökonomie werden in diesem Buch vektorielle Größen im Text kursiv und halbfett geschrieben, in Abbildungsbeschriftungen dagegen als Symbole mit Pfeil.)

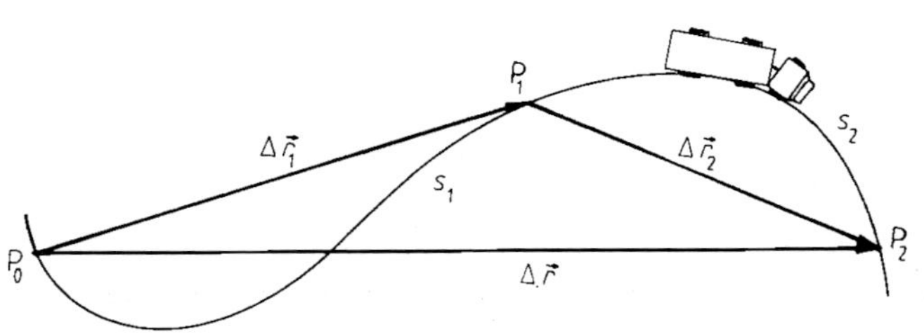

Abb. 1.1 Zur Einführung des Vektorbegriffs. Ortsänderungen sind gerichtete Strecken, für die zur eindeutigen Beschreibung der Betrag und die Richtung angegeben werden müssen

Im Gegensatz zu den Ortsänderungen $\Delta \boldsymbol{r}$ handelt es sich bei den tatsächlich zurückgelegten Wegstrecken s, wie sie vom Kilometerzähler des Autos angezeigt werden, um skalare Größen. Sie können normal addiert werden, z. B.

$$s = s_1 + s_2 = 5\,\text{km} + 3{,}5\,\text{km} = 8{,}5\,\text{km}.$$

Weitere Beispiele für vektorielle Größen sind: Geschwindigkeit $\boldsymbol{v}$, Kraft $\boldsymbol{F}$, Impuls $\boldsymbol{p}$. Bei diesen ist die Bedeutung einer Richtungsangabe klar einzusehen. Jedoch auch die Größen, die zur Beschreibung von Drehbewegungen dienen, können durch Vektoren dargestellt werden, um die Richtung der Drehachse im Raum festzulegen. Beispiele dafür sind: Winkelgeschwindigkeit $\boldsymbol{\omega}$, Drehmoment $\boldsymbol{M}$, Drehimpuls $\boldsymbol{L}$.

Bei Vektorgrößen, die mit Drehungen verknüpft sind, entspricht die positive Pfeilrichtung der Fortbewegungsrichtung einer Rechtsschraube, wenn sie im gegebenen Drehsinn gedreht wird.

Nun wollen wir uns mit einigen wichtigen Rechenregeln für Vektoren beschäftigen.

1.1.2 Addition und Subtraktion von Vektoren

Bereits das Beispiel 1.1 hat gezeigt, wie die beiden Vektoren $\Delta \boldsymbol{r}_1$ und $\Delta \boldsymbol{r}_2$ zum Summenvektor $\Delta \boldsymbol{r}$ verknüpft werden. Das allgemeine Verfahren läßt sich daraus leicht ersehen.

Vektoren werden „geometrisch" addiert (Abb. 1.2). Man legt den Anfang des zweiten Vektors unter Berücksichtigung der gegebenen Richtungen an das Ende des ersten. Das Resultat der Addition wird dargestellt durch den Vektor zwischen Anfangspunkt des ersten und Endpunkt des zweiten Vektors. Die beteiligten Vektoren bilden zusammen die Seiten eines Dreiecks.

Bei mehr als zwei Summanden läßt sich das Verfahren entsprechend fortsetzen, so daß schließlich ein geschlossenes Mehreck entsteht.

Formal schreibt man Additions- und Subtraktionsgleichungen für Vektoren in der üblichen Form:

$$\boldsymbol{a} \pm \boldsymbol{b} = \boldsymbol{c}. \tag{1.1}$$

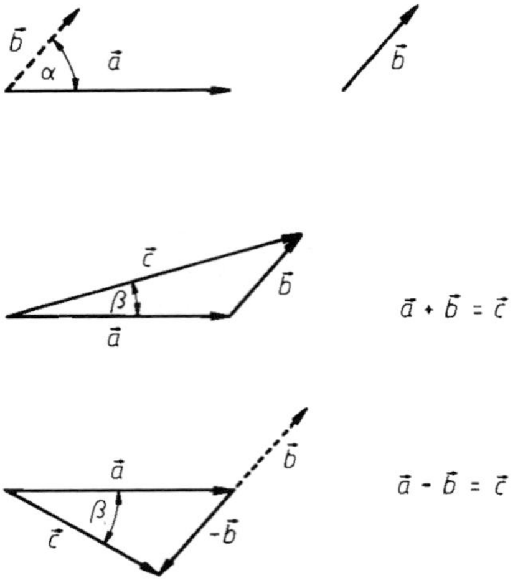

Abb. 1.2 Addition und Subtraktion zweier Vektoren ***a*** und ***b***, die den Winkel α einschließen

Die Subtraktion zweier Vektoren ***a*** und ***b*** geschieht durch die Addition der Vektoren ***a*** und $-$ ***b***, wobei $-$ ***b*** ein Vektor ist, der den gleichen Betrag hat wie ***b***, jedoch entgegengesetzt gerichtet ist.

Sollen Betrag c und Richtung β des Ergebnisvektors zahlenmäßig berechnet werden, dann muß man auf die trigonometrischen Lehrsätze für das Dreieck zurückgreifen. So erhält man für die Addition den Betrag von c aus dem Cosinussatz:

$$c^2 = a^2 + b^2 - 2ab \cdot \cos(180^\circ - \alpha). \tag{1.2}$$

Die Richtung von c, d. h. den Winkel β, liefert der Sinussatz:

$$\sin\beta = (b/c)\sin(180^\circ - \alpha). \tag{1.3}$$

Dabei werden die Beträge von ***a*** und ***b*** sowie der Winkel α zwischen den Vektoren ***a*** und ***b*** als bekannt vorausgesetzt. α ist stets der Winkel, der von den Vektoren eingeschlossen wird, wenn man sie so parallel verschiebt, daß sie am gleichen Punkt beginnen.

Beispiel 1.2: Kräfteaddition (Abb. 1.3)

Mit der in der Abbildung gezeigten Vorrichtung soll eine bestimmte Zugkraft ($F = 50$ N) auf das Bein ausgeübt werden. Mit welchem Gewicht G muß das Spannseil belastet werden, wenn der Winkel $\alpha = 35°$ beträgt?

F ergibt sich durch vektorielle Addition der beiden Teilkräfte $\boldsymbol{F}_1$ und $\boldsymbol{F}_2$:

$\boldsymbol{F} = \boldsymbol{F}_1 + \boldsymbol{F}_2$, wobei $F_1 = F_2 = G$.

Aus dem Additionsdreieck erhält man die folgende Beziehung:

$F = 2G\cos\alpha$, oder $G = F/(2\cos\alpha) = (50\ \text{N})/(2 \cdot \cos 35°) =$ **30,5 N**.

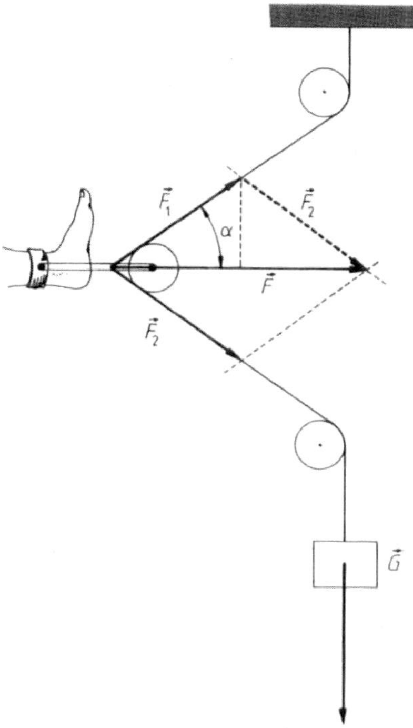

Abb. 1.3 Die Kräfte $\boldsymbol{F}_1$ und $\boldsymbol{F}_2$ addieren sich vektoriell zur Gesamtkraft $\boldsymbol{F}$, die am Bein angreift (zu Beispiel 1.2)

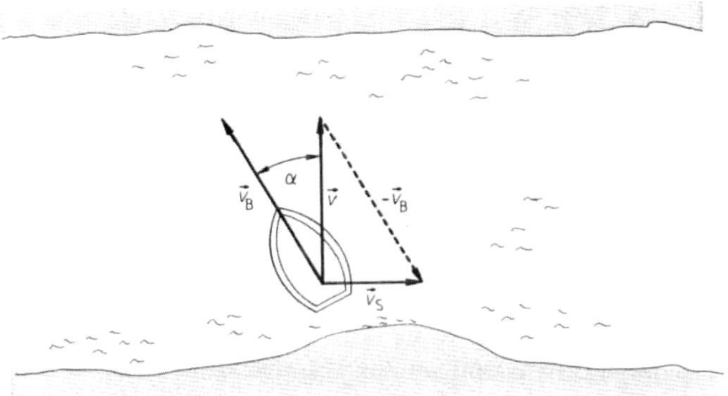

Abb. 1.4 Man erhält die Strömungsgeschwindigkeit $\boldsymbol{v}_s$, indem man die Bootsgeschwindigkeit $\boldsymbol{v}_B$ vektoriell von der resultierenden Geschwindigkeit $\boldsymbol{v}$ des Bootes (relativ zum Ufer) subtrahiert

Beispiel 1.3: Subtraktion von Geschwindigkeiten (Abb. 1.4)
Ein Motorboot (Bootsgeschwindigkeit $v_B = 5$ m/s) überquert einen Fluß (Strömungsgeschwindigkeit $= v_S$). Um nicht abgetrieben zu werden, muß der Bootsführer um einen Winkel α ($= 30°$) gegensteuern. Wie groß ist v_S?

Die momentane Fahrgeschwindigkeit $\boldsymbol{v}$ des Bootes ergibt sich aus der Überlagerung von Boots- und Strömungsgeschwindigkeit. Es gilt

$$\boldsymbol{v} = \boldsymbol{v}_B + \boldsymbol{v}_S, \quad \text{oder} \quad \boldsymbol{v}_S = \boldsymbol{v} - \boldsymbol{v}_B.$$

Die Geometrie des Subtraktionsdreiecks liefert uns das Ergebnis:

$$v_S = v_B \sin\alpha = (5 \text{ m/s}) \sin 30° = \mathbf{2{,}5 \text{ m/s}}.$$

Eine wichtige Anwendung findet die Vektoraddition bei der Komponentenzerlegung eines Vektors.

1.1.3 Komponentenzerlegung eines Vektors

In der Praxis ist es oft erforderlich, einen gegebenen Vektor $\boldsymbol{a}$ in eine Summe aus zwei Vektoren $\boldsymbol{a}_1$ und $\boldsymbol{a}_2$ zu zerlegen, deren Richtungen aus physikalischen Gründen vorgegeben sind. Es muß also gelten:

$$\boldsymbol{a} = \boldsymbol{a}_1 + \boldsymbol{a}_2. \tag{1.4}$$

$\boldsymbol{a}_1$ und $\boldsymbol{a}_2$ nennt man die Komponenten des Vektors $\boldsymbol{a}$ in Richtung 1 und Richtung 2.

Zwei Möglichkeiten (von unendlich vielen), den Vektor $\boldsymbol{a}$ in Komponenten zu zerlegen, sind in Abb. 1.5 dargestellt. Vorgegebene Richtungen sind (x, y) bzw. (u, v).

> Man erhält die Komponenten eines Vektors, indem man ihn auf die gegebenen Richtungen projiziert.
>
> Praktisch heißt das, daß man durch Anfang und Ende des Vektors zu den gegebenen Richtungen parallele Geraden zeichnet. Die Seiten des sich ergebenden Parallelogramms sind jeweils die gesuchten Komponenten.

Schließen die Komponenten – wie $\boldsymbol{a}_x$ und $\boldsymbol{a}_y$ in Abb. 1.5 – einen rechten Winkel ein (was in der Praxis oft der Fall ist), dann lassen sich leicht Beziehungen zwischen dem Vektor $\boldsymbol{a}$ und seinen Komponenten angeben. Der Betrag der Komponenten errechnet sich zu

$$a_x = a \cos\alpha; \quad a_y = a \sin\alpha. \tag{1.5}$$

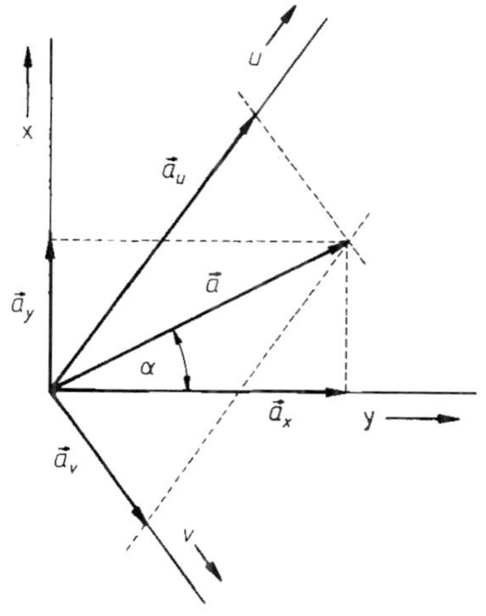

Abb. 1.5 Komponentenzerlegung des Vektors $\boldsymbol{a}$. Wiedergegeben sind zwei Möglichkeiten: $\boldsymbol{a} = \boldsymbol{a}_x + \boldsymbol{a}_y$ und $\boldsymbol{a} = \boldsymbol{a}_u + \boldsymbol{a}_v$

Bei gegebenen Komponenten lassen sich andererseits a und α bestimmen aus

$$a = (a_x^2 + a_y^2)^{1/2}; \qquad \tan\alpha = \frac{a_y}{a_x}. \tag{1.6}$$

Auch hier wieder zwei Beispiele zur Verdeutlichung:

Beipiel 1.4: Kräftezerlegung am Pendel (Abb. 1.6)
Ein mathematisches Pendel sei dadurch um einen Winkel α ausgelenkt, daß es mittels eines zweiten Fadens seitlich an der Wand befestigt ist. Welche Kräfte wirken auf das Aufhängeseil (F_A) und das Halteseil (F_H)?

Die Komponentenzerlegung der Gewichtskraft G in Richtung der beiden Seile ergibt

$$F_A = G/\cos\alpha \quad \text{und} \quad F_H = G\,\tan\alpha.$$

Wird das Halteseil plötzlich entfernt (Abb. 1.6 b), dann ist physikalisch eine andere Richtung interessant: Welche Kraft beschleunigt das Pendel senkrecht zum Aufhängeseil?

Eine Komponentenzerlegung liefert uns wiederum die Kraft F_A (sie ist kleiner geworden!), zum anderen aber auch die beschleunigende Kraftkomponente F_B:

$$F_A = G\,\cos\alpha \quad \text{und} \quad F_B = G\,\sin\alpha.$$

Von sehr allgemeiner Bedeutung ist das folgende Beispiel.

Beispiel 1.5: Die harmonische Schwingung (Abb. 1.7)
Wir betrachten die Kreisbewegung eines Körpers in der x-y-Ebene. Die Ursache für eine Kreisbewegung mit konstanter Winkelgeschwindigkeit ω ist eine dem Betrage nach konstante Zentripetalkraft F_Z.

Man kann diese Bewegung als Überlagerung zweier senkrecht zueinander (d.h. in x- und y-Richtung) verlaufender geradliniger Bewegungen ansehen, die unabhängig voneinander ablaufen

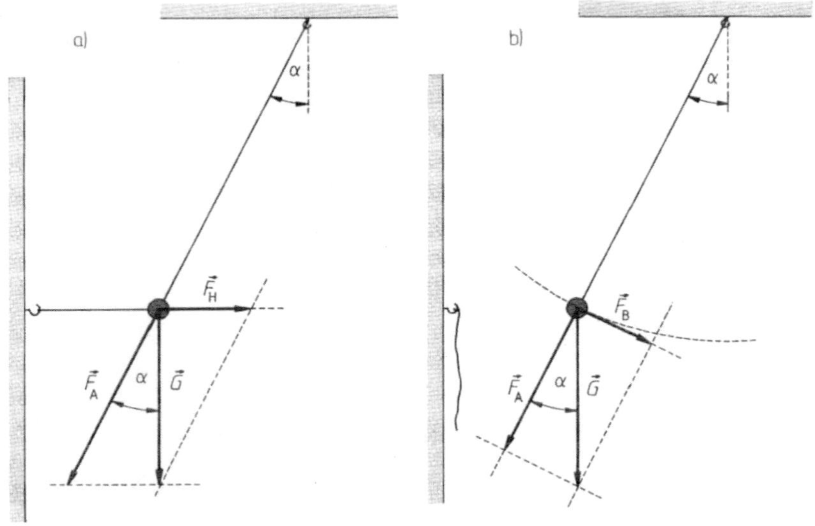

Abb. 1.6 Zerlegung der Gewichtskraft beim mathematischen Pendel: (a) in zwei Komponenten in Richtung der Befestigungsseile und (b) in Richtung des Aufhängeseils und der Bewegungsrichtung

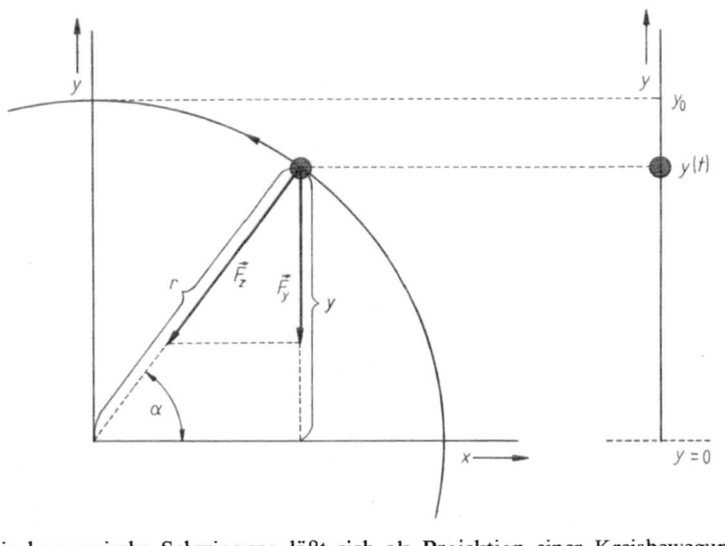

Abb. 1.7 Die harmonische Schwingung läßt sich als Projektion einer Kreisbewegung auf eine bestimmte Richtung (Komponentenzerlegung!) auffassen

und die sich unabhängig voneinander untersuchen lassen. Dazu projizieren wir die Kreisbewegung z. B. auf die y-Richtung (etwa eine Wand), auf der wir dann die periodische Auf- und Abbewegung eines schwingenden Körpers erkennen. Konstruiert man die Kraftkomponente F_y in y-Richtung, dann lesen wir aus der Zeichnung die folgenden Beziehungen ab:

$$\frac{F_y}{F_z} = \frac{y}{r} \quad \text{d.h.} \quad F_y \sim y \quad (\text{da } F_z \text{ und } r \text{ konstant}). \tag{1.7}$$

Für die zeitliche Abhängigkeit des y-Wertes erhalten wir

$$y(t) = r \sin \alpha(t) = y_0 \sin \omega t. \tag{1.8}$$

Damit sind wir zu dem wichtigen Resultat gelangt:

Wirkt auf einen Körper eine Kraft, die proportional ist zur Auslenkung aus seiner Ruhelage ($F_y \sim y$), dann führt er eine Bewegung aus, die zeitlich durch eine Sinusfunktion beschrieben werden kann. Man nennt dies eine harmonische Schwingung.

1.1.4 Produktbildung mit Vektoren

Bei Vektoren können im Unterschied zu Skalaren verschiedene Arten von Produkten gebildet werden. Ohne den Formalismus im einzelnen zu erläutern, wollen wir versuchen, diese Produkte an einem Beispiel klar zu machen.

Beispiel 1.6: Produktbildung mit Vektoren (Abb. 1.8)
Ein Schlitten wird gegen die Reibungskraft durch eine Kraft $\boldsymbol{F}$ vorwärtsbewegt, die unter einem Winkel α gegen die Fortbewegungsrichtung wirkt. Dabei erreicht der Schlitten eine konstante Geschwindigkeit $\boldsymbol{v}$.

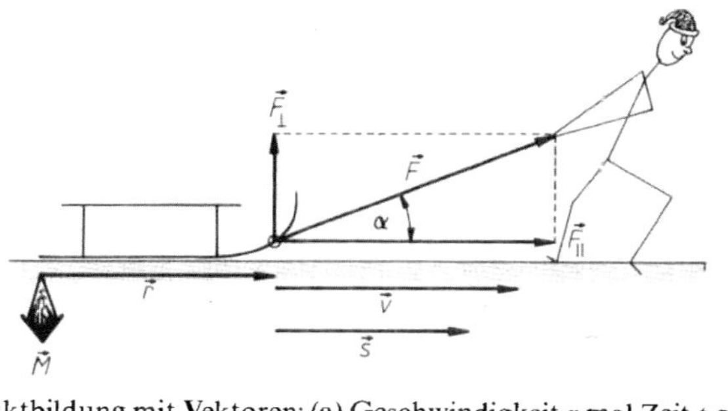

Abb. 1.8 Zur Produktbildung mit Vektoren: (a) Geschwindigkeit $\boldsymbol{v}$ mal Zeit t gibt den zurückgelegten Weg $\boldsymbol{s}$. (b) Kraft $\boldsymbol{F}_\parallel$ mal zurückgelegter Weg $\boldsymbol{s}$ gibt die geleistete Arbeit W. (c) Kraft $\boldsymbol{F}_\perp$ mal Hebelarm $\boldsymbol{r}$ ergibt das wirkende Drehmoment $\boldsymbol{M}$

Man könnte nun die folgenden Fragen stellen:

a) Welchen Weg s legt der Schlitten in einer bestimmten Zeit t zurück?
b) Welche Arbeit muß dabei von der Kraft $\boldsymbol{F}$ verrichtet werden?
c) Welches Drehmoment $\boldsymbol{M}$ übt die Kraft auf den Schlitten aus, wodurch dieser vorn entlastet wird?

Entsprechend der Definition der gesuchten Größen müssen wir drei unterschiedliche Produkte bilden.

Berechnung des Weges: Den Weg erhält man aus der Beziehung

$$\boldsymbol{s} = \boldsymbol{v} \cdot t. \tag{1.9}$$

In Worten: Multipliziert man den Vektor $\boldsymbol{v}$ mit der skalaren Größe t, so erhält man einen zu $\boldsymbol{v}$ parallelen Vektor $\boldsymbol{s}$ mit dem Betrag $s = v \cdot t$.

Berechnung der Arbeit: Die Arbeit ist definiert als das Produkt aus dem zurückgelegten Weg und der Kraftkomponente in Richtung des Weges:

$$W = F_{\text{parallel}} \cdot s = F \cdot s \cdot \cos\alpha. \tag{1.10}$$

Mathematisch bezeichnet man dies als Skalarprodukt der Vektoren $\boldsymbol{F}$ und $\boldsymbol{s}$. Das Ergebnis ist ein Skalar mit dem oben angegebenen Betrag.

Berechnung des Drehmomentes: Das Drehmoment ist definiert als das Produkt aus dem Hebelarm (= Abstand Drehpunkt – Angriffspunkt der Kraft) und der zu diesem senkrechten Komponente der wirkenden Kraft:

$$M = F_{\text{senkrecht}} \cdot r; \qquad M = F \cdot \sin\alpha \cdot r. \tag{1.11}$$

Auch hier leuchtet unmittelbar ein, daß nur die senkrechte Komponente der Kraft ein Drehmoment erzeugt, das versucht, den Schlitten zu drehen, d. h. vorn zu entlasten (Drehpunkt ist das Kufenende). Mathematisch bezeichnet man dies als Vektorprodukt der Vektoren $\boldsymbol{r}$ und $\boldsymbol{F}$. Das Ergebnis ist ein Vektor $\boldsymbol{M}$, der senkrecht auf $\boldsymbol{r}$ und $\boldsymbol{F}$ steht und der den in Gl. 1.11 genannten Betrag hat.

1.1.5 Allgemeine Bemerkungen zur Verwendung von Vektoren

Will man physikalische Gesetze möglichst allgemein formulieren, kann man nicht auf Vektoren verzichten.

In vielen Fällen ist es jedoch möglich, den Vektorcharakter der beteiligten Größen unberücksichtigt zu lassen, wenn man sich aufgrund von einfachen Überlegungen die Richtungsbeziehungen zwischen diesen Größen klar machen kann. Das Beispiel 1.6 zeigte dies für den Fall der Vektormultiplikation.

In diesem Buch wird demgemäß die Vektorschreibweise nur dann benutzt, wenn dies zur Verdeutlichung von einfachen Richtungsbeziehungen notwendig ist. Dies trifft im besonderen zu beim Kraftbegriff (Addition und Komponentenzerlegung) sowie beim Zusammenhang zwischen Kraft, Beschleunigung und Geschwindigkeitsänderung (siehe nächsten Abschnitt: Beschleunigungsvektor).

1.2 Differentialrechnung

Oft spielt in der Physik die Abhängigkeit zwischen zwei physikalischen Größen eine wichtige Rolle. In vielen Fällen kann dies durch einen formelmäßigen Zusammenhang mathematisch dargestellt werden. Wesentlich anschaulicher ist jedoch die graphische Darstellung in Form eines Schaubildes.

Tragen wir etwa in einem Diagramm den zurückgelegten Weg s eines Körpers über der Zeit auf (Weg-Zeit-Diagramm), so vermittelt uns diese Kurve (bei etwas Übung) mit einem Blick einen Eindruck von der Bewegung des Körpers (Abb. 1.9).

In der Abbildung sind drei mögliche Bewegungsformen als s-t-Diagramm wiedergegeben:

1) der Körper ruht,
2) der Körper bewegt sich gleichförmig,
3) der Körper bewegt sich immer schneller.

Um den Bewegungszustand eines Körpers exakt zu beschreiben, definiert man den Begriff der Geschwindigkeit. Er ist ein Maß dafür, wie rasch sich s als Funktion von t ändert. Aus der Steilheit (Steigung) der Kurve zu einem bestimmten Zeitpunkt kann man auf die Geschwindigkeit des Körpers Rückschlüsse ziehen:

1) keine Ortsänderung; gleicher Ort für fortschreitende Zeit; Geschwindigkeit gleich Null; horizontale Gerade;
2) gleiche Ortsänderungen in gleichen Zeitabständen; Geschwindigkeit konstant; ansteigende Gerade;

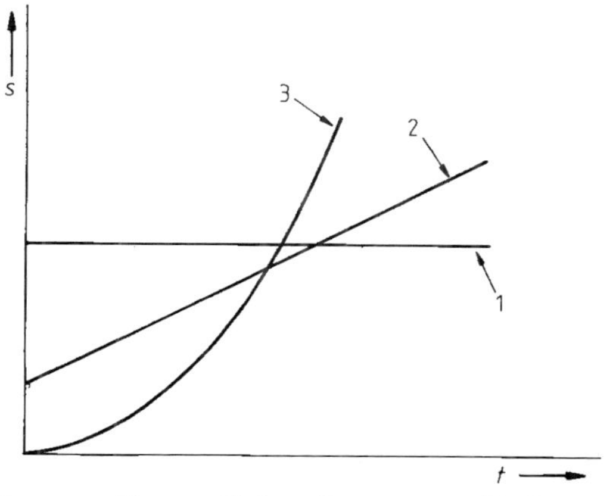

Abb. 1.9 Weg-Zeit-Diagramm für verschiedene Bewegungen: (1) Geschwindigkeit null, (2) konstante Geschwindigkeit und (3) wachsende Geschwindigkeit

3) in gleichen Zeitabschnitten werden immer größere Strecken zurückgelegt: Die Geschwindigkeit wächst; immer steiler verlaufende Kurve.

Eine exakte Behandlung dieses Problems ist mit Hilfe der Differentialrechnung möglich.

1.2.1 Der Differentialquotient als Steigungsmaß

Wir gehen von einem beliebigen Zusammenhang zwischen zwei physikalischen Größen x und y aus und möchten wissen, wie rasch sich $y(x)$ bei einem bestimmten x-Wert (z. B. bei x_0; siehe Abb. 1.10) ändert.

Die mittlere (durchschnittliche) Steigung

Zunächst betrachten wir die Änderung Δy von y in einem endlichen Bereich $\Delta x = x_1 - x_0$. Aus der Zeichnung erkennt man den Zusammenhang

$$\frac{\Delta y}{\Delta x} = \frac{y_1 - y_0}{x_1 - x_0} = m. \tag{1.12}$$

Dabei nennt man m das Steigungsmaß der Sekante S gegen die x-Achse. m ist ein Maß für die mittlere Änderung von y im gesamten Bereich Δx.

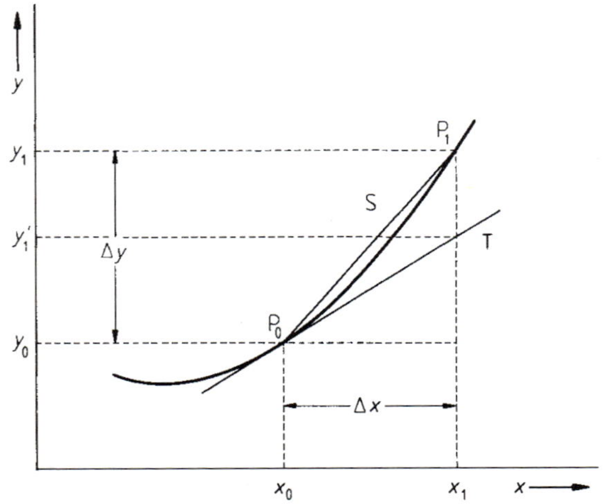

Abb. 1.10 Zur Herleitung des Differntialquotienen als Steigungsmaß. Das Steigungsmaß gibt an, wie rasch sich y in Abhängigkeit von x ändert

Die momentane Steigung

Um den exakten Wert für die momentane Änderung von y bei x_0 zu bekommen, läßt man den Punkt P_1 gegen den Punkt P_0 wandern. Die Sekante S wird dann zur Tangente T an die Kurve im Punkt P_0. Die Differenzen Δx und Δy werden schließlich sehr klein, man nennt sie differentielle Größen $\mathrm{d}x$ und $\mathrm{d}y$. Ihr Verhältnis behält jedoch einen endlichen Wert. Es ist ein Maß für die Steigung der Tangente (und damit auch für diejenige der Kurve!) im Punkt P_0.

Mathematisch wird dies so formuliert:

$$\lim_{x_1 \to x_0} \frac{\Delta y}{\Delta x} = \frac{\mathrm{d}y}{\mathrm{d}x} = m. \tag{1.13}$$

$\frac{\mathrm{d}y}{\mathrm{d}x}$ (gelesen „$\mathrm{d}y$ nach $\mathrm{d}x$“ oder „y abgeleitet nach x“) heißt der Differentialquotient oder erste Ableitung von y nach x.

Die erste Ableitung von y nach x stellt geometrisch die Steigung der Tangente an die Kurve $y(x)$ gegenüber der positiven x-Achse dar. Physikalisch gesehen ist sie ein Maß für die durch den Quotienten $\mathrm{d}y/\mathrm{d}x$ definierte physikalische Größe m an der Stelle x_0 (siehe Abschnitt 1.2.3).

1.2.2 Differentiationsmethoden

Um die Steigung einer Kurve in einem bestimmten Punkt zu ermitteln, stehen zwei Verfahren zur Verfügung:

1) Ist die Funktion $y(x)$ *formelmäßig* bekannt, dann kann der Differentialquotient $\mathrm{d}y/\mathrm{d}x$ nach den Regeln der Differentialrechnung (siehe mathematische Formelsammlungen) allgemein berechnet werden. Daraus erhält man für jeden beliebigen x-Wert, der eingesetzt wird, die gesuchte Steigung.

2) Ist der Zusammenhang zwischen y und x lediglich *in Form einer Kurve* bekannt, so wird an der Stelle, für die die Steigung gesucht ist, die Tangente an die Kurve gezeichnet. Mit Hilfe eines beliebig gezeichneten Steigungsdreieckes kann dann das Steigungsmaß für diese Stelle ermittelt werden, z. B. (siehe Abb. 1.10):

$$m = \frac{y_1' - y_0}{x_1 - x_0}. \tag{1.14}$$

1.2.3 Beispiele aus der Physik

Die eingeführten Begriffe und die geschilderten Verfahren sollen nun an einem Beispiel erläutert werden.

Beispiel 1.7: Die Geschwindigkeit als Differentialquotient
Ein Auto startet an der Ampel bei Grün. Wird ein Weg-Zeit-Diagramm aufgenommen, dann erhält man die Kurve der Abb. 1.11. Sie genügt der Gleichung

$$s(t) = \tfrac{1}{2}\, a \cdot t^2, \qquad \text{mit } a = 5\ \mathrm{m/s^2}. \tag{1.15}$$

Fragen: Mit welcher Durchschnittsgeschwindigkeit bewegt sich das Auto im Zeitraum zwischen $t_0 = 2$ s und $t_1 = 4$ s? Wie groß ist die Momentangeschwindigkeit zum Zeitpunkt $t_0 = 2$ s?

Durchschnittsgeschwindigkeit: Entsprechend Gl. 1.12 erhält man die Durchschnittsgeschwindigkeit im Zeitraum zwischen t_0 und t_1 aus der Beziehung

$$\bar{v} = \frac{\text{im Zeitraum } t_0 \text{ bis } t_1 \text{ zurückgelegter Weg}}{\text{benötigte Zeit } (t_1 - t_0)} = \frac{\Delta s}{\Delta t} \tag{1.16}$$

Für unser Beispiel ergibt sich ein Ergebnis von

$$\bar{v} = \frac{40\ \mathrm{m} - 10\ \mathrm{m}}{4\ \mathrm{s} - 2\ \mathrm{s}} = \mathbf{15\,\frac{m}{s}}.$$

Momentangeschwindigkeit: Die Momentangeschwindigkeit ist definiert als Steigung der $s(t)$ Kurve, d.h. als erste Ableitung des Weges nach der Zeit (vgl. Gl. 1.13):

$$v = \frac{\mathrm{d}s}{\mathrm{d}t}. \tag{1.17}$$

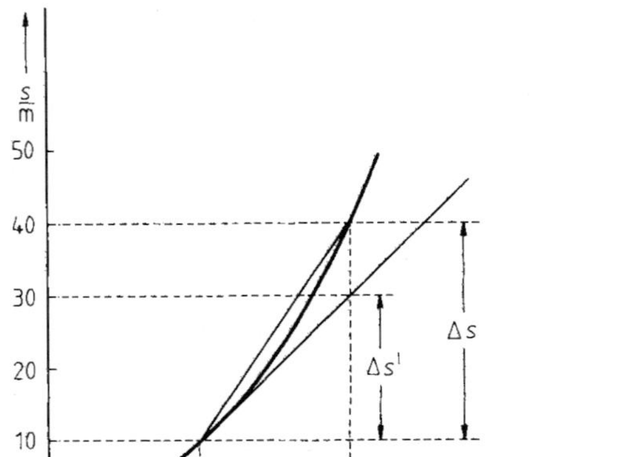

Abb. 1.11 $s(t)$-Diagramm zu Beispiel 1.7. Die mittlere Geschwindigkeit ergibt sich aus der Sekantensteigung $\Delta s/\Delta t$, die Steigung der Tangente $\Delta s'/\Delta t$ liefert die Momentangeschwindigkeit

Es sollen beide Verfahren angewendet werden:

Verfahren 1: Die Ableitung von Gl. 1.15 ergibt

$$v(t) = \frac{\mathrm{d}s(t)}{\mathrm{d}t} = at.$$

Für $t = 2$ s erhalten wir

$$v(t = 2\ \mathrm{s}) = (5\ \mathrm{m/s^2}) \cdot (2\ \mathrm{s}) = \mathbf{10\ m/s}.$$

Verfahren 2: Es wird die Tangente bei $t = 2$ s an die Kurve gezeichnet und ihr Steigungsmaß bestimmt (z. B. mit Hilfe des eingezeichneten Steigungsdreiecks):

$$v = \frac{\Delta s'}{\Delta t} = \frac{30\ \mathrm{m} - 10\ \mathrm{m}}{4\ \mathrm{s} - 2\ \mathrm{s}} = \mathbf{10\ m/s}.$$

Selbstverständlich liefern beide Verfahren das gleiche Ergebnis.

Die erhaltenen Werte sollen noch einmal anhand des Kurvenbildes veranschaulicht werden: Im Zeitbereich zwischen 2 s und 4 s ist zu Beginn die Momentangeschwindigkeit kleiner als die Durchschnittsgeschwindigkeit (die Tangente verläuft flacher als die Sekante), gegen Ende ist sie größer (die Tangente würde steiler verlaufen als die Sekante).

Bei den folgenden ebenfalls durch einen Differentialquotienten definierten Größen gelten prinzipiell die gleichen Überlegungen.

Beispiel 1.8: Beschleunigung

Messen wir die Geschwindigkeit v eines Körpers als Funktion der Zeit t, dann ist die Beschleunigung a definiert als Geschwindigkeitsänderung durch Zeitänderung

$$a(t) = \frac{\mathrm{d}v(t)}{\mathrm{d}t}. \tag{1.18}$$

a ist also gleich der Steigung der Tangente an die $v(t)$-Kurve.

Beispiel 1.9: Volumenstromstärke

Messen wir die durch ein Rohr strömende Flüssigkeitsmenge V als Funktion der Zeit t, dann ist die Volumenstromstärke $I(t)$ definiert als das pro Zeiteinheit durchströmende Volumen

$$I(t) = \frac{\mathrm{d}V(t)}{\mathrm{d}t}. \tag{1.19}$$

$I(t)$ ist also gleich der Steigung der Tangente an die $V(t)$-Kurve.

Beispiel 1.10: Leistung

Messen wir die an einem Körper verrichtete Arbeit $W(t)$ als Funktion der Zeit, dann ist die Leistung definiert als Arbeit pro Zeiteinheit

$$P(t) = \frac{\mathrm{d}W(t)}{\mathrm{d}t}. \tag{1.20}$$

$P(t)$ ist also gleich der Steigung der Tangente an die $W(t)$-Kurve.

Diese Überlegungen gelten jedoch nur, wenn es sich bei den betrachteten Größen um Skalare handelt.

Nun sind Geschwindigkeit und Beschleunigung an sich Vektoren. Die obigen Ausführungen zur anschaulichen Deutung dieser Größen (als Steigung der $s(t)$- und $v(t)$-Kurve) sind jedoch korrekt, solange wir uns nur für die Bewegung längs einer festen Bahn (d.h. nur für den Betrag dieser Größen) interessieren und die Richtungsänderungen außer Betracht lassen. Der Betrag ist natürlich eine skalare Größe.

Die genannten Definitionsgleichungen für v und a gelten jedoch auch, wenn der Vektorcharakter dieser Größen berücksichtigt wird. Allerdings ist dann die Darstellung in einem zweidimensionalen $s(t)$- bzw. $v(t)$-Diagramm und die Interpretation der Steigung als Maß für die Änderung dieser Größe nicht mehr möglich, da ein Vektor nicht durch eine Zahlenangabe (nur diese läßt sich an einer Koordinatenachse abtragen), sondern im allgemeinen dreidimensionalen Fall durch drei Zahlenwerte vollständig beschrieben wird. Trotzdem kann auch der Differentialquotient von Vektoren mit Hilfe von Vektordiagrammen anschaulich gedeutet werden, wie es das Beispiel des Ortsänderungsvektors zeigt.

1.2.4 Die Differentiation von Vektoren

Formal schreiben wir die Ableitung eines Vektors nach einer zweiten (skalaren!) Größe in der bereits bekannten Weise:

$$\lim_{\Delta x \to 0} \frac{\Delta \boldsymbol{y}}{\Delta x} = \frac{\mathrm{d}\boldsymbol{y}}{\mathrm{d}x} = \boldsymbol{z}. \tag{1.21}$$

Dies ist eine Gleichung zwischen Vektoren. Nach den Regeln der Vektorrechnung ist $\boldsymbol{z}$ dann ein Vektor, der gleichgerichtet ist mit der Änderung $\mathrm{d}\boldsymbol{y}$ des Vektors $\boldsymbol{y}$ und dessen Betrag gleich ist dem Betrag des Differentialquotienten $\mathrm{d}y/\mathrm{d}x$.

Die letztere Feststellung ist uns bekannt. Neu hinzu kommt der Zusammenhang zwischen den Richtungen der beteiligten Vektoren. Dazu nun das angekündigte Beispiel:

Der Geschwindigkeitsvektor

Was hat die in Gl. 1.21 formulierte mathematische Prozedur zu bedeuten?

Unser PKW bewege sich längs der gezeichneten Straße in der Zeit $\Delta t = t_2 - t_1$ von Ort A zum Ort B. Dazu gehört der Ortsänderungsvektor $\Delta \boldsymbol{r}$, der im allgemeinen kürzer ist als der tatsächlich zurückgelegte Weg s längs der Kurve (Abb. 1.12). Wir können auch hier zunächst die *mittlere* vektorielle Ge-

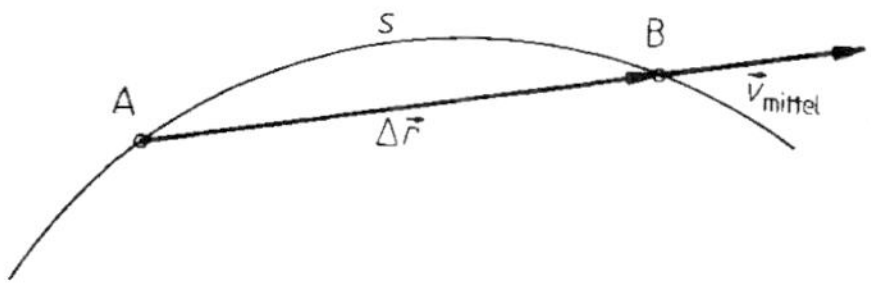

Abb. 1.12 Der Vektor der mittleren Geschwindigkeit besitzt die Richtung des Ortsänderungsvektors und den Betrag $\Delta r/(t_2 - t_1)$

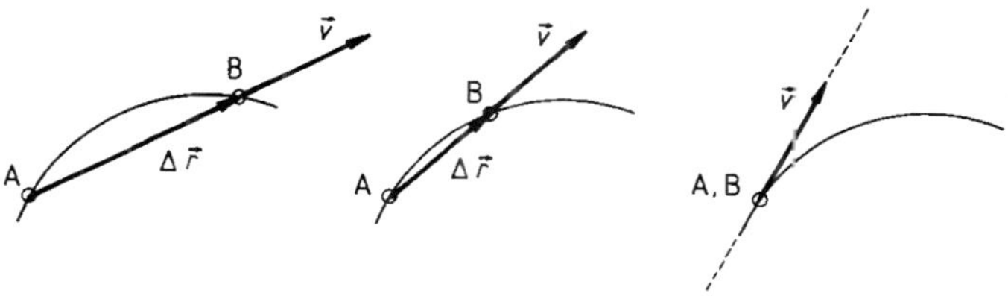

Abb. 1.13 Der Vektor der Momentangeschwindigkeit liegt in Tangentenrichtung zur Bahnkurve

schwindigkeit definieren:

$$\boldsymbol{v}_{\text{mittel}} = \frac{\Delta \boldsymbol{r}}{\Delta t}. \tag{1.22}$$

$\boldsymbol{v}_{\text{mittel}}$ ist ein zu $\Delta\boldsymbol{r}$ paralleler Vektor mit dem Betrag $\Delta r/(t_2 - t_1)$. Würde sich der Wagen mit dieser Geschwindigkeit in Richtung $\Delta\boldsymbol{r}$ bewegen, dann würde er zum gleichen Zeitpunkt in B eintreffen, als hätte er sich mit seiner tatsächlichen Geschwindigkeit längs der Straße bewegt.

Um etwas über die *momentane* Geschwindigkeit aussagen zu können, lassen wir den Punkt B immer näher an A heranrücken (Abb. 1.13). Die Größen $\Delta\boldsymbol{r}$ und Δt werden immer kleiner und der Quotient $\Delta\boldsymbol{r}/\Delta t$ erreicht einen Grenzwert: die gesuchte Geschwindigkeit $\boldsymbol{v}$.

$$\boldsymbol{v} = \lim_{\Delta t \to 0} \frac{\Delta \boldsymbol{r}}{\Delta t} = \frac{\mathrm{d}\boldsymbol{r}}{\mathrm{d}t}. \tag{1.23}$$

Betrachtet man eine Folge mit immer kleiner werdendem $\Delta\boldsymbol{r}$, dann ist leicht einzusehen, daß im Grenzfall ($\Delta t = 0$) die Richtung von $\Delta\boldsymbol{r}$ in die Richtung der Tangente an die Bahnkurve übergeht. Dies ist dann aber auch die Richtung der momentanen Geschwindigkeit $\boldsymbol{v}$.

Die Richtung des Geschwindigkeitsvektors $\boldsymbol{v}$ ist stets parallel zur Tangentenrichtung an die Bahnkurve im betrachteten Zeitpunkt.

Der Beschleunigungsvektor

In analoger Weise, wie die Geschwindigkeit $\boldsymbol{v}$ die zeitliche Änderung der Lage eines Körpers beschreibt, ist die Beschleunigung $\boldsymbol{a}$ ein Maß für die zeitliche Änderung des Geschwindigkeitsvektors $\boldsymbol{v}$.

Auf der gezeichneten Bahn (Abb. 1.14) hat der Körper im Zeitraum Δt zwischen A und B die Richtung und auch den Betrag von $\boldsymbol{v}$ (gekennzeichnet durch die Länge der Pfeile) geändert. Die erfolgte Geschwindigkeitsänderung erhalten wir durch Vektorsubtraktion:

$$\Delta \boldsymbol{v} = \boldsymbol{v}(t + \Delta t) - \boldsymbol{v}(t).$$

Wir verfahren nun analog zur Einführung des Geschwindigkeitsvektors: Die *mittlere* Beschleunigung im Zeitraum Δt ist definiert durch

$$\boldsymbol{a}_{\text{mittel}} = \frac{\Delta \boldsymbol{v}}{\Delta t}. \tag{1.24}$$

Die *momentane* Beschleunigung ist gegeben durch den Grenzwert

$$\boldsymbol{a}(t) = \lim_{\Delta t \to 0} \frac{\Delta \boldsymbol{v}}{\Delta t} = \frac{\mathrm{d}\boldsymbol{v}}{\mathrm{d}t}. \tag{1.25}$$

Die Richtung der Geschwindigkeitsänderung $\mathrm{d}\boldsymbol{v}$ ist stets parallel zur Beschleunigung $\boldsymbol{a}$, d.h. sie ist auch parallel zu der auf den Körper wirkenden resultierenden Kraft $\boldsymbol{F}$.

Im allgemeinen Fall läßt sich die Beschleunigung $\boldsymbol{a}$ in zwei Komponenten zerlegen: Parallel und senkrecht zur $\boldsymbol{v}$: $\boldsymbol{a}_p$ und $\boldsymbol{a}_s$. Während $\boldsymbol{a}_p$ eine Änderung des Betrages von $\boldsymbol{v}$ bewirkt, führt $\boldsymbol{a}_s$ zu einer Richtungsänderung der Geschwindigkeit. Der Sonderfall $\boldsymbol{a}_p = 0$ and $\boldsymbol{a}_s = \text{const.}$ ist die Bedingung für eine Kreisbewegung mit konstanter Geschwindigkeit.

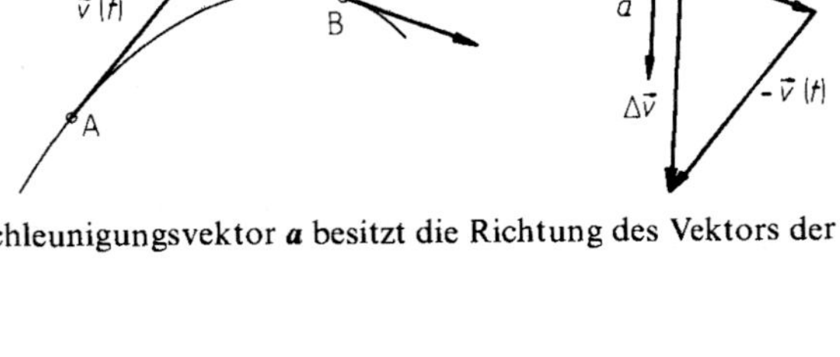

Abb. 1.14 Der Beschleunigungsvektor $\boldsymbol{a}$ besitzt die Richtung des Vektors der Geschwindigkeitsänderung $\Delta \boldsymbol{v}$

Beispiel 1.11: Kreisbeschleunigung
Ein Auto fährt mit konstanter Geschwindigkeit v durch eine kreisförmige Kurve mit dem Krümmungsradius r (Abb. 1.15). Der Vektor $\boldsymbol{r}$ bezeichnet die Position des Autos (bezogen auf den Kreismittelpunkt), $\boldsymbol{v}$ ist der Geschwindigkeitsvektor zum gleichen Zeitpunkt. Beide Vektoren haben konstante Länge, ändern jedoch ständig ihre Richtung. Sie stehen aber stets senkrecht aufeinander.

Betrachtet man die Lage der Vektoren eine kleine Zeitspanne Δt später, so haben sich beide um den gleichen Winkel α gedreht, d.h. die Additionsdreiecke für $\boldsymbol{r} + \Delta\boldsymbol{r}$ und $\boldsymbol{v} + \Delta\boldsymbol{v}$ sind ähnlich. Daraus folgt

$$\frac{\Delta v}{v} = \frac{\Delta r}{r}.$$

Um die Beschleunigung einzuführen, dividieren wir durch Δt:

$$\frac{1}{v}\frac{\Delta v}{\Delta t} = \frac{1}{r}\frac{\Delta r}{\Delta t}.$$

Wird nun wieder der Grenzübergang $\Delta t \to 0$ gemacht, so ergibt sich

$$\frac{a_s}{v} = \frac{v}{r}.$$

Wirkt auf einen Körper, der sich mit der Geschwindigkeit v bewegt, eine konstante Beschleunigung a_s senkrecht zur Bahn, dann bewegt sich dieser auf einer Kreisbahn mit dem Radius r, wobei gilt

$$a_s = \frac{v^2}{r}. \qquad (1.26)$$

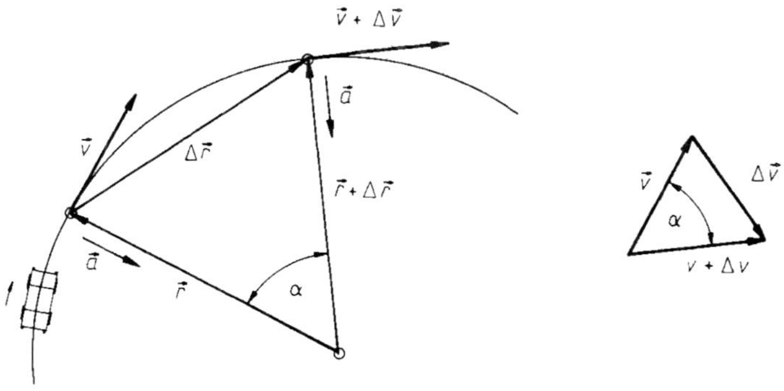

Abb. 1.15 Eine konstante Beschleunigung senkrecht zur Momentangeschwindigkeit führt zu einer Kreisbahn

1.3 Integralrechnung

Man kann die Integralrechnung mathematisch als die Umkehrung der Differentialrechnung bezeichnen. Auch physikalisch sind die damit verbundenen Fragestellungen eng miteinander verknüpft.

Angenommen, wir haben für einen PKW ein Geschwindigkeits-Zeit-Diagramm $v(t)$ aufgenommen, indem wir regelmäßig das Tachometer ablasen. Wie läßt sich aus diesen Daten der zurückgelegte Weg ermitteln?

In der Abb. 1.16 sind zwei Fälle gezeichnet.

Für Kurve 1 ist die Beantwortung relativ einfach, da es sich um eine Bewegung mit konstanter Geschwindigkeit handelt. Wir wissen, daß gelten muß:

$$s = v \cdot t.$$

Daraus ergibt sich mit den Werten des Diagramms:

$$s = (10 \text{ m/s}) \cdot (6 \text{ s}) = 60 \text{ m}.$$

Wir erkennen, daß dieses Produkt der Berechnung der Fläche unter der $v(t)$-Kurve zwischen diesen beiden Zeiten entspricht (schraffiert), d. h. diese Fläche ist gleich dem gesuchten Weg. Die „Fläche" hat natürlich in diesem Fall nicht die Einheit m^2, sondern $(m/s) \cdot (s) = m$.

Dieses Ergebnis kann für beliebige Kurven verallgemeinert werden. Wird die Fläche irgendwie ausgemessen, dann hat man damit den zurückgelegten Weg. Ist die $v(t)$-Kurve algebraisch bekannt, dann kann mit Hilfe der Integralrechnung dieses Problem auch rechnerisch gelöst werden. In Beispiel 1.12 (Abschn. 1.3.3) wird dies für Kurve 2 gezeigt.

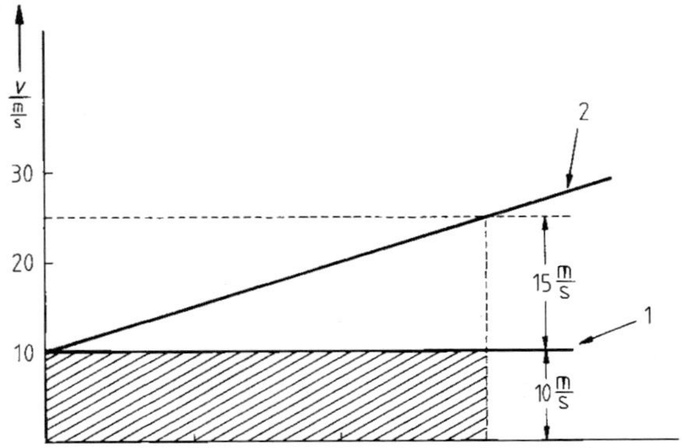

Abb. 1.16 Die Fläche unter der $v(t)$-Kurve zwischen zwei Zeiten t_1 und t_2 ist gleich der in dieser Zeitspanne zurückgelegten Strecke

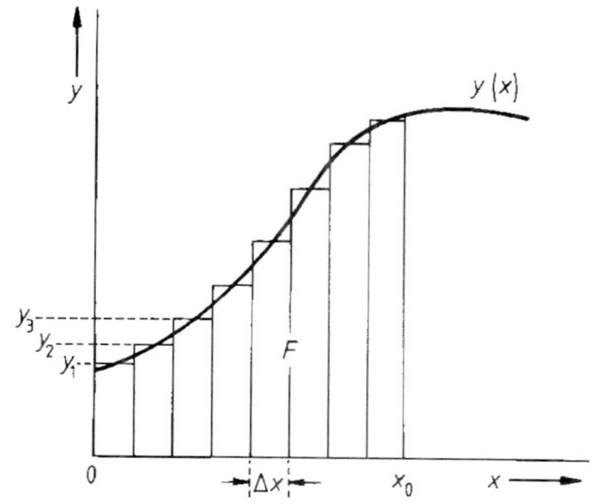

Abb. 1.17 Zur Einführung des Integralbegriffs

1.3.1 Der Integralbegriff

Die Funktion $y(x)$, die die Beziehung zwischen zwei physikalischen Größen beschreibt, sei in einem x-y-System dargestellt (Abb. 1.17). Um die gesuchte Fläche unter der Kurve zu finden, zerlegen wir sie in viele schmale Rechtecke mit der Breite Δx und addieren die Teilflächen

$$F(x) = (y_1 + y_2 + \ldots)\, \Delta x.$$

Man läßt nun auch hier (analog zur Definition des Differentialquotienten) die Breite Δx gegen Null gehen, wodurch sich im Grenzfall die exakte Fläche ergibt. Die mathematische Schreibweise für diese Operation lautet:

$$F(x) = \int_0^{x_0} y(x)\, \mathrm{d}x. \tag{1.27}$$

Diese Überlegungen gelten auch für den allgemeinen Fall, daß der betrachtete Bereich nicht bei 0, sondern bei einem beliebigen Wert beginnt. Das Ergebnis kann so formuliert werden:

Das bestimmte Integral $F(x)$ über die Funktion $y(x)$ zwischen den Grenzen x_1 und x_2 stellt geometrisch die Fläche unter der Kurve $y(x)$ in diesem Bereich dar. Physikalisch gesehen ist sie ein Maß für die durch das Integral $\int y(x)\, \mathrm{d}x$ definierte physikalische Größe $F(x)$ zwischen diesen Grenzen.

1.3.2 Integrationsmethoden

Um den konkreten Wert des Integrals für einen bestimmten x-Bereich zu ermitteln, stehen wiederum zwei Wege offen:

1) Ist die Funktion $y(x)$ *formelmäßig* bekannt, dann kann man $F(x)$ nach den Regeln der Integralrechnung (siehe mathematische Formelsammlungen) berechnen. Einsetzen der speziellen x-Werte liefert den gesuchten $F(x)$-Wert.
2) Ist der Verlauf von $y(x)$ nur *als Kurve* bekannt, dann läßt sich die Fläche auch auf geometrische Weise ermitteln.

1.3.3 Beispiele aus der Physik

Der zurückgelegte Weg

Eine der einfachsten Problemstellungen der Physik besteht darin, den Weg zu berechnen, den ein bewegtes Objekt in einer bestimmten Zeit zurücklegt.

Beispiel 1.12: Der zurückgelegte Weg
Die Gerade 2 (Abb. 1.16) beschreibt die Bewegung eines PKW, dessen Geschwindigkeit sich in 6 Sekunden bei konstanter Beschleunigung von 10 m/s auf 25 m/s ändert. Welchen Weg legt das Auto während dieses Vorganges zurück?

Verfahren 1: Die Funktion für diese Gerade lautet:

$$v(t) = v_0 + a \cdot t.$$

Die Anfangsgeschwindigkeit v_0 beträgt 10 m/s, die Beschleunigung a ergibt sich nach der Gleichung $a = \Delta v/\Delta t$ zu $a = [(25 - 10)/6]\ \text{m/s}^2 = 2{,}5\ \text{m/s}^2$. Damit haben wir alle Größen zusammen, um den zurückgelegten Weg s berechnen zu können. Aus Abschnitt 1.2.3 wissen wir (Gl. 1.17), daß die Geschwindigkeit formal die Ableitung des Weges nach der Zeit ist; umgekehrt erhalten wir nun formal den Weg durch Integration der Geschwindigkeitsfunktion:

$$s(t) = \int v(t)\,\mathrm{d}t = v_0 \cdot t + \frac{a}{2} \cdot t^2.$$

Einsetzen von $t = 6$ s ergibt das gewünschte Resultat:

$$s(t = 6\ \text{s}) = (10\ \text{m/s}) \cdot (6\ \text{s}) + \tfrac{1}{2}(2{,}5\ \text{m/s}^2) \cdot (6\ \text{s})^2 = \mathbf{105\ m}$$

Verfahren 2: Das gleiche Ergebnis liefert die geometrische Ermittlung: Die Gesamtfläche ist eine Rechtecksfläche plus der Fläche des aufgesetzten Dreiecks:

$$F = s(t = 6\ \text{s}) = (10\ \text{m/s}) \cdot (6\ \text{s}) + \tfrac{1}{2}(6\ \text{s}) \cdot (15\ \text{m/s}) = \mathbf{105\ m}$$

Das Auto legt also in den 6 s des Beschleunigungsvorganges eine Strecke von 105 m zurück.

Arbeit

Die wohl wichtigste Anwendung findet der Integralbegriff bei der Berechnung der Arbeit. Je nach Problemstellung können zwei verschiedene Formulierungen verwendet werden (Abb. 1.18).

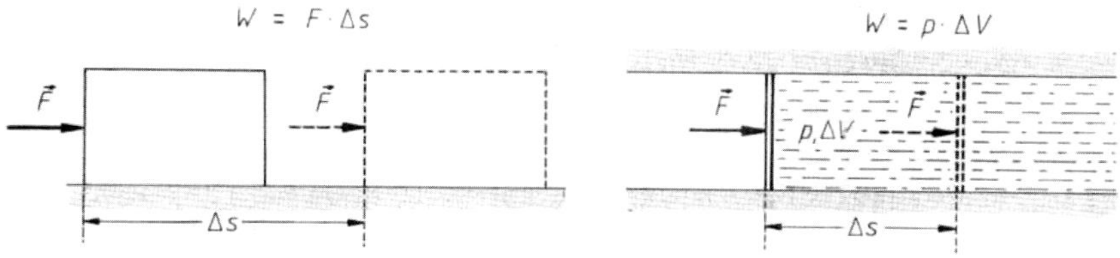

Abb. 1.18 Arbeit kann geleistet werden (a) durch Bewegen eines Körpers über eine Strecke Δs, oder (b) durch Verschieben (oder Komprimieren) einer Flüssigkeit (oder eines Gases) um das Volumen ΔV

a) Wirkt eine Kraft F auf einen Körper entlang der Strecke Δs, so berechnet sich die Arbeit entsprechend ihrer Definitionsgleichung:

$$W = \int_{\Delta s} F(s)\, \mathrm{d}s. \tag{1.28}$$

(F = Kraftkomponente parallel zum Weg)
b) Wird mit Hilfe eines Stempels (Querschnittfläche A), auf den eine Kraft F wirkt, eine Flüssigkeit (oder ein Gas) in einem Rohr (oder einem Behälter) verschoben (oder komprimiert), dann muß die Beziehung umformuliert werden:

$$W = \int_{\Delta s} F(s)\, \mathrm{d}s = \int_{\Delta s} \frac{F(s)}{A} A \cdot \mathrm{d}s = \int_{\Delta V} p(V)\, \mathrm{d}V.$$

Der Ausdruck

$$W = \int_{\Delta V} p(V)\, \mathrm{d}V \tag{1.29}$$

wird als Druck-Volumen-Arbeit bezeichnet.

Liegt der Sonderfall vor, daß die Kraft während der gesamten Arbeitsleistung konstant bleibt, dann gelten die einfachen Beziehungen

$$W = F \cdot \Delta s \quad \text{und} \quad W = p \cdot \Delta V. \tag{1.29 a}$$

Im allgemeinen Fall muß jedoch die Fläche unter der $F(s)$- bzw. $p(V)$-Kurve ermittelt werden.

Beispiel 1.13: Herzarbeit
Abb. 1.19 zeigt das Druck-Volumen-Diagramm der linken Herzkammer. Nach dem Füllen (Punkt B) wird durch Anspannen des Herzmuskels der Druck auf ca. 170 mbar erhöht, wobei infolge

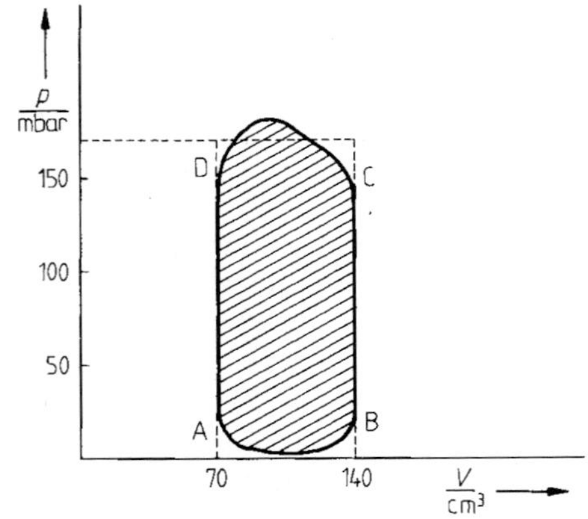

Abb. 1.19 $p(V)$-Diagramm zur Herzarbeit (s. Beispiel 1.13)

der Inkompressibilität des Blutes das Volumen konstant bleibt. Bei diesem Druckwert öffnet sich die Arterienklappe und ein Teil des Blutes (ca. 70 cm³) wird in die Aorta gepreßt (C–D). Anschließend erschlafft der Herzmuskel wieder (Druckabfall) und die Füllphase beginnt erneut (A). Die geleistete Druck-Volumen-Arbeit wird durch die schraffierte Fläche unter der $p(V)$-Kurve angegeben. Zur Berechnung nähern wir sie durch das gestrichelte Rechteck an.

$$W = \int_{V_1}^{V_2} p\,\mathrm{d}V \approx p(V_1 - V_2) = (170\ \text{mbar})\ (140 - 70)\ \text{cm}^3$$
$$= (170 \cdot 10^2\ \text{Pa})\ (70 \cdot 10^{-6}\ \text{m}^3)$$
$$= \mathbf{1{,}2\ Joule}$$

1.4 In der Physik häufig vorkommende Funktionen

Einige wenige mathematische Funktionen reichen aus, um einfache physikalische Zusammenhänge zu beschreiben. Es folgt eine kurze Zusammenstellung dieser Funktionen mit ihren wichtigsten Eigenschaften. Sehr nützlich ist es, wenn man sich den Verlauf dieser Funktionen in einem Diagramm genau einprägt. Daran ist oft bereits eine qualitative Diskussion bestimmter Probleme möglich. Einfache Beispiele sollen zeigen, in welchen Bereichen welche Funktionen eine Rolle spielen.

1.4.1 Potenzfunktionen

Potenzfunktionen haben die Form:

$$y = a \cdot x^n, \qquad (1.30)$$

wobei für unsere Fälle n eine ganze (positive oder negative) Zahl ist. Im einzelnen sollte man sich mit den folgenden Potenzen vertraut machen:

$n = 1$: $y = a \cdot x + b.$ (1.31)

(linearer Zusammenhang, Gerade)

a ist die Steigung gegenüber der x-Achse, b ist der Achsenabschnitt auf der y-Achse (Abb. 1.20a)

Beispiel 1.14: Der zurückgelegte Weg als Funktion der Zeit bei der gleichförmigen Bewegung:

$$s = s_0 + v \cdot t.$$

Hier bedeuten s_0 ($= b$ in Gl. 1.31) die Lage zur Zeit $t = 0$ und v ($= a$ in Gl. 1.31) die Geschwindigkeit.

Beispiel 1.15: Thermische Längenausdehnung fester Körper:

$$l = l_0(1 + \alpha \cdot t).$$

Hier bedeuten l_0 ($= b$ in Gl. 1.31) die Länge bei 0 °C und $l_0\alpha$ ($= a$ in Gl. 1.31) die Längenänderung pro Grad Celcius.

$n = 2$: $y = a \cdot x^2.$ (1.32)

(quadratischer Zusammenhang, Parabel; Abb. 1.20b)

Beispiel 1.16: Der zurückgelegte Weg beim freien Fall:

$$s = \tfrac{1}{2} g t^2.$$

Beispiel 1.17: Die potentielle Energie einer gespannten Feder:

$$E_p = \tfrac{1}{2} D s^2.$$

$n = -1$: $y = \dfrac{a}{x}.$ (1.33)

(Reziproker Zusammenhang, Hyperbel; Abb. 1.21)

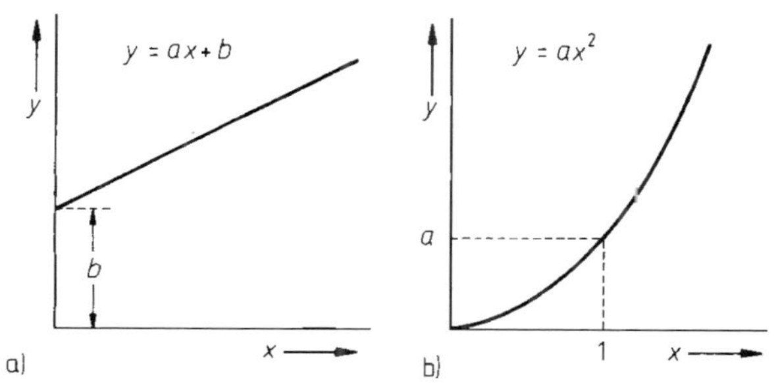

Abb. 1.20 Graphische Darstellungen für den linearen (a) und den quadratischen (b) Zusammenhang zwischen zwei Größen

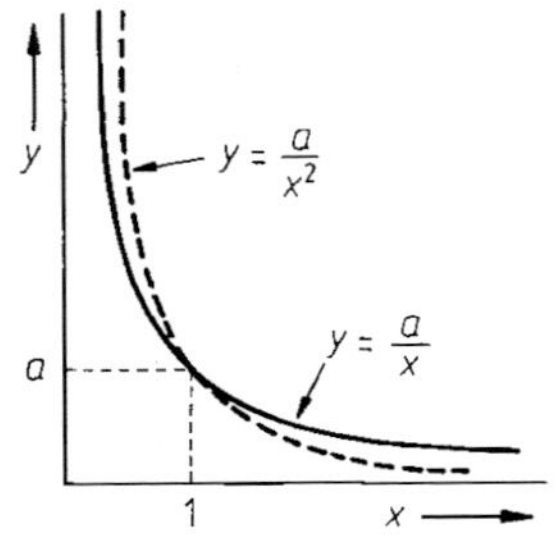

Abb. 1.21 Graphische Darstellungen der Funktionen $y = a/x$ und $y = a/x^2$

Beispiel 1.18: Zusammenhang zwischen Druck und Volumen bei isothermen Zustandsänderungen (Boyle-Mariottesches Gesetz):

$$p = \frac{C}{V}.$$

Beispiel 1.19: Abhängigkeit der Volumenstromstärke von der Viskosität einer Flüssigkeit:

$$I = \frac{}{\eta}.$$

$$\boldsymbol{n = -2}\text{:}\; y = \frac{a}{x^2}. \qquad (1.34)$$

Beispiel 1.20: Abhängigkeit der Gravitationskraft und der Coulombkraft vom Abstand r:

$$F_G = \gamma \cdot \frac{m_1 m_2}{r^2}; \quad \text{bzw.} \quad F_C = \frac{1}{4\pi\varepsilon_0} \cdot \frac{q_1 q_2}{r^2}.$$

Beispiel 1.21: Intensität einer Strahlung im Abstand r von der Quelle:

$$I = \frac{C}{r^2}.$$

Für viele physikalische Belange sind außerdem die **Ableitung** und das **Integral der Potenzfunktion** (Gl. 1.30) wichtig. Sie lauten:

$$\frac{dy}{dx} = a \cdot n \cdot x^{n-1} \quad \text{bzw.} \quad \int y\,dx = \frac{a}{n+1}\,x^{n+1}. \qquad (1.35)$$

Beispiel 1.22: Geschwindigkeit beim freien Fall

Wird die Geschwindigkeit beim freien Fall gesucht, dann geht man von der Definition der Geschwindigkeit aus, d.h. man *differenziert* die $s(t)$-Funktion:

$$v(t) = \frac{ds(t)}{dt} = \frac{d}{dt}\left(\frac{1}{2}\,g t^2\right) = g \cdot t.$$

Beispiel 1.23: Das Potential der Coulombkraft
Das Potential der Coulombkraft erhält man durch *Integration* der Kraftformel:

$$U(r) = -\int F(r)\,\mathrm{d}r = -\frac{q_1 q_2}{4\pi\varepsilon_0}\int\frac{1}{r^2}\,\mathrm{d}r = \frac{1}{4\pi\varepsilon_0}\,\frac{q_1 q_2}{r}.$$

1.4.2 Winkelfunktionen (trigonometrische Funktionen)

Definiert werden diese wichtigen Funktionen am rechtwinkligen Dreieck (Abb. 1.22).

$$\sin\alpha = \frac{\text{Gegenkathete}}{\text{Hypothenuse}} = \frac{a}{c}; \qquad \cos\alpha = \frac{\text{Ankathete}}{\text{Hypothenuse}} = \frac{b}{c}$$
$$\tan\alpha = \frac{\text{Gegenkathete}}{\text{Ankathete}} = \frac{a}{b}; \qquad \operatorname{ctg}\alpha = \frac{\text{Ankathete}}{\text{Gegenkathete}} = \frac{b}{a} \qquad (1.36)$$

Es handelt sich in allen Fällen um Streckenverhältnisse, d. h. um reine Zahlen. Aus den Schaubildern der Winkelfunktionen (Abb. 1.23) gehen auch die Werte und Vorzeichen für Winkel größer als 90° hervor, die nicht in der Definition enthalten sind. Man sieht, daß sich sin und cos in der Form gleichen, jedoch längs der horizontalen (x-)Achse um den Winkel $\pi/2$ gegeneinander verschoben sind. Diese Verwandtschaft kann auch formelmäßig ausgedrückt werden:

$$\sin\alpha = \cos(\alpha - \pi/2) \quad \text{und} \quad \cos\alpha = \sin(\alpha + \pi/2). \qquad (1.37)$$

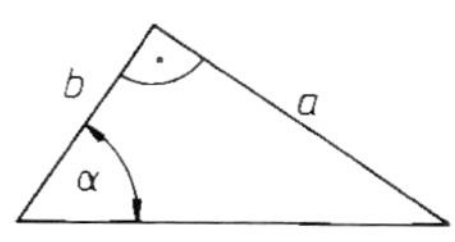

Abb. 1.22 Zur Definition der Winkelfunktionen

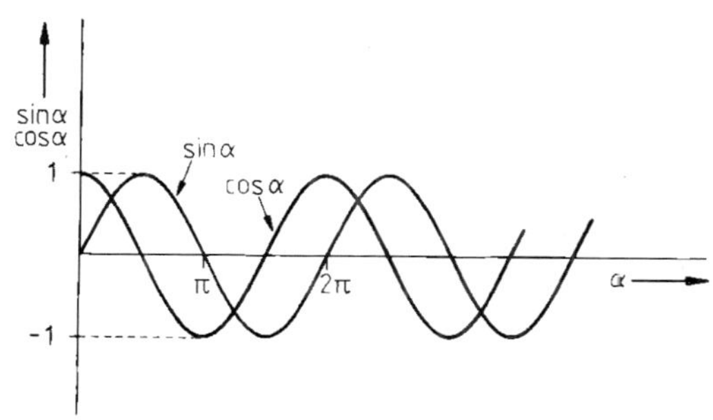

Abb. 1.23 Funktionsbilder der Sinus- und Cosinusfunktion

Oft gebraucht werden auch die Ableitungsfunktionen:

$$\frac{\mathrm{d}(\sin\alpha)}{\mathrm{d}\alpha} = \cos\alpha \quad \text{und} \quad \frac{\mathrm{d}(\cos\alpha)}{\mathrm{d}\alpha} = -\sin\alpha = \frac{\mathrm{d}^2(\sin\alpha)}{\mathrm{d}\alpha^2}. \tag{1.38}$$

Die letzte Gleichung besagt, daß man durch zweimaliges Ableiten des sin wieder die Ausgangsfunktion (d.h. den sin) erhält mit einem zusätzlichen Minuszeichen.

Diese Tatsache wird uns in dem folgenden Beispiel, das die wichtigste Anwendung dieser Funktion bringt, von großem Nutzen sein.

Beispiel 1.24: Die harmonische Schwingung
Wir wollen die Orts-Zeit-Funktion für eine Masse m finden, die an einer Feder mit der Federkonstanten D hängt, einmal ausgelenkt wird und dann freie Schwingungen ausführt. Dazu müssen wir die sog. Bewegungsgleichung lösen, in der auf der linken Seite die Kraft in der dem gegebenen Problem angepaßten Form (hier das Hookesche Gesetz) steht und rechts die allgemeine Definition der Kraft, nämlich Masse mal Beschleunigung $[m \cdot a(t) = m \cdot (\mathrm{d}^2 s(t)/\mathrm{d}t^2)]$:

$$-D \cdot s(t) = m\frac{\mathrm{d}^2 s(t)}{\mathrm{d}t^2}. \tag{1.39}$$

Es gilt also, eine Funktion $s(t)$ zu finden, die, wenn sie zweimal abgeleitet wird, sich selbst ergibt mit einem zusätzlichen Minuszeichen. Wie oben erwähnt, leistet dies die Sinusfunktion. Die gesuchte Lösung lautet daher:

$$s(t) = s_0 \sin\omega t. \tag{1.40}$$

Wir haben hier an Stelle der Variablen α die Variable t (die Zeit) eingeführt, da wir eine zeitliche Abhängigkeit haben möchten. ω, die sogenannte Kreisfrequenz, gibt an, um wieviel sich der Winkel pro Sekunde ändert ($\alpha = \omega t$). Die Konstante s_0 ist willkürlich eingeführt; das ist rein mathematisch erlaubt, da sich durch s_0 die Gültigkeit der Gl. 1.39 nicht ändert. Diese Konstante hat aber auch einen physikalischen Sinn: Mit ihrer Hilfe kann die Lösungsfunktion dem Anfangszustand $s(t = 0)$ angepaßt werden. Es gilt: $s(t = 0) = s_0$; d.h. s_0 ist die Anfangsauslenkung, die Amplitude, der Schwingung.

Dies ist die mathematisch korrekte Herleitung der $s(t)$-Funktion für eine harmonische Schwingung, die wir im Abschnitt über Komponentenzerlegung von Vektoren auf etwas andere Art gefunden hatten (Beispiel 1.5).

Aus der $s(t)$-Funktion erhalten wir durch ensprechende mathematische Operationen auch die $v(t)$- und $a(t)$-Kurven. Es sind dies wiederum Sinuskurven, die gegeneinander zeitverschoben sind, z.B.

$$v(t) = \frac{\mathrm{d}s(t)}{\mathrm{d}t} = s_0\omega\cos\omega t = s_0\omega\sin(\omega t + \pi/2). \tag{1.40a}$$

Man sagt auch: $v(t)$ ist um $\pi/2$ phasenverschoben gegen $s(t)$, oder $v(t)$ eilt der Funktion $s(t)$ zeitlich voraus. Entsprechendes kann für $a(t)$ angegeben werden.

$$a(t) = \frac{\mathrm{d}v(t)}{\mathrm{d}t} = \frac{\mathrm{d}^2 s(t)}{\mathrm{d}t^2} = -s_0\omega^2\sin\omega t = -\omega^2 s(t). \tag{1.40b}$$

Vergleichen wir dies mit Gl. 1.39, dann folgt daraus:

Ein Federpendel (Federkonstante D, Masse m) schwingt mit der Kreisfrequenz

$$\omega = \sqrt{\frac{D}{m}}. \tag{1.41}$$

1.4.3 Die Exponentialfunktion

Diese Funktion spielt in der Physik immer dann eine Rolle, wenn die Abnahme einer Größe ($-\mathrm{d}y/\mathrm{d}x$) dieser Größe (y) selbst proportional ist. Die mathematische Formulierung dieses Zusammenhanges lautet:

$$-\frac{\mathrm{d}y}{\mathrm{d}x} = k \cdot y \tag{1.42}$$

In diesem Fall muß nach einer Funktion gesucht werden, die proportional zu ihrer Ableitung ist. Diese Forderung erfüllt die Exponentialfunktion. Sie hat die Form

$$y(x) = y_0\,\mathrm{e}^{-kx} \qquad (e = 2{,}71\ldots) \tag{1.43}$$

und ist in Abb. 1.24 wiedergegeben.

Die zwei Parameter y_0 und k haben die folgende Bedeutung: y_0 ist der Funktionswert für $x = 0$, d.h. der Achsenabschnitt auf der y-Achse.

Die Konstante k ist ein Maß dafür, wie schnell die Kurve abfällt. Üblicherweise werden zwei x-Werte verwendet, um den Abfall zu charakterisieren:

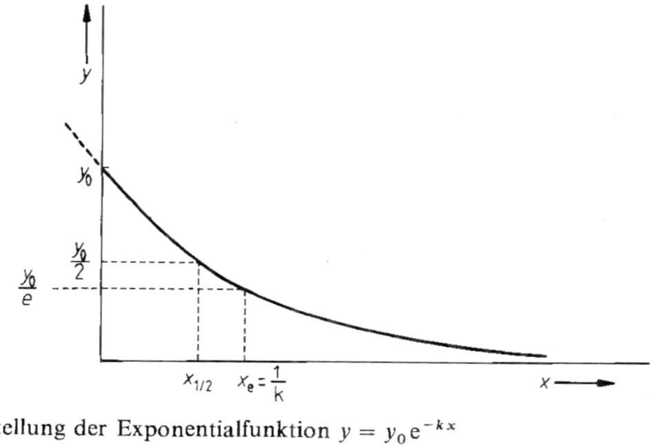

Abb. 1.24 Darstellung der Exponentialfunktion $y = y_0\,\mathrm{e}^{-kx}$

x_e ist der Abszissenwert, bei dem die Kurve auf den e-ten Teil abgesunken ist; $x_{1/2}$ ist der Wert, bei dem sie auf die Hälfte abgefallen ist. Es gelten die Beziehungen:

$$x_e = 1/k \quad \text{und} \quad x_{1/2} = x_e \cdot \ln 2 = \frac{\ln 2}{k}. \tag{1.44}$$

Man kann sich die wichtigste Eigenschaft dieser Funktion auch dadurch klarmachen, daß man die ursprüngliche Formel etwas umschreibt (und dabei die Differentiale durch endliche Intervalle ersetzt):

$$-\frac{\Delta y}{y} = k \cdot \Delta x. \tag{1.45}$$

Die Exponentialfunktion nimmt in gleichen Intervallen Δx immer um den gleichen Bruchteil (oder Prozentsatz) ab.

Beispiele aus der Physik:

Beispiel 1.25: Gedämpfte Schwingungen
Die Reibungsverluste pro Zeiteinheit (d.h. die Verlustleistung) sind stets proportional zur momentanen Gesamtenergie.

$$-\frac{dE}{dt} = \delta \cdot E \quad \text{oder} \quad E(t) = E_0 e^{-\delta t}. \tag{1.46}$$

δ nennt man die Dämpfungskonstante der Schwingung.

Angenommen, die Dämpfungskonstante ist $\delta = 0{,}1\ \text{s}^{-1}$. Dann nimmt die Energie der Schwingung in 10 s auf $1/e$ (d.h. auf ca. den 0,38-ten Teil) ab. In einer Zeit von $(10 \cdot \ln 2)$ s = 6,93 s fällt sie auf die Hälfte (d.h. auf 50%) ab. $1/\delta = \tau$ heißt in diesem Fall die Abklingzeit, $t_{1/2}$ die Halbwertszeit.

Beispiel 1.26: Kondensatorentladung
Wird ein Kondensator über einen Widerstand entladen, dann ist die Abnahme der Spannung stets proportional zur momentanen Kondensatorspannung.

$$-\frac{dU}{dt} = \frac{U}{R \cdot C} \quad \text{oder} \quad U(t) = U_0 e^{-t/RC}. \tag{1.47}$$

RC nennt man die Zeitkonstante der Schaltung.

Angenommen, die Spannung fällt in 3 s auf die Hälfte ab, dann hat sie nach 6 s auf 25%, in 9 s auf 12,5% usw. abgenommen.

Beispiel 1.27: Strahlungsabsorption
Fällt Strahlung auf Materie, dann ist die absorbierte Strahlungsleistung proportional zur einfallenden Intensität:

$$-\frac{dI}{dx} = \mu \cdot I \quad \text{oder} \quad I(x) = I_0 e^{-\mu x}. \tag{1.48}$$

μ nennt man die Absorptionskonstante.

Absorbiert 1 mm Blei 90% der Strahlung, dann werden 3 mm Blei nur noch von 1‰ der Strahlung durchdrungen. $x_{1/2}$ heißt in diesem Fall die Halbwertsdicke.

Beispiel 1.28: Radioaktiver Zerfall
Beim radioaktiven Zerfall ist die Anzahl der pro Sekunde zerfallenden Atomkerne proportional zur Anzahl der gerade noch vorhandenen Kerne

$$-\frac{dN}{dt} = \lambda N \quad \text{oder} \quad N(t) = N_0 e^{-\lambda t}, \tag{1.49}$$

λ nennt man die Zerfallskonstante.

Beträgt die Halbwertszeit eines Isotops 5 Tage, dann ist die Aktivität nach 50 Tagen auf ca. 1‰ (1/1024) abgesunken.

$\tau = 1/\lambda$ nennt man in diesem Fall die mittlere Lebensdauer der Atomkerne, $t_{1/2}$ ist die sogenannte Halbwertszeit (HWZ).

2 Mechanik

Um physikalische, chemische und biologische Zusammenhänge in einfache mathematische Form oder in ein Modell bringen zu können, muß es dem Experimentator gelingen, die jeweils betrachteten Abhängigkeiten isoliert zu untersuchen. D. h. er muß Nebeneffekte, die einen störenden Einfluß ausüben könnten, ausschalten, nach Möglichkeit vermeiden oder einfach außer Acht lassen.

Die Vorgänge in unserer Umwelt laufen im allgemeinen sehr kompliziert ab, so daß es schwierig erscheint, einfache Zusammenhänge zu erkennen. Daher ist es von außerordentlicher Wichtigkeit, nach Situationen zu suchen, die leicht überschaubar sind. Da diese in der Natur überaus selten anzutreffen sind, muß man versuchen, sich solche im Labor zu schaffen. Hier kann man mit exakt festgelegten Anordnungen von Dingen arbeiten und ihr Verhalten studieren. Vor allem läßt sich ein bestimmtes Experiment unter stets gleichbleibenden Bedingungen beliebig oft wiederholen. Anhand solcher „Systeme" ist es vergleichsweise leicht, theoretische Gesetzmäßigkeiten aufzustellen.

Anschließend lassen sich die so gewonnenen Erkenntnisse auf reale Gegebenheiten übertragen, wobei dann allerdings Korrekturen berücksichtigt oder verschiedene Einflüsse miteinander verknüpft werden müssen.

Um etwa den Blutkreislauf zu untersuchen und zu verstehen, wird man zunächst Versuche anstellen, bei denen eine möglichst ideale Flüssigkeit durch eine Kapillare mit konstantem Querschnitt strömt, man wird Rohrverzweigungen studieren und eventuell den Einfluß einer elastischen Rohrwand auf den Strömungsvorgang untersuchen. Kombiniert man diese Ergebnisse in richtiger Weise, so erhält man mit Sicherheit brauchbare Resultate, die auf das reale Problem quantitativ angewendet werden können.

Ein anderes Beispiel sind die elektrischen Potentialverteilungen auf der Körperoberfläche. Diese können leicht verstanden werden, wenn die Feldverteilung um einen elektrischen Dipol bekannt ist, die sich im Labor mit geringem Aufwand messen läßt. Dadurch wird dem Fachmann ein Mittel an die Hand gegeben, aus der Form des „EKG" Rückschlüsse auf die Arbeitsweise des menschlichen Herzens zu ziehen.

Das Hauptanliegen dieses Kapitels soll es sein, in systematischer Reihenfolge die Größen und Begriffe einzuführen bzw. zu definieren, die wir im weiteren zur physikalischen Beschreibung von Systemen benötigen werden.

2.1 Quantitative Beobachtung und Meßprozeß

Um quantitative Aussagen über den Zustand eines Systems machen zu können, muß man zunächst die verschiedenen Eigenschaften des Systems „messen“. Die Ergebnisse solcher Messungen sind uns im Alltag vertraut (etwa als Anzeige von Instrumenten).

Beispiel 2.1: Der momentane Zustand eines Fahrzeugs
Als Autofahrer ist es uns möglich, die verschiedensten Angaben über den momentanen Zustand des Fahrzeuges zu machen. So informiert uns die Uhr über die Zeit (in Stunden, Minuten, Sekunden), der Kilometerzähler über die Entfernung (in Kilometern), der Tachometer über die Geschwindigkeit (in km/h), die Benzinuhr über den Tankinhalt (in Litern), das Thermometer über die Kühlwassertemperatur (in Grad Celsius), die Radioskala über die Senderfrequenz (in Mega-Hertz) usw.

Wir wissen, daß eine Angabe dabei stets aus einem Zahlenwert und einer Einheit besteht, d. h. der Momentanwert einer Größe ist soundsovielmal größer als ein bestimmter festgelegter Einheitswert.

2.1.1 Physikalische Größen und Einheiten

Begriffe, die zur eindeutigen quantitativen Beschreibung von Eigenschaften geeignet sind, nennt man physikalische Größen. Sie sind gekennzeichnet durch ihre Meßbarkeit.

Darunter versteht man in der Physik den folgenden Vorgang: Die fragliche Größe wird unter Verwendung eines genau definierten Meßverfahrens mit der dazugehörigen Einheit direkt oder indirekt verglichen. Als Ergebnis einer solchen Messung erhalten wir den Wert der physikalischen Größe in der folgenden Form:

$$\begin{aligned}&\text{Physikalische Größe} = \text{Zahlenwert} \times \text{Einheit}\\&\text{Symbolisch: } G = \{G\} \times [G]\end{aligned} \tag{2.1}$$

Dabei ist die Wahl der Einheit willkürlich; sie sollte jedoch zweckmäßig, d. h. leicht reproduzierbar sein. Das Meßverfahren liefert den Zahlenwert, der natürlich von der gewählten Einheit abhängt. Die Umrechnung auf einen Zahlenwert,

Tabelle 2.1 Die wichtigsten international vereinbarten Abkürzungen für Vielfache und Bruchteile von Einheiten

Vorsilbe	pico	nano	mikro	milli	kilo	mega	giga
Kennbuchstabe	p	n	μ	m	k	M	G
Zehnerpotenz	10^{-12}	10^{-9}	10^{-6}	10^{-3}	10^{3}	10^{6}	10^{9}

der zu einer anderen Einheit gehört, ist leicht möglich, wenn das Verhältnis der Einheiten bekannt ist. Dabei gilt:

Eine physikalische Größe ändert sich nicht, wenn sie auf eine andere Einheit umgerechnet wird. Sie ist invariant gegenüber einem Wechsel der Einheit.

Um die Zahlenwerte nicht zu groß oder zu klein werden zu lassen, kann die Einheit in der Praxis in Bruchteile unterteilt oder zu Vielfachen zusammengefaßt werden. Der Umrechnungsfaktor ist stets eine Potenz von 10. Die wichtigsten international vereinbarten Abkürzungen sind in Tab. 2.1 zusammengefaßt.

Beispiel 2.2: Längenmessung

Wahl der Einheit: Willkürlich gewählter Abstand zweier Punkte auf einer Geraden mit dem Namen: 1 Meter (1 m). Dabei ist durch genaue Vorschrift festgelegt, wie sich diese Strecke experimentell verifizieren läßt (was an dieser Stelle aber nicht interessiert).

Meßverfahren: Feststellen, wie oft die Einheit an der zu messenden Länge abgetragen werden kann. In der Praxis wird diese Länge mit einem Maßstab verglichen, auf dem die Einheit (nebst Bruchteilen und Vielfachen) aufgetragen ist. Meßverfahren entwickeln sich selbstverständlich weiter (z. B. optische Verfahren bei Weitenmessungen im sportlichen Bereich oder in der Astronomie). Letztlich müssen jedoch alle unterschiedlichen Meßverfahren an einem bestimmten Bezugsverfahren geeicht, d.h. damit verglichen werden.

Ergebnis der Messung: Für die Körperlänge eines Menschen erhält man z. B. den Wert

$L = 1{,}86\ \text{m}$ (d.h. $1{,}86 \times (1\ \text{m})$)

L: Symbol für die physikalische Größe (Körperlänge)
1,86: Zahlenwert des Ergebnisses
m: (= 1 m) Maßeinheit für die physikalische Größe (Länge)

Umrechnung auf eine andere Einheit: Soll diese Länge z. B. in „feet" angegeben werden, dann muß das Verhältnis dieser beiden Längeneinheiten bekannt sein:

$1\ \text{ft} = 0{,}3048\ \text{m}$ oder $1\ \text{m} = 3{,}281\ \text{ft}$

Zur Umrechnung verfährt man wie folgt:

$$L = 1{,}86\ \text{m} = 1{,}86 \times (1\ \text{m}) = 1{,}86 \times (3{,}281\ \text{ft}) = (1{,}86 \times 3{,}281)\ \text{ft} = 6{,}103\ \text{ft}$$

Verwendung von Vielfachen und Bruchteilen:

Größe eines Virus: $d = 0{,}0000007\ \text{m} = 0{,}7 \cdot 10^{-6}\ \text{m} = 0{,}7\ \mu\text{m}$

2.1.2 Basiseinheiten und Einheitensysteme

In den folgenden Kapiteln werden wir sehen, daß sich alle in der Physik benötigten physikalischen Größen durch Definition aus einer kleinen Anzahl sogenannter Basisgrößen herleiten lassen. Man nennt sie (im Unterschied zu diesen Basisgrößen) abgeleitete Größen.

Der gleiche Zusammenhang besteht auch zwischen den diesen Größen entsprechenden Einheiten. Nur für die Einheiten der Basisgrößen (Basiseinheiten) ist eine unabhängige, willkürliche Festlegung möglich. Die Einheiten für die abgeleiteten Größen ergeben sich aus den Definitionsgleichungen für diese Größen.

Beispiel 2.3: Basisgrößen und abgeleitete Größen
Zur Erläuterung sehen wir uns nochmals Beispiel 2.1 an: Während Zeit, Entfernung (Länge) und Kühlwassertemperatur (Temperatur) Basisgrößen sind, werden die übrigen durch Definition auf diese zurückgeführt:

Geschwindigkeit = Entfernung/Zeit
Tankinhalt = Volumen = Länge × Breite × Höhe = $(\text{Länge})^3$
Senderfrequenz = Schwingungen/Zeit = $(\text{Zeit})^{-1}$

Die gleichen Beziehungen bestehen zwischen den Einheiten für diese Größen.

Basiseinheiten: 1 Meter; 1 Sekunde; 1 Grad Celsius (Kelvin).

Abgeleitete Einheiten:
für Geschwindigkeit: 1 Meter/Sekunde
für Tankinhalt: $1\ (\text{Meter})^3$
für Senderfrequenz: $1\ (\text{Sekunde})^{-1}$

Die Gesamtmenge der für die Basisgrößen definierten Einheiten bilden ein Einheitensystem.

Internationalen Abmachungen folgend wird in zunehmendem Maße das „Internationale Einheitensystem“ (Système International = SI) empfohlen und auch verwendet. In der Tab. 2.2 sind die Basiseinheiten des SI zusammengestellt:

Die genauen Werte für diese Basiseinheiten sind durch Definition festgelegt, die wir bei der Besprechung der einzelnen Größen noch kennenlernen werden.

Tabelle 2.2 Basisgrößen und Basiseinheiten des SI

Basisgröße	Basiseinheit	
	Name	Zeichen
Länge	Meter	m
Masse	Kilogramm	kg
Zeit	Sekunde	s
elektrische Stromstärke	Ampere	A
Temperatur	Kelvin	K
Lichstärke	Candela	cd
Stoffmenge	Mol	mol

Tabelle 2.3 Einige wichtige abgeleitete SI-Größen mit eigenen Namen für die Einheit

Phys. Größe	Definition	SI-Einheit
Kraft	$F = m \cdot \frac{l}{t^2}$	1 Newton = 1 N = 1 m kg/s^2
Druck	$p = F/A$	1 Pascal = 1 Pa = 1 N/m^2
Energie, Arbeit	$W = F \cdot l$	1 Joule = 1 J = 1 Nm
Leistung	$P = W/t$	1 Watt = 1 W = 1 J/s
Elektrische Ladung	$Q = I \cdot t$	1 Coulomb = 1 C = 1 As
Elektrische Spannung	$U = W/Q$	1 Volt = 1 V = 1 J/As

Tabelle 2.4 Nicht zum SI gehörende Einheiten und ihr Zusammenhang mit SI-Einheiten

Größe	Name	Zeichen	Umrechung
Zeit	Stunde	h	1 h = 3600 s
Länge	Angström	Å	1 Å = 10^{-10} m
Masse	Tonne	t	1 t = 10^3 kg
Volumen	Liter	L	1 L = 10^{-3} m^3
Druck	Bar	bar	1 bar = 10^5 Pa
	physikalische Atmosphäre	atm	1 atm = 101 325 Pa
	Torr	Torr	1 Torr = 101 325/760 Pa
Wärmemenge	Kalorie	cal	1 cal = 4,1868 J
Kraft	Kilopond	kp	1 kp = 9,80665 N
Aktivität	Curie	Ci	1 Ci = $3{,}7 \cdot 10^{10}$ s^{-1}

Die SI-Einheiten für alle abgeleiteten Größen lassen sich aus ihnen herleiten. Einige von ihnen haben Eigennamen (s. Tab. 2.3).

Trotz der gesetzlichen Einführung des SI werden an vielen Stellen noch systemfremde Einheiten verwendet. Häufig anzutreffende Beispiele sind in Tab. 2.4 zusammengestellt.

Abschließend zu diesem Abschnitt seien dem Leser noch zwei Punkte ans Herz gelegt:

a) Die Zahl der systemfremden Einheiten, die in der Literatur noch anzutreffen sind, ist viel größer. Es kann jedoch nicht eindringlich genug darauf hingewiesen werden, konsequent mit SI-Einheiten zu arbeiten und zwar nicht nur deshalb, weil sie vom Gesetzgeber vorgeschrieben sind. Es ist besonders für den Nichtphysiker eine wesentliche Hilfe, Mißverständnisse und Fehler bei quantitativen Berechnungen zu vermeiden.
b) Man trenne streng zwischen den Begriffen „Physikalische Größe" und „Einheit". Formeln, Definitionen, mathematische Beziehungen werden stets zwischen physikalischen Größen aufgestellt. Erst wenn eine quantitative Berechnung erfolgt, kommen die Einheiten ins Spiel.

2.1.3 Meßfehler

Bei der praktischen Durchführung einer Messung treten stets Fehler auf. Sie können die unterschiedlichsten Ursachen haben. Prinzipiell kann man zwei Klassen von Fehlern unterscheiden: systematische und statistische Fehler.

Systematische Fehler

Sie haben ihre Ursache in systematischen Unzulänglichkeiten der Meßanordnung, (z. B. falsch geeichte Meßinstrumente), im Nichtberücksichtigen von konstanten äußeren Einflüssen (Magnetfeldern, Wärmeverlusten, Luftreibung usw.) oder in der Verwendung von Näherungsformeln außerhalb ihres Gültigkeitsbereiches (z. B. $\sin\alpha = \alpha$; $\cos\alpha = 1$, usw.).

Systematische Fehler verfälschen das Meßergebnis stets um den gleichen Betrag in die gleiche Richtung. Sie sind prinzipiell vermeidbar. Dazu müssen sie zunächst erkannt und dann mit entsprechendem Aufwand experimentell ausgeschaltet oder rechnerisch korrigiert werden.

Statistische Fehler

Demgegenüber können statistische (zufällige) Fehler das Resultat um verschiedene Beträge in beide Richtungen verändern, d. h. vergrößern oder verkleinern. Sie entstehen durch den Beobachter selbst (Einstell- und Ablesefehler) oder durch statistische Schwankungen äußerer Einflüsse (z. B. Spannungsschwankungen). Diese Fehler führen dazu, daß die einzelnen Meßwerte um einen bestimmten Wert gestreut liegen. Sie sind prinzipiell unvermeidbar, lassen sich jedoch durch wiederholte Messungen und geeignete Auswertungsmethoden (Fehlerrechnung) verringern.

Der Mittelwert

Wird eine bestimmte Messung mehrmals wiederholt (Meßreihe), so kann man durch Bildung des arithmetischen Mittels einen Wert errechnen, der dem „wahren Wert“ der Meßgröße sicher nahe kommt. Dabei ist mit dem wahren Wert der Mittelwert einer unendlich langen Meßreihe gemeint, die man natürlich in der Praxis nicht durchführen kann.

Als Resultat einer Meßreihe, die die Einzelwerte $x_1, x_2, \ldots, x_n$ erbracht hat, wird der arithmetische Mittelwert angegeben:

$$\bar{x} = \frac{x_1 + x_2 + \cdots + x_n}{n} = \frac{1}{n} \sum_{i=1}^{n} x_i. \tag{2.2}$$

Ist die Zahl der Einzelmessungen einer Meßreihe genügend groß, so ergibt sich eine Verteilung der Einzelwerte (in Form einer Kurve), die durch eine sogenannte Gauß-Verteilung („Glockenkurve“) angenähert werden kann. Das Kurvenmaximum liegt beim Mittelwert (s. Abb. 2.1).

Die Standardabweichung

Der mittlere Fehler der Einzelmessung:

Es leuchtet ein, daß die Breite dieser Kurve nur von der Qualität des Meßgerätes und von der Sorgfalt des Beobachters abhängt, nicht jedoch von der Anzahl der

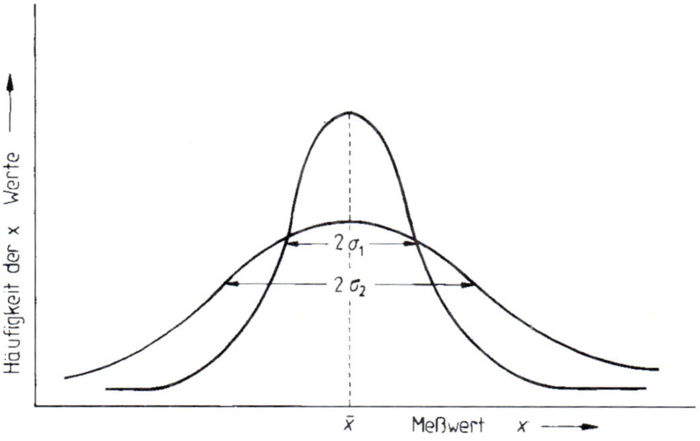

Abb. 2.1 Verteilungskurve von Meßwerten aufgrund statistischer Fehler für eine unendlich lange Meßreihe. Die Standardabweichung σ ist ein Maß für die Qualität der Messungen

durchgeführten Messungen. Je ungenauer die Messungen sind, um so breiter ist die Verteilungskurve.

Als *Standardabweichung* σ einer Meßreihe bezeichnet man den Abstand des Wendepunktes vom Mittelwert der Kurve. Sie ist ein Maß für die Qualität der Meßanordnung. Die Berechnung erfolgt nach der Formel:

$$\sigma = \sqrt{\frac{1}{n-1} \sum_{i=1}^{n} (x_i - \bar{x})^2}. \qquad (2.3)$$

Man erkennt, daß hier im wesentlichen die Abweichungen der Einzelmessungen vom Mittelwert $(x_i - \bar{x})$ eingehen und daß σ nicht von n (der Anzahl der Messungen) abhängt. Sowohl der Zähler (eine Summe aus n etwa gleich großen Gliedern) als auch der Nenner $(n - 1)$ des Bruches wachsen linear mit n an.

Die Standardabweichung des Mittelwertes:

Wichtiger als der mittlere Fehler der Einzelmessung ist jedoch die Frage nach der Zuverlässigkeit des Mittelwertes, da dieser als Ergebnis einer Meßreihe erscheint. Wie reproduzierbar ist er, d. h. in welchen Grenzen wird er schwanken, wenn wir mehrere identische Meßreihen durchführen?

Der mittlere statistische Fehler (Standardabweichung) des Mittelwertes einer Meßreihe mit n Meßwerten ist definiert durch den Ausdruck

$$\sigma_{\mathrm{m}} = \frac{\sigma}{\sqrt{n}} = \sqrt{\frac{1}{n(n-1)} \sum_{i=1}^{n} (x_i - \bar{x})^2}. \qquad (2.4)$$

Er ist um so kleiner, je präziser die Einzelmessungen der Meßreihe sind (kleines σ) und je umfangreicher die Meßreihe ist (großes n). σ_{m} hat die folgende anschauliche Bedeutung:

Der Mittelwert einer neuen, unter gleichen Bedingungen aufgenommenen Meßreihe liegt mit einer Wahrscheinlichkeit von ca. 0,7 im Bereich $\bar{x} \pm \sigma_{\mathrm{m}}$.

Absoluter und relativer Fehler:

Erfolgt die Angabe des Meßergebnisses in der Form

$$x = \bar{x} \pm \sigma_{\mathrm{m}}, \qquad (2.5)$$

dann spricht man von σ_m als dem absoluten Fehler. Man kann σ_m auch auf das Ergebnis $\bar{x}$ beziehen und als relativen Fehler in % angeben:

$$x = \bar{x} \pm \left(\frac{\sigma_m}{\bar{x}} \cdot 100\right)\% . \tag{2.6}$$

Beispiel 2.4: Zeitmessung zur Bestimmung der Fallbeschleunigung
Um die Fallbeschleunigung zu bestimmen, wollen wir die Fallzeit eines Körpers aus einer bestimmten Höhe stoppen, und zwar einmal mit einer Stahlkugel, ein zweites Mal mit einer Kugel aus leichtem Schaumstoff. Außerdem benutzen wir zwei Meßeinrichtungen mit unterschiedlicher Genauigkeit: Eine Handstoppuhr (Ablesegenauigkeit 1/10 s) bzw. eine elektronische Meßeinrichtung (Ablesegenauigkeit 1/100 s).

Insgesamt werden vier Versuchsreihen durchgeführt:

a) $n = 10$ Messungen an der leichten Kugel mit der Handstoppuhr.
b) $n = 10$ Messungen an der Stahlkugel mit der Handstoppuhr.
c) $n = 10$ Messungen an der Stahlkugel mit der elektrischen Meßeinrichtung.
d) $n = 100$ Messungen an der Stahlkugel mit der elektrischen Meßeinrichtung.

Die Häufigkeit der Meßwerte der Reihen a) bis c) sind in Abb. 2.2 als „Histogramm" wiedergegeben. Unter Verwendung der Formeln 2.2, 2.3 und 2.4 erhalten wir die in Tab. 2.5 zusammengestellten Ergebnisse.

Welche Schlüsse können aus diesen Daten gezogen werden?

Systematische Fehler: Die unterschiedlichen Mittelwerte der Reihen a) und b) (s. Histogramm) lassen auf einen systematischen Fehler schließen. In diesem Fall ist es die Luftreibung, die bei der leichten Kugel zu größeren Werten führt.

Statistischer Fehler: Die Standardabweichung für die Einzelmessung hängt nur von der Meßanordnung ab (vgl. a), b) mit c), d)), diejenige für den Mittelwert zusätzlich vom Umfang der Meßreihe (vgl. c) und d)).

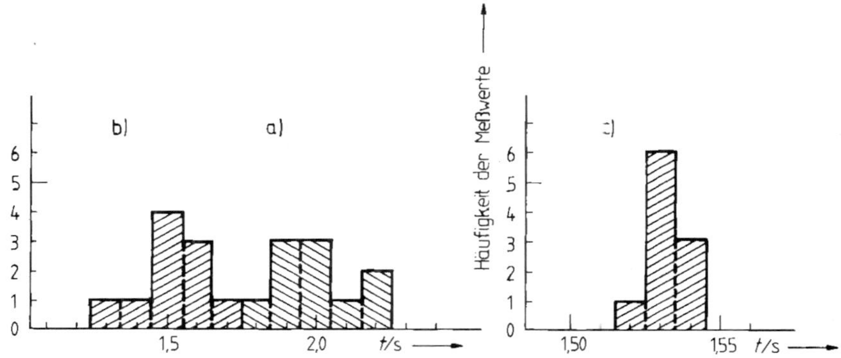

Abb. 2.2 Daten zu Beispiel 2.4: Häufigkeit der einzelnen Meßwerte für die Meßreihen a) bis c). Man beachte die unterschiedliche Teilung der Zeitachse; bei c) wurde ein besseres Meßgerät verwendet (kleinere Standardabweichung σ!)

Tabelle 2.5 Mittelwerte, Standardabweichungen und Endergebnisse der vier Versuchsreihen

Mittelwert	Standarbweichung		Ergebnis mit	
	Einzelmessg.	Mittelwert	absolutem Fehler	relativem Fehler
$\bar{x}$	$\sigma(x)$	$\sigma_m(\bar{x})$		
a) 2,00 s	0,13 s	0.042 s	$(2{,}00 \pm 0{,}05)$ s	2,00 s $\pm$ 2,5 %
b) 1,51 s	0,11 s	0,035 s	$(1{,}51 \pm 0{,}04)$ s	1,51 s $\pm$ 2,3 %
c) 1,532 s	0,006 s	0,002 s	$(1{,}532 \pm 0{,}002)$ s	1,532 s $\pm$ 0,13 %
d) 1,5328 s	0,006 s	0,0006 s	$(1{,}5328 \pm 0{,}0006)$ s	1,5328 s $\pm$ 0,04 %

Sinnvolle Angabe von Dezimalstellen: Hinsichtlich der Angabe von Dezimalstellen bei Ergebnis und Fehler beachte man die folgenden Regeln:

a) Im Ergebnis werden alle Dezimalstellen angegeben einschließlich der ersten, die aufgrund der Fehlerrechnung unsicher erscheint.
b) Bei der Fehlerangabe wird im allgemeinen nur eine zählende Dezimale angegeben (stets aufrunden!). Ist dies eine 1 oder 2, kann die nächste noch berücksichtigt werden.

Unsinnig sind die folgenden Beispiele (s. Reihe c):

1,53217 $\pm$ 0,002 verstößt gegen a)
1,53217 $\pm$ 0,00187 verstößt gegen a) und b)

2.2 Grundbegriffe der Naturbeschreibung

2.2.1 Einfache Bewegungen

Um die Bewegung von Körpern beschreiben zu können, müssen wir Längen und Zeiten messen. In beiden Fällen hat die Frage nach einem Absolutwert keinen Sinn, d.h. wir können nicht sagen wo bzw. wann die Größen Ort und Zeit den Wert Null besitzen. In der Praxis sind es stets Ortsdifferenzen (Längen) und Zeitdifferenzen (Zeitspannen), mit denen wir zu tun haben. Wir beziehen die Ablesungen dieser Größen auf willkürlich gewählte Nullpunkte, d.h. wir legen den Beginn des Maßstabes an einem bestimmten Punkt (Ort = 0 m) an und drücken die Stoppuhr (Zeit = 0 s).

Länge (Weg)

Die Länge ist eine Basisgröße, ihre SI-Einheit das Meter (1 m). Über Längenmessung wurde bereits im Abschnitt 2.1.1 (vgl. Bsp. 2.2) das Notwendige gesagt. Aus der Länge können zwei weitere Größen abgeleitet werden.

Fläche: Flächen berechnen sich aus dem Produkt zweier Längen. Die SI-Einheit ist das Quadratmeter (1 m^2).

Volumen: Rauminhalte (Volumina) berechnen sich aus dem Produkt dreier Längen. Die SI-Einheit ist das Kubikmeter (1 m^3).

Es ist zu empfehlen, sich die Formeln für die wichtigsten Flächen und Volumenberechnungen einzuprägen, da diese im Zusammenhang mit physikalischen Problemen häufig benötigt werden.

Zusammenstellung der wichtigsten geometrischen Formeln:

Bezeichnen a, b, c und g Seitenlängen, h die Höhe und r den Kreisradius, dann gilt:

für den Umfang des

Rechteckes	$U_R = 2 \cdot (a + b)$	(2.7)
Kreises	$U_K = 2 \cdot r \cdot \pi$	(2.8)

für die Fläche des

Rechteckes	$A_R = a \cdot b$	(2.9)
Dreieckes	$A_D = \frac{g \cdot h}{2}$	(2.10)
Kreises	$A_K = r^2 \cdot \pi$	(2.11)

für das Volumen des

Quaders	$V_Q = a \cdot b \cdot c$	(2.12)
Zylinders	$V_Z = r^2 \cdot \pi \cdot h$	(2.13)
der Kugel	$V_K = (4/3)\, r^3 \cdot \pi$	(2.14)

Winkel

Ebener Winkel:

Für die Bewegung längs einer Kreisbahn und besonders für die Drehbewegung spielt der Winkel für die Beschreibung der Lage eines Körpers eine wichtige Rolle. Er kann auf zwei verschiedene Weisen angegeben werden:

a) Gradmaß: 1° (1 Grad) ist der 360te Teil des „vollen“ Winkels.
Unterteilung: $1° = 60'$ (′: Winkelminute)
$1' = 60''$ (″: Winkelsekunde)
b) Größere Bedeutung besitzt jedoch die Angabe im Bogenmaß (s. Abb. 2.3a).

Schneidet der Winkel φ aus einem Kreis mit dem Radius r den Bogen der Länge s aus, dann definiert man den Winkel im Bogenmaß als

$$\varphi = \frac{s}{r}. \tag{2.15}$$

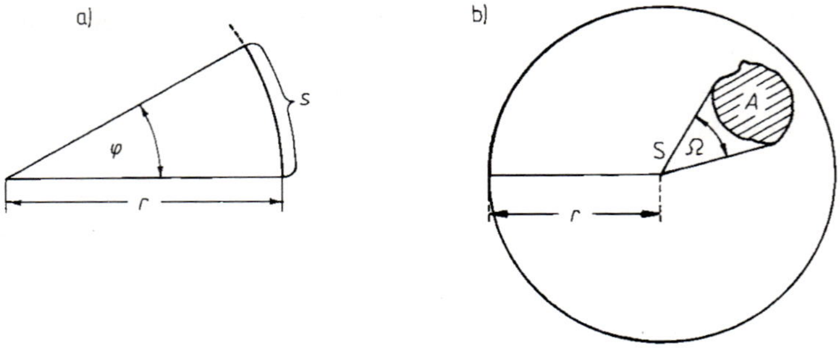

Abb. 2.3 Zur Definition von Bogenmaß (a) und Raumwinkel (b)

Die SI-Einheit für den ebenen Winkel im Bogenmaß ist demnach

$$\frac{1\ \text{m}}{1\ \text{m}} = 1\ \text{rad}\ \ (1\ \text{Radiant}).$$

1 rad ist der Winkel, der aus einem Kreis mit dem Radius $r = 1$ m einen Bogen der Länge $s = 1$ m ausschneidet. Der „volle" Winkel im Bogenmaß ist also

$$\varphi_{\text{voll}} = \frac{2 r \pi}{r} = 2 \pi\ \text{rad}.$$

Für die Umrechnung vom Bogenmaß ins Gradmaß und umgekehrt gilt:

$$2 \cdot \pi\ \text{rad} = 360°; \qquad \text{also ist}\ \ 1\ \text{rad} = 57{,}3°,$$
$$1° = 0{,}0174\ \text{rad}.$$

Raumwinkel

Neben dem ebenen Winkel definiert man noch den Raumwinkel (Abb. 2.3 b).

Schneidet ein Kegel aus einer Kugel mit dem Radius r, die um die Spitze S des Kegels gelegt wurde, die Fläche A aus, dann faßt der Kegel den Raumwinkel Ω ein. Er ist definiert durch

$$\Omega = \frac{A}{r^2}. \tag{2.16}$$

Die SI-Einheit ist $1\ \text{m}^2/1\ \text{m}^2 = 1$ sr (1 Steradiant). Da die Kugeloberfläche $A = 4 \cdot \pi \cdot r^2$ ist, beträgt der „volle" Raumwinkel

$$\Omega_{\text{voll}} = \frac{4 \pi r^2}{r^2} = 4 \pi\ \text{sr}.$$

Die Größen Raumwinkel und ebener Winkel sind (lt. Definition) dimensionslos, d.h. Winkelangaben sind reine Zahlen. Die Einheiten (rad und sr) können daher im allgemeinen weggelassen werden. In manchen Fällen empfiehlt sich jedoch ihre Verwendung, um mehr Klarheit zu erzielen.

Beispiel 2.5: Winkel
Wir betrachten ein 5-Mark-Stück (Durchmesser $d = 3$ cm) mit ausgestrecktem Arm (Entfernung $l = 0{,}8$ m). Unter welchem Winkel erscheint uns auf das Auge bezogen der Durchmesser d der Münze? Welchen Raumwinkel überdeckt die Fläche der Münze?

$$\varphi = \frac{d}{l} = \frac{3\ \text{cm}}{80\ \text{cm}} = \mathbf{0{,}0375\ rad} \qquad (\text{oder } 2{,}15°)$$

$$\Omega = \frac{A}{l^2} = \frac{(d/2)^2\,\pi}{l^2} = \frac{(1{,}5\ \text{cm})^2\,\pi}{(80\ \text{cm})^2} = 0{,}0011\ \text{sr} = \mathbf{1{,}1\ msr}.$$

Zeit

Die Zeit ist eine Basisgröße, ihre SI-Einheit die Sekunde (1 s).

Eine Zeiteinheit kann nur über einen periodisch ablaufenden Prozeß definiert werden. Jede Uhr beruht auf diesem Prinzip. Während früher astronomische Vorgänge zur Definition verwandt wurden, (z.B. die Erddrehung) oder mechanische Schwingungen (Pendel, Unruh), ist es heute (aus Genauigkeits- und Reproduzierbarkeitsgründen) die Schwingungsdauer einer bestimmten Spektrallinie, die als Normal dient. Über sie ist die Sekunde exakt festgelegt.

Für kurze Zeiten werden die üblichen Abkürzungen (Millisekunde, Mikrosekunde usw.) verwendet, für lange Zeiten sind die Begriffe Stunde (h), Tag (d) und Jahr (a) zulässig, die jedoch beim quantitativen Rechnen in Sekunden umgerechnet werden müssen (1 d = 24 h = 86 400 s).

Eine sehr wichtige Größe, die besonders für periodische Vorgänge (Drehbewegungen und Schwingungen) von Bedeutung ist, die Frequenz, kann aus der Zeit abgeleitet werden.

Frequenz

Die Frequenz gibt an, wie oft sich ein periodischer Vorgang in einer Sekunde wiederholt. Bezeichnen wir mit T die Periodendauer (Umlaufszeit bzw. Schwingungszeit), dann ist die Frequenz definiert durch

$$f = \frac{1}{T}. \tag{2.17}$$

Die SI-Einheit ist $1/\text{s} = 1\ \text{s}^{-1} = 1$ Hertz = 1 Hz.

Einige Beispiele für Frequenzangaben:

Pulsfrequenz	ca.	1,2 Hz
Technischer Wechselstrom		50,0 Hz
Kammerton a		440,0 Hz
Hessischer Rundfunk, 3. Programm		89,2 MHz

Messung kurzer Zeiten, Sichtbarmachung rascher Vorgänge:

Stroboskop: Es dient zur Sichtbarmachung rascher periodischer Vorgänge. Es besteht aus einer Lichtquelle, die in regelmäßigen, jedoch veränderbaren Abständen durch kurze Lichtblitze den Körper beleuchtet. Stimmt die Frequenz des beleuchteten Gegenstandes (z. B. schwingende Saite) mit der Blitzfrequenz überein, dann scheint dieser stillzustehen, da er stets im gleichen Zustand beleuchtet wird. Stimmt die Synchronisation nicht exakt überein, dann beobachtet man eine verlangsamte Bewegung mit einer Frequenz, die der Differenz zwischen Schwingungsfrequenz und Blitzfrequenz entspricht.

Elektronenstrahloszilloskop: In vielen Fällen können die zu beobachtenden Vorgänge in elektrische Signale umgewandelt und auf einem Oszillographenschirm sichtbar gemacht werden (s. Abschn. 6.5.1)

Geschwindigkeit und Beschleunigung

Ausgehend von den Basisgrößen Weg und Zeit (mit den dazugehörenden Basiseinheiten Meter und Sekunde) sollen in diesem Abschnitt diejenigen Größen beschrieben werden, mit deren Hilfe sich etwas über die Bewegung von Körpern aussagen läßt: Geschwindigkeit und Beschleunigung.

In den Abschnitten über Differentialrechnung (Abschn. 1.2 mit Bsp. 1.7) und Integralrechnung (Abschn. 1.3 mit Bsp. 1.12) haben wir die Begriffe Geschwindigkeit und Beschleunigung bereits eingeführt. An dieser Stelle ist zu empfehlen, sich diese Abschnitte einmal gründlich anzusehen. Hier soll lediglich das Wichtigste noch einmal zusammengefaßt und an Beispielen verdeutlicht werden, wobei besondere Aufmerksamkeit auf die graphischen Zusammenhänge zwischen Orts-, Geschwindigkeits- und Beschleunigungsfunktion ($s(t)$, $v(t)$ und $a(t)$) gerichtet wird.

Die Definition der Geschwindigkeit lautet:

$$\text{Geschwindigkeit} = \frac{\text{zurückgelegter Weg}}{\text{dazu benötigte Zeit}}.$$

Als SI-Einheit ergibt sich daraus: 1 m/s.

In mathematischer Formulierung bedeutet dies für die Momentangeschwindigkeit: Die Momentangeschwindigkeit ist die erste Ableitung des Weges nach der Zeit:

$$v = \frac{\mathrm{d}s(t)}{\mathrm{d}t}. \tag{2.18}$$

Graphisch erhält man also die Geschwindigkeit zu einem bestimmten Zeitpunkt aus der $s(t)$-Kurve, wenn man die Steigung der Kurve an dieser Stelle bestimmt.

Die Beschleunigung ist definiert durch die Beziehung:

$$\text{Beschleunigung} = \frac{\text{Geschwindigkeitsänderung}}{\text{dabei verstrichene Zeit}},$$

Die SI-Einheit lautet daher: 1 $\mathrm{m/s^2}$.

Die Steigung der $v(t)$-Kurve ergibt die Beschleunigung zum betrachteten Zeitpunkt:

$$a = \frac{\mathrm{d}v(t)}{\mathrm{d}t}. \tag{2.19}$$

Andererseits kann man (mathematisch durch Integration) auf graphischem Weg aus der $a(t)$-Kurve die Geschwindigkeitszunahme in einem bestimmten Zeitraum gewinnen, aus der $v(t)$-Kurve den zurückgelegten Weg.

$$\Delta v = \int_{t_1}^{t_2} a(t)\,\mathrm{d}t \quad \text{bzw.} \tag{2.20}$$

$$\Delta s = \int_{t_1}^{t_2} v(t)\,\mathrm{d}t. \tag{2.21}$$

Dazu ermittelt man jeweils die Fläche unter der $a(t)$ bzw. $v(t)$-Kurve im betrachteten Zeitraum.

Zur allgemeinen Charakterisierung einer *geradlinigen* Bewegung ist die Beschleunigung entscheidend. Es lassen sich drei Bewegungstypen unterscheiden:

a) Ist die Beschleunigung a immer Null, dann erhalten wir eine Bewegung mit konstanter Geschwindigkeit, da dann die Geschwindigkeitsänderung Δv ebenfalls Null ist. Wir nennen dies eine gleichförmige Bewegung. Es gelten dann die Beziehungen:

$$a = 0, \quad v = \text{const}; \qquad s = v \cdot t. \tag{2.22}$$

b) Ist die Beschleunigung konstant aber ungleich Null, dann nimmt die Geschwindigkeit infolge der konstanten Geschwindigkeitsänderung linear zu. Wir erhalten eine gleichförmig beschleunigte Bewegung:

$$a = \text{const}, \quad v = a \cdot t, \quad s = \tfrac{1}{2}\, a \cdot t^2. \tag{2.23}$$

c) Eine sich zeitlich ändernde Beschleunigung führt zu einer ungleichförmig beschleunigten Bewegung. Einfache Zusammenhänge lassen sich hier nicht angeben.

Die folgenden Beispiele sollen mit diesen Bewegungsformen und den Zusammenhängen zwischen $s(t)$, $v(t)$ und $a(t)$ vertraut machen.

Beispiel 2.6: Der freie Fall
Ein Turmspringer fällt vom 10 m-Turm in das Wasser. In welcher Zeit erreicht er die Wasseroberfläche und welche Geschwindigkeit besitzt er in diesem Moment?

Um die Rechnung durchführen zu können, müssen wir uns klarmachen, um welche Art von Bewegung es sich hier handelt. Es kann angenommen werden, daß die Luftreibung in diesem Fall nur eine vernachlässigbare Rolle spielt. D. h. aber, die einzige Kraft, die wir berücksichtigen müssen, ist die Anziehungskraft der Erde. Damit ist das gesamte Problem auf das des „freien Falls im Vakuum" reduziert worden:

Beim freien Fall im „luftleeren" Raum erfahren alle Körper eine konstante, zum Erdboden hin gerichtete Beschleunigung, die Erdbeschleunigung. Sie wird mit dem Buchstaben g bezeichnet und besitzt den Wert $g = 9{,}81\ \text{m/s}^2$.

Wir können somit auf den Turmspringer die Gleichungen 2.23 für die gleichförmig beschleunigte Bewegung anwenden:

$$t = \sqrt{\frac{2s}{g}} = \sqrt{\frac{2(10\ \text{m})}{9{,}81\ \text{m/s}^2}} = \mathbf{1{,}43\ s}.$$

$$v = g\,t = (9{,}81\ \text{m/s}^2)\,(1{,}43\ \text{s}) = \mathbf{14{,}0\ m/s}.$$

Beispiel 2.7: Kinematik des 100 m-Läufers
Zur Vereinfachung wollen wir (idealisierend) folgende Annahmen machen: Der Läufer hat nach 3 s bei konstanter Beschleunigung seine Endgeschwindigkeit von 9 m/s erreicht, die er bis zur 100 m-Marke durchhält. Anschließend wird er (wiederum bei konstanter Verzögerung, d. h. negativer Beschleunigung) langsamer und kommt nach 27 m zum Stand. Die $s(t)$-, $v(t)$- und $a(t)$-Diagramme sind in Abb. 2.4 übereinander gezeichnet.

Anhand der Formeln 2.23 ist es leicht, die restlichen Größen auszurechnen (z. B. die Laufzeit für die 100 m). Wir wollen jedoch hier näher auf die graphischen Verknüpfungen dieser Diagramme eingehen und dies an vier Zeitpunkten erläutern:

1) Geschwindigkeit = Steigung der $s(t)$-Kurve
Zur Zeit $t = t_1$ haben wir die Tangente an die $s(t)$-Kurve gezeichnet und mittels eines Steigungsdreiecks die Geschwindigkeit ausgerechnet.

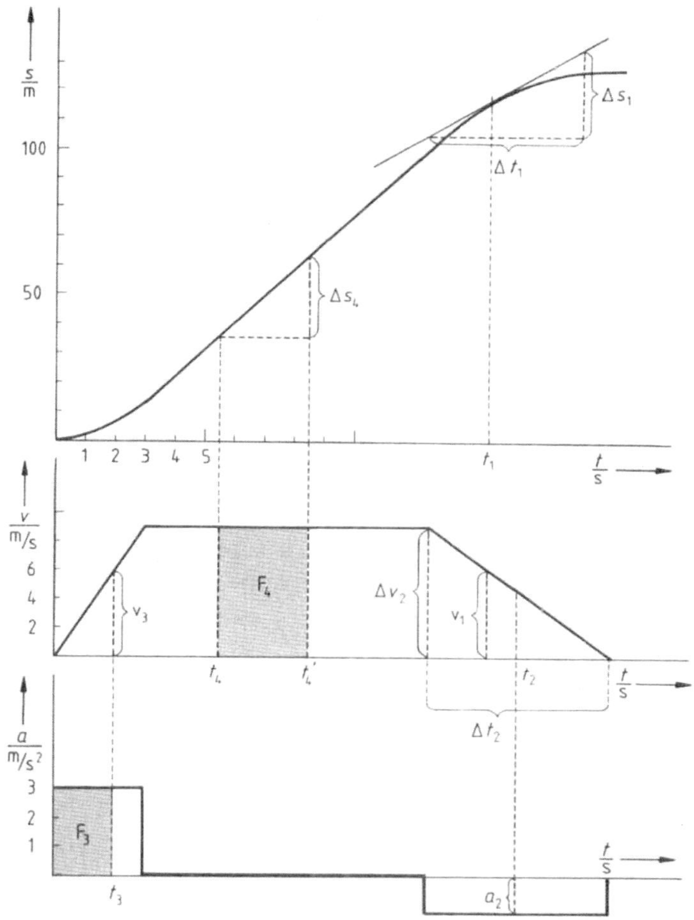

Abb. 2.4 Ort, Geschwindigkeit und Beschleunigung in Abhängigkeit von der Zeit für einen 100 m-Läufer (s. Beispiel 2.7)

$$\frac{\Delta s_1}{\Delta t_1} = \frac{30\text{ m}}{5\text{ s}} = 6\text{ m/s} = v_1.$$

Wir erkennen, daß dies exakt der Wert der $v(t)$-Funktion zu diesem Zeitpunkt ist.
2) Beschleunigung = Steigung der $v(t)$-Kurve
Bei der Abbremsung beträgt die Beschleunigung während der ganzen Zeit (z. B. auch zur Zeit t_2)

$$\frac{\Delta v_2}{\Delta t_2} = -\frac{9\text{ m/s}}{6\text{ s}} = -1{,}5\text{ m/s}^2 = a_2.$$

Dies ist auch der Wert im $a(t)$-Diagramm während dieser Zeitspanne.

3) Geschwindigkeitszunahme = Fläche unter der $a(t)$-Kurve für diesen Zeitraum.
Bilden wir z. B. die Fläche für den Zeitraum von 0 bis $t_3 = 2$ s (schraffiert), so ergibt sich

$$F_3 = \int_0^{t_3} a \,\mathrm{d}t = a \cdot t_3 = (3\ \mathrm{m/s^2})\,(2\ \mathrm{s}) = 6\ \mathrm{m/s} = v_3.$$

Diesen Wert können wir auch der $v(t)$-Kurve für $t = 2$ s entnehmen!
4) Der in einer bestimmten Zeitspanne zurückgelegte Weg = Fläche unter der $v(t)$-Kurve in diesem Zeitraum.
Interessieren wir uns für die Strecke zwischen den Zeiten t_4 und t_4', dann liefert die (in diesem Falle triviale) Integration

$$F_4 = \int_{t_4}^{t_4'} v \,\mathrm{d}t = v \cdot (t_4' - t_4) = (9\ \mathrm{m/s})\,(3\ \mathrm{s}) = 27\ \mathrm{m} = \Delta s_4.$$

Die $s(t)$-Kurve steigt in dicser Zeit um diesen Wert an!

Sehr wichtig ist an dieser Stelle jedoch der Hinweis, daß diese Zusammenhänge, die wir hier an sehr einfachen mathematischen Funktionen kennengelernt haben, für beliebige Kurven Gültigkeit behalten.

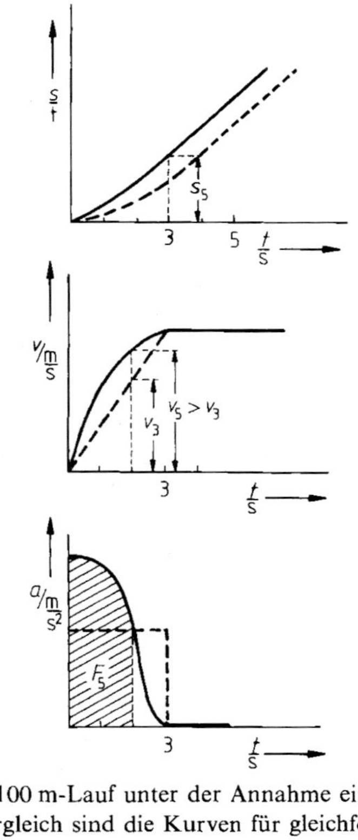

Abb. 2.5 Startvorgang beim 100 m-Lauf unter der Annahme einer ungleichförmigen Beschleunigung (s. Beispiel 2.8). Zum Vergleich sind die Kurven für gleichförmige Beschleunigung (Abb. 2.4) gestrichelt eingezeichnet

Beispiel 2.8: Ungleichförmig beschleunigte Bewegung
Wir wollen den Startvorgang von Bsp. 2.7 noch etwas wirklichkeitsnäher betrachten und eine ungleichförmige Beschleunigung annehmen. Sie soll von einem Maximalwert aus abnehmen, jedoch ebenfalls nach 3 s abgeschlossen sein (Abb. 2.5; gestrichelt der Verlauf von Abb. 2.4). Welche Konsequenzen ergeben sich verglichen mit Bsp. 2.7 qualitativ?

1) Betrachtet man wiederum die Fläche unter der $a(t)$-Kurve für den Zeitraum von 0 bis 2 s, dann erkennt man:

$$F_5 = \int_0^{t=2\,\mathrm{s}} a\,\mathrm{d}t > F_3 \text{ oder } v_5 \text{ ist größer als } v_3 .$$

Der Läufer hat nach 2 s bereits eine größere Geschwindigkeit erreicht.
2) Sind die Gesamtflächen (0 bis 3 s) jedoch gleich, so sind die Endgeschwindigkeiten nach 3 s gleich (s. $v(t)$-Kurve).
3) Insgesamt erreicht der Läufer eine bessere 100 m-Zeit als in Bsp. 2.7, da er in den ersten 3 s bereits eine größere Strecke s_5 (Fläche unter der $v(t)$-Kurve) zurückgelegt hat (s. $s(t)$-Kurve).

Qualitative Überlegungen dieser Art, bei denen aus der Kurvensteigung oder der eingeschlossenen Fläche Rückschlüsse auf andere Größen gezogen werden können, spielen in der Physik eine große Rolle. Sie sind von außerordentlichem Nutzen – auch für Anwendungen in der Medizin – und wir werden noch oft Gebrauch davon machen.

2.2.2 Bewegungsgesetze

Mit den bisher eingeführten Begriffen ist es möglich, die Bewegung von Körpern zu beschreiben. Dabei hat uns nicht interessiert, welches die Ursache für eine bestimmte Bewegung ist oder wie sie eventuell beeinflußt werden könnte. Mit diesen Fragen wollen wir uns nun befassen.

Masse

Um einen Körper zu beschleunigen, bedarf es einer Kraft, wie sie z. B. von einer gespannten Feder ausgeübt wird. Wir wissen aus Erfahrung, daß verschiedene Körper unterschiedlich beschleunigt werden, wenn die gleiche Kraft auf sie einwirkt. Um diese Eigenschaft eines Körpers quantitativ beschreiben zu können, führen wir eine neue Größe ein: die Masse.

Die Masse m eines Körpers ist ein Maß für seine Eigenschaft, einer Änderung seines Bewegungszustandes (d. h. einer Beschleunigung) einen Widerstand entgegenzusetzen.

Die Masse ist eine Basisgröße, ihre Einheit ist 1 Kilogramm = 1 kg. Sie ist festgesetzt durch einen Platinblock („Urkilogramm"), dessen Masse sehr genau derjenigen von 1 L Wasser bei 4 °C gleicht.

Tabelle 2.6 Dichte einiger Stoffe bei 0 °C und 1 bar

Substanz		Dichte in g/cm^3
Feste Stoffe:	Holz (Ahorn)	0,7
	Knochen	1,6
	Eisen	7,7
	Eis	0,92
Flüssigkeiten:	Wasser	0,997
	Wasser (4 °C)	1,00
	Blut	1,05
	Quecksilber	13,6
Gase:	Luft	$1{,}29 \cdot 10^{-3}$

Dichte

Um einen Stoff unabhängig vom Volumen bezüglich seiner Masse zu charakterisieren, verwendet man den Begriff der Dichte.

Definition:

$$\text{Dichte} = \frac{\text{Masse eines Körpers}}{\text{Volumen des Körpers}}; \quad \varrho = \frac{m}{V}. \tag{2.24}$$

SI-Einheit: $1\ kg/m^3$; gebräuchlich ist auch $1\ g/cm^3 = 10^3\ kg/m^3$.

In Tabelle 2.6 findet man Dichtewerte von einigen Substanzen. Sie sind im allgemeinen von Druck und Temperatur abhängig.

Ist die Dichte eines Körpers überall die gleiche, dann nennen wir ihn (bezüglich der Dichte) *homogen*. Benutzen wir die obige Definition für einen inhomogenen Körper, dann erhalten wir die *mittlere Dichte.*

Kräfte

Nun wollen wir uns der Frage zuwenden, wodurch Beschleunigungen hervorgerufen werden, d. h. wann Körper ihren Bewegungszustand (d. h. ihre Geschwindigkeit nach Betrag oder Richtung) ändern. Es wurde bereits erwähnt, daß dazu eine Einwirkung von außen notwendig ist, eine Kraft. Wir übernehmen diesen Begriff in unser physikalisches Größensystem und definieren ihn wie folgt:

Erfährt ein Körper der Masse m eine Beschleunigung $\boldsymbol{a}$, dann wirkt auf ihn eine Kraft $\boldsymbol{F}$, die definiert ist durch die Beziehung

$$\boldsymbol{F} = m \cdot \boldsymbol{a} \tag{2.25}$$

$\boldsymbol{F}$ ist (wie $\boldsymbol{a}$) ein Vektor, die SI-Einheit 1 kg m/s^2.
Die Krafteinheit hat einen eigenen Namen erhalten: 1 Newton = 1 N.

Untersuchen wir also die Bewegung eines Körpers und bestimmen die Beschleunigung sowie seine Masse, dann ist es möglich, auf die wirkende Kraft zu schließen. Dabei muß jedoch berücksichtigt werden, daß mehrere Kräfte gleichzeitig auf einen Körper einwirken können. Entscheidend für die Bewegung ist stets die Summe aller Kräfte, die nach den Regeln der Vektorrechnung gefunden werden kann.

$$\boldsymbol{F}_1 + \boldsymbol{F}_2 + \boldsymbol{F}_3 + \cdots = \boldsymbol{F}_{\text{res}}. \tag{2.26}$$

Gl. 2.25 stellt eine der wichtigsten Beziehungen in der Mechanik dar. Obwohl es sich im Grunde „nur“ um die Definitionsgleichung für die Kraft handelt, nennt man sie auch Grundgleichung der Mechanik oder II. Newtonsches Axiom.

Alternativ zur obigen Definition kann man diesen Zusammenhang noch mit anderem Wortlaut wiedergeben:

Die Grundgleichung der Mechanik ($\boldsymbol{F} = m\boldsymbol{a}$) verknüpft die auf einen Körper wirkende resultierende Kraft mit der Beschleunigung, die er aufgrund dieser Krafteinwirkung erfährt.

In der Praxis findet diese Gleichung auf zwei verschiedene Weisen Anwendung. Prinzipiell kann man

a) aus der beobachteten Beschleunigung eines Körpers auf die wirkende Kraft schließen oder
b) danach fragen, welche Bewegung ein Körper unter der Einwirkung einer bekannten Kraft ausführen wird.

Um zunächst einmal einige im Alltag wirksame Kräfte aufzuspüren, wollen wir nach a) einfache Bewegungen untersuchen und versuchen, die Eigenschaften der dabei auftretenden Kräfte zu ermitteln.

Gewichtskraft (Schwerkraft):

Bereits in Beispiel 2.6 wurde festgestellt, daß ein Körper im luftleeren Raum eine konstante Beschleunigung ($g = 9{,}81$ m/s^2) erfährt, die nach unten gerichtet ist. Die Anwendung der Kraftdefinition (Gl. 2.25) erlaubt somit den Schluß:

Auf jeden Körper (Masse m) wirkt im Bereich der Erdoberfläche eine Kraft, die zum Erdmittelpunkt gerichtet ist. Sie hat den Betrag

$$G = m \cdot g. \tag{2.27}$$

Wir nennen sie Gewichtskraft, Schwerkraft oder kurz Gewicht.

Man beachte den Unterschied zwischen Masse und Gewichtskraft (bzw. Gewicht), da diese Begriffe im alltäglichen Gebrauch anders verwendet werden. Ein Mensch mit der Masse 75 kg wirkt mit einer Gewichtskraft $G = mg = (75\ \text{kg})\,(9{,}81\ \text{m/s}^2) = 736\ \text{N}$ auf den Fußboden. Die Badwaage zeigt dagegen seine Masse an.

Federkraft:

Spiralfedern bieten eine bequeme Möglichkeit, Kräfte auszuüben. Im besonderen kann man sie benutzen, um Kräfte zu messen, da das Maß der Dehnung von der wirkenden Kraft abhängt. Experimentell kann man den folgenden Zusammenhang feststellen:

Die Längenänderung einer Feder s ist proportional zur angreifenden Kraft F.

$$F = D \cdot s. \tag{2.28}$$

(Hookesches Gesetz)

D nennt man die Federkonstante (Einheit: 1 N/m).

In Abb. 2.6 ist dies graphisch dargestellt. Trägt man Kraft F und Dehnung s in einem Diagramm auf, dann erhält man eine Gerade durch den Nullpunkt mit der Steigung $D = F/s$. D ist um so größer, je steifer die Feder ist, d.h. je kleiner die Dehnung bei gleichbleibender Kraft F ist. Eine Möglichkeit zur Eichung (d.h. zur Bestimmung von D) bietet die Gewichtskraft, da wir deren Eigenschaften bereits kennen.

Beispiel 2.9: Eichung einer Feder als Kraftmesser

Um eine Feder als Kraftmesser zu eichen, belasten wir sie mit einer bekannten Masse m und messen die dadurch bewirkte Dehnung s der Feder (Abb. 2.7). Da im Gleichgewicht die Beschleunigung $\boldsymbol{a}$ der Masse gleich Null ist, muß auch die resultierende Kraft $\boldsymbol{F}_{\text{res}}$ gleich Null sein (Gl. 2.25), d.h.

$$\boldsymbol{F}_{\text{res}} = \boldsymbol{F}_{\text{F}} + \boldsymbol{G} = 0.$$

Die beiden gleichzeitig auf die Masse wirkenden Kräfte $\boldsymbol{G}$ (Gewichtskraft) und $\boldsymbol{F}_{\text{F}}$ (Federkraft) sind entgegengesetzt gerichtet und von gleichem Betrag.
Das bedeutet

$$D \cdot s = m \cdot g, \tag{2.29}$$

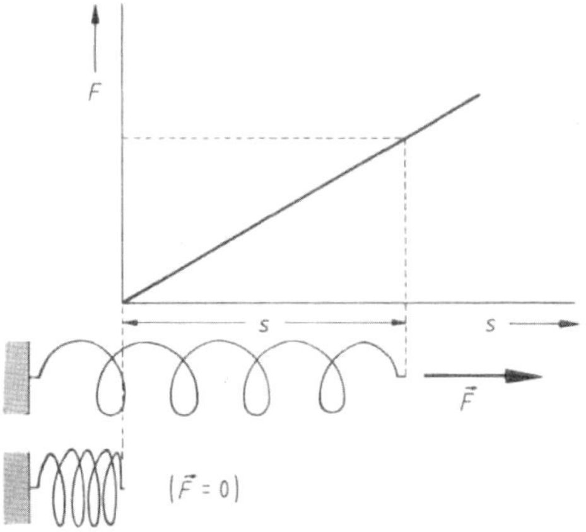

Abb. 2.6 Zum Hookeschen Gesetz: Die Längenänderung einer Feder s ist proportional zur angreifenden Kraft F. In einem $F(s)$-Diagramm ergibt das eine Gerade, deren Steigung F/s gleich der Federkonstanten D ist

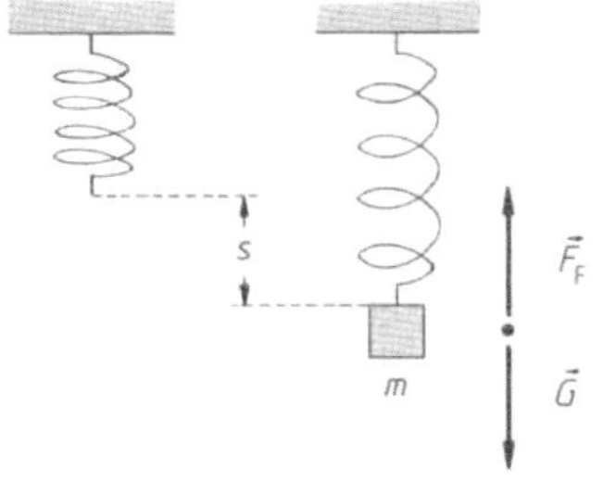

Abb. 2.7 Eine Feder kann durch Anhängen einer bekannten Masse m als Kraftmesser geeicht werden, wenn gleichzeitig die Dehnung s gemessen wird

oder

$$D = \frac{m \cdot g}{s}.$$

Zahlenbeispiel: $m = 0{,}1$ kg; $s = 0{,}25$ m.

$$D = \frac{(0{,}1\ \text{kg})\,(9{,}81\ \text{m/s}^2)}{(0{,}25\ \text{m})} = \mathbf{3{,}9\ N/m}.$$

Reibungskraft:

Wenn wir den freien Fall (vgl. Bsp. 2.6) nicht im Vakuum, sondern in der Atmosphäre untersuchen, dann stellen wir fest, daß die Beschleunigung langsam abnimmt. Schließlich erreicht sie den Wert Null, und es liegt eine Bewegung mit konstanter Geschwindigkeit vor. Wir können diese Erscheinung z. B. beobachten bei einem Fallschirmspringer, bei Regentropfen, aber auch bei Körpern, die in einer Flüssigkeit sinken, oder eine schiefe Ebene hinabgleiten.

Nach Gl. 2.25 muß daher die resultierende Kraft, die auf den bewegten Körper einwirkt, ebenfalls Null sein. Da jedoch die Gewichtskraft auf der Erdoberfläche immer in gleicher Stärke wirkt (unabhängig von der Geschwindigkeit des Körpers und der Umgebung), muß angenommen werden, daß eine der Gewichtskraft entgegengesetzte Kraft $\boldsymbol{F}_R$ wirksam ist, die diese teilweise oder vollkommen kompensiert. Im letzten Fall würde gelten

$$\boldsymbol{F}_{res} = \boldsymbol{G} + \boldsymbol{F}_R = 0 \quad \text{oder} \quad \boldsymbol{F}_R = -\boldsymbol{G}. \tag{2.30}$$

Die Folge ist eine gleichförmige Bewegung. Wir wissen aus der täglichen Erfahrung, daß diese Kraft ihre Ursache in der Reibung zwischen Körpern hat, die sich relativ zueinander bewegen.

Infolge der Reibung mit der unmittelbaren Umgebung wirkt auf jeden bewegten Körper eine der Bewegungsrichtung entgegengesetzte (d. h. die Bewegung hemmende) Reibungskraft.

Die Eigenschaften dieser Reibungskräfte (mit Ausnahme ihrer Richtung) sind sehr davon abhängig, was für ein spezielles System betrachtet wird. Allgemein kann gesagt werden, daß die Reibungsphänomene sehr kompliziert und daher nur schwer quantitativ faßbar sind. Wir wollen hier nur kurz auf den Fall eingehen, daß zwei feste Körper gegeneinander bewegt werden. Dabei ist zu unterscheiden zwischen

a) *Haftreibung*: Sie muß überwunden werden, um einen ruhenden Körper in gleitende Bewegung zu versetzen.
b) *Gleitreibung*: Sie muß überwunden werden, um ihn in gleitender Bewegung zu halten.

Bei gleichbleibender Beschaffenheit der reibenden Oberflächen kann über die Reibungskraft in beiden Fällen gesagt werden:

Die Reibungskraft ist proportional zu der Kraft, mit der die beiden Körper senkrecht gegeneinander gedrückt werden, zur sog. Normalkraft N:

$$F_R = \mu \cdot N. \tag{2.31}$$

Der Reibungskoeffizient μ ist eine dimensionslose Größe.

Die Reibungsarten unterscheiden sich im Reibungskoeffizienten μ, wobei immer gilt:

$$\mu_{\text{Haftreibung}} = \mu_{\text{H}} > \mu_{\text{Gleitreibung}} = \mu_{\text{G}}.$$

Zahlenangaben für μ sind nicht sehr zuverlässig, da die Oberflächenbeschaffenheit einen starken Einfluß hat. Ein Beispiel soll uns jedoch die Größenordnung dieser Kräfte klarmachen.

Beispiel 2.10: Die Reibung von Gummi auf Asphalt
Wie stark haften Autoreifen auf der Straße? Hier gelten etwa folgende Werte:

$$\mu_{\text{H}} = 1, \quad \mu_{\text{G}} = 0{,}1.$$

Besitzt ein Auto die Masse von $m = 10^3$ kg, (N = Gewichtskraft = 10^4 N) dann braucht man eine Kraft von

a) $F_{\text{H}} = \mu_{\text{H}} \cdot N = 10^4$ N, um es bei blockierenden Rädern auf ebener Straße von der Stelle zu schieben.
b) $F_{\text{G}} = \mu_{\text{G}} \cdot N = 0{,}1 \cdot (10^4 \text{ N}) = 10^3$ N, um es (bei noch blockierenden Rädern) weiter zu schieben.

Um eine Vorstellung vom Einfluß der Oberfläche zu erhalten, sei gesagt, daß μ_{H} auf ca. 0,1 (nasse Straße) bzw. 0,01 (vereiste Straße) sinken kann.

Es ist bemerkenswert, daß die Gleitreibung nicht von der Geschwindigkeit abhängt. Bei der Bewegung von festen Körpern durch Flüssigkeiten und Gase (freier Fall!) nimmt die Reibungskraft proportional zur Geschwindigkeit zu.

2.2.3 Arbeit und Energie

Neben den eben besprochenen Kräften gibt es noch eine Vielzahl weiterer Kräfte, auf die wir an passender Stelle noch zurückkommen werden (Auftriebskraft, elektrische und magnetische Kräfte, Kernkraft, Muskelkraft etc.). Es sei daran erinnert, daß oft mehrere Kräfte gleichzeitig auf einen Körper einwirken. Die Beschleunigung des Körpers wird stets durch die resultierende Kraft (gewonnen durch Vektoraddition) bestimmt.

Wir wenden uns nun der Frage zu, was sich am Zustand eines Körpers ändert, wenn auf ihn eine resultierende Kraft einwirkt.

Dazu betrachten wir den folgenden einfachen Vorgang (s. Abb. 2.8):

Ein Körper wird auf einer reibungsfreien Unterlage zunächst durch eine sich entspannende Feder auf eine bestimmte Geschwindigkeit beschleunigt und läuft anschließend eine schiefe Ebene hinauf, wo er in einer bestimmten Höhe h zur Ruhe kommt. Auch hier können wir die umgangssprachlichen Begriffe Arbeit und Energie verwenden, um das Geschehen zu beschreiben:

In der gespannten Feder ist Energie gespeichert, gleichzeitig drückt sie mit einer bestimmten Kraft gegen den Körper. Läßt man zu, daß die Kraft den Körper wegschiebt, dann nimmt der

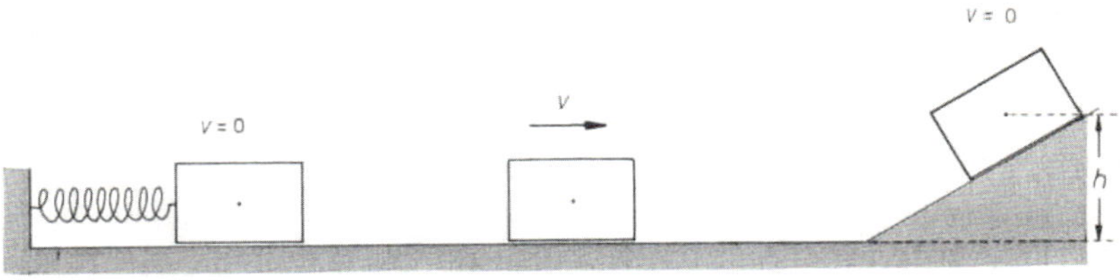

Abb. 2.8 Zur Erläuterung der Begriffe Arbeit und Energie

Energiegehalt der Feder ab und der Körper gewinnt Energie in Form wachsender Geschwindigkeit. Man sagt, die Feder leistet Arbeit an dem Körper.

Das Hochlaufen des Körpers auf der schiefen Ebene bedeutet ein Anheben gegen die Gewichtskraft. Durch die Arbeit, die er gegen die Gewichtskraft verrichtet, verliert er ständig an Bewegungsenergie (d. h. Geschwindigkeit) und gewinnt Energie der Lage (d. h. Höhe).

Überläßt man das System sich selbst, dann läuft der ganze Vorgang wieder rückwärts ab: Die Gewichtskraft beschleunigt den Körper (Arbeitsleistung), der schließlich die dadurch gewonnene Bewegungsenergie durch erneute Arbeitsleistung an die Feder abgibt und sie spannt.

In einem Körper, an dem Arbeit verrichtet wurde, ist das Vermögen gespeichert, selbst wieder Arbeit zu leisten. Dieses Vermögen nennt man Energie. Energie, die ihm zugeführt wurde, kann der Körper wieder abgeben.

Unser Beispiel hat bereits gezeigt, daß es verschiedene Arten von Energie gibt. Diese sowie der Begriff der Arbeit sollen nun exakt definiert werden.

Arbeit

Die Definition der Arbeit wird im Kapitel „Mathematische Grundlagen" gegeben (s. Gln. 1.10 und 1.28). Zur Wiederholung:

Wirkt eine konstante Kraft F über eine Strecke s, dann hat sie eine Arbeit geleistet:

$$W = F_s \cdot s. \tag{2.32}$$

F_s ist dabei die Kraftkomponente in Wegrichtung. Die SI-Einheit für die Arbeit $\left(1\ \mathrm{N\,m} = 1\ \frac{\mathrm{kg\,m^2}}{\mathrm{s^2}}\right)$ erhält den eigenen Namen: 1 Joule = 1 J.

Ändert sich die Kraft F_s längs der zurückgelegten Strecke, dann läßt sich die Arbeit entweder durch Integration (s. Mathematische Grundlagen)

$$W = \int_{s_1}^{s_2} F_s \cdot \mathrm{d}s \tag{2.33}$$

ermitteln, oder man muß die Fläche unter der $F_s(s)$-Kurve geometrisch bestimmen.

In welcher Form die Körper, an denen durch eine äußere Kraft F_a Arbeit geleistet wird, Energie gewinnen, hängt von den Kräften ab, gegen die gearbeitet werden muß. Allgemein lassen sich drei Fälle unterscheiden:

a) Außer F_a ist keine Kraft wirksam. Dann erhöht sich die Bewegungsenergie (kinetische Energie) des Körpers.
b) F_a muß gegen eine sog. konservative Kraft (Schwerkraft, Federkraft) Arbeit leisten. Dadurch wird die Lageenergie (potentielle Energie) des Körpers gesteigert.
c) F_a muß Reibungskräfte überwinden. In diesem Fall erscheint die geleistete Arbeit als Wärmeenergie.

Diese neuen Begriffe sollen zunächst an einem Beispiel verdeutlicht und anschließend quantitativ gefaßt werden.

Beispiel 2.11: Energien
Ein Radfahrer sei in der Lage, durch Betätigung seiner Muskeln eine Kraft $\boldsymbol{F}_a$ zu entwickeln, die Rad und Fahrer vorwärts bewegt (Abb. 2.9).

a) Zuerst beschleunigt der Fahrer auf glatter, ebener Fahrbahn (keine Steigung, keine Reibung). Da keine Kräfte zu überwinden sind, steigert er seine kinetische Energie.

$W = \Delta E_k$.

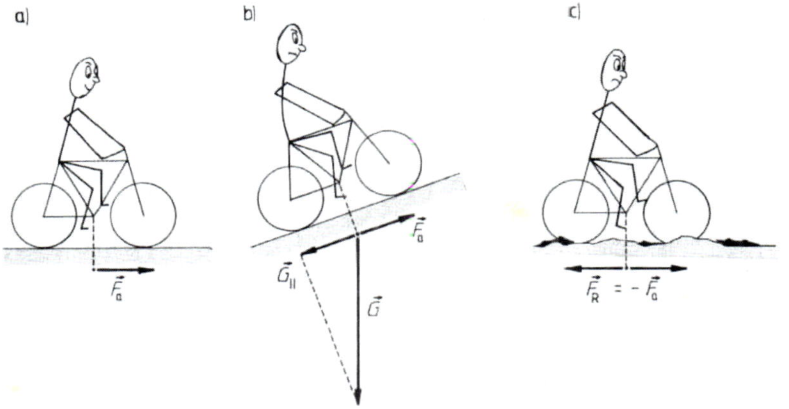

Abb. 2.9 Mittels einer Kraft $\boldsymbol{F}_a$ kann durch Arbeitsleistung die kinetische Energie (a), die potentielle Energie (b) oder der Wärmeinhalt (c) eines Körpers erhöht werden

b) Fährt er sodann mit konstanter Geschwindigkeit eine Steigung hinauf, dann muß er mit $\boldsymbol{F}_a$ die zur Fahrbahn parallele Komponente der Gewichtskraft kompensieren.

$$\boldsymbol{F}_a = -\boldsymbol{G}_{||}.$$

Er gewinnt an Höhe, d.h. an potentieller Energie.

$$W = \Delta E_p.$$

c) Schließlich muß er eine Strecke auf einem ebenen, aufgeweichten Feldweg zurücklegen. $\boldsymbol{F}_a$ dient nun dazu, gegen die Reibungskraft $\boldsymbol{F}_R$ mit konstanter Geschwindigkeit voranzukommen.

$$\boldsymbol{F}_a = -\boldsymbol{F}_R.$$

Er wird dabei weder schneller (Zunahme der kinetischen Energie = 0) noch gewinnt er an Höhe (keine Zunahme der potentiellen Energie). Es wird ausschließlich Wärmeenergie erzeugt.

$$W = \Delta Q.$$

Kinetische Energie

Lassen wir auf einen Körper der Masse m, der nicht an einer Bewegung gehindert wird, eine konstante Kraft F wirken, dann erfährt er eine Beschleunigung $a = F/m$. Nachdem er eine Strecke s durchlaufen hat, wurde insgesamt eine Arbeit $F \cdot s$ geleistet. Wie hängt diese mit der Geschwindigkeit des Körpers zusammen?

Aus $s = \frac{1}{2} \cdot a \cdot t^2 = \frac{1}{2} \cdot \frac{v^2}{a}$ (s. Gl. 2.23) folgt

$$v^2 = 2 \cdot \frac{F}{m} \cdot s.$$

Daraus ergibt sich

$$F \cdot s = \tfrac{1}{2} \cdot m \cdot v^2 = E_k.$$

In der Größe $(1/2) \cdot m \cdot v^2$ haben wir einen Ausdruck gefunden, der die geleistete Arbeit mit den Größen verbindet, die sich auf die Bewegung des Körpers beziehen. Man nennt ihn die kinetische Energie des Körpers.

Die an einem freien Körper von einer Kraft geleisteten Arbeit ist gleich der Änderung seiner kinetischen Energie

$$E_k = \tfrac{1}{2} \cdot m \cdot v^2. \qquad (2.34)$$

Mit anderen Worten:

Bewegt sich ein Körper der Masse m mit der Geschwindigkeit v, dann ist in ihm ein Energiebetrag der Größe $1/2 \cdot m \cdot v^2$ gespeichert, der jederzeit für beliebige Arbeitsleistungen verwendet werden kann.

Selbstverständlich kann die kinetische Energie auch abnehmen, wenn die Kraft F der Bewegung entgegengerichtet ist.

Potentielle Energie

Wollen wir einen Körper der Masse m entgegen der Schwerkraft $\boldsymbol{G}$ eine schiefe Ebene (reibungsfrei) hinaufschieben, dann muß eine nach oben gerichtete Kraft $\boldsymbol{F}$ wirken, deren Betrag gleich der Komponente $\boldsymbol{G}_{\parallel}$ ist (Abb. 2.10). Bezeichnen wir die zurückgelegte Strecke mit s, dann ist der geleistete Arbeitsbetrag

$$W = F \cdot s = G_{\parallel} \cdot s = (G \cdot \sin\alpha) \cdot (h/\sin\alpha) = G \cdot h = m \cdot g \cdot h.$$

Man erkennt, daß unabhängig vom zurückgelegten Weg s der Gewinn an potentieller Energie nur von der erreichten Höhe h abhängt.

Wird ein Körper mit der Masse m gegen die Gewichtskraft auf die Höhe h angehoben, dann nimmt seine potentielle Energie zu:

$$E_p = m \cdot g \cdot h. \tag{2.35}$$

Die potentielle Energie einer gespannten Feder:

Wird eine Feder durch eine Kraft F gedehnt oder zusammengedrückt, dann wird die geleistete Arbeit ebenfalls als potentielle Energie in der Feder gespeichert. Auch hier muß F immer gleich (aber entgegengerichtet) der Federkraft sein. Da diese jedoch von der Deformation s abhängt, muß für die Berechnung der Arbeit die Integralformel (Gl. 2.33) angewendet werden

$$W = \int_0^{s_0} F \cdot ds = \int_0^{s_0} D \cdot s \cdot ds = \tfrac{1}{2} \cdot D \cdot s_0^2.$$

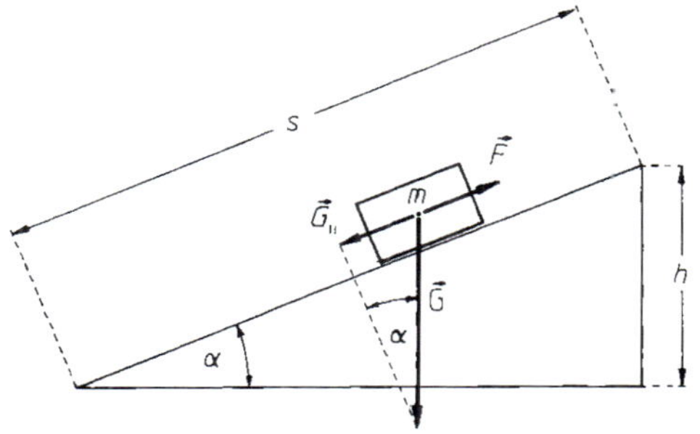

Abb. 2.10 Die potentielle Energie eines Körpers hängt nur von der Höhe h ab, nicht jedoch vom Weg s (und von der Steigung α), auf dem er die Höhe h erreicht hat

Wird eine Feder (Federkonstante D) durch eine Kraft um eine Strecke s_0 gedehnt oder zusammengedrückt, dann wird die geleistete Arbeit W als potentielle Energie gespeichert:

$$E_p = \frac{1}{2} D s_0^2. \tag{2.36}$$

Wir wollen bei dieser Gelegenheit noch einmal die Methode der graphischen Integration wiederholen:

Die geleistete Arbeit W (und damit der Zuwachs an potentieller Energie) für eine bestimmte Deformation s_0 ist gleich der Fläche A unter der $F(s)$-Kurve zwischen 0 und s_0 (Abb. 2.11). Die Darstellung der potentiellen Energie als Funktion von s nennt man die Potentialkurve einer Spiralfeder.

Konservative Kräfte

Man kann alle Kräfte in zwei Klassen einteilen: Konservative und dissipative Kräfte. Wodurch unterscheiden sie sich? Die folgende Betrachtung soll dies klären (Abb. 2.12):

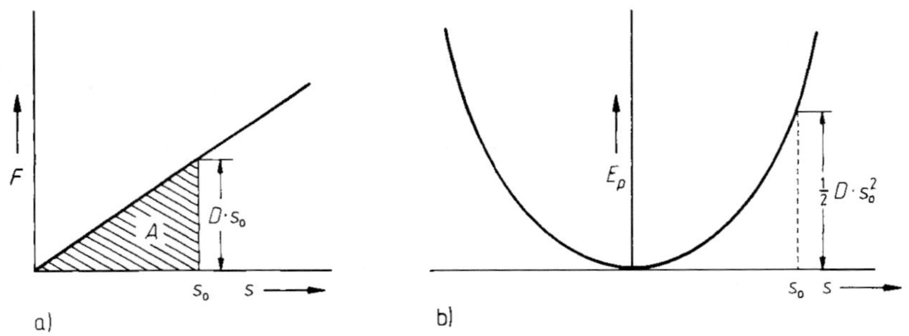

Abb. 2.11 Die Arbeitsleistung beim Spannen einer Feder erhält man durch Flächenbildung unter der $F(s)$-Kurve (a). Die potentielle Energie E_p als Funktion der Dehnung s hat Parabelform: $D \sim s^2$. Man nennt dies die Potentialkurve einer Feder (b)

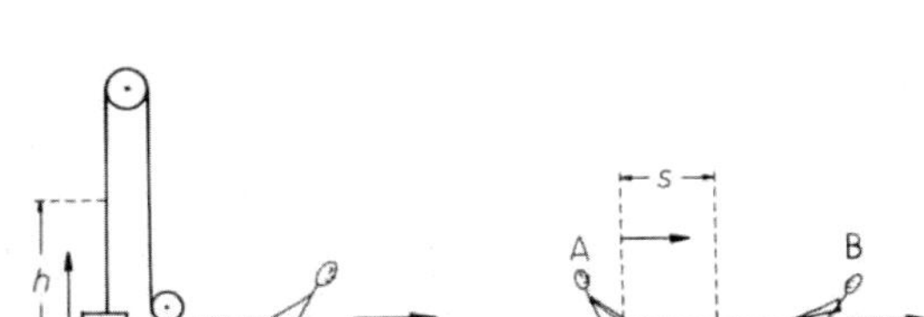

Abb. 2.12 Arbeit gegen konservative Kräfte (z. B. Schwerkraft) wird als mechanische Energie gespeichert. Arbeit gegen dissipative Kräfte (z. B. Reibung) erzeugt Wärmeenergie

Wenn man mit Hilfe einer Seilrolle eine Last (Masse *m*) eine bestimmte Strecke (Höhe *h*) anhebt, dann wird Arbeit gegen die Schwerkraft geleistet. Ebenso könnte diese Arbeit dazu verwendet werden, eine Feder zu spannen. In beiden Fällen erhöht sich die potentielle Energie um einen bestimmten Betrag, der anschließend vollständig zu weiterer Arbeitsleistung zur Verfügung steht.

Wird bei der Arbeit gegen eine Kraft die potentielle Energie des Systems erhöht, dann nennt man diese Kraft konservativ. Nur diese Kräfte besitzen ein sog. Potential.

Beim Tauziehen zweier Kinder (A und B) leistet das stärkere, B, eine bestimmte Arbeit gegen die Muskelkraft von A, wenn es A um eine Strecke *s* wegzieht. Mit dieser Arbeit wird jedoch weder die potentielle noch die kinetische Energie von A erhöht. Sie ist als mechanische Energie verloren gegangen und letztlich in Wärme umgewandelt worden. Das gleiche wäre der Fall, wenn B einen Wagen gegen die Reibungskräfte mit konstanter Geschwindigkeit weiter bewegt hätte.

Arbeitsleistung gegen dissipative (d.h. mechanische Energie verbrauchende) Kräfte führt nicht zur Steigerung der potentiellen Energie des Systems. Es erfolgt Umwandlung in Wärmeenergie, die sich nicht vollständig in mechanische Energie zurückverwandeln läßt.

Schließlich müssen noch zwei Eigenschaften der potentiellen Energie erwähnt werden:

Die Änderung der potentiellen Energie eines Systems hängt nur vom Anfangs- und Endzustand ab, nicht aber vom Weg, der bei diesem Vorgang durchlaufen wurde.
Den Nullpunkt der potentiellen Energie kann man willkürlich wählen.

Besteigt man einen Berg, dann ist die Zunahme von E_p unabhängig davon, ob der direkte Weg genommen wird, oder ob man in Serpentinen hinaufsteigt. Die überwundene Höhendifferenz *h* (und damit auch ΔE_p) ist in beiden Fällen dieselbe. Sie hängt auch nicht davon ab, ob der Nullpunkt für E_p ($h = 0$) an den Fußpunkt des Berges oder auf Meereshöhe gelegt wird.

Energieerhaltung

Energieformen, die beliebig und vollständig ineinander umgewandelt werden können (d.h. E_k und E_p) faßt man zur mechanischen Energie zusammen. Damit können wir folgendes feststellen:

Wird an einem System, in dem nur konservative Kräfte wirksam sind, Arbeit geleistet, dann führt dies zu einer Änderung der mechanischen Energie

$$W = \Delta E_p + \Delta E_k.$$

Betrachtet man im besonderen ein sogenanntes abgeschlossenes System, auf das keine äußeren Kräfte einwirken ($W = 0$!), dann folgt daraus, daß sich die mechanische Energie des Systems nicht ändert.

Einen solchen Sachverhalt nennt man einen Erhaltungssatz. In diesem Fall ist die Größe, deren Betrag sich nicht ändert, die mechanische Energie, und es kann der Erhaltungssatz für die mechanische Energie so formuliert werden:

In einem abgeschlossenen System bleibt die Summe aus potentieller und kinetischer Energie konstant

$$E_p + E_k = \text{konstant} = E_{\text{gesamt}}. \tag{2.37}$$

Nimmt eine Energieform ab, dann muß die andere zwangsläufig um denselben Betrag zunehmen.

Diese Zusammenhänge haben wir bereits in Abb. 2.8 qualitativ angedeutet. Nun können wir die folgende Beziehung für dieses System (Feder, Körper) aufschreiben:

$$\tfrac{1}{2} \cdot D \cdot s^2 + m \cdot g \cdot h + \tfrac{1}{2} \cdot m \cdot v^2 = E_{\text{gesamt}}. \tag{2.38}$$

Ist die Gesamtenergie bekannt (das ist z. B. die Energie der gespannten Feder zu Beginn, da zu diesem Zeitpunkt v und $h = 0$), so lassen sich andere Größen (z. B. die maximale Geschwindigkeit v oder die erreichte Höhe h) auf einfache Weise errechnen.

An einem anderen Beispiel soll nun gezeigt werden, wie man unter Verwendung des Energieerhaltungssatzes leicht quantitative Ergebnisse erzielen kann.

Beispiel 2.12: Der freie Fall ohne Luftreibung
Wie groß ist die Endgeschwindigkeit eines Körpers, wenn man ihn aus einer Höhe $h_0 = 1{,}5$ m zu Boden fallen läßt?

In der Höhe h_0 besitzt er die potentielle Energie mgh_0. Dies ist auch die Gesamtenergie, da in diesem Moment $v = 0$. Während des Falls nimmt E_k im gleichen Maß zu, in dem E_p abnimmt. Unmittelbar vor dem Aufschlagen ist die gesamte Energie in kinetische Energie $1/2\, mv^2$ übergegangen. Gleichsetzen liefert uns die Endgeschwindigkeit v_0.

$$mgh_0 = \tfrac{1}{2} m v_0^2, \quad \text{oder}$$

$$v_0 = \sqrt{2 \cdot g \cdot h_0} = \sqrt{2 \cdot (9{,}8\ \mathrm{m/s^2})\,(1{,}5\ \mathrm{m})} \doteq \mathbf{5{,}4\ m/s}.$$

Reibungsarbeit (Wärmeenergie)

Wir haben bereits erwähnt, daß bei jeder Bewegung (da Reibung nie ganz ausgeschaltet werden kann) ein Teil der mechanischen Energie „verloren geht" und in Wärme umgewandelt wird. Da wir auch schon wissen (und wir werden es in einem späteren Kapitel begründen), daß es sich hierbei ebenfalls um eine Energieform handelt, können wir diese in unsere Energiebilanz mit einbeziehen.

Im abgeschlossenen System bleibt die Summe aus mechanischer Energie und Wärmeenergie konstant:

$$E_p + E_k + Q = \text{konstant} \qquad (2.39)$$

(Erweiterter Energieerhaltungssatz)

Beispiel 2.13: Der freie Fall mit Luftreibung (Abb. 2.13)

Beim freien Fall erreicht jeder Körper einen Zustand, in dem er sich mit konstanter Geschwindigkeit bewegt (z. B. Fallschirmspringer, Regentropfen, sinkende Kugel in einer Flüssigkeit usw.). Dies tritt dann ein, wenn die mit wachsender Geschwindigkeit zunehmende Reibungskraft $\boldsymbol{F}_R$ (Abb. 2.13 b) die zunächst beschleunigende Gewichtskraft vollständig kompensiert. In dieser Situation (Abb. 2.13 c) kann über die Energien folgendes festgestellt werden:

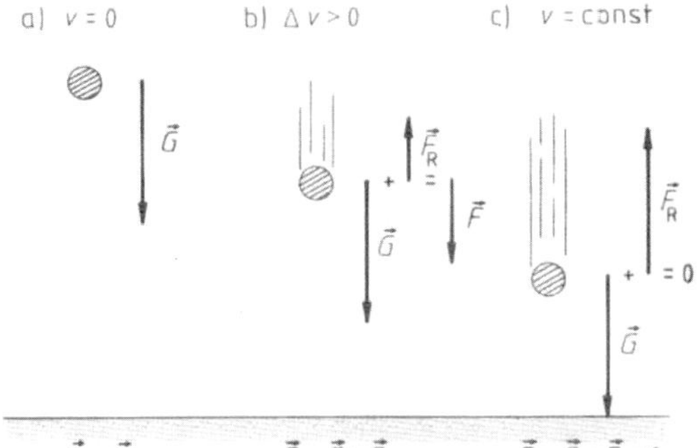

Abb. 2.13 Freier Fall mit Luftreibung: Im Moment des Loslassens ($v = 0$) wirkt nur die Gewichtskraft G (a). Mit zunehmender Geschwindigkeit vergrößert sich die Reibungskraft F_R (b). Schließlich erreicht sie betragsmäßig die Schwerkraft, $F_R = G$, so daß $F_{res} = 0$ und v = konstant wird (c)

Da sich die kinetische Energie nicht ändert (v = const.), ist die Abnahme der potentiellen Energie gleich der gebildeten Wärmeenergie

$$\Delta E_p = \Delta Q.$$

Quantitative Aussagen sind in diesem Fall jedoch erst möglich, wenn ein formelmäßiger Ausdruck für die Reibungskraft bekannt ist, die natürlich von Größen wie Fallgeschwindigkeit, Form des Körpers, Art des umgebenden Mediums usw. abhängt.

Leistung

Oft ist nicht der Betrag der verrichteten Arbeit wichtig, sondern es interessiert die Zeit, die dafür benötigt wurde. Wir sagen: Je schneller eine Arbeit erledigt wird, um so größer ist die Leistung.

Wir übernehmen diesen Begriff in unser physikalisches Größensystem und definieren:

$$\text{Leistung} = \frac{\text{verrichtete Arbeit}}{\text{benötigte Zeit}}; \quad P = \frac{W}{\Delta t}. \tag{2.40}$$

Die SI-Einheit für die Leistung folgt hieraus zu

$$1\,\frac{\text{J}}{\text{s}} = 1\text{ Watt} = 1\text{ W}.$$

Beispiel 2.14: Leistung beim Treppensteigen

Ein 75 kg schwerer Mann benötigt für die Treppe ins nächste Stockwerk (h = 4 m) eine Zeit von 3 s. Wie groß sind Arbeit und Leistung?

$$W = F \cdot h = m \cdot g \cdot h = (75\text{ kg})\,(9{,}8\text{ m/s}^2)\,(4\text{ m}) = 2940\text{ J},$$

$$P = \frac{W}{\Delta t} = \frac{2940\text{ J}}{3\text{ s}} = \mathbf{980\ W}.$$

2.2.4 Impuls und Kraftstoß

Viele Vorgänge in der Mechanik können im weitesten Sinn als Zusammenstoß von Körpern angesehen werden (z. B. das Schlagen eines Tennisballes, der Antrieb einer Rakete, der Zusammenstoß zweier Autos usw.). Prozesse dieser Art können mit den bisher besprochenen Methoden nicht ohne weiteres behandelt werden, da entweder die Kräfte nicht im Einzelnen bekannt sind (um die Bewegungsgleichung $\boldsymbol{F} = m\boldsymbol{a}$ anzuwenden) oder die mechanische Energie nicht erhalten bleibt (um den Erhaltungssatz für die mechanische Energie einzusetzen). In diesen Fällen ist es nützlich, eine weitere physikalische Größe, den Impuls, zu verwenden, der nun eingeführt werden soll.

Impuls

Zunächst müssen wir noch ein wichtiges Prinzip im Zusammenhang mit Kraftwirkungen kennenlernen.

Ein Buch, das auf einem Tisch liegt, drückt mit einer Kraft, die gleich seiner Gewichtskraft ist, auf die Tischplatte, die sich dadurch u. U. etwas durchbiegt. Mit der gleichen Kraft wirkt jedoch auch die Tischplatte auf das Buch, das dadurch in Ruhe bleibt.

$\boldsymbol{F}_B$ (Buch auf Tisch) $= \boldsymbol{G}$.

$\boldsymbol{F}_T$ (Tisch auf Buch) $= -\boldsymbol{F}_B$ (Buch auf Tisch) $= -\boldsymbol{G}$.

Die resultierende Kraft auf das Buch ist daher

$$\boldsymbol{F} = \boldsymbol{G} + \boldsymbol{F}_T = \boldsymbol{G} - \boldsymbol{G} = 0.$$

Dieser Satz kann allgemein formuliert werden:

Wirkt ein Körper A mit einer Kraft $\boldsymbol{F}_A$ auf einen Körper B, dann übt B eine gleich große, entgegengesetzt gerichtete Kraft $\boldsymbol{F}_B$ auf den Körper A aus („Kraft gleich Gegenkraft", III. Newtonsches Axiom).

$$\boldsymbol{F}_A \text{ (Kraft von A auf B)} = -\boldsymbol{F}_B \text{ (Kraft von B auf A)}. \tag{2.41}$$

Dieser Satz gilt auch für Körper, die sich in Bewegung befinden, zu jedem Zeitpunkt.

Ein Junge sitzt auf einem Wagen 1 (Masse von Wagen und Junge ist m_1) und schiebt mit seinen Beinen einen zweiten Wagen (Masse m_2) von sich (Abb. 2.14). Beide Wagen waren zunächst in Ruhe. Die Beziehung zwischen den beiden wirkenden Kräften $\boldsymbol{F}_1$ und $\boldsymbol{F}_2$ kann unter Verwendung der Definitionen von Kraft (Gl. 2.25) und Beschleunigung (Gl. 2.19) umgeschrieben werden:

$$\boldsymbol{F}_1 = -\boldsymbol{F}_2, \quad \text{oder}$$

$$m_1 \boldsymbol{a}_1 = -m_2 \boldsymbol{a}_2, \quad \text{oder}$$

$$m_1 \frac{\mathrm{d}\boldsymbol{v}_1}{\mathrm{d}t} = -m_2 \frac{\mathrm{d}\boldsymbol{v}_2}{\mathrm{d}t}.$$

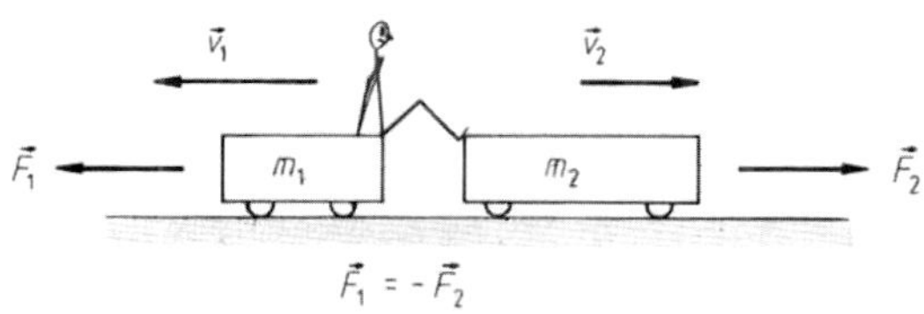

Abb. 2.14 Die Kraft F_1 ist betragsmäßig gleich der Gegenkraft F_2

Zieht man die konstante Masse mit in das Differential hinein, so ergibt sich

$$\frac{\mathrm{d}(m_1 \boldsymbol{v}_1)}{\mathrm{d}t} = -\frac{\mathrm{d}(m_2 \boldsymbol{v}_2)}{\mathrm{d}t}. \tag{2.42}$$

Demnach ist also die Änderung der Größe $(m\boldsymbol{v})$ für beide Wagen zu jedem Zeitpunkt gleich. Es erweist sich als zweckmäßig, dafür einen eigenen Begriff einzuführen.

Das Produkt aus Masse m und Geschwindigkeit $\boldsymbol{v}$ eines Körpers bezeichnet man als den Impuls $\boldsymbol{p}$. $\boldsymbol{p}$ ist ein zu $\boldsymbol{v}$ paralleler Vektor.

$$\boldsymbol{p} = m\boldsymbol{v}. \tag{2.43}$$

Die SI-Einheit für den Impuls ist $1\,\frac{\mathrm{kg\,m}}{\mathrm{s}}$.

Impulserhaltung

Aus Gl. 2.42 kann ein wichtiger Schluß gezogen werden:

$$\frac{\mathrm{d}}{\mathrm{d}t}(\boldsymbol{p}_1) + \frac{\mathrm{d}}{\mathrm{d}t}(\boldsymbol{p}_2) = \frac{\mathrm{d}}{\mathrm{d}t}(\boldsymbol{p}_1 + \boldsymbol{p}_2) = 0.$$

Diese Gleichung sagt aus, daß sich der Gesamtimpuls des Systems (das ist die vektorielle Summe der Impulse beider Körper) während des gesamten Vorganges nicht ändert. Diese Tatsache kann in Form eines Erhaltungssatzes formuliert werden:

In einem abgeschlossenen System, d. h. solange nur innere Kräfte wirksam sind (wie die zwischen den beiden Wagen), bleibt der Gesamtimpuls des Systems erhalten.

$$\boldsymbol{p}_1 + \boldsymbol{p}_2 = \text{konstant}. \tag{2.44}$$

Kraftstoß

Nun wäre noch die Frage interessant, wie sich der Impuls eines Körpers ändert, wenn eine äußere Kraft $\boldsymbol{F}$ auf ihn einwirkt. Zur Beantwortung erinnern wir uns an den Zusammenhang zwischen Kraft und Impuls (s. Herleitung von Gl. 2.42):

$$\frac{\mathrm{d}(m\boldsymbol{v})}{\mathrm{d}t} = \frac{\mathrm{d}\boldsymbol{p}}{\mathrm{d}t} = \boldsymbol{F}. \tag{2.45}$$

Durch Integration erhält man daraus:

$$\int_{t_0}^{t} \boldsymbol{F} \cdot \mathrm{d}t = \int_{\boldsymbol{p}_0}^{\boldsymbol{p}} \mathrm{d}\boldsymbol{p} = \boldsymbol{p} - \boldsymbol{p}_0 = \Delta \boldsymbol{p}. \tag{2.46}$$

$\boldsymbol{p}_0$ ist dabei der Anfangsimpuls des Körpers zur Zeit t_0, $\boldsymbol{p}$ derjenige zur Zeit t, $\Delta \boldsymbol{p}$ ist die durch Krafteinwirkung während der Zeit $(t - t_0) = \Delta t$ erfolgte Impulsänderung.

Wirkt eine Kraft über eine bestimmte Zeit Δt auf einen Körper ein, dann ist die dadurch bewirkte Impulsänderung $\Delta \boldsymbol{p}$ gleich dem Kraftstoß $\int_{\Delta t} \boldsymbol{F} \cdot \mathrm{d}t$.

Dem Kraftstoß (und damit auch der Impulsänderung $\Delta \boldsymbol{p}$) entspricht die Fläche unter der $F(t)$-Kurve während der Stoßzeit Δt (Abb. 2.15; s. auch Abschn. 1.3). Im allgemeinen ist es schwierig, den genauen Verlauf von $F(t)$ anzugeben. Dann ist es nützlich, die mittlere Kraft $\bar{F}$ abzuschätzen, die während der Zeit Δt wirken muß, um die gleiche Impulsänderung zu bewirken wie der Kraftstoß. Dazu müssen in Abb. 2.15 die entsprechenden Flächen gleich sein.

$$\int_{\Delta t} F(t)\,\mathrm{d}t = \bar{F} \cdot \Delta t.$$

Ist für einen Stoßvorgang die Impulsänderung $\Delta \boldsymbol{p}$ eines Körpers bekannt, und kennt man auch die ungefähre Dauer der Krafteinwirkung Δt, dann kann die im zeitlichen Mittel wirkende Kraft $\bar{\boldsymbol{F}}$ berechnet werden aus der Beziehung

$$\bar{\boldsymbol{F}} = \frac{\boldsymbol{p}_2 - \boldsymbol{p}_1}{\Delta t} \tag{2.47}$$

Zusammenfassende Bemerkungen:

Kraftstoß und Impulsänderung eines Systems stehen im gleichen Verhältnis zueinander wie Arbeit und Energieänderung des Systems. Wirkt auf ein System

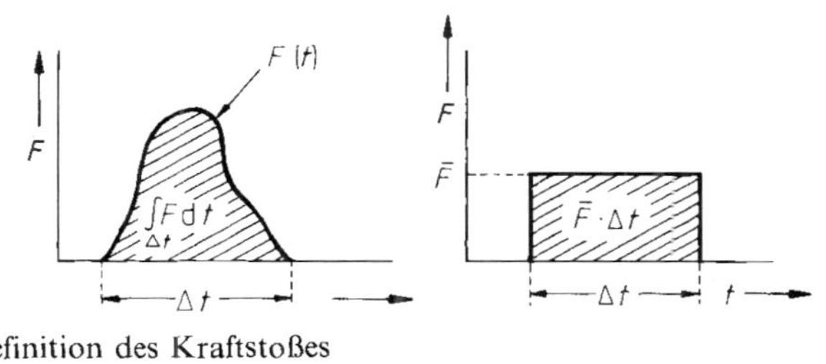

Abb. 2.15 Zur Definition des Kraftstoßes

eine äußere Kraft $\boldsymbol{F}_a$, dann kann je nach Problemstellung Kraftstoß und/oder Arbeit berechnet werden, woraus sich wiederum Impuls- und Energieänderung ergeben. Ist das System abgeschlossen ($\boldsymbol{F}_a = 0$), dann bleiben Energie und Impuls erhalten.

Eine Fülle von Anwendungen dieser Prinzipien ergeben sich im Zusammenhang mit den in der Einleitung zu diesem Abschnitt erwähnten Stoßprozessen.

Stoßprozesse

Unter einem Stoßprozeß versteht man die zeitlich begrenzte Krafteinwirkung zwischen zwei (oder mehreren) Körpern. Bei der Analyse eines solchen Vorganges kann man sich darauf beschränken, den Anfangs- und Endzustand der beteiligten Körper zu betrachten. Dies ist in vielen Fällen ausreichend, da die Einzelheiten des Stoßvorganges selbst nicht interessieren und wir nur wissen wollen, wie sich die einzelnen Teile des Systems nach dem Zusammenstoß bewegen.

Prinzipiell unterscheidet man zwischen elastischen und unelastischen Stößen. Für beide gelten die Erhaltungssätze für den Impuls und die Gesamtenergie. Die Unterscheidung bezieht sich auf die kinetische Energie:

> Ist die kinetische Energie des Systems nach dem Stoß gleich derjenigen vor dem Stoß, dann nennt man den Stoß elastisch. Ändert sie sich auf Kosten anderer Energieformen (Deformations- oder Wärmeenergie), dann spricht man vom unelastischen Stoß.

Die folgenden zwei Beispiele sollen die Anwendungsmöglichkeiten dieser Begriffe zeigen.

Beispiel 2.15: Unelastischer Stoß

Zwei Schlittschuhläufer A und B fahren unter einem rechten Winkel aufeinander zu (Abb. 2.16). Sie stoßen zusammen und bleiben aneinander hängen. a) Unter welchem Winkel und mit welcher

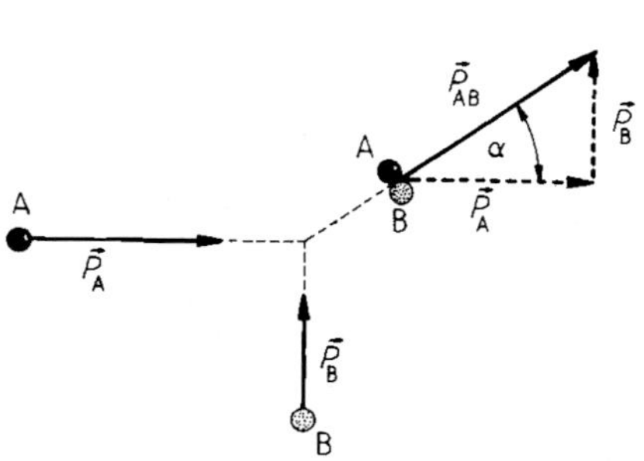

Abb. 2.16 Vektordiagramm für einen unelastischen Stoß (s. Beispiel 2.15)

Geschwindigkeit bewegen sie sich nach dem Stoß weiter? b) Um welchen Betrag hat sich die kinetische Energie beim Zusammenstoß verringert?

Angaben: $m_A = 40$ kg; $v_A = 2{,}5$ m/s;
$m_B = 60$ kg; $v_B = 1{,}5$ m/s.

Impulserhaltungssatz (Gl. 2.44):

Impuls vorher = Impuls nachher

$$\boldsymbol{p}_A + \boldsymbol{p}_B = \boldsymbol{p}_{AB}$$

Aus dem Additionsdreieck ergeben sich Betrag und Richtung des Impulses nach dem Stoß:

$$p_{AB} = \sqrt{p_A^2 + p_B^2} = \sqrt{\left(100\,\frac{\text{kg m}}{\text{s}}\right)^2 + \left(90\,\frac{\text{kg m}}{\text{s}}\right)^2} = 134{,}5\,\frac{\text{kg m}}{\text{s}}$$

Daraus erhält man die gesuchte Geschwindigkeit:

$$v_{AB} = \frac{p_{AB}}{m_{AB}} = \frac{134{,}5\,\frac{\text{kg m}}{\text{s}}}{(40 + 60)\text{ kg}} = \mathbf{1{,}345\ m/s}.$$

Der Tangens des Winkels zwischen $\boldsymbol{v}_{AB}$ und $\boldsymbol{v}_A$ ergibt sich zu

$$\tan\alpha = \frac{p_B}{p_A} = \frac{90\,\frac{\text{kg m}}{\text{s}}}{100\,\frac{\text{kg m}}{\text{s}}} = 0{,}90; \qquad \boldsymbol{\alpha = 42{,}0°}.$$

Energieerhaltungssatz (Gl. 2.39):

Energie vorher = Energie nachher

$$E_{k,A} + E_{k,B} = E_{k,AB} + Q$$

oder

$$Q = E_{k,A} + E_{k,B} - E_{k,AB}$$
$$= \tfrac{1}{2} m_A v_A^2 + \tfrac{1}{2} m_B v_B^2 - \tfrac{1}{2} m_{AB} v_{AB}^2$$
$$= 125\text{ J} + 67{,}5\text{ J} - 90{,}5\text{ J} = \mathbf{102\ J}.$$

Bei diesem unelastischen Zusammenstoß wurden 102 J der kinetischen Energie der beiden Läufer in Wärme umgewandelt.

Beispiel 2.16: Kraftstoß

Ein PKW ($v = 10$ m/s) fährt gegen einen Baum. Der Fahrer ist angeschnallt. Sein Körper ($m = 75$ kg) wird vom Gurt (Auflagefläche $A = 0{,}05\text{ m}^2$) abgefangen und kommt in 0,5 s zur Ruhe. Wie groß ist die mittlere Kraft pro Quadratmeter auf den Körper?

Gl. 2.47 liefert:

$$\bar{F} = \frac{p_2 - p_1}{\Delta t} = \frac{(75\text{ kg})\,(10\text{ m/s}) - 0}{0{,}5\text{ s}} = 1500\text{ N}$$

$$\frac{\bar{F}}{A} = \frac{1500\text{ N}}{0{,}05\text{ m}^2} = \mathbf{3{,}0 \cdot 10^4\ N/m^2}$$

Sein Beifahrer ist nicht angeschnallt. Er fliegt mit seinem Kopf ($m = 5$ kg) gegen die Scheibe (Berührungsfläche $A = 5 \cdot 10^{-4}\ \mathrm{m}^2$). Der Kopf wird in einer Zeit von 0,02 s abgebremst. Welche Kräfte sind hier wirksam?

$$\frac{\bar{F}}{A} = \frac{p_2 - p_1}{\Delta t \cdot A} = \frac{(5\ \mathrm{kg})\,(10\ \mathrm{m/s}) - 0}{(0{,}02\ \mathrm{s})\,(5 \cdot 10^{-4}\ \mathrm{m}^2)} = \mathbf{5 \cdot 10^6\ N/m^2}\,.$$

Entsprechend der sehr verschiedenen Kräfte und der betroffenen Körperstellen hat der Beifahrer sicher mit schwereren Verletzungen zu rechnen. Die Sicherheit kann erhöht werden durch Verlängerung der Stoßzeit Δt (Knautschzonen, Elastizität des Gurts) und große Kontaktfläche A (breite Gurte, aufblasbare Polster).

2.3 Bewegungsarten

In Abschnitt 2.2 haben wir Begriffe kennengelernt, die es uns ermöglichen, eine große Anzahl von Bewegungsvorgängen quantitativ zu beschreiben. Alle Betrachtungen und Beispiele beschränken sich dabei auf Bewegungen längs einer Geraden. Diese werden auch als Translationsbewegungen bezeichnet.

Zwei weitere Bewegungen spielen in der Physik eine wichtige Rolle: Drehbewegungen (Rotationen) und Schwingungen (Oszillationen). Mit ihnen werden wir uns nun beschäftigen. Es ist zweckmäßig, hierfür einige neue Begriffe einzuführen, um eine ebenso knappe Schreibweise der Gesetzmäßigkeiten zu erreichen wie für die geradlinige Bewegung.

Zum besseren Verständnis der Drehbewegungen wollen wir zwei Fälle unterscheiden (Abb. 2.17):

a) Die Bewegung eines Körpers auf einer Kreisbahn. Dabei wird angenommen, daß die Abmessungen des Körpers klein sind gegenüber dem Kreisradius, so daß er als punktförmig angesehen werden kann (Abb. 2.17 a).

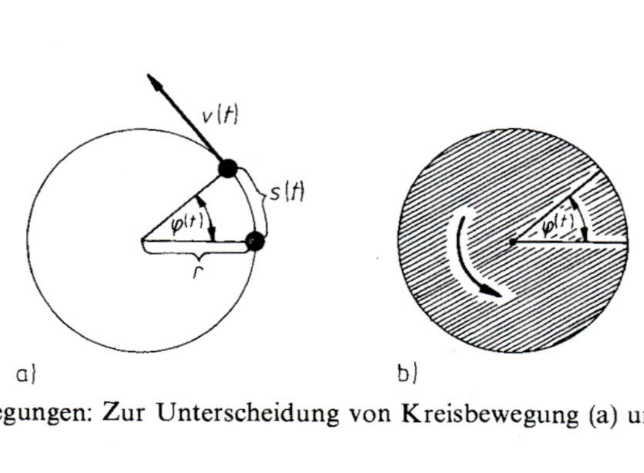

Abb. 2.17 Drehbewegungen: Zur Unterscheidung von Kreisbewegung (a) und Rotation (b)

In diesem Fall ist eine Beschreibung der Bewegung mit den uns bekannten Größen (zurückgelegte Wegstrecke s, Geschwindigkeit v usw.) noch möglich. Wir wollen diese Bewegung jedoch benutzen, um die neuen Begriffe zu definieren, die für Fall b) unentbehrlich sind.

b) Die Rotation eines ausgedehnten Körpers um eine feste Achse (Abb. 2.17 b).

Es ist leicht einzusehen, daß hier die oben genannten Begriffe in der gewohnten Weise nicht anwendbar sind, da Wegstrecke und Geschwindigkeit für verschiedene Punkte des Körpers verschieden sind. Hier werden uns die neuen Größen helfen.

2.3.1 Kreisbewegungen

Aus Abbildung 2.17 wird deutlich, daß der Winkel φ eine Größe ist, die die momentane Lage eines Körpers bezüglich einer Drehbewegung eindeutig angibt (zur Definition dieser Größe $\varphi = s/r$ siehe Abschnitt 2.2.1). Er tritt an die Stelle der Wegkoordinate s. Ist φ als Funktion der Zeit bekannt, dann können Lage und Bewegung des Körpers jederzeit angegeben werden.

Winkelgeschwindigkeit

Ein Körper bewegt sich um so schneller auf einer Kreisbahn, je rascher sich der Winkel φ ändert. Wir definieren daher:

$$\text{Winkelgeschwindigkeit} = \frac{\text{überstrichener Winkel}}{\text{benötigte Zeit}};$$

$$\omega = \frac{d\varphi}{dt}. \qquad (2.48)$$

Die SI-Einheit lautet: $1\,s^{-1}$ oder $1\,rad/s$.

Da die Dimension der Winkeleinheit rad gleich 1 ist, wird die Einheit rad/s nur dort verwendet, wo sie zur Klarheit erforderlich ist.

Es läßt sich leicht eine Beziehung zwischen der Winkelgeschwindigkeit $\omega(= d\varphi/dt)$ und der Bahngeschwindigkeit $v(= ds/dt)$ des Körpers finden:

Wegen

$$\frac{ds}{dt} = \frac{d(r\varphi)}{dt} = r\frac{d\varphi}{dt}$$

gilt

$$v = r \cdot \omega. \qquad (2.49)$$

Bei einer Kreisbewegung mit konstanter Winkelgeschwindigkeit ist es auch üblich, die Begriffe Umlaufzeit und Umlauffrequenz zu benutzen:

Umlauffrequenz = Anzahl der Umläufe pro Sekunde

$$f = \frac{\omega}{2\pi} \tag{2.50}$$

(Einheit: 1 s^{-1})

Umlaufzeit = Zeit für einen Umlauf

$$T = 1/f \tag{2.51}$$

(Einheit: 1 s)

Beispiel 2.17: Winkelgeschwindigkeit

Der Messerbalken eines Rasenmähers (Länge 0,5 m) dreht sich mit einer Frequenz von 3600 min^{-1} (= 60 s^{-1}). Wie groß sind

a) die Winkelgeschwindigkeit des Balkens,
b) die Bahngeschwindigkeit des Messers am Ende des Balkens?

Gl. 2.50 liefert uns das erste Ergebnis:

$$\omega = (2\pi) f = (2\pi)\,(60\ \mathrm{s}^{-1}) = \mathbf{377\ rad/s}.$$

Die Bahngeschwindigkeit erhält man aus Gl. 2.49:

$$v = r \cdot \omega = (0{,}25\ \mathrm{m})\,(377\ \mathrm{s}^{-1}) = 94{,}25\ \mathrm{m/s} = \mathbf{339\ km/h}.$$

Winkelbeschleunigung

Analog zur Bahnbeschleunigung $a = \frac{dv}{dt}$ definieren wir:

$$\text{Winkelbeschleunigung} = \frac{\text{Änderung der Winkelgeschwindigkeit}}{\text{Zeitintervall}};$$

$$\alpha = \frac{d\omega}{dt}. \tag{2.52}$$

Die SI-Einheit lautet 1 s^{-2} oder 1 rad/s^2.

Gl. 2.49 gibt einen Zusammenhang zwischen Winkelgeschwindigkeit und Bahngeschwindigkeit. Wenn wir in gleicher Weise eine Beziehung suchen zwischen den Beschleunigungen, dann müssen wir bedenken, daß bei der Bewegung eines Körpers auf einer Kreisbahn zwei Fälle zu unterscheiden sind:

a) Vergrößert sich sein Geschwindigkeitsbetrag, dann ist eine zu v parallele Beschleunigung wirksam, die Bahnbeschleunigung a_B (Tangentialbeschleunigung).
b) Da sich die Richtung der Geschwindigkeit laufend ändert, ist auch eine Beschleunigung senkrecht zu v wirksam. Wir sprechen von der Zentripetalbeschleunigung a_Z (Radialbeschleunigung).

Wie hängen diese mit den Winkelgrößen zusammen?

a) Für die Bahnbeschleunigung erhält man durch Ableiten von (2.49) nach der Zeit:

$$\frac{dv}{dt} = r \cdot \frac{d\omega}{dt} \quad \text{oder} \quad a_B = r \cdot \alpha. \tag{2.53}$$

b) Die Formel für die Zentripetalbeschleunigung a_Z wurde in den mathematischen Grundlagen (Gl. 1.26) abgeleitet:

$$a_Z = \frac{v^2}{r} = \omega^2 \cdot r. \tag{2.54}$$

Für eine Kreisbewegung mit konstanter Winkelgeschwindigkeit ist a_B natürlich Null, a_Z besitzt den durch Gl. 2.54 gegebenen Wert.

Beispiel 2.18: Geschwindigkeit eines Satelliten
Welche Geschwindigkeit v muß ein Satellit besitzen, damit er sich in konstanter Höhe von 120 km auf einer Kreisbahn um die Erde bewegt (Abb. 2.18)?

Jeder Körper in der Nähe der Erdoberfläche (Höhe h = 120 km ist sehr klein gegen den Erdradius R = 6380 km) wird mit g = 9,8 m/s² in Richtung zum Erdmittelpunkt beschleunigt. Diese Beschleunigung erfährt auch der Satellit. Gl. 2.54 liefert uns die gesuchte Geschwindigkeit:

$$v = \sqrt{r \cdot a_Z} = \sqrt{(h + R)\,g} = \sqrt{(6{,}5 \cdot 10^6\,\text{m})\,(9{,}8\,\text{m/s}^2)} = 8{,}0 \cdot 10^3\,\text{m/s} = \mathbf{28{,}8 \cdot 10^3\,km/h}.$$

Zeitabhängigkeit von Winkel und Winkelgeschwindigkeit bei der gleichförmig beschleunigten Drehbewegung:

Die Definition der neu eingeführten Größen Winkelgeschwindigkeit ω und Winkelbeschleunigung α gleichen formal denjenigen der geradlinigen Bewegung

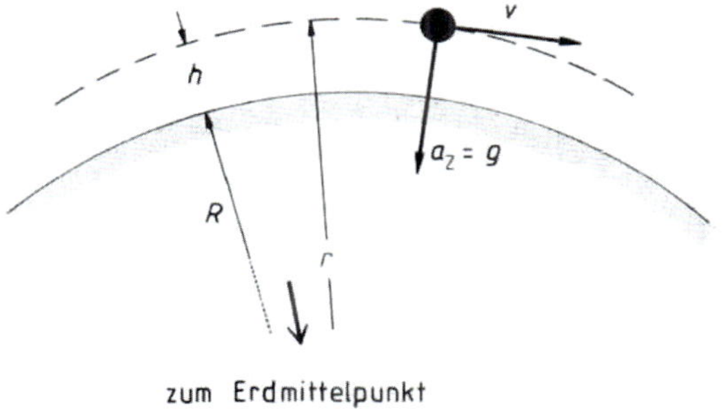

Abb. 2.18 Zu Beispiel 2.18

$\left(v = \frac{ds}{dt} \text{ und } a = \frac{dv}{dt}\right)$. Das hat zur Konsequenz, daß sich die daraus hergeleiteten Gesetze ($v(t) = a \cdot t$ und $s(t) = 1/2\,a t^2$) auf die Drehbewegung übertragen lassen, wenn man nur die Wegkoordinate s durch die Winkelkoordinate φ ersetzt. Das heißt explizit:

Für die gleichförmig beschleunigte Drehbewegung ($\alpha = \text{const}$) gelten folgende Beziehungen:

$$\omega(t) = \alpha t \quad \text{und} \quad \varphi(t) = \tfrac{1}{2}\,\alpha t^2. \tag{2.55}$$

Wir wollen nun unsere Bemühungen in dieser Richtung noch fortsetzen und zwei weitere Größen einführen, die es uns ermöglichen, auch für die Dynamik der Drehbewegungen (d.h. für den Zusammenhang zwischen den wirkenden Kräften und der dadurch hervorgerufenen Rotation) ein Gesetz zu finden, das der Bewegungsgleichung $F = ma$ für die geradlinige Bewegung entspricht.

Die Dynamik der Drehbewegung

Wir wissen aus Erfahrung, daß Kräfte allein nicht genügen, um eine Drehbewegung zu erzeugen.

Um eine Drehtür in Rotation zu versetzen (Abb. 2.19), muß eine Kraft in geeigneter Weise wirken. Kräfte, die gegen die Drehachse ($\boldsymbol{F}_1$) oder längs eines Flügels der Tür ($\boldsymbol{F}_2$) drücken, zeigen keine Wirkung. Am leichtesten kommen wir durch die Tür, wenn wir in großem Abstand von der Drehachse senkrecht zum Flügel drücken ($\boldsymbol{F}_3$). Wie läßt sich dieser Sachverhalt quantitativ formulieren?

Am Ende eines Stabes (Länge R, die Masse sei zu vernachlässigen) ist eine Masse m befestigt, die sich zunächst im Punkt P_2 in Ruhe befindet. Das andere

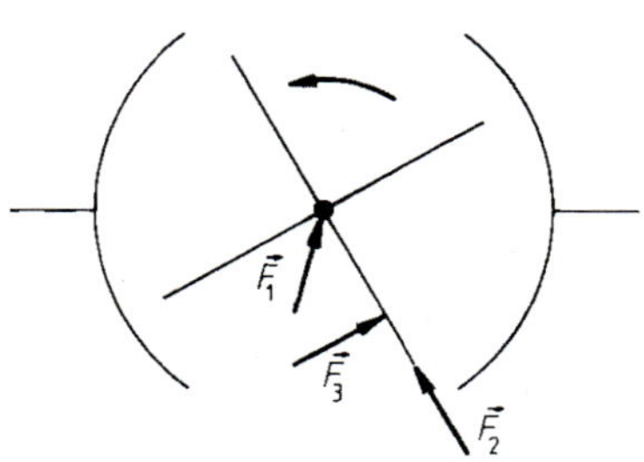

Abb. 2.19 Nur die Kraft $\boldsymbol{F}_3$ erzeugt ein Drehmoment, das die Drehtür bewegt, nicht jedoch die Kräfte $\boldsymbol{F}_1$ und $\boldsymbol{F}_2$

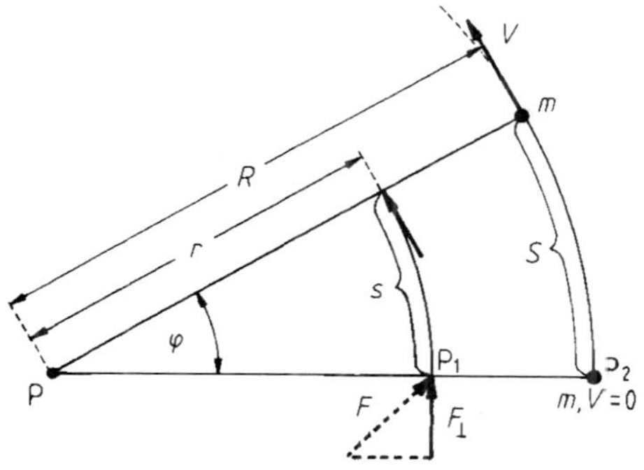

Abb. 2.20 Zur Herleitung der Bewegungsgleichung für die Drehbewegung

Ende des Stabes ist im Punkt P drehbar gelagert. Wir fragen nun nach der Winkelbeschleunigung α, wenn im Abstand r von P im Punkt P_1 eine konstante Kraft $\boldsymbol{F}$ an der Stange angreift (Abb. 2.20).

Zunächst ist klar, daß nur die zur Stange senkrechte Komponente $\boldsymbol{F}_\perp$ von $\boldsymbol{F}$ für unsere Betrachtung eine Rolle spielt. Wir berechnen nun die Beschleunigungsarbeit, die von der Kraft $\boldsymbol{F}_\perp$ geleistet wird, wenn sie die Masse m über eine Strecke S längs des Kreisbogens beschleunigt. Sie muß gleich sein der kinetischen Energie, die die Masse dabei gewinnt:

$$F_\perp \cdot s = \tfrac{1}{2} m V^2.$$

Für die Bewegung der Punkte P_1 und P_2 auf den entsprechenden Kreisbahnen können wir die Formeln 2.23 für die gleichförmig beschleunigte Bewegung anwenden, wobei a_B und A_B die Bahnbeschleunigung der beiden Punkte P_1 und P_2 bedeuten:

$$s = (\tfrac{1}{2})\, a_B \cdot t^2 \quad \text{und} \quad V = A_B \cdot t.$$

Drücken wir jetzt noch a_B und A_B durch die Winkelbeschleunigung α aus (Gl. 2.53; α ist für beide Punkte gleich!), dann erhalten wir:

$$F_\perp \cdot \tfrac{1}{2}(r \cdot \alpha) \cdot t^2 = \tfrac{1}{2} m (R \cdot \alpha)^2 \cdot t^2$$

oder

$$F_\perp \cdot r = m R^2 \alpha. \qquad (2.56)$$

Damit haben wir die angestrebte Beziehung zwischen einer wirkenden Kraft $F_\perp$ und der von ihr erzeugten Winkelbeschleunigung α gefunden. Vergleichen wir sie mit der uns bekannten Bewegungsgleichung für die geradlinige Bewegung $F = m \cdot a$ (Gl. 2.25), so erkennen wir, daß es zweckmäßig ist, zwei neue Größen zu definieren, um der Gl. 2.56 eine analoge Form zu geben.

Drehmoment und Trägheitsmoment

Greift an einem drehbar gelagerten Körper im Abstand r von der Drehachse eine Kraft F an, dann bezeichnet man das Produkt aus r und der Kraftkomponente $F_\perp$ von F, die senkrecht auf r steht, als das Drehmoment dieser Kraft:

$$M = F_\perp \cdot r. \tag{2.57}$$

SI-Einheit: 1 N m.

Obwohl dies formal auch die Einheit für die Arbeit bzw. Energie ist, sollte man für M nicht die Einheit 1 Joule verwenden.

Es gibt noch eine zweite Möglichkeit, das Drehmoment einer Kraft F zu berechnen, die ebenfalls häufig verwendet wird.

Ein Rad soll durch eine Kraft F in Drehung versetzt werden, die im Punkt P im Abstand r von der Achse unter einem Winkel ϑ (= Winkel zwischen F und r) angreift (Abb. 2.21 a).

Gl. 2.57 ergibt für das Drehmoment (Abb. 2.21 b):

$$M = F_\perp \cdot r = (F \cdot \sin \vartheta)\, r.$$

Man kann diesen Ausdruck anders schreiben und dementsprechend interpretieren (Abb. 2.21 c):

$$M = F \cdot (\sin \vartheta \cdot r) = F \cdot r_\perp.$$

$r_\perp$ ist der senkrechte Abstand der Kraftwirkungslinie KWL (Gerade in Kraftrichtung durch den Angriffspunkt) vom Drehpunkt. Man nennt diese Strecke den *Hebelarm* der Kraft.

Das Drehmoment errechnet sich aus dem Produkt Kraft mal Hebelarm

$$M = F \cdot r_\perp. \tag{2.57 a}$$

Befindet sich im Abstand R von der Drehachse eine Masse m, dann besitzt sie ein Trägheitsmoment I, das definiert ist durch die Beziehung

$$I = m R^2. \tag{2.58}$$

SI-Einheit: 1 kg m^2

Damit sind wir nun in der Lage, Gl. 2.56 passend zu formulieren:

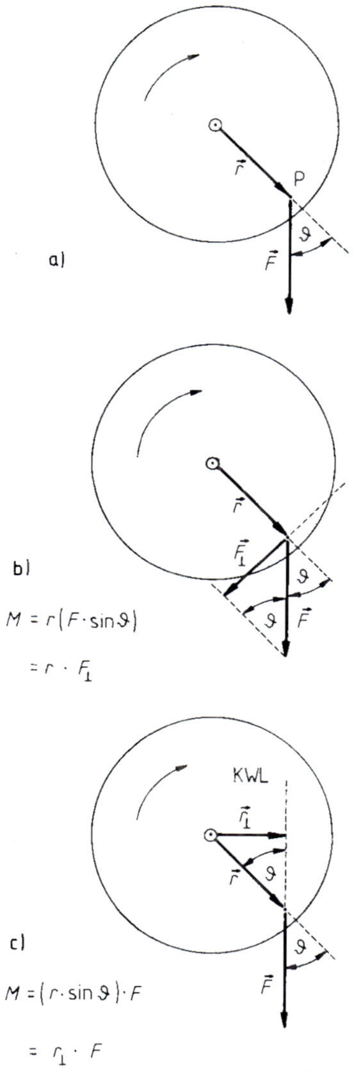

Abb. 2.21 Verschiedene Formulierungsmöglichkeiten für das Drehmoment

Wirkt auf einen drehbar gelagerten Körper mit dem Trägheitsmoment I ein Drehmoment M, dann erfährt er eine Winkelbeschleunigung α, für die gilt:

$$M = I \cdot \alpha. \tag{2.59}$$

Dies ist die Bewegungsgleichung für die Rotationsbewegung. (Man beachte die Analogie zur Bewegungsgleichung für die Translation, Gl. 2.25.)

Zwei wichtige Eigenschaften der neuen Größen Drehmoment M und Trägheitsmoment I müssen noch erwähnt werden:

a) r und R und damit auch M und I hängen vom gewählten Drehpunkt ab, d. h. sie ändern sich, wenn man diesen an eine andere Stelle des Körpers legt.
b) I und M sind additiv.

Besteht ein Körper aus mehreren fest miteinander verbundenen Massen, dann ist das Trägheitsmoment des ganzen Körpers bezogen auf eine bestimmte Achse gleich der Summe der Trägheitsmomente der einzelnen Massen.

Wirken mehrere Drehmomente auf einen Körper, so erhält man das resultierende Moment aus der Summe der einzelnen Drehmomente. Dabei müssen die Momente, die den Körper im Uhrzeigersinn (nach rechts) drehen und diejenigen, die ihn entgegen dem Uhrzeigersinn (nach links) drehen, mit verschiedenen Vorzeichen versehen werden.

Beispiel 2.19: Drehmoment und Trägheitsmoment bei einem Karussell
Auf einem vierarmigen Karussell (Armlänge $L = 6$ m) sitzen vier Kinder (Masse von Kind + Sitz jeweils 35 kg, die Masse der Verbindungsstangen werde vernachlässigt) (Abb.2.22). Zwei kräftige Männer, von denen jeder eine Kraft von 500 N entwickeln kann, beginnen das Karussell aus der Ruhe anzudrehen, indem sie im Abstand $l = 2$ m vom Drehpunkt ansetzen.

Man berechne

a) das Trägheitsmodell des Karussells,
b) das Drehmoment, das die beiden Männer erzeugen,
c) die erteilte Winkelbeschleunigung,
d) die Zeit für die erste Umdrehung.

Zu a): Gl. 2.58 liefert uns das Trägheitsmoment:

$I = 4\,(m\,L^2) = 4\,(35\text{ kg})\,(6\text{ m})^2 = \mathbf{5040\ kg\,m^2}.$

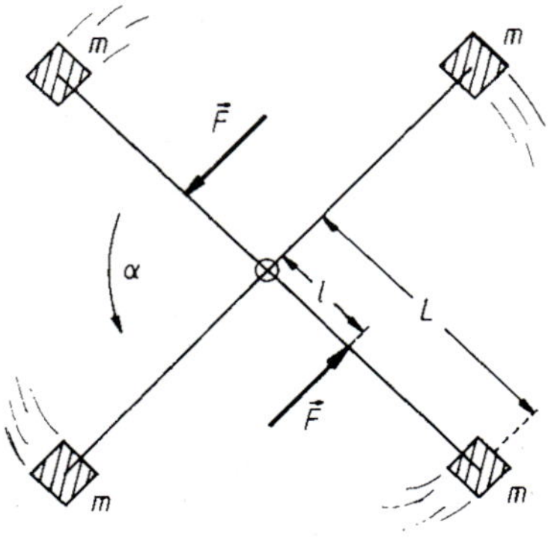

Abb. 2.22 Zu Beispiel 2.19

Zu b): Das Drehmoment erhalten wir aus Gl. 2.57:

$$M = 2(F_{\perp}\, l) = 2\,(500\ \mathrm{N})\,(2\ \mathrm{m}) = \mathbf{2000\ N\,m}.$$

Zu c): Aus Gl. 2.59 ergibt sich die gesuchte Winkelbeschleunigung:

$$\alpha = M/I = \frac{2000\ \mathrm{Nm}}{5040\ \mathrm{kg\,m^2}} = \mathbf{0{,}397\ rad/s^2}.$$

Zu d): Um die Zeit für die erste Umdrehung zu berechnen, muß man in Gl. 2.55 für $\varphi = 2\pi$ einsetzen und nach t auflösen:

$$t = \sqrt{\frac{2\varphi}{\alpha}} = \sqrt{\frac{2(2\pi)}{0{,}397\ \mathrm{s}^{-2}}} = \mathbf{5{,}62\ s}.$$

Drehbewegung ausgedehnter Körper

Aus den Bemerkungen nach Gl. 2.59 und dem darauffolgenden Beispiel wird deutlich, wie die Rotation ausgedehnter starrer Körper behandelt werden kann. Es muß lediglich der Begriff des Trägheitsmoments auf diese Körper erweitert werden. Dies geschieht durch Summation (d. h. durch Integration) der Trägheitsmomente aller Massenelemente des Körpers. Für einfache geometrische Fälle ist das leicht durchführbar. Hier zwei Ergebnisse:

Trägheitsmoment eines Vollzylinders: $I_Z = (1/2)\, M R^2$
Trägheitsmoment einer Kugel: $I_K = (2/5)\, M R^2$
(M = Masse, R = Radius von Zylinder bzw. Kugel)

Wichtiger als diese speziellen Formeln ist eine allgemeine Aussage über das Trägheitsmoment eines Körpers, die für viele qualitative Überlegungen von großem Nutzen ist:

Von zwei Körpern mit gleicher Masse besitzt derjenige das größere Trägheitsmoment, bei dem die Masse in größerer Entfernung von der Drehachse angeordnet ist.

Bewegungsgesetze für den starren Körper:

In den vorangegangenen Abschnitten wurde gezeigt, daß die Größen Winkelgeschwindigkeit und -beschleunigung geeignet sind, die Rotation zu beschreiben (s. Gl. 2.55). Weiter haben wir gefunden, daß durch die Einführung der Größen Drehmoment und Trägheitsmoment für die Drehbewegung eine zur Translation analoge Formulierung der Bewegungsgleichung möglich ist (s. Gl. 2.59). Daraus kann geschlossen werden, daß alle Prinzipien und Gesetze, die wir für die Translationsbewegung hergeleitet haben, auch für die Rotation Gültigkeit besitzen, wenn jeweils die in Tab. 2.7 aufgeführten Größen gegeneinander ausgetauscht werden.

Tabelle 2.7 Gegenüberstellung von Größen der Translation und Rotation, die sich a) wechselseitig entsprechen, b) durch Analogiebildung gewonnen werden können

Translation		Rotation	
a) Wegkoordinate	s	Winkelkoordinate	φ
Geschwindigkeit	v	Winkelgeschwindigkeit	ω
Beschleunigung	a	Winkelbeschleunigung	α
Kraft	F	Drehmoment	M
Masse	m	Trägheitsmoment	I
b) Translationsenergie	$\frac{1}{2}\,m v^2$	Rotationsenergie	$\frac{1}{2}\,I\omega^2$
Impuls	$p = m v$	Drehimpuls	$L = I\omega$

Die Rotationsenergie

$$E_r = \tfrac{1}{2}\,I\,\omega^2 \tag{2.60}$$

muß mit in den Energieerhaltungssatz aufgenommen werden. Für den Drehimpuls

$$L = I\,\omega \tag{2.61}$$

gilt (analog zum Impuls) ebenfalls ein Erhaltungssatz:

In einem abgeschlossenen System (d. h. solange keine äußeren Drehmomente M wirksam sind) bleibt der Drehimpuls erhalten.

$$L = \text{konstant}, \qquad \text{wenn } M = 0. \tag{2.62}$$

Dieser Satz hat große Bedeutung für Sportarten, bei denen Körperdrehungen eine Rolle spielen. Da durch Veränderung der Körperhaltung das Trägheitsmoment des Körpers beeinflußt werden kann, ist dadurch auch eine Änderung der Winkelgeschwindigkeit möglich, ohne daß ein äußeres Drehmoment wirkt. Da $L = I\,\omega = \text{const.}$, wird ω größer, wenn I verringert wird und umgekehrt.

Beispiel 2.20: Drehimpulserhaltung

Eine Eiskunstläuferin rotiert mit einer Winkelgeschwindigkeit ω_1, wenn sie die Arme ausstreckt. Zieht sie die Arme an den Körper, dann verringert sich ihr Trägheitsmoment auf 2/3 ($I_2 = (2/3)\,I_1$). Wie ändert sich dabei ihre Winkelgeschwindigkeit, wie ihre kinetische Energie?

Da L konstant bleibt (es wirkt kein Drehmoment auf die Läuferin), muß gelten

$$I_1\,\omega_1 = I_2\,\omega_2$$

oder

$$\omega_2 = \frac{I_1}{I_2}\,\omega_1 = \frac{3}{2}\,\omega_1 .$$

Das bedeutet eine Steigerung um **50%**.

Für die relative Änderung der kinetischen Energie erhalten wir:

$$\frac{E_2 - E_1}{E_1} = \frac{(1/2)\,I_2\,\omega_2^2 - (1/2)\,I_1\,\omega_1^2}{(1/2)\,I_1\,\omega_1^2} = \left(\frac{I_2}{I_1}\right)\left(\frac{\omega_2}{\omega_1}\right)^2 - 1 = \frac{2}{3}\left(\frac{3}{2}\right)^2 - 1 = \mathbf{0{,}5}.$$

Auch die kinetische Energie hat sich somit um 50% erhöht. Das Anziehen der Arme ist also mit einer entsprechenden Arbeitsleistung durch die Läuferin verbunden.

2.3.2 Statik

Wenn Kräfte und Drehmomente auf einen Körper einwirken, dann wird er im allgemeinen eine Bewegung ausführen, und die Gln. 2.25 und 2.59 versetzen uns in die Lage, solche Probleme quantitativ zu behandeln. In diesem Abschnitt wollen wir uns mit Körpern beschäftigen, die sich in Ruhe befinden obwohl Kräfte vorhanden sind. Man kann daraus Erkenntnisse gewinnen, die für *statische Probleme* wichtig sind.

Statisches Gleichgewicht eines Körpers

Die oben erwähnten beiden Gleichungen liefern uns bereits die Bedingung dafür, daß ein Körper im Zustand der Ruhe verharrt:

Ein Körper bleibt im statischen Gleichgewicht, wenn

a) die resultierende Kraft auf ihn gleich Null ist

$$\Sigma \boldsymbol{F} = \boldsymbol{F}_{\text{res}} = 0, \qquad (2.63)$$

b) die Summe aller Drehmomente ebenfalls verschwindet

$$\Sigma \boldsymbol{M} = \boldsymbol{M}_{\text{res}} = 0. \qquad (2.64)$$

Beispiel 2.21: Statisches Gleichgewicht

Zwei Kinder ($m_1 = 20$ kg, $m_2 = 30$ kg) sitzen auf einem Balken, der im Punkt P unterstützt wird (Abb. 2.23). Wann ist diese Anordnung im Gleichgewicht?

Die Anwendung der ersten Bedingung (2.63) ergibt die Kraft $\boldsymbol{F}$, die vom Unterstützungspunkt P ausgeübt werden muß, um das Gewicht der Kinder auszugleichen. Für den Betrag von $\boldsymbol{F}$ gilt:

$$F = F_1 + F_2 = (m_1 + m_2)\,g = (50\text{ kg})\,(9{,}8\text{ m/s}^2) = \mathbf{490\ N}.$$

Die Auswertung von (2.64) gibt an, in welchem Abstand von P die Kinder sitzen müssen, damit kein Drehmoment resultiert.

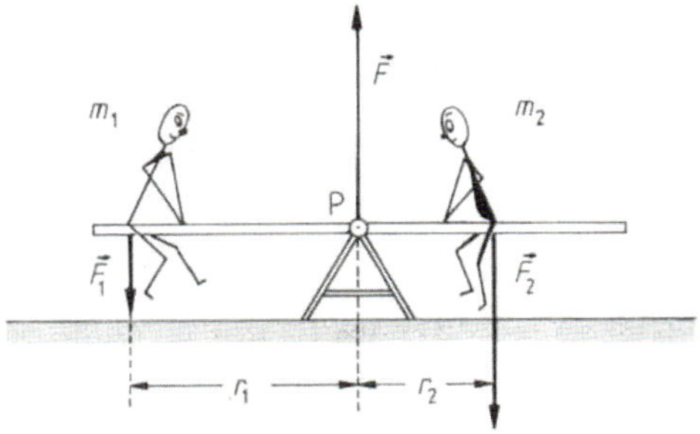

Abb. 2.23 Zu Beispiel 2.21

Da die Kraft F kein Drehmoment um P erzeugt ($r = 0$), muß der Betrag des nach links drehenden Moment M_1 gleich sein dem Betrag des nach rechts drehenden Moments M_2:

$$F_1 \cdot r_1 = F_2 \cdot r_2 . \qquad (2.65)$$

Daraus erhalten wir das Verhältnis der Abstände, das für ein Gleichgewicht eingehalten werden muß:

$$\frac{r_1}{r_2} = \frac{m_2}{m_1} = \frac{3}{2} .$$

Hebelgesetz:

Die Gl. 2.65 wird häufig auch als Hebelgesetz bezeichnet und folgendermaßen formuliert:

Kraft mal Kraftarm = Last mal Lastarm

Es findet in der Technik und auch in der Skelettmechanik vielfältige Anwendung.

Unter einem Hebel versteht man eine drehbar gelagerte, starre Stange, an der zwei oder mehrere Kräfte angreifen. Er dient dazu, Kräfte zu übertragen und gegebenenfalls zu verstärken. Man unterscheidet zweiarmige Hebel (Zangen, Balkenwaage), bei denen der Drehpunkt zwischen den Angriffspunkten der Kräfte liegt und einarmige Hebel (viele menschliche Gelenke), bei denen der Drehpunkt außerhalb liegt.

Beispiel 2.22: Hebelgesetz

Wir betrachten ein einfaches Modell des Unterarmes, das aus einer am Ende drehbar gelagerten Stange (Ellbogengelenk + Unterarm) besteht und durch ein Seil (die Sehne des Bizeps) in der gezeichneten waagrechten Lage gehalten wird (Abb. 2.24). Wie groß ist die Spannung T in der Sehne, wenn in der Hand ein Gewicht von 50 N liegt? (Die Masse des Armes werde demgegenüber vernachlässigt.)

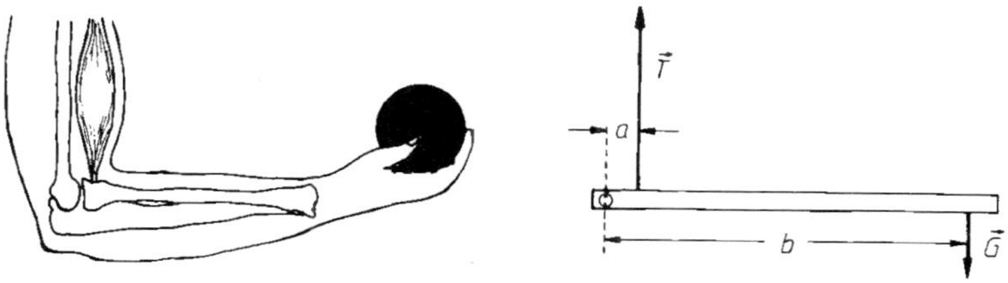

Abb. 2.24 Zu Beispiel 2.22

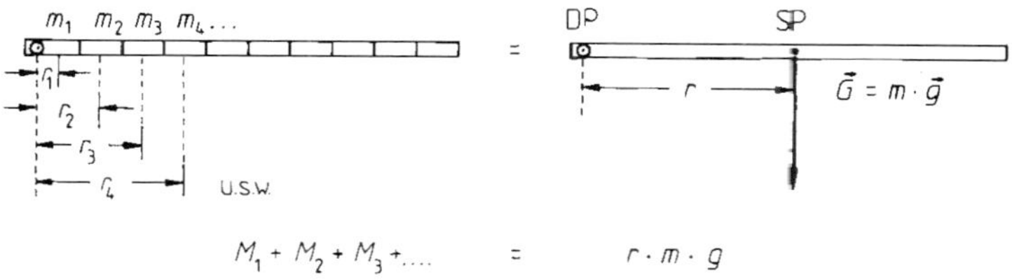

Abb. 2.25 Zur Einführung des Schwerpunkts

Das Hebelgesetz ist erfüllt, wenn gilt

$$Ta = Gb,$$

oder

$$T = \frac{b}{a} G = \frac{0{,}35\ \mathrm{m}}{0{,}05\ \mathrm{m}} \cdot (50\ \mathrm{N}) = \mathbf{350\ N}.$$

Der Schwerpunkt

Wenn man das Drehmoment errechnen will, das ein ausgedehnter Körper aufgrund der Gewichtskraft um eine Achse erfährt, dann ist eine besondere Betrachtung erforderlich. Da die Gewichtskraft an jedem Volumenelement des Körpers angreift, und diese Kräfte sich in ihren Hebelarmen unterscheiden, müßten theoretisch unendlich viele kleine Drehmomente summiert werden. Dieses Problem läßt sich auf die folgende Weise umgehen:

Soll etwa das Drehmoment einer Stange (Abb. 2.25) ermittelt werden, das diese um einen Drehpunkt DP am Ende erfährt, so braucht man nicht die einzelnen Elemente getrennt zu behandeln und zu addieren,

$$M = M_1 + M_2 + \cdots = m_1 g r_1 + m_2 g r_2 + \cdots,$$

sondern es ist stets möglich, einen Punkt SP anzugeben, an dem das gesamte Gewicht angreifen muß, damit sich das gesuchte Drehmoment ergibt.

Der Schwerpunkt SP ist derjenige Punkt eines Körpers, in dem man sich die gesamte Masse des Körpers vereinigt denken kann, um die Wirkung der Schwerkraft auf die Bewegung des Körpers zu berechnen.

Aus dieser Definition ergeben sich unmittelbar einige Folgerungen:

a) Wird ein Körper im Schwerpunkt oder in einem Punkt auf einer Linie senkrecht durch den Schwerpunkt aufgehängt oder unterstützt, dann wirkt kein Drehmoment, d. h. der Körper ist und bleibt in Ruhe. Man kann diese Tatsache nutzen, um die Lage des Schwerpunktes bei einem unregelmäßig gebauten Körper zu bestimmen.

Dazu wird dieser Körper zunächst an einem beliebigen Punkt A aufgehängt (Abb. 2.26). Im Zustand der Ruhe nimmt er dann eine Lage ein, bei der sich der Schwerpunkt senkrecht unter A befindet, d. h. auf einer Linie, die etwa mit einem Lot markiert werden kann. Dieses Verfahren wird mit einem zweiten Punkt B wiederholt, der nicht auf dieser Linie liegt (Abb. 2.26 b). Der Schnittpunkt dieser beiden Geraden ergibt die Lage des Schwerpunktes.

b) Für einen starren Körper ist der Schwerpunkt ein fester Punkt, der seine Lage bezüglich des Körpers (auch bei Bewegungen) nicht ändert und auch außerhalb des Körpers liegen kann (Abb. 2.26 c).

c) Für einen Körper, der seine Gestalt ändern kann (menschlicher Körper), hängt die Lage des Schwerpunktes von der momentanen Körperhaltung ab.

Für die Bewegung eines ausgedehnten Körpers ist der Begriff des Schwerpunkts von großem Nutzen. Dafür gelten die folgenden Grundsätze:

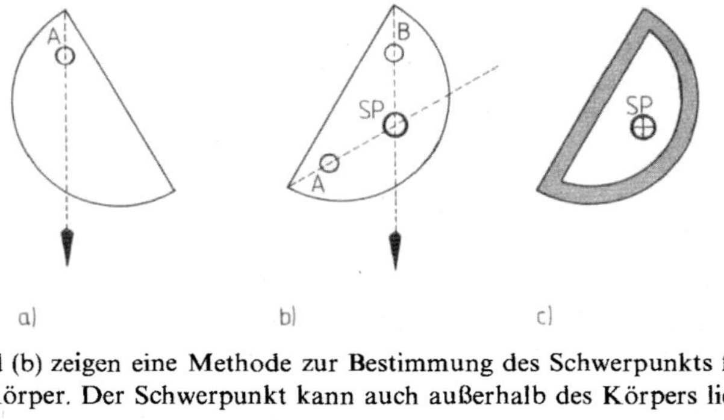

Abb. 2.26 (a) und (b) zeigen eine Methode zur Bestimmung des Schwerpunkts für einen unregelmäßig gebauten Körper. Der Schwerpunkt kann auch außerhalb des Körpers liegen (c)

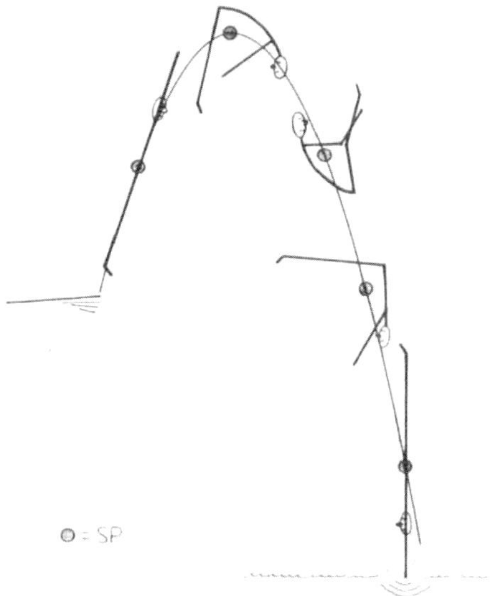

Abb. 2.27 Der Springer bewegt sich, als wäre die gesamte Masse im Schwerpunkt vereinigt. Dieser beschreibt eine Wurfparabel

Ein Körper bewegt sich unter dem Einfluß der Schwerkraft stets so, als wäre die gesamte Masse im Schwerpunkt vereinigt. Dieser bewegt sich also wie eine punktförmige Masse.

Dieser Bewegung kann noch eine Rotation des Körpers überlagert sein, wobei jedoch nur Drehachsen durch den Schwerpunkt möglich sind und der Drehimpuls erhalten bleibt.

Beispiel 2.23: Schwerpunkt eines Kunstspringers
Wenn ein Kunstspringer vom 3 m-Brett springt und dabei einen anderthalbfachen Salto macht, dann kann man die Bewegung wie folgt beschreiben (Abb. 2.27):

Der Schwerpunkt des Springers bewegt sich auf einer Wurfparabel, wie dies auch eine punktförmige Masse tun würde. Gleichzeitig rotiert der abgewinkelte Körper mit einer bestimmten Winkelgeschwindigkeit um den Schwerpunkt. Kurz vor der Wasseroberfläche streckt der Springer sich, wodurch das Trägheitsmoment vergrößert und die Winkelgeschwindigkeit herabgesetzt wird. Dies erleichtert ihm das korrekte Eintauchen.

Gleichgewicht und Standfestigkeit

Im vorigen Abschnitt wurde festgestellt, daß ein Körper im Gleichgewicht bleibt (d.h. kein Drehmoment erfährt), wenn er in einem Punkt längs einer senkrechten Linie durch den Schwerpunkt unterstützt oder aufgehängt wird. Wird ein Körper aus dieser Lage ausgelenkt, dann lassen sich drei Fälle unterscheiden (Abb. 2.28):

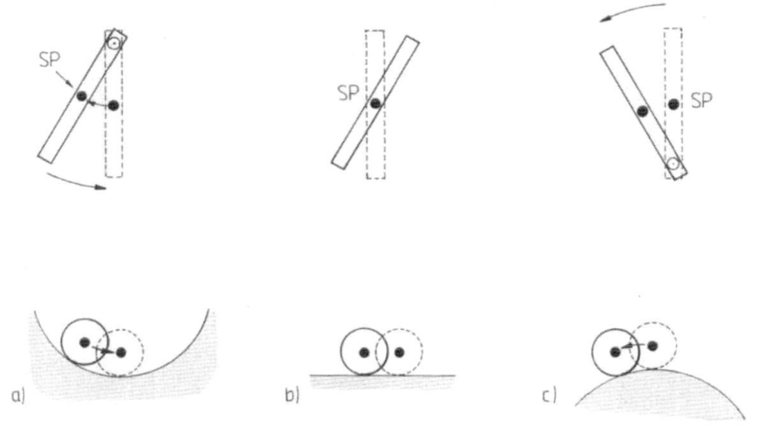

Abb. 2.28 Beispiele für stabiles (a), indifferentes (b) und labiles (c) Gleichgewicht

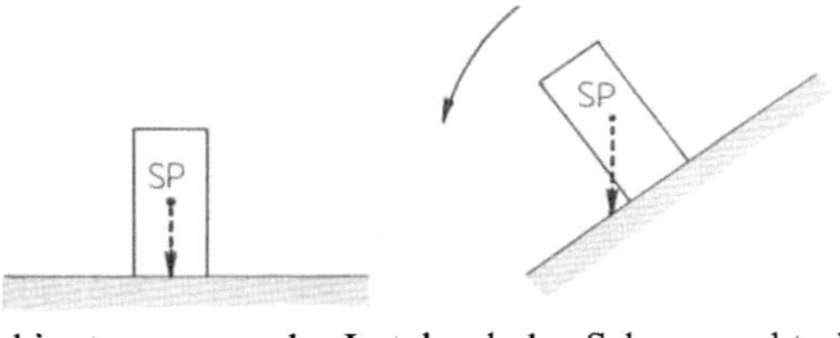

Abb. 2.29 Ein Körper kippt um, wenn das Lot durch den Schwerpunkt nicht mehr die Standfläche schneidet

a) Entsteht durch eine kleine Auslenkung des Schwerpunkts aus der Ruhelage ein Drehmoment, daß ihn in die Ausgangslage zurückgedreht, dann spricht man von einem stabilen Gleichgewicht.
b) Entsteht bei einer Auslenkung kein Drehmoment, so ist der Körper in jeder Lage im Gleichgewicht (indifferentes Gleichgewicht).
c) Bewirkt das durch die Auslenkung entstehende Drehmoment, daß sich die Abweichung vergrößert, dann kehrt der Körper nicht in seine Ausgangslage zurück (labiles Gleichgewicht).

Diese unterschiedlichen Fälle kann man auch auf andere Weise beschreiben:
Bei a) wird der Schwerpunkt angehoben (d.h. die potentielle Energie E_p vergrößert), bei b) behält er seine Höhe bei (E_p = konstant) und bei c) wird er abgesenkt (E_p verringert).

Standfestigkeit: Wird ein Körper in einer Fläche unterstützt, so ist für die Standfestigkeit entscheidend, ob der Schwerpunkt des Körpers senkrecht über der Standfläche liegt oder nicht (Abb. 2.29). Im letzten Fall entsteht ein Drehmoment bezüglich der Kante, das ihn umkippen läßt.

2.3.3 Schwingungen

Abschließend wollen wir uns mit den Schwingungen befassen.

Voraussetzung dafür, daß ein Körper eine Schwingung ausführt, sind Kräfte, die ihn an eine Ruhelage binden und ihn dorthin zurücktreiben, wenn er aus dieser ausgelenkt wird.

Unter einer Schwingung versteht man einen Vorgang, der sich in zeitlich gleichen Abständen (periodisch) wiederholt und – das ist sehr wichtig – der mit einer gleichlaufenden Umwandlung von Energieformen verknüpft ist.

Ohne den letzten Zusatz könnte man auch die Kreisbewegung als Schwingung ansehen, jedoch fehlt hier diese Voraussetzung. Gleichwohl ist die Kreisbewegung auch ein periodischer Vorgang, und wir können für die Schwingung die Begriffe Umlaufszeit T und Umlaufsfrequenz f – allerdings mit etwas abgewandelten Bezeichnungen – übernehmen.

Unter der Schwingungsdauer T versteht man die Zeitspanne, in der genau eine Schwingung abläuft (SI-Einheit: 1 s). Unter der Schwingungsfrequenz f versteht man die Anzahl von Schwingungen, die in einer Sekunde ausgeführt werden (SI-Einheit: $1\ s^{-1} = 1\ Hz$). Zwischen beiden Größen besteht der folgende Zusammenhang:

$$f = 1/T. \qquad (2.66)$$

Als Beispiel für eine Schwingung allgemeiner Art kann man etwa einen Ball betrachten, den man an einer Stelle fallen läßt, so daß er regelmäßig wieder hochspringt. Dies ist ein periodischer Vorgang, bei dem sich außerdem die Umwandlung von potentieller in kinetische Energie wiederholt.

An diesem Beispiel sollen Begriffe erläutert werden, die für dieses Gebiet sehr wichtig sind. Dazu schauen wir uns die $s(t)$-Kurve für den Ball an, d.h. seine momentane Höhe als Funktion der Zeit (Abb. 2.30).

a) Die ungedämpfte Schwingung: Wir sprechen von einer ungedämpften Schwingung, wenn der Ball stets wieder seine Ausgangshöhe erreicht (Kurve 1). Diese Idealform einer Schwingung existiert in der Praxis nicht.

b) Die gedämpfte Schwingung: Was wir stets beobachten, sind gedämpfte Schwingungen, d.h. die Sprunghöhe nimmt stetig ab (Kurve 2). Grund dafür

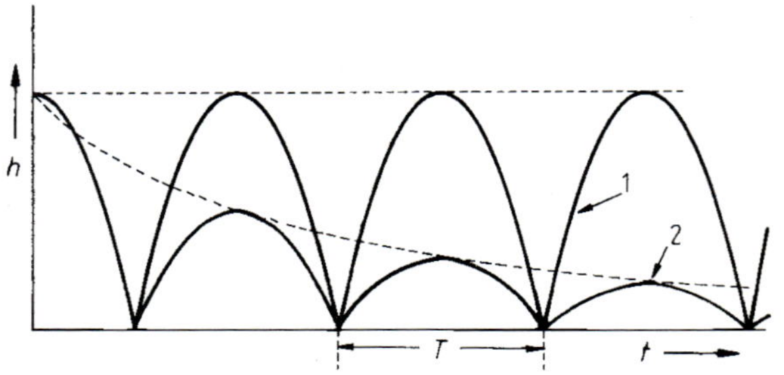

Abb. 2.30 Ort-Zeit-Diagramm für einen springenden Ball: (1) ungedämpft, (2) gedämpft. Es handelt sich um eine nicht sinusförmige Schwingung

sind die bei jeder Bewegung auftretenden Reibungsverluste. Mechanische Energie wird stetig in Wärme umgewandelt. Obwohl es deshalb keine exakt identischen Vorgänge sind, die sich wiederholen, spricht man auch hier von einer Schwingung.

c) *Die erzwungene Schwingung*: Man kann jedoch eine Bewegung mit konstanter Sprunghöhe des Balles erreichen, wenn man dem Ball periodisch den in Wärme umgewandelten Energiebetrag von außen wieder zuführt. Dies kann etwa dadurch geschehen, daß man ihm am oberen Umkehrpunkt stets einen kleinen Schlag mit der Hand versetzt. Dadurch erzwingen wir eine gleichbleibende Bewegungsform.

Die ungedämpfte harmonische Schwingung

Ein System, das harmonische Schwingungen ausführt, nennt man einen harmonischen Oszillator. Ein Beispiel für einen Oszillator ist ein Federpendel, bestehend aus einer Masse m, die an einer Feder mit der Federkonstanten D hängt. In den mathematischen Grundlagen (s. Abschn. 1.1.3, Beispiel 1.5 und Abschn. 1.4.2, Beispiel 1.24) werden die wesentlichen Eigenschaften eines solchen Pendels beschrieben. Hier eine kurze Zusammenfassung:

Gehorcht die auf einen Körper wirkende rücktreibende Kraft einem linearen Kraftgesetz ($F = D \cdot s$), dann führt dieser eine harmonische Schwingung aus. Seine Ort-Zeit-Abhängigkeit kann durch eine Sinusfunktion beschrieben werden (Abb. 2.31):

$$s(t) = A \sin(\omega t). \tag{2.67}$$

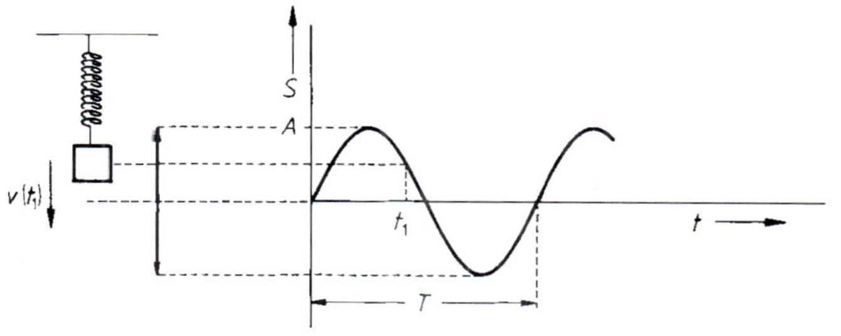

Abb. 2.31 Ort-Zeit-Diagramm eines Federpendels. Eine sinusförmige Zeitabhängigkeit bezeichnet man als harmonische Schwingung

$s(t)$ gibt den Wert der Auslenkung aus der Ruhelage ($s = 0$) für einen beliebigen Zeitpunkt t an. Den maximal möglichen Wert A nennt man die Amplitude der Schwingung, ω ist die Kreisfrequenz der Schwingung.

Für den Zusammenhang zwischen Kreisfrequenz ω, Frequenz f und Schwingungsdauer T gelten die von der Kreisbewegung her geläufigen Beziehungen (Gl. 2.50 und 2.51):

$$f = \frac{1}{T} = \frac{\omega}{2\pi}. \qquad (2.68)$$

Wird ein zu Schwingungen fähiger Körper angeregt und danach sich selbst überlassen, dann schwingt er mit einer Frequenz, die nur von den physikalischen Gegebenheiten des Systems abhängt. Man bezeichnet f daher auch als die *Eigenfrequenz* des Oszillators.

Ein Federpendel (Federkonstante D, Masse m) schwingt mit einer Eigenfrequenz f, die gegeben ist durch die Formel

$$f = \frac{1}{2\pi}\sqrt{\frac{D}{m}}. \qquad (2.69)$$

Zwei Schwingungen mit gleicher Frequenz, die gleichzeitig ablaufen, können sich in der *Phase* unterscheiden (Abb. 2.32).

$$s_1(t) = A_1 \sin(\omega t).$$
$$s_2(t) = A_2 \sin(\omega t + \varphi).$$

Der Phasenwinkel φ ist ein Maß für die gegenseitige Zeitverschiebung der beiden Schwingungen. Schwingung 2 erreicht jeweils eine Zeitspanne $\Delta t = \frac{\varphi}{\omega}$ früher den gleichen Schwingungszustand wie Schwingung 1.

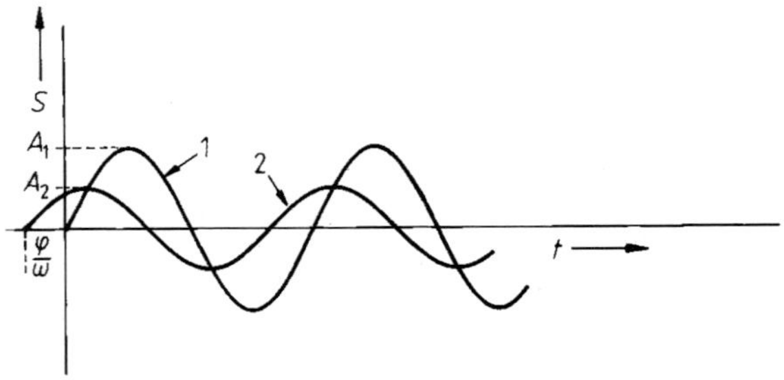

Abb. 2.32 Schwingung (1) und Schwingung (2) unterscheiden sich (außer in der Amplitude) in ihrer Schwingungsphase. Schwingung (2) erreicht jeden Schwingungszustand eine Zeitspanne φ/ω früher als Schwingung (1). Sie eilt voraus

Energie der harmonischen Schwingung

Beim Federpendel wird ständig kinetische Energie in potentielle Energie umgewandelt. Bleibt das Pendel während der Schwingung sich selbst überlassen und ist keine Reibung im Spiel, dann gilt der Erhaltungssatz für die mechanische Energie:

$$E_k + E_p = E_{gesamt} = \text{konstant}.$$

Die Gesamtenergie läßt sich leicht berechnen für den Zeitpunkt der größten Auslenkung. Dann ist die Geschwindigkeit und damit auch die kinetische Energie gleich Null und es gilt (s. Gl. 2.36):

$$E_{gesamt} = E_p = \tfrac{1}{2} D A^2. \tag{2.70}$$

Beim Durchgang durch die Nullage hat sich diese Energie vollständig in kinetische Energie umgewandelt:

$$\tfrac{1}{2} m v_0^2 = \tfrac{1}{2} D A^2. \tag{2.71}$$

Daraus kann z. B. leicht v_0 errechnet werden.

Beispiel 2.24: Federpendel
Eine Stahlkugel mit der Masse $m = 0{,}1$ kg hängt an einer Feder und dehnt diese um 20 cm. Durch weiteres Dehnen der Feder und anschließendes Loslassen wird sie zu einer Schwingung mit einer Amplitude von 0,15 m angeregt. Man berechne

a) die Federkonstante,
b) Eigenfrequenz und Schwingungsdauer,
c) die Gesamtenergie der Schwingung,
d) die maximale Geschwindigkeit der Kugel.

Berechnung der gesuchten Größen:

a) nach Gl. (2.29): $D = \frac{G}{s} = \frac{mg}{s} = \frac{(0{,}1\ \text{kg})\,(9{,}8\ \text{m/s}^2)}{0{,}2\ \text{m}} = \mathbf{4{,}9\ N/m}$

b) nach Gl. (2.69): $f = \frac{1}{2\pi}\sqrt{\frac{D}{m}} = \frac{1}{2\pi}\sqrt{\frac{4{,}9\ \text{N/m}}{0{,}1\ \text{kg}}} = \mathbf{1{,}1\ Hz}.$

nach Gl. (2.66): $T = \frac{1}{f} = \frac{1}{1{,}1\ \text{s}^{-1}} = \mathbf{0{,}91}\ \text{s}.$

c) nach Gl. (2.70): $E_{\text{gesamt}} = \frac{1}{2}\,D\,A^2 = \frac{1}{2}\,(4{,}9\ \text{N/m})\,(0{,}15\ \text{m})^2 = \mathbf{0{,}055}\ \text{J}.$

d) nach Gl. (2.71): $v_0 = \sqrt{\frac{2\,E_{\text{ges}}}{m}} = \sqrt{\frac{0{,}11\ \text{J}}{0{,}1\ \text{kg}}} = \mathbf{1{,}05\ m/s}.$

Weitere Pendelformen

Neben der linearen (d.h. längs einer Geraden verlaufenden) Schwingung eines Federpendels spielen in der Physik noch Schwingungsbewegungen eine Rolle, bei denen ein Körper, der drehbar gelagert oder aufgehängt ist, Drehschwingungen um seine Ruhelage ausführt; man spricht dann von einem *Drehpendel*. Dabei tritt ein rücktreibendes Drehmoment auf, das entweder durch die Schwerkraft oder durch die Verdrillung eines Drahtes erzeugt wird.

Um mit Hilfe der in Abschnitt 2.3.1 genannten Prinzipien (Analogie zwischen Translation und Rotation) die Eigenfrequenz für ein solches System berechnen zu können, benötigen wir noch eine Größe, die der Federkonstanten entspricht.

Verdrehen wir einen drehbar an einem Draht aufgehängten Körper aus seiner Ruhelage um einen Winkel φ, dann entsteht ein rücktreibendes Drehmoment, das proportional zum Verdrillungswinkel anwächst (Abb. 2.33a):

$$M = D^* \cdot \varphi. \qquad (2.72)$$

Man könnte dies das Hookesche Gesetz für die Drehbewegung nennen.

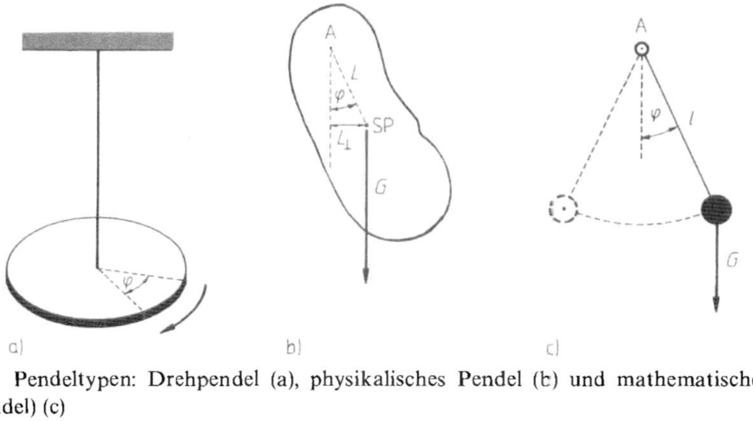

Abb. 2.33 Pendeltypen: Drehpendel (a), physikalisches Pendel (b) und mathematisches Pendel (Fadenpendel) (c)

D^* heißt das Direktionsmoment (oder Richtmoment). Es hängt in diesem Fall von der Geometrie und dem Material des Drahtes ab. Wir können nun Gl. 2.69 für die Drehschwingung umschreiben, wenn wir D durch D^* und m durch das Trägheitsmoment I ersetzen:

$$f = \frac{1}{2\pi}\sqrt{\frac{D^*}{I}}. \tag{2.73}$$

Zu den Drehpendeln gehören auch die beiden folgenden Pendeltypen.

Das physikalische Pendel:

Ein beliebig geformter Körper, der an einer Achse A (die nicht durch den Schwerpunkt SP geht) aufgehängt ist, führt Pendelbewegungen aus, wenn er um einen Winkel φ aus der Ruhelage herausgedreht wird (Abb. 2.33 b). Das rücktreibende Moment entsteht durch die Gewichtskraft G, die am Schwerpunkt angreift. Es beträgt

$$M = G \cdot L_{\perp} = m \cdot g \cdot L \cdot \sin\varphi.$$

Betrachten wir nur kleine Winkel, so können wir $\sin\varphi \approx \varphi$ setzen, und das Direktionsmoment D^* ergibt sich zu

$$D^* = \frac{M}{\varphi} = m \cdot g \cdot L.$$

Die Eigenfrequenz eines physikalischen Pendels (Masse m, Trägheitsmoment I, Abstand L zwischen Drehachse und Schwerpunkt) beträgt

$$f = \frac{1}{2\pi}\sqrt{\frac{m g L}{I}}. \tag{2.74}$$

Das Fadenpendel:

Das Fadenpendel (Abb. 2.33 c) ist eine Sonderform des physikalischen Pendels: Es besteht aus einem Körper mit der Masse m, der an einem (masselosen) Faden der Länge l aufgehängt ist. Da sich das Trägheitsmoment dieser Masse bezüglich der Achse A leicht berechnen läßt (Gl. 2.58),

$$I = R^2 \cdot M = l^2 \cdot m,$$

und der Abstand des Schwerpunkts von der Achse gleich l ist, kann Gl. 2.74 sofort auf diesen Fall angewendet werden:

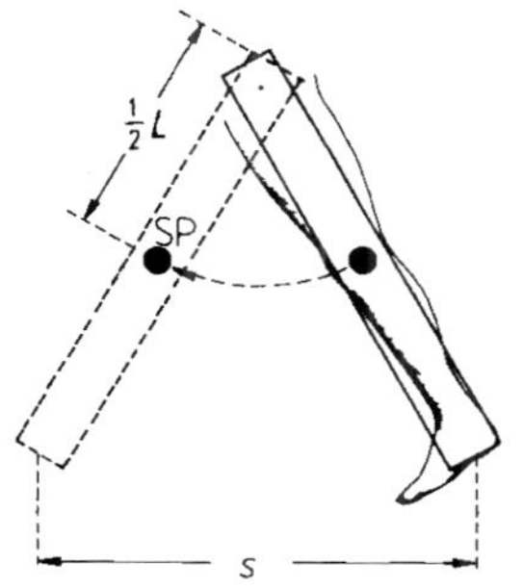

Abb. 2.34 Das Bein als physikalisches Pendel. Zu Beispiel 2.25

Die Eigenfrequenz eines Fadenpendels (Masse m, Länge l) beträgt

$$f = \frac{1}{2\pi}\sqrt{\frac{m\,g\,l}{m\,l^2}} = \frac{1}{2\pi}\sqrt{\frac{g}{l}}. \qquad (2.75)$$

Beispiel 2.25: Eigenfrequenz des menschlichen Beines
Das menschliche Bein kann man näherungsweise als homogenen Stab der Länge $L = 0{,}9$ m auffassen (Abb. 2.34). Das Trägheitsmoment eines solchen Körpers um ein Ende ist

$$I = \tfrac{1}{3}\,M\,L^2.$$

Welche Geschwindigkeit erreicht ein Mensch, wenn wir annehmen, daß das Bein beim Gehen in seiner Eigenfrequenz schwingt und die Schrittweite 0,75 m beträgt?

Die Frequenz erhält man aus Gl. 2.74:

$$f = \frac{1}{2\pi}\sqrt{\frac{m\,g(L/2)}{\frac{1}{3}\,m\,L^2}} = \frac{1}{2\pi}\sqrt{\frac{3\,g}{2\,L}} = \frac{1}{2\pi}\sqrt{\frac{3(9{,}8\ \mathrm{m/s^2})}{2(0{,}9\ \mathrm{m})}} = \mathbf{0{,}64\ Hz},$$

und für die Geschwindigkeit ergibt sich:

$$v = \frac{\Delta s}{\Delta t} = \frac{2\ \text{mal Schrittweite}}{\text{Schwingungsdauer}} = \frac{2(0{,}75\ \mathrm{m})}{1/(0{,}64\ \mathrm{Hz})} = 1\ \mathrm{m/s} = \mathbf{3{,}6\ km/h}.$$

Gedämpfte Schwingungen

Wie bereits erwähnt, verliert jeder schwingende Körper mechanische Energie infolge von Reibung. Die Amplitude der Schwingung nimmt ab (siehe Abschnitt 1.4.3 Exponentialfunktion).

Der zeitliche Energieverlust einer gedämpften Schwingung ist proportional zur momentanen Gesamtenergie des Oszillators. Mit anderen Worten: In gleichen Zeitabschnitten nimmt die Energie der Schwingungen stets um den gleichen Bruchteil ab. Mathematisch wird dieses Verhalten durch eine Exponentialfunktion beschrieben (Abb. 2.35):

$$E(t) = E_0 e^{-\delta t}. \qquad (2.76)$$

Die *Dämpfungskonstante* δ ist ein Maß dafür, wie schnell die Energie abnimmt. In der Praxis verwendet man zwei Größen, um dieses Verhalten zu charakterisieren: Die Abklingzeit τ oder die Halbwertszeit $t_{1/2}$.

Die *Halbwertszeit* $t_{1/2}$ gibt an, in welcher Zeit die Energie auf die Hälfte abnimmt; die *Abklingzeit* τ bezeichnet den Zeitraum, in dem die Energie auf den e-ten Teil abgefallen ist. Zwischen diesen Größen und der Dämmpfungskonstante bestehen die folgenden Beziehungen:

$$\tau = \frac{1}{\delta} = \frac{t_{1/2}}{\ln 2}. \qquad (2.77)$$

Das heißt: Eine große Dämpfungskonstante bedeutet ein rasches Abklingen der Schwingung oder kleine Abklingzeit, und umgekehrt.

Was kann über das Verhalten der Amplitude gesagt werden? Wir wissen, daß die mechanische Energie einer Schwingung proportional zum Quadrat der Amplitude ist (Gl. 2.70). Daraus folgt, daß die Amplitude langsamer abnimmt als die Energie. Wenn die Energie auf 25% abgefallen ist (für $t = 2 \cdot t_{1/2}$), ist die Amplitude erst auf die Hälfte zurückgegangen (Abb. 2.35).

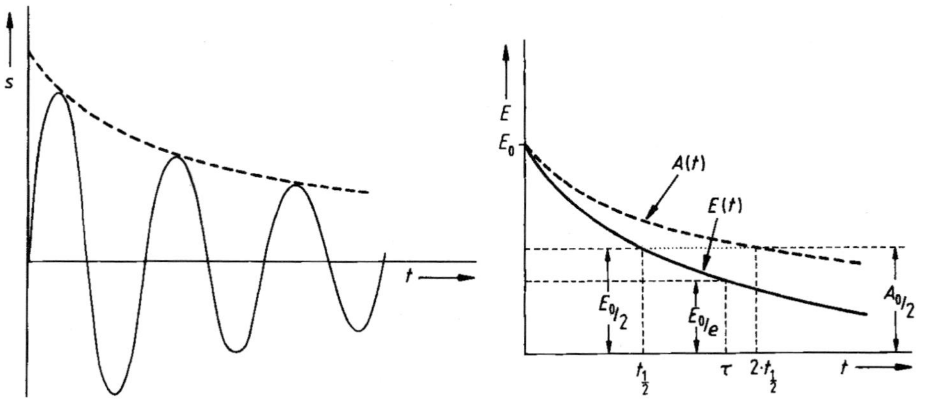

Abb. 2.35 Die Amplitude $A(t)$ einer gedämpften Schwingung nimmt exponentiell ab (a). Die mechanische Energie $E(t)$ verringert sich dabei wesentlich rascher. Sie benötigt nur die halbe Zeit, um auf einen bestimmten Bruchteil (z. B. die Hälfte) abzunehmen (b)

Erzwungene Schwingungen

Soll die durch Reibung verlorengegangene mechanische Energie laufend zugeführt werden, dann muß in geeigneter Weise Arbeit an dem Pendel geleistet werden.

Wird ein Oszillator mit der Eigenfrequenz ω_0 durch eine periodisch wirkende Kraft ($F = F_0 \cdot \sin \omega t$) zu Schwingungen angeregt, dann spricht man von erzwungenen Schwingungen. Das Verhalten eines solchen Systems hängt sehr davon ab, wie groß die Frequenz der erregenden Kraft ω ist im Vergleich zur Eigenfrequenz ω_0 des Oszillators.

Denken wir etwa an ein Federpendel ($\omega_0 = \sqrt{D/m}$), das wir in der Hand halten und zum Zwecke der Erregung einer Schwingung leicht auf- und abbewegen (Abb. 2.36). Durch diese Auf- und Abbewegung beginnt die Feder zu schwingen, d.h. ihre Länge periodisch zu ändern. Wir üben also periodisch eine Kraft auf das Federpendel aus, für die man schreiben kann:

$$F(t) = D \cdot s'(t) = D \cdot B \cdot \sin \omega t. \tag{2.78}$$

B ist die Amplitude der Auf- und Abbewegung. Beobachten wir die entstehende Schwingung, so können wir generell feststellen, daß sich das Pendel immer mit der Frequenz ω der erregenden Kraft bewegt, unabhängig von der Eigenfrequenz ω_0. Für die Auslenkung der Pendelmasse muß also gelten:

$$s(t) = A_\omega \sin(\omega t + \varphi_\omega). \tag{2.79}$$

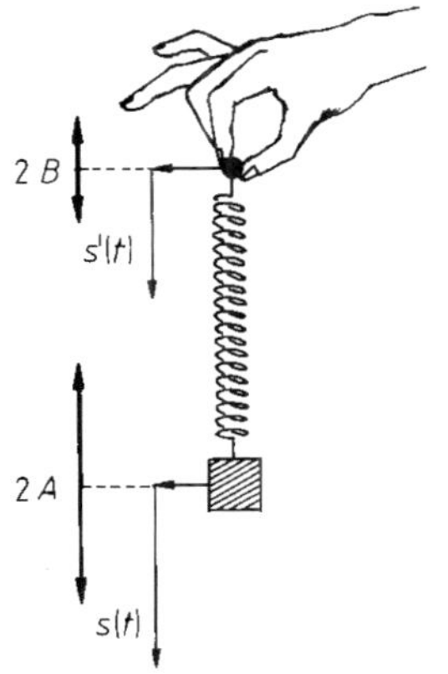

Abb. 2.36 Durch periodisches Auf- und Abbewegen des oberen Federendes kann das Federpendel zu erzwungenen Schwingungen angeregt werden

Die Amplitude A_ω der Schwingung und ihre Phase φ_ω (bezogen auf die erregende Kraft) hängen von der Frequenz ω der erregenden Kraft ab. Dabei lassen sich drei charakteristische Fälle unterscheiden, die experimentell leicht zu realisieren sind.

a) $\omega \ll \omega_0$:
Die Masse folgt ziemlich genau der Bewegung der Hand. Die Amplituden A und B sind etwa gleich, es gibt keine Phasenverschiebung zwischen Masse und Hand ($\varphi_\omega = 0$).

b) $\omega = \omega_0$:
Nähert sich die Frequenz ω der Auf- und Abbewegung der Hand der Eigenfrequenz ω_0 des Pendels, dann wächst die Amplitude A der schwingenden Masse ($A \gg B$), und die Phase der Bewegung von m verschiebt sich gegenüber der Kraft, d.h. gegenüber der Bewegung der Hand. Die Hand erreicht stets früher den höchsten (oder niedrigsten) Punkt als der Pendelkörper.

Ist die Erregungsfrequenz ω gleich der Eigenfrequenz ω_0 des Oszillators, dann tritt Resonanz auf. In diesem Fall ist die Schwingungsamplitude A maximal, die Phasenverschiebung genau $-\pi/2$.

c) $\omega \gg \omega_0$:
Steigt die Erregerfrequenz immer weiter an, dann nimmt die Schwingungsamplitude wieder ab. Außerdem stellen wir fest, daß Hand und Masse sich gegeneinander bewegen (Phasenverschiebung $-\pi$).

Das Verhalten von Amplitude und Phase zeigen die Schaubilder der Abb. 2.37.

Außer der Amplitude und der Phase ist in Abb. 2.37c die durch die Kraft auf das Pendel übertragene Leistung eingetragen. Auch sie besitzt im Resonanzfall einen maximalen Wert. Dies ist leicht zu verstehen, da die Reibungsverluste (die ja durch die zugeführte Energie ausgeglichen werden müssen) am größten sind, wenn sich das Pendel mit der größten mittleren Geschwindigkeit bewegt, d.h. wenn die Amplitude maximal ist.

Beispiel 2.26: Erzwungene Schwingungen beim Federpendel
Wir wollen annehmen, daß die Schwingungsamplitude des Federpendels aus Beispiel 2.24 infolge von Reibungsverlusten in 30 s um die Hälfte abnimmt. Wie groß sind Abklingzeit und Dämpfungskonstante? Welche Leistung muß aufgebracht werden, wenn nach jeder Periode Energie zugeführt wird, damit die Amplitude konstant bleibt?

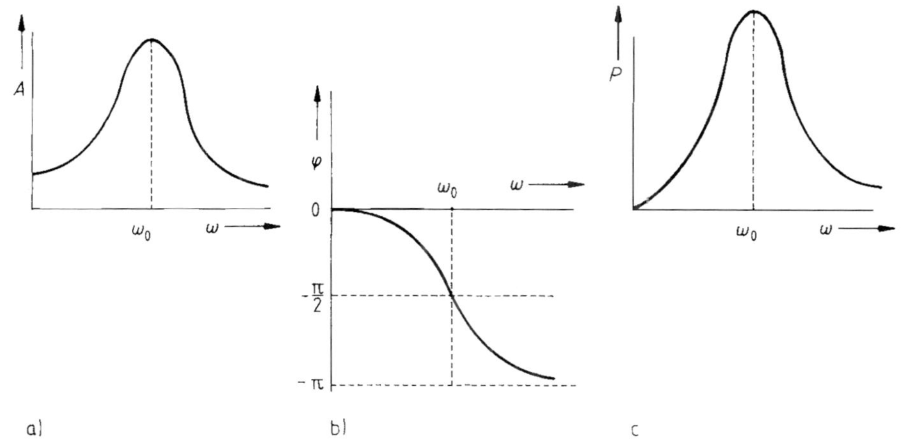

Abb. 2.37 Amplitude (a), Phase (b) und zugeführte Leistung (c) einer erzwungenen Schwingung als Funktion der Frequenz der erregenden Kraft. Die Phase ist negativ, weil die Bewegung des Pendels der Kraft zeitlich nachläuft

Da die Energie doppelt so schnell abnimmt wie die Amplitude, ist sie bereits nach 15 s um die Hälfte gesunken, d.h. $t_{1/2} = 15$ s. Damit lassen sich die gesuchten Größen berechnen (Gl. 2.77):

$$\tau = \frac{15\,\text{s}}{\ln 2} = \mathbf{21{,}6\,s} \quad \text{und} \quad \delta = \frac{1}{\tau} = \frac{1}{21{,}6\,\text{s}} = \mathbf{0{,}046\,s^{-1}}.$$

Nach einer Periode ($T = 0{,}91$ s) ist die Energie ($E = 0{,}055$ J) abgefallen auf

$$E(t = 0{,}91\,\text{s}) = E_0 e^{-\delta t} = (0{,}055\,\text{J})\; e^{-(0{,}046\,\text{s}^{-1})(0{,}91\,\text{s})} = (0{,}055\,\text{J})\;(0{,}96),$$

d.h. ein Energiebetrag von $0{,}04 \cdot (0{,}055$ J) ist in dieser Zeit verlorengegangen und muß wieder zugeführt werden:

$$P = \frac{W}{t} = \frac{\text{Energieverlust}}{\text{Schwingungsdauer}} = \frac{0{,}04\,(0{,}055\,\text{J})}{0{,}91\,\text{s}} = 0{,}0024\,\text{W} = \mathbf{2{,}4\,mW}.$$

Nicht-sinusförmige Schwingungen

Neben den Sinusschwingungen spielen in verschiedenen Bereichen der Physik auch andere periodische Vorgänge eine Rolle. Einige Beispiele aus der Elektrizitätslehre zeigt Abb. 2.38 (anharmonische Schwingungen): a) *Rechteckimpulse*: Periodisches Ein- und Ausschalten einer Spannung; b) *Kippschwingungen*: Stetiges Anwachsen einer Spannung, die bei Erreichen eines bestimmten Wertes schlagartig auf Null zurückgeht; c) *Elektrokardiogramm* (*EKG*): Zwischen zwei Punkten der Körperoberfläche gemessene Potentialdifferenz (U = Spannung), herrührend von der periodischen Herztätigkeit.

Obwohl diese Vorgänge nicht im entferntesten an Sinuskurven erinnern, läßt sich mathematisch der folgende Satz beweisen:

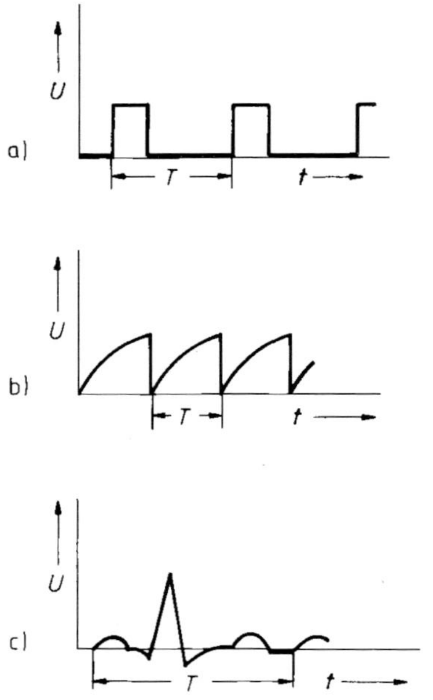

Abb. 2.38 Nicht harmonische Schwingungen: Rechteckimpulse (a), Kippschwingungen (b) und EKG (c)

Jeder nicht-harmonische Vorgang kann als Summe von (im allgemeinen unendlich vielen) Sinusschwingungen dargestellt werden, deren Frequenzen ein Vielfaches der Grundfrequenz $f_0 = \frac{1}{T}$ sind. Mit anderen Worten: Jeder periodische Vorgang läßt sich aus Sinusschwingungen durch Überlagerung (d.h. Addition) erzeugen, wenn deren Amplituden und Phasen richtig gewählt werden.

Das bedeutet aber, daß alles, was über Dämpfung und erzwungene Schwingungen gesagt wurde, auch hier volle Gültigkeit behält (Energiebetrachtungen, Abklingzeit, Resonanz usw.).

2.4 Scheinkräfte

Neben den realen Kräften, von denen wir einige kennengelernt haben, existieren noch eine Reihe weiterer Kräfte, die sich prinzipiell von den realen Kräften unterscheiden. Welche Kräfte sind es etwa, die beim Verkehrsunfall die Autos verbeulen oder die beim Kettenkarussell die Sitze entgegen der Schwerkraft hochheben? Warum meint der Astronaut im Satelliten, kein Gewicht mehr zu besitzen?

Um diese Kräfte zu verstehen, müssen wir zunächst den Begriff des Bezugssystems kennenlernen.

2.4.1 Inertialsysteme

Unter einem *Bezugssystem* verstehen wir die räumliche Umgebung, auf die wir die Beschreibung einer Bewegung beziehen (Koordinatensystem).

In vielen Fällen ist z.B. der Hörsaal mit seinen Kanten als Achsen eines Koordinatensystems unser Bezugssystem. Wenn wir den freien Fall untersuchen, dann beziehen wir die Ortsangaben auf einen bestimmten Punkt des Hörsaals.

Wir legen im Hörsaal einen Gegenstand auf eine glatte Unterlage, auf der er reibungsfrei gleiten könnte, wenn wir ihn anstießen. Wir stoßen ihn aber nicht an und stellen fest, daß der Gegenstand in Ruhe liegen bleibt. Wir schließen daraus, daß keine Kraft in horizontaler Richtung wirkt:

$$\text{da } \boldsymbol{a} = 0, \quad \text{ist } \boldsymbol{F} = 0, \quad \text{weil } \boldsymbol{F} = m\boldsymbol{a}.$$

Ein Bezugssystem, in dem ein Körper, auf den *keine* Kraft wirkt, tatsächlich *in Ruhe* bleibt, d.h. keine Beschleunigung erfährt, nennt man ein *Inertialsystem*. Nur in einem Inertialsystem ist unsere Kraftdefinition anwendbar.

Wir verlegen nun unsere Versuchsanordnung (Unterlage, Gegenstand) auf einen Wagen, der jetzt das Bezugssystem sein soll. Führt der Wagen eine beschleunigte Bewegung aus (Anfahren, Kurvenfahrt), so stellt jeder Beobachter – egal ob auf dem Wagen oder daneben – fest, daß der Gegenstand auf seiner Unterlage zu gleiten beginnt. Der Beobachter im Bezugssystem Wagen „weiß" jedoch nichts von der eigenen Bewegung. Er muß das Gleiten des Körpers so interpretieren, als ob auf den Gegenstand eine Kraft wirken würde. Der außenstehende Beobachter erkennt natürlich, daß dies keine wahre Kraft ist. Die Bewegung des Gegenstandes entsteht nur dadurch, daß das verwendete Bezugssystem (der Wagen) beschleunigt wird.

Kräfte, die nur in beschleunigten Bezugssystemen auftreten (d.h. in Nicht-Inertialsystemen), nennt man Scheinkräfte. Sie unterscheiden sich von den realen Kräften nur durch ihre Entstehung nicht jedoch durch ihre Wirkung.

Je nach Art der Beschleunigung, die das Bezugssystem erfährt, können zwei Scheinkräfte auftreten.

2.4.2 Die Trägheitskraft

Wir wollen nun annehmen, daß der Wagen gleichförmig geradlinig (Beschleunigung $\boldsymbol{a}$) beschleunigt wird (Abb. 2.39). Ein Beobachter B_i, der neben dem Wagen steht, sich also in einem Inertialsystem befindet, stellt fest, daß der Wagen unter dem Gegenstand weggezogen wird (keine Reibung!). Der Gegenstand bleibt in Ruhe, da keine Kraft auf ihn wirkt.

Ein Beobachter B_b auf dem Wagen sieht jedoch, wie sich der Gegenstand mit der Beschleunigung $\boldsymbol{a}$ von ihm wegbewegt. Er schließt daraus, daß auf diesen eine Kraft der Größe $m \cdot \boldsymbol{a}$ wirkt (wenn m die Masse des Gegenstandes ist).

In geradlinig gleichförmig beschleunigten Bezugssystemen (Beschleunigung $\boldsymbol{a}$) erfährt jede Masse eine Trägheitskraft der Größe

$$\boldsymbol{F}_t = -m\boldsymbol{a}. \tag{2.79}$$

Sie ist stets der Beschleunigung $\boldsymbol{a}$ entgegengerichtet.

2.4.3 Die Zentrifugalkraft

Auf einer mit konstanter Winkelgeschwindigkeit ω rotierenden Scheibe sitzt ein mitrotierender (und daher beschleunigter) Beobachter B_b (Abb. 2.40), der an einer Feder eine Masse m hält.

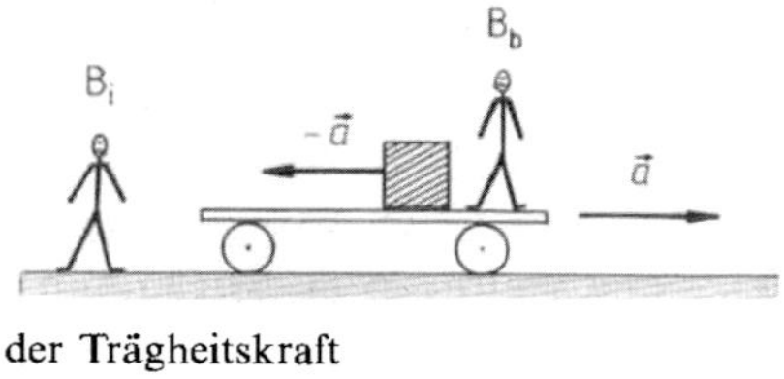

Abb. 2.39 Zur Einführung der Trägheitskraft

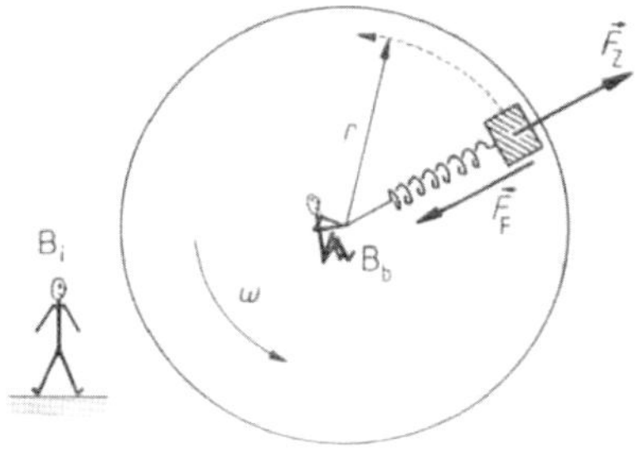

Abb. 2.40 Zur Einführung der Zentrifugalkraft

B_i, unser danebenstehender Beobachter, beurteilt die Situation so: Damit sich der Körper auf einer Kreisbahn (Radius r) bewegt, muß eine zum Rotationszentrum gerichtete Beschleunigung wirken (mit dem Betrag $a = \omega^2 \cdot r$). Sie wird von der gespannten Feder geliefert.

B_b dagegen stellt fest, daß sich die Masse m relativ zu ihm in Ruhe befindet. Offenbar existiert eine nach außen wirkende Kraft F_z, die die Feder spannt.

In einem mit Winkelgeschwindigkeit ω rotierendem Bezugssystem erfährt jede Masse m, die sich im Abstand r von der Drehachse befindet, eine vom Drehzentrum weggerichtete Kraft der Größe

$$F_z = m\omega^2 r = \frac{mv^2}{r}. \tag{2.80}$$

Man nennt sie Zentrifugal- oder Fliehkraft.

2.4.4 Auswirkung von Scheinkräften

Scheinkräfte können die verschiedenartigsten Auswirkungen haben.

Im nach oben anfahrenden (abbremsenden) Lift wirkt die Trägheitskraft (Gl. 2.79) nach unten (nach oben), was zu einer scheinbaren Vergrößerung (Verkleinerung) des Gewichts führt. Sie läßt sich mit einer Waage tatsächlich feststellen.

Der Astronaut auf einer Kreisbahn um die Erde erfährt eine der Schwerkraft entgegengerichtete Fliehkraft. Beide Kräfte kompensieren sich gerade gegenseitig. Der Astronaut fühlt sich „schwerelos".

Anlaß zu Problemen können die Scheinkräfte aus dem folgenden Grund geben: Wird ein komplexes, d.h. ein aus mehreren Körpern zusammengesetztes System (z.B. Auto oder Rakete mit Insassen; der gesamte menschliche Körper) beschleunigt, dann müssen die Scheinkräfte innerhalb des Systems durch reale Kräfte ausgeglichen werden. Fehlen diese oder sind sie zu gering, dann kommt es zu (Zer-)Störungen im System.

Fährt man mit dem Auto gegen eine Mauer, so wird die Karosserie verbeult, da die Steifigkeit des Blechs und der übrigen Bauelemente nicht ausreicht, um die Trägheitskräfte, die auf die einzelnen Teile des Autos wirken, zu kompensieren. Wird die Trägheitskraft auf die Insassen nicht durch einen Gurt ausgeglichen, dann....

Landet ein Boxer einen Treffer am Kopf seines Gegners, dann kann es zu Hirnverletzungen kommen, da die Trägheitskraft, die dabei auf das (nicht starre) Gehirn wirkt, nicht durch entsprechende mechanische Kräfte ausgeglichen wird, die es in seiner Lage festhalten.

Wird ein Mensch in einer Rakete sitzend nach oben beschleunigt, dann drückt die Trägheitskraft das Blut nach unten aus dem Kopf, was nur bis zu einem bestimmten Maße durch die Herzarbeit ausgeglichen werden kann. Übersteigt die Beschleunigung einen kritischen Wert, dann tritt Blutleere im Gehirn mit bleibenden gesundheitlichen Schäden auf.

Beispiel 2.27: Scheinkräfte in Flugzeugen
Der menschliche Organismus kann kurzzeitig Beschleunigungen bis zum achtfachen der Erdbeschleunigung ertragen. Wie lange muß die Beschleunigungsstrecke beim Katapultstart eines Flugzeuges sein, damit dieser Grenzwert ($a = 8\,g$) nicht überschritten wird und das Flugzeug die Startgeschwindigkeit von 75 m/s erreicht?

Beim Sturzflug erreicht das Flugzeug eine Geschwindigkeit von 500 m/s. Wie groß muß der Radius des Kreisbogens beim Abfangen des Flugzeuges sein, damit für den Piloten die fünffache Erdbeschleunigung nicht überschritten wird?

Für die Beschleunigungsstrecke s gilt (Gl. 2.23): $s = (1/2)at^2$. Wird t mit Hilfe von $v = a \cdot t$ eliminiert, so folgt:

$$s = \frac{v^2}{2a} = \frac{v^2}{2(8g)} = \frac{(75\ \mathrm{m/s})^2}{16(9{,}8\ \mathrm{m/s^2})} = \mathbf{35{,}8\ m}.$$

Die Gesamtbeschleunigung auf den Piloten setzt sich aus der Erdbeschleunigung und der Zentrifugalbeschleunigung zusammen:

$$a_{\mathrm{ges}} = g + a_z = 5g, \quad \text{oder} \quad a_z = 4g = \frac{v^2}{r}.$$

Daraus ergibt sich:

$$r = \frac{v^2}{4g} = \frac{(500\ \mathrm{m/s})^2}{4(9{,}8\ \mathrm{m/s^2})} = \mathbf{6380\ m}.$$

Zentrifuge

Da die Zentrifugalkraft proportional zum Quadrat der Winkelgeschwindigkeit und proportional zur Masse des Körpers anwächst, ist es möglich, Teilchen verschiedener Masse in einer Suspension mit schnell rotierenden Zentrifugen zu trennen. Die Sedimentationsgeschwindigkeit nimmt mit der Kraft zu, die auf die Teilchen in der Flüssigkeit wirkt. Der Sedimentationsvorgang läßt sich daher stark beschleunigen, wenn dazu die in einer Zentrifuge auftretenden enormen Zentrifugalkräfte herangezogen werden.

Beispiel 2.28: Ultrazentrifuge

Wie groß ist die in einer Ultrazentrifuge auftretende Zentrifugalbeschleunigung, wenn die Drehfrequenz einen Wert von $f = 60\,000\ \text{min}^{-1}$ erreicht? Man betrachte dazu einen Punkt im Abstand von 5 cm von der Drehachse.

$$a_z = \omega^2 r = (2\pi f)^2 r = (2\pi \cdot 10^3\ \text{s}^{-1})^2 \cdot (0{,}05\ \text{m}) = \mathbf{2{,}0 \cdot 10^6\ m/s^2 \approx 200\,000 \cdot \mathit{g}}.$$

Es wirkt eine Beschleunigung, die die Erdbeschleunigung g um das 200000fache übertrifft.

Betrachtet man die Bewegung der Teilchen während der Sedimentation etwas genauer, dann müssen alle wirkenden Kräfte berücksichtigt werden: Neben der die Sedimentation hervorrufenden Zentrifugalkraft wirkt der Bewegung die Stokessche Reibungskraft und der Auftrieb (sh. S. 134; die Rolle der Erdbeschleunigung übernimmt hier die Zentrifugalbeschleunigung a_z) entgegen.

Die Reibungskraft auf eine Kugel (Radius r, Dichte ϱ_K), die sich in einer Flüssigkeit (Viskosität η, Dichte ϱ_{Fl}) mit der Geschwindigkeit v bewegt, hat die Größe

$$R = 6\pi r v \eta\,.$$

Setzt man die Summe aus Auftrieb und Reibungskraft gleich der beschleunigenden Zentrifugalkraft

$$\frac{4}{3}\pi r^3 \varrho_{Fl} \alpha_z + 6\pi r v \eta = \frac{4}{3}\pi r^3 \varrho_K \alpha_x\,,$$

dann kann damit die Sedimentationsgeschwindigkeit der als kleine Kügelchen betrachteten Teilchen berechnet werden:

$$v = \frac{2}{9}\frac{r^2(\varrho_K - \varrho_{Fl})\,\alpha_z}{\eta}\,.$$

Man erkennt, daß aus der Sedimentationsgeschwindigkeit sehr kleiner Teilchen Informationen über Größe (r) und Dichte (ϱ_K) gewonnen werden können. Am Gefäßboden sammeln sich die Komponenten mit großem Radius und großer Dichte an.

Bei einer Blutuntersuchung fände man daher von oben nach unten Plasma, Lymphozyten, Granulozyten und Erythrozyten.

3 Struktur der Materie

3.1 Einleitung

3.1.1 Modell und Wirklichkeit

Das Kapitel „Mechanik“ umfaßte im wesentlichen das, was unter dem Begriff „Klassische Mechanik“ (oder auch nach ihrem Begründer als „Newtonsche Mechanik“) verstanden wird. Wir sind nun in der Lage, die Bewegung von makroskopischen Körpern als Auswirkung von Kräften zu verstehen. Dazu haben wir eine Reihe von Größen eingeführt, mit denen sich physikalische Vorgänge exakt und eindeutig beschreiben lassen.

Neben der quantitativen Beschreibung ist es jedoch ein zentrales Anliegen physikalischer Untersuchungen, alle Beobachtungen durch möglichst einfache Gesetze erklären zu können. Unser Ziel ist es daher, ausgehend von möglichst wenigen fundamentalen Annahmen über den Aufbau und die Eigenschaften der Materie ein mikroskopisches Modell zu entwickeln, mit dem sich alle Vorgänge und Phänomene in der Natur beschreiben lassen: die „Atomtheorie der Materie“.

Bei diesem Modell geht man davon aus, daß alle Stoffe aus submikroskopischen Teilchen aufgebaut sind, die Kräfte aufeinander ausüben und die je nach den äußeren Bedingungen zu ganz unterschiedlichen makroskopischen Erscheinungsformen der Materie führen.

3.1.2 Theorie und Experiment

Unter einer Theorie versteht man vereinfacht ausgedrückt alle Folgerungen, die sich aus einem Modell ergeben. Aufgabe einer Theorie ist es, das Ergebnis eines Experimentes aufgrund eines bestimmten Modells zu erklären.

Physikalische Modelle und Theorien basieren daher einzig und allein auf dem Experiment. Das Vertrauen in die Brauchbarkeit eines Modells ist um so größer, je mehr experimentelle Erkenntnisse richtig gedeutet werden können. Andererseits wird man eine Revision des Modells dann vornehmen müssen, wenn Experiment und Theorie sich widersprechen.

3.1.3 Klassische Physik und Atomtheorie

Die klassische Physik gibt es, seit man daran ging, die Bewegung makroskopischer Körper, die unmittelbar beobachtet werden können, zu vermessen. Sie geht also davon aus, daß man den Ort eines Körpers zu jeder Zeit eindeutig festlegen kann.

Es war zunächst naheliegend, die dabei gewonnenen Begriffe und Zusammenhänge auch auf den atomaren Bereich zu übertragen und davon auszugehen, daß sich auch atomare Teilchen mit den Gesetzen der klassischen Mechanik beschreiben lassen. Viele Experimente haben jedoch gezeigt, daß ein solches „klassisches Atommodell" nicht geeignet ist, alle experimentellen Befunde korrekt zu erklären.

Das Ergebnis einer langjährigen Entwicklung war die Schaffung der sogenannten „Modernen Physik" (Wellenmechanik, Quantenmechanik, Quantenphysik), die von einer ganz neuen, der alltäglichen Erfahrung widersprechenden Vorstellung von der Bewegung der Teilchen ausgeht. Soweit es im Rahmen dieses Buches möglich und notwendig ist, werden wir versuchen, diesen Weg vom klassischen zum quantenmechanischen Atommodell nachzuvollziehen, um so das Geschehen in der Natur und damit auch in Systemen, die für die Medizin von Bedeutung sind, zu verstehen.

3.2 Grundbausteine der Materie und ihre Eigenschaften

3.2.1 Elementarteilchen

Wir gehen von der folgenden Grundannahme aus:

Am Aufbau der Materie sind insgesamt drei unterschiedliche Elementarbausteine beteiligt:
Das Proton (p), das Neutron (n) und das Elektron (e). Der Durchmesser dieser Teilchen liegt in der Größenordnung von 10^{-15} m.

Man ist heute davon überzeugt, daß auch p und n nicht elementar, sondern aus kleineren Teilchen („Quarks") aufgebaut sind. Für unser Atommodell ist dies jedoch unwichtig. Bei allen Zahlenangaben, die im Zusammenhang mit solchen Teilchen gemacht werden, sollte man sich bewußt sein, daß sich diese Zahlenwerte nicht aus einer direkten Messung gewinnen lassen. Man schließt sie vielmehr indirekt aus dem Verhalten der Teilchen bei bestimmten Experimenten.

3.2.2 Fundamentale Wechselwirkungen

Es gilt heute als gesicherte Tatsache, daß sich alle Kräfte, mit denen wir es in der Physik zu tun haben, auf die sog. fundamentalen Wechselwirkungen zurückführen lassen. Darunter verstehen wir Eigenschaften der Elementarbausteine, die sich als Kraftwirkung äußern.

Zwischen den Elementarbausteinen p, n und e treten vier verschiedene Wechselwirkungen (Fundamentalkräfte) auf: Massenanziehung (Gravitation), elektromagnetische Wechselwirkung, Kernkraft und schwache Wechselwirkung.

Von diesen spielen nur die ersten beiden im Alltag eine Rolle, die Kernkraft gewinnt zunehmend an Bedeutung. Die schwache Wechselwirkung ist für uns ohne Interesse, da sie die Physik im Alltag und die Medizin nicht berührt.

Die Massenanziehung

p, n und e besitzen eine Eigenschaft, die als Masse m bezeichnet wird. Sie ist die Ursache für eine anziehende Kraft zwischen diesen Teilchen, die Massenanziehung (Gravitation).

Das Gravitationsgesetz:

Da alle Körper aus diesen Teilchen bestehen sollen, kann unmittelbar auf eine Anziehungskraft zwischen makroskopischen Körpern geschlossen werden. Dieses Gesetz wurde von Newton quantitativ formuliert.

Zwei Körper mit den Massen m und M im Abstand r (Abstand ihrer Schwerpunkte) üben eine anziehende Kraft aufeinander aus der Größe

$$F = \gamma \frac{m M}{r^2}. \tag{3.1}$$

γ nennt man die Gravitationskonstante. Sie hat den Wert

$$\gamma = 6{,}67 \cdot 10^{-11} \frac{\mathrm{N\,m^2}}{\mathrm{kg^2}}. \tag{3.2}$$

Die Schwerkraft (Gewichtskraft):

Die zum Erdmittelpunkt gerichtete Schwerkraft an der Erdoberfläche ist eine Folge der zwischen allen Körpern wirksamen Massenanziehungskraft:

$$G = m g = \gamma \frac{m M}{R_\mathrm{E}^2}. \tag{3.3}$$

Die Erdbeschleunigung $g (= \gamma M / R_\mathrm{E}^2)$ kann daher als konstant angesehen werden, solange die Höhe des Körpers über der Erdoberfläche gegenüber dem Erdradius R_E vernachlässigbar ist.

Beispiel 3.1: Verhältnis von Massenanziehung zu Schwerkraft
Zwei Männer (beide mit der Masse $m = 75$ kg) stehen sich im Abstand von 0,5 m gegenüber. Mit welcher Kraft ziehen sie sich gegenseitig an? Wie groß ist das Verhältnis dieser Kraft zur Gewichtskraft eines dieser Männer?

$$F = 6{,}67 \cdot 10^{-11} \frac{\mathrm{N\,m^2}}{\mathrm{kg^2}} \frac{(75\ \mathrm{kg})^2}{(0{,}5\ \mathrm{m})^2} = \mathbf{1{,}5 \cdot 10^{-6}\ N},$$

$$\frac{F}{m g} = \frac{1{,}5 \cdot 10^{-6}\ \mathrm{N}}{(75\ \mathrm{kg})\,(9{,}8\ \mathrm{m/s^2})} = \mathbf{2{,}0 \cdot 10^{-9}}.$$

Dieses Ergebnis erklärt, warum die Anziehungskraft zwischen Körpern der üblichen Größe nicht bemerkt wird.

Die Massen der drei Elementarbausteine betragen:

Proton: $1{,}6726 \cdot 10^{-27}$ kg
Neutron: $1{,}6750 \cdot 10^{-27}$ kg
Elektron: $9{,}110 \cdot 10^{-31}$ kg.

Die elektromagnetische Wechselwirkung

p und e besitzen eine Eigenschaft, die als elektrische Ladung Q bezeichnet wird. Sie ist die Ursache für die sog. elektromagnetische Wechselwirkung dieser Teilchen.

Anders als bei der Massenanziehung treten hier anziehende und abstoßende Kräfte auf, so daß zwischen der positiven Ladung des Protons und der negativen Ladung des Elektrons unterschieden werden muß. Außerdem tritt diese Wechselwirkung in zwei Formen auf, als *elektrische Kraft* (Coulombkraft) zwischen *ruhenden* Ladungen und als *zusätzliche magnetische Kraft* (Lorentzkraft) zwischen *bewegten* Ladungen.

Die Coulombkraft:

Die elektrische Kraft spielt im Alltag, d. h. als Wechselwirkung zwischen makroskopischen Körpern keine Rolle, da in diesen positive und negative Ladungen in gleicher Anzahl vorhanden sind, so daß nach außen Neutralität vorliegt. Wir werden jedoch sehen, daß diese Kräfte für den Zusammenhalt der Körper verantwortlich sind. Experimentell ist es relativ leicht, positive und negative Ladungen zu trennen, um die Kraftwirkung zwischen ihnen zu untersuchen.

Zwischen zwei Körpern, die die Ladungen Q_1 und Q_2 tragen und die einen Abstand r voneinander haben, herrscht eine elektrische Kraft der Größe

$$F_C = \frac{1}{4\pi\varepsilon_0}\frac{Q_1 Q_2}{r^2}. \qquad (3.4)$$

(Coulombsches Kraftgesetz)

Die Konstante ε_0 hat den Wert $8{,}85 \cdot 10^{-12}\,\frac{\mathrm{A\,s}}{\mathrm{V\,m}}$.

Die Kraft ist abstoßend für gleichnamige (positiv–positiv; negativ–negativ) und anziehend für ungleichnamige (negativ–positiv) Ladungen.

Die SI-Einheit für die Ladung ist 1 Coulomb = 1 C. Die Ladungen von Proton und Elektron sind betragsmäßig gleich, sie unterscheiden sich nur durch das Vorzeichen (Proton + und Elektron −). Man bezeichnet sie als Elementarladung e.

Sie hat die Größe

$e = 1{,}609 \cdot 10^{-19}\,\mathrm{C}.$

Die Lorentzkraft:

Zusätzlich zur Coulombkraft tritt bei bewegten Ladungen die Lorentzkraft auf. Die Richtung dieser Kraft ist aus Abb. 3.1 zu ersehen.

Bewegen sich gleichnamige Ladungen parallel, dann ist die Lorentzkraft anziehend (Abb. 3.1 a). Kehrt eine der Ladungen ihr Vorzeichen oder ihre Richtung um, dann ist sie abstoßend (Abb. 3.1 b, c).

Wichtiger als freie bewegte Ladungen (z. B. im Elektronenstrahl des Elektronenmikroskops) sind für die Praxis Ströme. Diese treten in nach außen gesehen neutralen Körpern auf (diese enthalten gleichviele positive und negative Ladungen), in denen sich die negativen Ladungen bewegen, während die positiven in Ruhe sind oder umgekehrt (Strom I = die sich in einer Sekunde durch einen Querschnitt bewegende Ladungsmenge = Q/t). In diesem Fall ist die Lorentzkraft die einzig wirkende elektromagnetische Kraft. Untersucht man die Größe

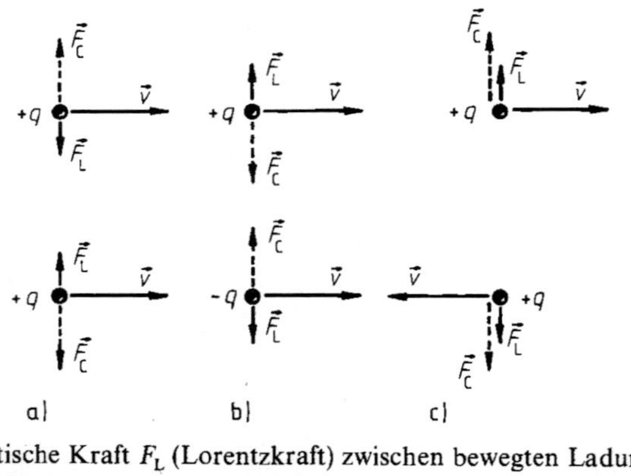

Abb. 3.1 Die magnetische Kraft F_L (Lorentzkraft) zwischen bewegten Ladungen ist anziehend für gleichnamige, parallel laufende Ladungen (a). Sie ist abstoßend, wenn eine Ladung ihr Vorzeichen (b) oder die Bewegungsrichtung (c) umkehrt. Die außerdem wirksame Coulombkraft F_C ist gestrichelt eingezeichnet

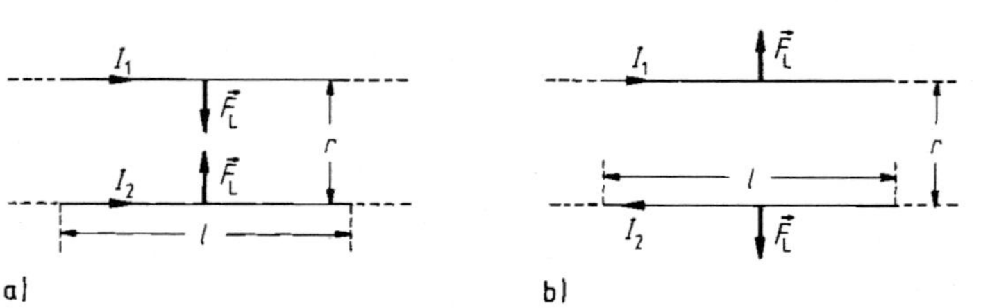

Abb. 3.2 Parallel fließende Ströme (das sind bewegte Ladungen!) ziehen sich an, entgegengesetzt gerichtete Ströme stoßen sich ab

dieser Kraft quantitativ, dann findet man die folgenden Abhängigkeiten (Abb. 3.2a, b):

Stehen sich im Abstand r auf einer Länge l zwei Leiter (Drähte) parallel gegenüber und fließen in ihnen die Ströme I_1 und I_2, dann wirkt zwischen ihnen die Kraft

$$F_L = \frac{\mu_0}{2\pi} \frac{I_1 I_2}{r} l. \tag{3.5}$$

Die Konstante μ_0 hat den Wert $1{,}256 \cdot 10^{-6} \frac{\text{V s}}{\text{A m}}$.

Die Lorentzkraft ist anziehend, wenn die Ströme gleichgerichtet sind (Abb. 3.2a), abstoßend, wenn sie in entgegengesetzte Richtungen fließen (Abb. 3.2b).

Die in den Gln. 3.1, 3.4 und 3.5 auftretenden Größen γ, ε_0 und μ_0 haben den Charakter von Naturkonstanten. Bemerkenswert dabei ist die Tatsache, daß zwischen ε_0 und μ_0 ein Zusammenhang besteht. Berechnet man den Ausdruck

$$\frac{1}{\sqrt{\varepsilon_0 \mu_0}} = 3{,}0 \cdot 10^8 \text{ m/s},$$

so ergibt sich die Vakuumlichtgeschwindigkeit. Darin kommt eine enge Verknüpfung elektrischer, magnetischer und optischer Erscheinungen zum Ausdruck. In Abschn. 7.4 werden wir Licht als „elektromagnetische" Welle näher kennenlernen.

Um den Aufbau der Materie zu verstehen, ist der Vergleich zwischen Gravitations- und Coulombkraft sehr aufschlußreich.

Beispiel 3.2: Verhältnis von Massenanziehung zu Coulombkraft

In welchem Verhältnis stehen Gravitations- und Coulombkraft für ein Elektron und ein Proton, die sich im Abstand r gegenüberstehen?

Die Gln. 3.1 und 3.4 beantworten diese Frage:

$$\frac{F_G}{F_C} = \gamma \frac{m_e m_p}{r^2} \cdot \frac{4\pi\varepsilon_0 r^2}{e^2}$$

$$= \frac{(6{,}67 \cdot 10^{-11} \text{ N m}^2/\text{kg}^2)\,(9{,}11 \cdot 10^{-31} \text{ kg})\,(1{,}67 \cdot 10^{-27} \text{ kg})\, 4\pi(8.85 \cdot 10^{-12} \text{ As/Vm})}{(1{,}6 \cdot 10^{-19} \text{ C})^2}$$

$$= \mathbf{4{,}41 \cdot 10^{-40}}.$$

Daraus folgt, daß immer dann, wenn sich geladene Körper gegenüberstehen, die Massenanziehung bedeutungslos ist und vernachlässigt werden kann.

Die Kernkraft

Als dritte Fundamentalkraft muß noch die Kernkraft kurz charakterisiert werden.

p und n besitzen eine Eigenschaft (mitunter auch als Nukleonenladung bezeichnet), die sich in einer starken Kraft zwischen diesen Teilchen äußert.

Zur Zeit ist man noch nicht in der Lage, einen exakten Formelausdruck dafür anzugeben, wie die Kraft vom Abstand der Teilchen abhängt. Aus Experimenten kann man jedoch auf die folgenden Eigenschaften dieser Kraft schließen:

Sie hat nur eine geringe Reichweite von ca. $2 \cdot 10^{-15}$ m. Unterhalb von $1 \cdot 10^{-15}$ m ist sie abstoßend, darüber anziehend. Sie ist ladungsunabhängig, d.h. sie wirkt in gleicher Weise zwischen p–p-, n–n-, und n–p-Paaren. Verglichen mit den anderen Kräften ist sie die stärkste, die wir kennen. Wegen ihrer geringen Reichweite spielt sie bei der Wechselwirkung makroskopischer Körper jedoch keine Rolle.

3.3 Kerne, Atome, Moleküle

Die Atomtheorie der Materie basiert auf der Tatsache, daß alle Stoffe aus kleinsten Einheiten, den Atomen, aufgebaut sind.

Wir wollen nun ein Atommodell entwickeln, das einfache Eigenschaften dieser Stoffe wie z.B. mechanische und elektrische Phänomene erklären kann. Grundlage dieses Modells ist die Vorstellung, das sich die Wechselwirkungen zwischen den Elementarbausteinen klassisch beschreiben lassen. Erst für die Optik, sowie für die Atom- und Kernphysik müssen wir quantenmechanische Vorstellungen einbauen.

3.3.1 Der Atomaufbau

Jedes Atom besteht aus dem Atomkern und der Atomhülle. Im Atomkern befinden sich etwa gleichviel Protonen und Neutronen, die durch Kernkräfte zusammengehalten werden. Da die Protonen positiv geladen, die Neutronen dagegen neutral sind, ist der Kern als ganzes positiv. Er wird von einer aus Elektronen bestehenden negativen Hülle umgeben.

Protonen und Neutronen werden als Nukleonen bezeichnet. Die Größe der Kerne liegt bei ca. 10^{-15} m bis 10^{-14} m. Man kann sich vorstellen, daß die Nukleonen dicht gepackt sein müssen und die Kernkräfte außerhalb des Kerns gleich Null sind, da sie nur zwischen zwei benachbarten Nukleonen wirken (Reichweite ca. 10^{-15} m). Die weitreichenden Coulombkräfte der Protonen spielen im Kern keine Rolle. Die Coulombkraft ist jedoch für den Aufbau der Elektronenhülle verantwortlich, da zwischen den Elektronen, die viel weiter voneinander entfernt sind als die Nukleonen, keine Kernkräfte wirken.

Der Durchmesser der Hülle beträgt ca. 10^{-10} m bis 10^{-9} m. Da das Atom als Ganzes neutral ist, enthält die Hülle ebensoviel Elektronen wie der Atomkern Protonen.

Die Abb. 3.3 zeigt das (nicht maßstäbliche) „Bild“ eines Lithiumatoms. Sein Kern besteht aus vier Neutronen und drei Protonen, ebenfalls drei Elektronen bilden die Atomhülle.

Um zu verstehen, weshalb die Elektronen, die ja von den Protonen des Kerns angezogen werden, nicht in diesen hineinstürzen, kann man annehmen, daß sie auf Kreisbahnen um den Kern laufen. Die dabei auftretende Zentrifugalkraft hält sie in konstantem Abstand vom Kern, vorausgesetzt beide Kräfte, die elektrische Anziehung und die Zentrifugalkraft, gleichen sich gerade aus.

Da die Masse des Protons oder des Neutrons etwa 2000mal größer ist als die Masse des Elektrons, ist die Gesamtmasse des Atoms fast vollständig im Kern vereinigt, während der Rest des Atoms (d.h. die Hülle) praktisch „leer“ ist.

Die verschiedenen Elemente unterscheiden sich voneinander durch die Anzahl Z der Protonen in ihren Kernen. Z nennt man die Kernladungszahl. Sie ist gleich der Ordnungszahl des betreffenden Elementes im Periodensystem.

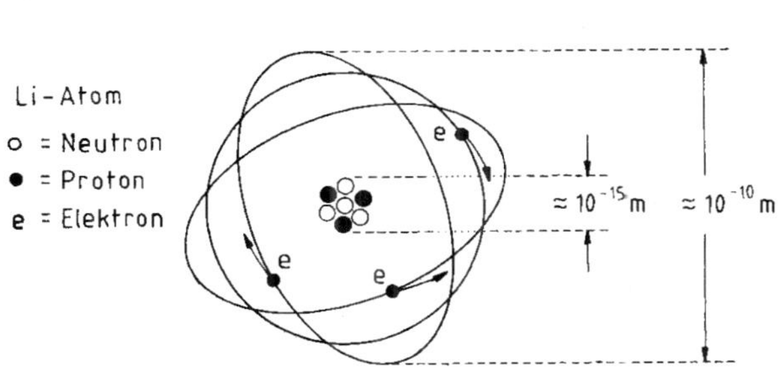

Abb. 3.3 Schematischer Aufbau eines Lithiumatoms

3.3.2 Atomare Bindungskräfte

Nach diesen Vorstellungen sind Atome kugelförmige, elektrisch neutrale Gebilde, die aus einem massenreichen Kern und einer Hülle bestehen, deren Durchmesser ca. 10^{-10} m beträgt. Um den Aufbau der Materie aus den Atomen zu verstehen, muß man eine Annahme machen über die Kräfte, die zwischen zwei Atomen wirken, wenn sie sich einander nähern.

Die atomaren Bindungskräfte beruhen auf elektrischen Kräften zwischen den geladenen Atombausteinen. Nur aus großer Entfernung wirken Atome wie neutrale Teilchen. Bei Annäherung zweier Atome spielt die räumliche Verteilung der elektrischen Ladungen eine Rolle.

Je nach Art der beteiligten Atome gibt es verschiedene Bindungsmechanismen, die jedoch alle durch die gleiche Potentialkurve charakterisiert werden können (Abb. 3.4).

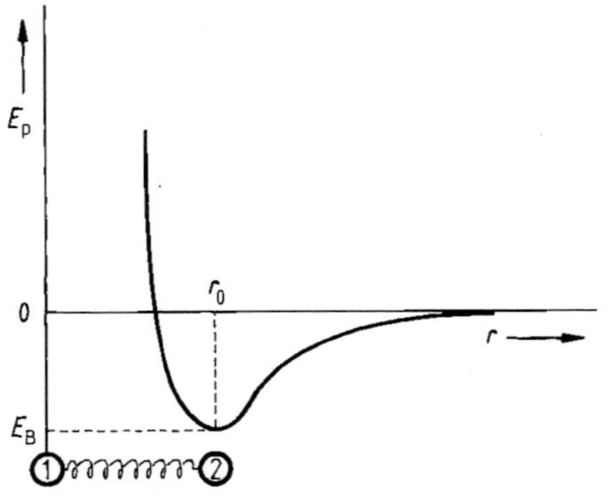

Abb. 3.4 Potentialkurve für die zwischen neutralen Atomen wirkende Bindungskraft

Tabelle 3.1 Bindungstypen

Typ	Beispiel	r_0 (in 10^{-10} m)	E_B (in eV)*)
Ionenbindung	NaCl-Kristall	2,8	7,9
Atombindung	Diamant	1,5	7,4
Metallbindung	Natrium	3,7	1,13
Van-der-Waalsbindung	festes Argon	3,8	0,08

*) Die Energieeinheit 1 eV = 1 Elektronenvolt, die man im atomaren Bereich verwendet, wird später (s. Abschn. 6.2.3) definiert. Es gilt: $1\ \text{eV} = 1{,}6 \cdot 10^{-19}$ J

Die potentielle Energie ist gleich der Arbeit, die man einem System (hier bestehend aus zwei Atomen 1 und 2) zuführen muß, um den gegenseitigen Abstand zu verändern. Dabei wird angenommen, daß Atom 1 am Ort $r = 0$ festgehalten wird, während Atom 2 gegen eine elastische Kraft (in der Abbildung durch eine Feder dargestellt) verschoben wird. r_0 ist der Gleichgewichtsabstand. Sowohl bei Vergrößerung als auch bei Verkleinerung des gegenseitigen Abstandes muß Arbeit geleistet werden, d.h. steigt die Potentialkurve an. Um die Bindung zu trennen (r gegen unendlich), muß die sogenannte Bindungsenergie E_B aufgewendet werden.

Die Tabelle 3.1 zeigt Beispiele für die wichtigsten Bindungstypen nebst den dazugehörenden Werten r_0 und E_B.

3.4 Der Aufbau der Stoffe

Die zwischenatomaren Kräfte führen zur Bildung von Molekülen, sie sind aber auch verantwortlich für den Aufbau makroskopischer Gebilde (Flüssigkeiten, Festkörper) aus einer großen Anzahl gleicher Atome oder Moleküle.

Ehe wir diese Gebilde im einzelnen besprechen, erscheinen zwei Vorbemerkungen angebracht:

a) Es erweist sich als sehr nützlich, einen Mengenbegriff einzuführen, der die Teilchenstruktur der Materie berücksichtigt.
b) Außerdem müssen wir zumindest qualitativ die Begriffe Wärme und Temperatur kennenlernen. Sie sind unerläßlich für eine Diskussion der Stoffzustände.

3.4.1 Stoffmenge und atomare Masseneinheit

Wir wissen von chemischen Reaktionen her, daß die Zahlen der miteinander reagierenden Teilchen stets in einem einfachen ganzzahligen Verhältnis stehen, z.B.

$$2\,H + O \rightarrow H_2O.$$

Es reagieren stets zwei H-Atome mit einem O-Atom. Von den Massen der beteiligten Stoffe kann man dies nicht sagen. Wir definieren daher eine neue physikalische Größe, die Stoffmenge.

Die Stoffmenge ist ein auf dem atomaren Aufbau der Materie beruhender Mengenbegriff. Die Einheit ist 1 mol.

Definition:
1 mol ist die Stoffmenge, die genausoviel Teilchen enthält wie Atome in 12 g des Kohlenstoffs ^{12}C enthalten sind.

Um die Teilchenzahl zu ermitteln, die in einem Mol enthalten ist, muß man 12 g durch die Masse eines ^{12}C-Atoms dividieren. Letztere läßt sich experimentell bestimmen zu $1{,}99 \cdot 10^{-23}$ g. Daraus errechnet sich die molare Teilchenzahl zu

$$N_L = \frac{12 \text{ g/mol}}{1{,}99 \cdot 10^{-23} \text{ g/Teilchen}} = 6{,}02 \cdot 10^{23} \frac{\text{Teilchen}}{\text{mol}}.$$

N_L ist die Loschmidtsche Zahl oder Avogadrozahl.

Um die Massenangaben im atomaren Bereich zu vereinfachen, bezieht man die Massen von Atomen und Molekülen auf die sogenannte *atomare Masseneinheit*.

Definition:
Die atomare Masseneinheit (abgekürzt 1 u) ist definiert als 1/12 der Masse eines ^{12}C-Atoms:

$$1\,u = (\tfrac{1}{12}) \cdot 1{,}99 \cdot 10^{-23} \text{ g} = 1{,}66 \cdot 10^{-24} \text{ g}.$$

Atome und Moleküle werden durch ihre relative Atommasse charakterisiert:

Die relative Atommasse (Molekülmasse) M_A einer Atomsorte (Molekülsorte) A ist das Verhältnis: Masse μ_A eines Atoms (Moleküls) der Sorte A dividiert durch die atomare Masseneinheit u:

$$M_A = \frac{\mu_A}{u}. \tag{3.6}$$

M ist eine dimensionslose Größe, die häufig noch (aber nicht korrekt) als Atomgewicht bezeichnet wird. Aus dem gesagten folgt, daß 1 mol einer Substanz A genau M_A Gramm dieser Substanz entsprechen.

Beispiel 3.3: Die Masse von Wasserstoffatomen
Wie groß sind die Masse eines H-Atoms und die Masse eines Mols Wasserstoff, wenn in einer Tabelle für atomare Massen für Wasserstoff der Wert $M_H = 1{,}008$ steht?

Die Masse eines H-Atoms ist $\mu_H = 1{,}008 \cdot 1\ \mathrm{u} = \mathbf{1{,}673 \cdot 10^{-24}\ g}$.

Die Masse eines Mols Wasserstoff ist $m_H = \mathbf{1{,}008\ g}$.

3.4.2 Mengenbegriffe

Nach der Einführung der Stoffmenge besitzen wir nun mehrere Möglichkeiten, bestimmte Mengen eines Stoffes zu beschreiben. Für homogene Körper (Dichte und chemische Zusammensetzung ist im gesamten Körper konstant) stehen zur Verfügung:

a) Volumen Einheit: $1\ \mathrm{m}^3$,
b) Masse Einheit: 1 kg,
c) Stoffmenge Einheit: 1 mol.

Dementsprechend können wir bestimmte Eigenschaften auf die verschiedenen Größen beziehen:

a) Auf das Volumen bezogene Größen nennen wir *Dichten*. Beispiele: Massendichte ($1\ \mathrm{kg/m^3}$), Energiedichte ($1\ \mathrm{J/m^3}$), Teilchendichte ($1/\mathrm{m^3}$).

b) Bezieht man die Größe auf die Masse, dann heißt diese Größe *spezifisch*. Beispiele: spezifisches Volumen ($1\ \mathrm{m^3/kg}$), spezifische Wärmekapazität ($1\ \mathrm{J/kg \cdot K}$).

c) Schließlich kann auch auf die Stoffmenge bezogen werden. In diesem Fall spricht man von *molaren* Größen. Beispiele: molare Masse (1 kg/mol), molare Verdampfungswärme (1 J/mol).

Beispiel 3.4: Mengenbegriffe bei einem Stück Kupfer
Ein Block Kupfer (relative Atommasse $M_{Cu} = 63{,}5$) mit einem Volumen von $30\ \mathrm{cm}^3$ hat eine Masse von 268 g. Wie groß sind (Massen-)Dichte, molare Masse, Teilchendichte, molares Volumen und spezifisches Volumen von Kupfer?

a) Die molare Masse (Molmasse) beträgt **63,5 g/mol**.

b) Die Massendichte erhält man aus

$$\varrho(\mathrm{Cu}) = \frac{m}{V} = \frac{268\ \mathrm{g}}{30\ \mathrm{cm}^3} = \mathbf{8{,}93\ g/cm^3}.$$

c) Das spezifische Volumen von Kupfer beträgt

$$v(\mathrm{Cu}) = \frac{V}{m} = \frac{30\ \mathrm{cm}^3}{268\ \mathrm{g}} = \mathbf{0{,}112\ cm^3/g}.$$

d) Das molare Volumen berechnet sich aus

$$v_{mol} = \frac{\text{Volumen}}{\text{Stoffmenge}} = \frac{30\ \text{cm}^3}{(268/63{,}5)\ \text{mol}} = \mathbf{7{,}11\ cm^3/mol}.$$

e) Für die Teilchendichte ergibt sich:

$$n = \frac{\text{Teilchenzahl}}{\text{Volumen}} = \frac{N_L\ (\text{Stoffmenge})}{\text{Volumen}} = \frac{(6 \cdot 10^{23}/\text{mol})\ (268/63{,}5)\ \text{mol}}{30\ \text{cm}^3} = \mathbf{8{,}47 \cdot 10^{22}/cm^3}.$$

3.4.3 Temperatur und Teilchenbewegung

Nun wollen wir zwei Begriffe kennenlernen, deren Kenntnis für die folgenden Zusammenhänge sehr wichtig ist: Wärme und Temperatur.

Beide Begriffe sind uns aus dem Alltag vertraut, und wir haben durchaus eine Vorstellung davon, was damit beschrieben wird. Diese Vorstellung läßt sich nicht unmittelbar auf atomare Bereiche übertragen („Wie warm ist ein Atom?") und wir müssen daher fragen, welche Bedeutung Wärme und Temperatur hier haben.

Wir wissen bereits (s. Abschn. 2.2.3), daß Wärme eine Energieform darstellt. Der Begriff ist jedoch nur dann sinnvoll anwendbar, wenn wir ihn auf Körper beziehen, die aus einer sehr großen Anzahl von Atomen aufgebaut sind. Jetzt stellen wir fest:

> Die *Wärme* eines Körpers ist die Energie, die in der *ungeordneten Bewegung* seiner Bausteine steckt. Diese nennt man *thermische Bewegung.*

Erwärmen wir einen Körper, d. h. führen wir ihm Wärme zu (z. B. auch durch Reibungsarbeit), dann verstärkt sich diese Bewegung. Die mittlere thermische Energie E_{th} der Bausteine wird größer. Wir sagen, daß die Temperatur des Körpers ansteigt.

> Die *Temperatur* eines Körpers ist ein Maß für *die Größe der mittleren thermischen Energie* seiner Bausteine.

Wir sprechen hier von der mittleren Energie der Teilchen. Damit ist gemeint, daß momentan die Energie der Atome eines Körpers zwar sehr unterschiedlich sein kann und sich diese Verteilung durch Stöße zwischen den Atomen laufend ändert; konstant bleibt jedoch der zeitliche Mittelwert für die Energie eines Teilchens, der nur von der Temperatur abhängt.

3.4.4 Charakterisierung der Stoffzustände

Die thermische Energie E_{th} eines Stoffes ist von entscheidender Bedeutung für die Frage, ob die zwischenatomaren Bindungskräfte wirksam werden können oder nicht. Dazu muß sie mit der Bindungsenergie E_B zwischen zwei Teilchen des Stoffes verglichen werden.

Gase

Ist die thermische Energie der Teilchen viel größer als die Bindungsenergie ($E_{th} \gg E_B$), dann kann es zu keiner bleibenden Bindung kommen, da diese durch Zusammenstöße der Teilchen untereinander stets wieder aufgebrochen wird. Diesen Zustand der Materie bezeichnen wir als gasförmig.

Unter einem Gas verstehen wir Materie, deren Teilchen frei sind (d.h. keine Kräfte aufeinander ausüben) und eine ungeordnete Bewegung ausführen. Ein Gas ist leicht deformierbar und leicht komprimierbar.

Handelt es sich bei den Gasteilchen um Atome, dann steckt die gesamte thermische Energie in der Translationsbewegung (Bewegung des Schwerpunkts jedes Atoms). Liegen Moleküle vor, dann verteilt sich E_{th} neben der Translation auch auf die Rotation und die Schwingung der Moleküle.

Flüssigkeiten

Sind thermische Energie und Bindungsenergie vergleichbar ($E_{th} \approx E_B$), dann wird eine zunehmende Zahl der Teilchen eine Bindung eingehen und sich im Abstand r_0 aneinanderlagern. Sie haben jedoch keinen festen Platz, sondern sind trotz der Bindung an Nachbarteilchen noch relativ frei beweglich.

In einer Flüssigkeit sind die Teilchen aneinander gebunden, können aber noch eine ungeordnete Bewegung ausführen und leicht gegeneinander verschoben werden. Flüssigkeiten sind daher schwer komprimierbar, jedoch noch leicht deformierbar.

Über die thermische Energie der Teilchen in einer Flüssigkeit gilt prinzipiell das, was bei den Gasen gesagt wurde. Die genannten Bewegungsmöglichkeiten sind auch hier vorhanden.

Festkörper

Ist die thermische Energie wesentlich geringer als die Bindungsenergie ($E_{th} \ll E_B$), dann ordnen sich die Teilchen in regelmäßiger Weise an. Jedes Teilchen hat nun einen festen Platz innerhalb des Körpers.

Im Festkörper bilden die Bausteine eine regelmäßige periodische Anordnung, ein *Kristallgitter*. Festkörper sind schwer komprimierbar und schwer deformierbar.

Da die Gitteratome einen festen Platz haben, können sie auch keine translatorische Bewegung ausführen. Sie besitzen jedoch die Möglichkeit um ihre Ruhelage zu schwingen. Die thermische Energie steckt beim Festkörper also in der Schwingungsbewegung. Auch sie ist ungeordnet, was ihre Richtung, die Amplitude und die Phase angeht.

4 Mechanische Eigenschaften der Materie

Nachdem wir in Kapitel 2 die Bewegungsgesetze für makroskopische Körper kennengelernt haben, gehen wir nun daran, uns mit den Eigenschaften dieser Körper zu beschäftigen. Dabei werden wir versuchen, bei der Beschreibung dieser Eigenschaften auf das Atommodell, das wir in Kapitel 3 entwickelt haben, zurückzugreifen.

4.1 Feste Körper

Festkörper können unter der Einwirkung von Kräften verformt werden. Nimmt der Körper nach dem Entfernen der Kraft wieder seine ursprüngliche Gestalt an, dann nennt man dies eine elastische Verformung.

4.1.1 Elastische Verformung

Dehnung und Stauchung

Greift an einem Stab oder Draht (Länge l_0, Querschnitt A) eine Kraft F an (Abb. 4.1), dann erfolgt eine Längenänderung Δl, für die folgende Abhängigkeit gilt:

$$\frac{\Delta l}{l} = \frac{1}{E} \cdot \frac{F}{A}. \qquad (4.1)$$

E nennt man den Elastizitätsmodul des Materials (Einheit: $1\ N/m^2$).

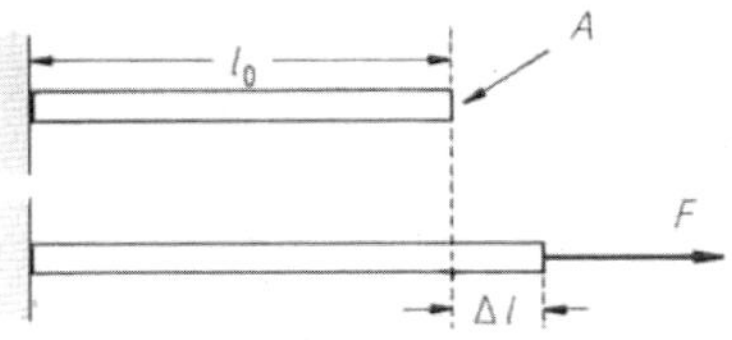

Abb. 4.1 Zur Definition des Elastizitätsmoduls

Es ist gebräuchlich, hier zwei neue Begriffe einzuführen und diese Gesetzmäßigkeit in anderer Form zu schreiben.

Zug- (oder Druck-)spannung: $\sigma = \frac{F}{A}$ (Einheit: 1 N/m^2) (4.2)

Dehnung (oder Stauchung): $\varepsilon = \frac{\Delta l}{l}$. (4.3)

Die Dehnung eines starren Körpers ist proportional zur Zugspannung:

$$\varepsilon = \frac{1}{E} \cdot \sigma. \quad (4.4)$$

Biegung

Eine wichtige Rolle spielt der Elastizitätsmodul bei der Biegung von Stäben (Abb. 4.2).

Im Querschnitt eines Stabes wird es immer einen Bereich geben, der bei Biegung keine Längenänderung erfährt (sog. neutrale Faser). Je weiter ein Teil des Profils von dieser neutralen Faser entfernt ist, um so mehr muß er bei Biegung gedehnt (oben) oder gestaucht (unten) werden. Bei gegebenem Querschnitt ist ein Profil daher um so stabiler, je weiter entfernt von der neutralen Faser die Masse angeordnet ist (Doppel-T-Träger).

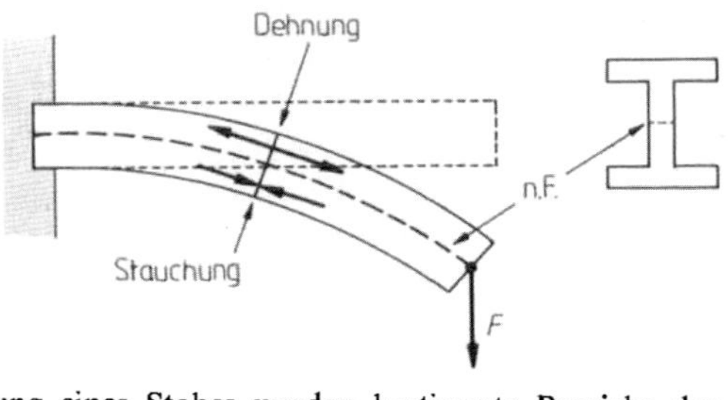

Abb. 4.2 Bei der Biegung eines Stabes werden bestimmte Bereiche des Querschnitts gedehnt, andere gestaucht. Dazwischen liegt die sog. neutrale Faser (n. F.). Ein „Doppel-T-Träger" ist besonders stabil gegen Durchbiegung

Hält das Material bei Stauchung der Belastung nicht mehr aus, so erfolgt *Knickung* des Stabes.

Scherung

Wird ein Block, der fest auf einer Unterlage verankert ist an seiner Oberfläche durch eine Kraft F parallel zur Auflagefläche A in der dargestellten Weise verformt (Abb. 4.3 a), dann bezeichnet man dies als Scherung.

Quantitativ erhält man für kleine Winkel ($s/h = \tan\alpha \approx \alpha$):

$$\alpha = \frac{1}{G} \cdot \frac{F}{A}, \quad \text{oder} \quad \alpha = \frac{1}{G} \cdot \tau. \tag{4.5}$$

G nennt man den Schubmodul (Einheit 1 N/m^2), $\tau = F/A$ heißt in diesem Fall die Schubspannung.

Tab. 4.1 enthält Zahlenwerte für den Elastizitätsmodul und den Torsionsmodul einiger Stoffe.

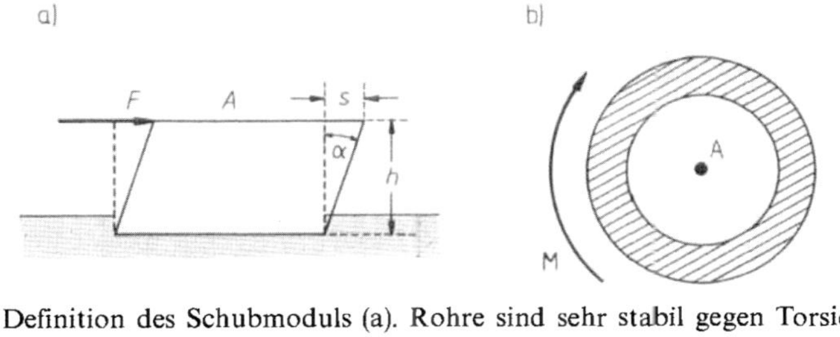

Abb. 4.3 Zur Definition des Schubmoduls (a). Rohre sind sehr stabil gegen Torsion, da hier die Masse weit entfernt von der Drehachse angeordnet ist (b)

Tabelle 4.1 Elastizitätsmodul und Torsionsmodul für einige Stoffe

Material	Elastizitätsmodul (in 10^{10} N/m^2)	Torsionsmodul (in 10^{10} N/m^2)
Aluminium	7	2,4
Stahl	20	8,4
Glas	7	2,3
Hartholz	1	1
Knochen entlang der Achse		
bei Zug	1,6	1
bei Druck	0,9	

Torsion

Scherungsvorgänge spielen auch bei der Torsion (Verdrillung) von Stäben oder Drähten eine Rolle. Ähnlich wie bei der Biegung von Stäben wird maximale Stabilität gegenüber Verdrillung dann erreicht, wenn die Masse weit weg von der Torsionsachse angebracht wird (Abb. 4.3 b).

Röhrenknochen sind daher trotz geringer Masse (sie sind leicht) optimal stabil gegen Durchbiegung und Torsion.

Kompression

Wirken auf einen Körper (Volumen V) allseitig Druckkräfte ein, dann erfolgt eine Volumenänderung ΔV, für welche ebenfalls eine Proportionalität gilt:

$$\frac{\Delta V}{V} = \frac{1}{K} \cdot \frac{F}{A} = \frac{1}{K} \cdot p. \qquad (4.6)$$

K ist der Kompressionsmodul, $1/K = \kappa$ nennt man die Kompressibilität des Stoffes.

Ein Stoff mit hoher Kompressibilität (d. h. kleinem Kompressionsmodul) läßt sich leicht komprimieren und umgekehrt.

4.1.2 Atomistische Deutung der Elastizität

Nach unserer Vorstellung von der Struktur fester Körper sind diese als regelmäßige Gitter aufgebaut, wobei die Atome durch elastische Kräfte (die man sich in einem Modell als Federn denken kann; s. Abb. 4.4) in einer gegenseitigen Gleich-

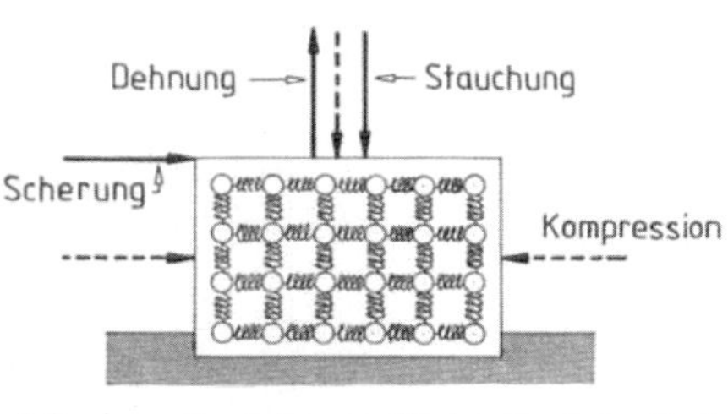

Abb. 4.4 Kugel-Feder-Modell eines Festkörpers (Kristall). Jede Deformation führt zu Längenänderungen der Federn. Es gilt daher für alle Deformationen eine Proportionalität zwischen Kraft und Verformung

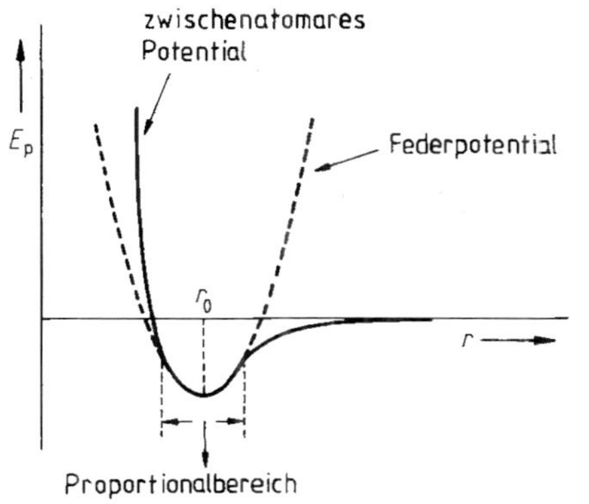

Abb. 4.5 Vergleich des zwischenatomaren Potentials mit dem Federpotentials (gestrichelt). Erst für größere Auslenkungen aus der Ruhelage (r_0) ergeben sich Abweichungen

gewichtslage gehalten werden. Man sieht, daß sowohl Dehnung als auch Scherung eine Längenänderung der Federn und damit das Auftreten einer Rückstellkraft bedeuten.

Jede elastische Verformung läßt sich letzten Endes auf eine Abstandsänderung zwischen benachbarten Gitteratomen zurückführen. Für kleine Verformungen ist diese daher in ihrer Größe proportional zur angreifenden Kraft.

Vergleichen wir die Potentialkurve für die zwischenatomaren Kräfte mit derjenigen für die Federkraft (die Abb. 3.3 und 2.11 wurden in der Abb. 4.5 zusammengefaßt), dann kann daraus auf das Verhalten fester Körper bei größeren Deformationen geschlossen werden.

4.1.3 Die Spannungs-Dehnungs-Kurve

Unter der Spannungs-Dehnungs-Kurve (Abb. 4.6) versteht man den graphischen Zusammenhang zwischen wirkender Spannung und dadurch hervorgerufener Dehnung. Die folgenden Bereiche lassen sich unterscheiden:

O-A: In diesem Bereich herrscht Proportionalität zwischen Spannung und Dehnung, hier gelten die Gesetzmäßigkeiten 4.1 bis 4.4. Die Abstandsänderungen der Atome bewegen sich im gekennzeichneten Teil der Potentialkurve (Abb. 4.5).

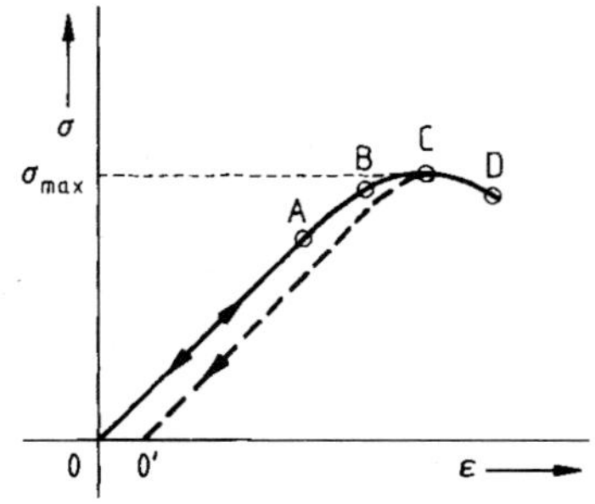

Abb. 4.6 Spannungs-Dehnungs-Diagramm. Erläuterungen im Text

A-B: Bei größeren Deformationen verlassen wir den Bereich, in dem die beiden Potentialkurven zusammenfallen. Die anziehenden Kräfte werden schwächer, d. h. die Dehnung nimmt überproportional zu. Bis hierher reicht jedoch der *elastische Bereich.* Die Verformung bildet sich beim Nachlassen der Kraft vollständig zurück.

B-C: Wird der Punkt B überschritten, dann entstehen bleibende Veränderungen beim Entfernen der Kraft. Der Punkt O′ wird erreicht. Dies bezeichnet man als eine *plastische Verformung.* Man erklärt dies durch die Annahme, daß jetzt bereits Veränderungen im Gittergefüge des Kristalls eintreten, die nicht reversibel (d. h. umkehrbar) sind.

C-D: Der Punkt C entspricht der maximalen Belastung, der der Körper standhält. Wird dieser Wert σ_{max} überschritten, kommt es beim Punkt D zum Bruch oder zum Zerreißen.

Wird eine Druckspannung ausgeübt, beobachtet man im Prinzip die gleichen Erscheinungen. Im Detail werden Unterschiede auftreten, da sich die Potentiale (und damit die Kräfte) links und rechts vom Gleichgewichtsabstand r_0 unterscheiden.

Beispiel 4.1: Elastizität des Oberschenkelknochens

Der Oberschenkelknochen eines Erwachsenen hat etwa eine Querschnittsfläche von 6 cm², die Knochensubstanz besitzt einen E-modul von $9 \cdot 10^9$ N/m². Übersteigt die Belastung durch Druck einen Wert von $17 \cdot 10^7$ N/m² ($= \sigma_{max}$), dann kommt es zum Bruch.

Wie groß ist die maximale Kraft, die der Knochen gerade noch aushält, und wie groß ist die relative Verkürzung des Knochens kurz vor dem Bruch, wenn man annimmt, daß über dem ganzen Bereich ein linearer Zusammenhang zwischen Belastung und Deformation besteht?

Nach Gl. (4.2) gilt $F_{max} = A \cdot \sigma_{max} = (6 \cdot 10^{-4}\,\text{m}^2)\,(17 \cdot 10^7\,\text{N/m}^2) = \mathbf{10{,}2 \cdot 10^4\,N}$, und nach Gl. (4.1):

$$\left(\frac{\Delta l}{l}\right) = \frac{1}{E} \cdot \sigma_{max} = \frac{17 \cdot 10^7\,\text{N/m}^2}{9 \cdot 10^9\,\text{N/m}^2} = 0{,}019 = \mathbf{1{,}9\,\%}.$$

Der Knochen erträgt also eine Belastung des 100fachen Körpergewichts, verkürzt sich dabei jedoch um ca. 1 cm.

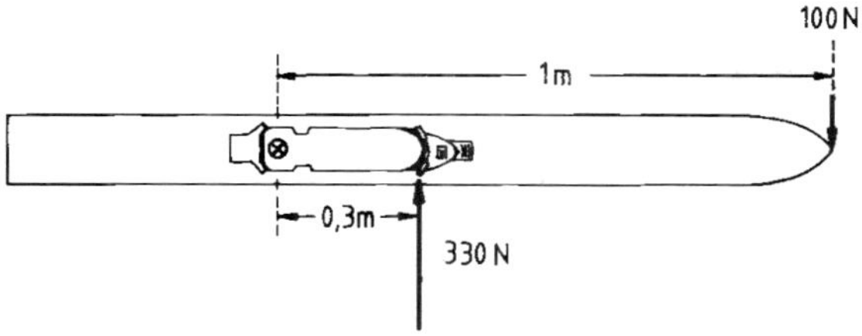

Abb. 4.7 Zu Beispiel 4.2

Beispiel 4.2: Einstellung der Skibindung
Greift am Schienbein ein Drehmoment (Torsionsmoment) an, das größer ist als 100 N · m, dann kommt es zum Drehbruch. Wie muß man die Bindung einstellen, um solche Unfälle beim Skilauf zu vermeiden?

Da sich die Skispitze ca. 1 m vor der Ferse (dem Drehpunkt) befindet (Abb. 4.7), genügt hier eine Kraft von 100 N, um einen Bruch herbeizuführen. Diesem Drehmoment muß durch den Fuß (über die Bindung) ein gleich großes entgegengesetzt werden, damit der Ski gerade bleibt. Das heißt, die Bindung muß an der Fußspitze (30 cm vom Drehpunkt entfernt) eine Kraft von 100 N · m/0,3 m = 330 N auf den Ski übertragen. Bei dieser Belastung (besser etwas früher) sollte daher die Bindung öffnen!

4.2 Flüssigkeiten

4.2.1 Druck

Für Kräfte, die senkrecht auf der Oberfläche von Körpern wirken (z. B. Kräfte, die von Gasen oder Flüssigkeiten auf die Behälterwände ausgeübt werden) ist es oft zweckmäßig, sie auf die Größe der Fläche zu beziehen, auf die sie einwirken. Damit kommt man zum Begriff des Druckes.

Definition:

$$\text{Druck} = \frac{\text{wirkende Kraft}}{\text{Angriffsfläche}}; \quad p = \frac{F}{A}. \tag{4.7}$$

SI-Einheit: $1\ \text{N/m}^2 = 1$ Pascal $= 1$ Pa.

Neben der SI-Einheit ist noch eine weitere Einheit für den Druck zulässig:

Name	Formelzeichen	Umrechnung
1 Bar	1 bar	$1\ \text{bar} = 10^5\ \text{Pa}$

Nicht mehr verwendet werden sollten:

1 physik. Atmosphäre = 1 atm; 1 atm = 101 325 Pa

1 Torr = 1 mm Hg; $1\ \text{Torr} = \frac{101\,325}{760}\ \text{Pa}.$

4.2.2 Ideale Flüssigkeiten

In einer Flüssigkeit sind im Unterschied zu Gasen die Anziehungskräfte zwischen den einzelnen Teilchen (Atomen oder Molekülen) voll wirksam. Die Teilchen sind dicht gepackt, jedoch innerhalb der Flüssigkeit gegeneinander verschiebbar. Aus diesem Modell ergeben sich unmittelbar die folgenden Eigenschaften:

a) Die Dichte von Flüssigkeiten liegt in der gleichen Größenordnung wie diejenige fester Körper (H_2O: 1 g/cm^3).

b) Flüssigkeiten sind nur wenig kompressibel. Selbst bei Anwendung hoher Drucke läßt sich die Dichte nicht wesentlich vergrößern.

c) Flüssigkeiten sind deformierbar, sie können strömen.

Für viele Probleme ist es ausreichend, von sogenannten idealen Flüssigkeiten auszugehen.

Bei einer idealen Flüssigkeit nimmt man an, daß sie inkompressibel ist und daß bei der Verschiebung von Flüssigkeitsschichten gegeneinander und an der Gefäßwand (d. h. bei Strömungsvorgängen) keine Reibungskräfte auftreten. Werden diese Annahmen (insbesondere die zweite) aufgegeben, dann spricht man von einer realen Flüssigkeit.

Wir wollen uns nun mit den Eigenschaften von Flüssigkeiten im einzelnen beschäftigen.

4.2.3 Hydrostatik (Eigenschaften ruhender Flüssigkeiten)

Druck

In einer Flüssigkeit herrscht an jedem Punkt ein bestimmter Druck. Er kann verschiedene Ursachen haben.

Der Stempeldruck:

Wird der Druck durch Krafteinwirkung auf die Begrenzungen des Flüssigkeitsvolumens erzeugt, dann spricht man vom Stempeldruck. Dieser führt infolge der elastischen Kräfte zwischen den Flüssigkeitsteilchen zu einem im gesamten Volumen konstantem Druckanteil.

Beispiele dafür sind ein beweglicher Stempel in einem mit Flüssigkeit gefüllten Zylinder (daher der Name), aber auch ein Behälter mit elastischen Wänden (Gummiblase, Herz) oder der Gasdruck auf eine Flüssigkeitsoberfläche (Luftdruck auf die Meeresoberfläche).

Der Schweredruck:

Der Schweredruck rührt her vom Eigengewicht der Flüssigkeit, das auf die jeweils darunterliegenden Flüssigkeitsbereiche wirkt.

In einem zylindrischen Rohr (Querschnitt A) befindet sich eine Flüssigkeit (Dichte ϱ_{Fl}, Höhe der Flüssigkeit h). Das untere Ende des Behälters sei mit einer Platte abgeschlossen (Abb. 4.8a). Um die Platte gegen die Gewichtskraft G zu halten, müßte eine gleich große Kraft F entgegenwirken:

$$F = G = m_{\mathrm{Fl}} g = V_{\mathrm{Fl}} \varrho_{\mathrm{Fl}} g = A h \varrho_{\mathrm{Fl}} g.$$

Dividiert man durch die Fläche A, dann ergibt sich für den Druck auf den Gefäßboden:

$$p = \frac{F}{A} = \varrho_{\mathrm{Fl}} g h.$$

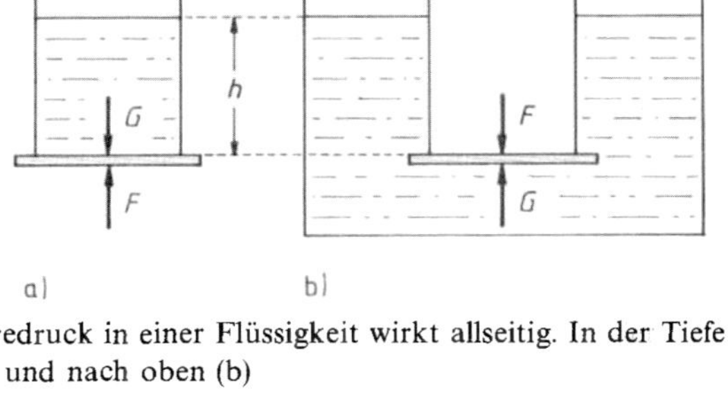

Abb. 4.8 Der Schweredruck in einer Flüssigkeit wirkt allseitig. In der Tiefe *h* wirkt er in gleicher Stärke nach unten (a) und nach oben (b)

p nennt man den Schweredruck in einer Flüssigkeit. Das Ergebnis dieser Überlegung ist nicht auf den Gefäßboden beschränkt. Es gilt für jeden Punkt in einer Flüssigkeit.

Der Schweredruck einer Flüssigkeit hängt von der Dichte der Flüssigkeit und der Tiefe unter der Oberfläche ab:

$$p_s = \varrho_{Fl} g h. \tag{4.8}$$

Er breitet sich allseitig aus.

Mit einer Anordnung, wie sie Abb. 4.8 b zeigt, läßt sich demonstrieren, daß der Druck in einer Flüssigkeit auch nach oben wirkt. Verschließen wir das Rohr mit einer Platte und drücken es sodann eine Strecke h unter Wasser, so wirkt nun die gleiche Kraft G von unten gegen die Platte. Um diese wegzudrücken, müßte man eine Kraft F aufwenden, die genau so groß ist wie diejenige in Abb. 4.8 a, die nötig ist, um die Platte zu halten.

Der hydrostatische Druck:

Der Druck in einer ruhenden Flüssigkeit (der hydrostatische Druck) ist gleich der Summe aus Stempeldruck p_0 und Schweredruck p_s.

$$p = p_0 + \varrho_{Fl} g h. \tag{4.9}$$

In Abb. 4.9 a ist ein mit Flüssigkeit gefülltes Gefäß dargestellt, in das in verschiedener Höhe Löcher angebracht sind. Gleichzeitig wird über einen Stempel ein Druck p_0 auf die Flüssigkeit ausgeübt. Die Geschwindigkeit des ausströmenden

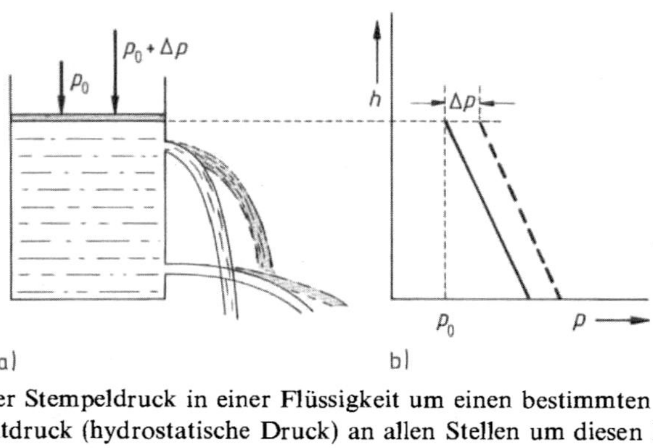

Abb. 4.9 Wird der Stempeldruck in einer Flüssigkeit um einen bestimmten Betrag Δp erhöht, so nimmt der Gesamtdruck (hydrostatische Druck) an allen Stellen um diesen Betrag zu

Wassers ist ein Maß für den an einer bestimmten Höhe herrschenden Druck. Abb. 4.9 b zeigt den Druck als Funktion der Höhe h. Wird etwa der Stempeldruck um einen Betrag Δp erhöht, dann steigt der Druck an jeder Stelle um diesen Betrag (die Gerade wird um diesen Betrag nach rechts verschoben).

Beispiel 4.3: Der Druck auf einen Taucher
Wie groß ist der Druck auf einen Taucher in 10 m Tiefe, wenn der Luftdruck auf die Wasseroberfläche 10^5 Pa beträgt?

$$p = p_0 + \varrho_{H_2O}\, g\, h = 10^5\ \text{Pa} + (10^3\ \text{kg/m}^3)(9{,}8\ \text{m/s}^2)(10\ \text{m})$$
$$= 10^5\ \text{Pa} + 9{,}8 \cdot 10^4\ \text{Pa} \approx \mathbf{2 \cdot 10^5\ Pa}.$$

In einer Tiefe von 10 m hat sich der Druck auf den Körper gegenüber demjenigen an der Wasseroberfläche verdoppelt.

Druckmessung

Flüssigkeitsmanometer:

Der Schweredruck einer Flüssigkeit kann auf einfache Weise zur Druckmessung verwendet werden.

Will man etwa den Gasdruck in einem Behälter (Abb. 4.10) messen, dann wird ein U-Rohr angeschlossen, das eine Flüssigkeit mit bekannter Dichte ϱ enthält. Die Flüssigkeit (z. B. Hg) im U-Rohr ist im Gleichgewicht, wenn in beiden Schenkeln der gleiche Druck wirkt. Daraus folgt: Druck links = Druck rechts:

$$p = p_0 + \varrho \cdot g \cdot h.$$

p_0 ist der im offenen Schenkel auf die Flüssigkeitssäule wirkende (konstante) Luftdruck. Die Höhe der Säule ist daher ein direktes Maß für den Gasdruck p.

Membranmanometer:

Bei einem Membranometer (Abb. 4.11) wird die durch den Druck bewirkte elastische Formänderung einer Membran über ein geeignet konstruiertes Ge-

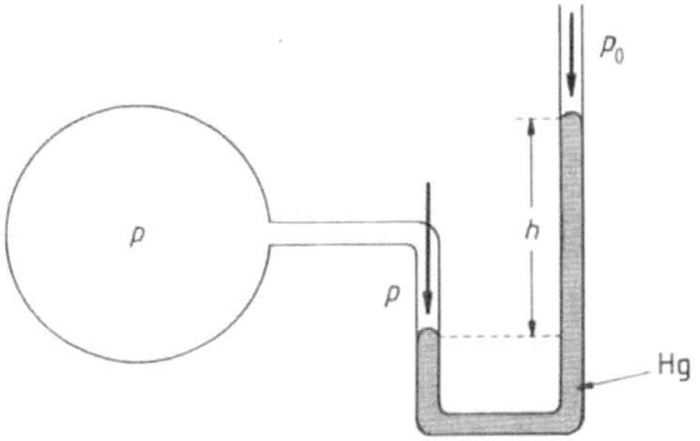

Abb. 4.10 Flüssigkeitsmanometer

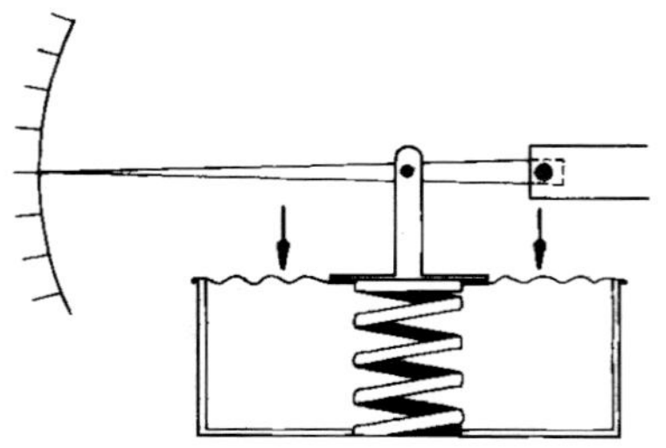

Abb. 4.11 Membranmanometer zur Luftdruckmessung

stänge auf eine Zeigerbewegung übertragen. Diese Geräte müssen jedoch geeicht werden.

Auftrieb

Wie bereits erwähnt, wirkt der Schweredruck einer Flüssigkeit auf alle Seiten eines eingetauchten Körpers. Da er von der Tiefe abhängt, ergibt sich eine resultierende Kraft nach oben.

In Abb. 4.12 betrachten wir einen rechteckigen Körper (Grundfläche A, Dichte ϱ_K), der in eine Flüssigkeit (Dichte ϱ_{Fl}) eintaucht.

Die vom Schweredruck hervorgerufene Kraft F_A auf den Körper ist

$$F_A = F_u - F_o = p_u \cdot A - p_o \cdot A = \varrho_{Fl} \cdot g \cdot A(h_u - h_o) = \varrho_{Fl} \cdot g \cdot V_K .$$

Die Auftriebskraft, die ein Körper mit einem Volumen V_K in einer Flüssigkeit mit der Dichte ϱ_{Fl} erfährt, ist gleich der Gewichtskraft der vom Körper verdrängten Flüssigkeitsmenge (Archimedisches Prinzip):

$$F_A = \varrho_{Fl} \cdot g \cdot V_K = m_{Fl} \cdot g = G_{Fl} . \quad (4.10)$$

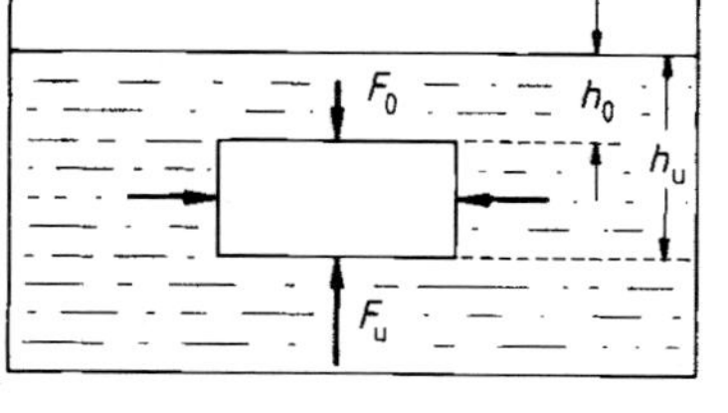

Abb. 4.12 Zur Herleitung des Auftriebs

Schwimmen, Sinken, Schweben:

Für das Verhalten eines Körpers, der in eine Flüssigkeit eingetaucht wird, ist entscheidend, ob seine Dichte größer, gleich oder kleiner ist als die Dichte der Flüssigkeit, denn die Dichten bestimmen die am Körper angreifenden Kräfte:

Gewichtskraft $G = \varrho_K (V_K \cdot g)$ und Auftriebskraft $F_A = \varrho_{Fl} (V_K \cdot g)$.

Danach kann man drei Fälle unterscheiden:

a) $\varrho_K > \varrho_{Fl}$: Die Gewichtskraft ist größer als die Auftriebskraft, der Körper sinkt unter.

b) $\varrho_K = \varrho_{Fl}$: Die beiden Kräfte heben sich gerade auf. Der Körper schwebt, d.h. er bleibt in jeder Tiefe in Ruhe.

c) $\varrho_K < \varrho_{Fl}$: Taucht ein solcher Körper ganz ein, dann treibt ihn der Auftrieb nach oben. Er wird soweit aus der Flüssigkeit auftauchen, bis der dadurch geringer werdende Auftrieb (die verdrängte Flüssigkeitsmenge nimmt ab!) gleich der Gewichtskraft ist. In diesem Fall kann man schreiben:

Gewichtskraft = Auftriebskraft

$$V_K \varrho_K \cdot g = V_K' \varrho_{Fl} \cdot g .$$

V_K' ist der Teil des Volumens des Körpers, der noch in die Flüssigkeit eintaucht (Abb. 4.13a). Umformung ergibt:

$$\frac{V_K}{V_K'} = \frac{\varrho_{Fl}}{\varrho_K} . \qquad (4.11)$$

Bei einem schwimmenden Körper verhält sich das Gesamtvolumen des Körpers zu dem eintauchenden Teil wie die Dichte der Flüssigkeit zur Dichte des Körpers.

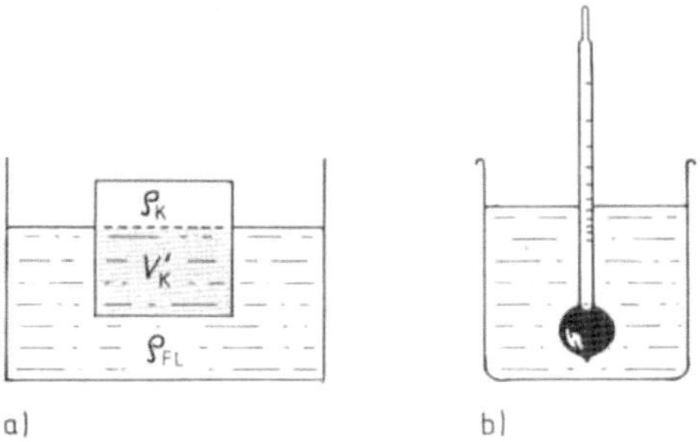

Abb. 4.13 Beim schwimmenden Körper trägt nur der in die Flüssigkeit eintauchende Teil des Volumens V_K' zum Auftrieb bei (a). Aräometer: Die Eintauchtiefe ist ein Maß für die Dichte der Flüssigkeit (b)

Diese Tatsache macht man sich zunutze bei der Bestimmung der Dichte von Flüssigkeiten mit dem Aräometer (Abb. 4.13 b). Eine Spindel schwimmt in einer Flüssigkeit. Die Eintauchtiefe ist ein Maß für die unbekannte Dichte der Flüssigkeit, denn nach Gl. 4.11 gilt

$$\varrho_{\mathrm{Fl}} = (V_{\mathrm{K}} \cdot \varrho_{\mathrm{K}}) \frac{1}{V'_{\mathrm{K}}} = \frac{\mathrm{const}}{V'_{\mathrm{K}}}.$$

Da V'_{K} eine eindeutige Funktion der Eintauchtiefe ist, können damit nach entsprechender Eichung Dichtemessungen durchgeführt werden.

4.2.4 Eigenschaften von Grenzflächen

Die anziehenden Kräfte zwischen den Flüssigkeitsmolekülen führen zu charakteristischen Erscheinungen an der Flüssigkeitsoberfläche und an der Berührungsfläche zu anderen Medien.

Die spezifische Oberflächenenergie (Oberflächenspannung)

Ein Flüssigkeitsmolekül ist um so fester gebunden, je mehr Atome es in geringem Abstand umgeben. Da ein Teilchen an der Oberfläche einer Flüssigkeit nur etwa halb so viele Nachbarn hat wie ein Teilchen im Innern, muß Energie zugeführt werden, um ein Atom aus dem Innern an die Oberfläche zu bringen. Viele Atome an die Oberfläche bringen heißt aber, die Oberfläche vergrößern. Dazu ist also Arbeit nötig.

Die auf die Flächeneinheit bezogene Arbeit heißt spezifische Oberflächenenergie ε:

$$\varepsilon = \frac{\text{geleistete Arbeit}}{\text{Zunahme der Oberfläche}} = \frac{W}{\Delta A}.$$

SI-Einheit: 1 $\mathrm{J/m^2}$.

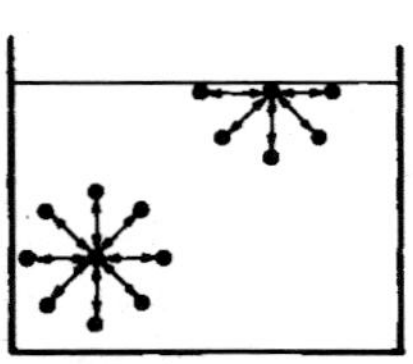

Abb. 4.14 Zur Entstehung der Oberflächenspannung

Prinzipiell kann ε nach folgendem Verfahren gemessen werden: Wir ziehen aus einer Flüssigkeit mittels eines Bügels (Breite b) eine Flüssigkeitslamelle heraus (Abb. 4.15). Benötigen wir dazu die Kraft F und wurde der Bügel um die Strecke l herausgezogen, dann war die Arbeitsleistung

$$W = F \cdot l.$$

Dieser Energiebetrag steckt in der neu geschaffenen Oberfläche der Größe $2bl$ (Vorder- und Rückseite!), so daß sich für ε ergibt:

$$\varepsilon = \frac{F}{2b}.$$

Dieses Experiment läßt noch eine andere Interpretation der Größe ε zu. Sie ist die Kraft, die tangential zur Oberfläche pro Längeneinheit angreift. Sie versucht, die Oberfläche zu verkleinern. In diesem Sinne nennt man ε auch *Oberflächenspannung* und verwendet das Symbol σ:

$$\sigma = \frac{F}{b}. \tag{4.13}$$

SI-Einheit: 1 N/m (Dies ist natürlich identisch mit 1 J/m^2.)

Tab. 4.2 gibt die Oberflächenspannung für einige Flüssigkeiten.

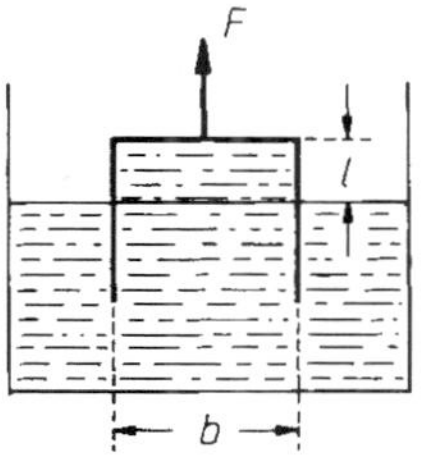

Abb. 4.15 Die Arbeitsleistung zur Vergrößerung der Oberfläche einer Flüssigkeit erfolgt gegen Kräfte, die tangential zur Oberfläche wirken

Tabelle 4.2 Oberflächenspannung einiger Flüssigkeiten

Flüssigkeit		Oberflächenspanung (in N/m)
Äthylalkohol	(20 °C)	$2{,}23 \cdot 10^{-2}$
Glycerin	(20 °C)	$6{,}31 \cdot 10^{-2}$
Wasser	(0 °C)	$7{,}56 \cdot 10^{-2}$
Wasser	(20 °C)	$7{,}28 \cdot 10^{-2}$
Wasser	(100 °C)	$5{,}89 \cdot 10^{-2}$
Quecksilber	(20 °C)	0,465

Temperaturabhängigkeit der Oberflächenspannung:

Steigende Temperatur bedeutet (wie wir wissen) wachsende kinetische Energie der Flüssigkeitsteilchen. Die Energie, die den Teilchen zusätzlich erteilt werden muß, um sie an die Oberfläche zu bringen, wird immer kleiner.

Mit steigender Temperatur nimmt die spezifische Oberflächenenergie ab. Bei einer bestimmten Temperatur wird sie Null (kritische Temperatur).

Kapillarität

Nicht nur zwischen gleichartigen Molekülen herrschen Anziehungskräfte (Kohäsion), auch gegenüber anderen Teilchen existieren solche Kräfte (Adhäsion). Je nachdem ob die Kohäsionskräfte größer oder kleiner sind als die Adhäsionskräfte, beobachtet man ein unterschiedliches Verhalten von Flüssigkeiten an Grenzflächen.

Ein Wassertropfen auf sauberem Glas unterscheidet sich in seiner Form stark von einem Quecksilbertropfen (Abb. 4.16). Für ein Wassermolekül an der Grenzfläche gilt $F_{Ad} > F_{Ko}$. Das Wasser ist bestrebt, eine große Glasfläche zu benetzen, da dies für den Tropfen energetisch günstiger ist.

Für die Grenzfläche Quecksilber – Glas gilt: $F_{Ad} < F_{Ko}$. Die in das Innere des Tropfens gerichteten Kräfte sind größer als die Anziehungskräfte der Glasmoleküle. Die Berührungsfläche bleibt klein. Ein quantitatives Maß für dieses Verhalten ist der Grenzwinkel θ.

Sind für ein System aus Flüssigkeit und Festkörper die Kohäsionskräfte zwischen den Flüssigkeitsteilchen kleiner als die Adhäsionskräfte gegenüber dem Festkörper (Beispiel H_2O–Glas), dann spricht man von einer benetzenden Flüssigkeit.

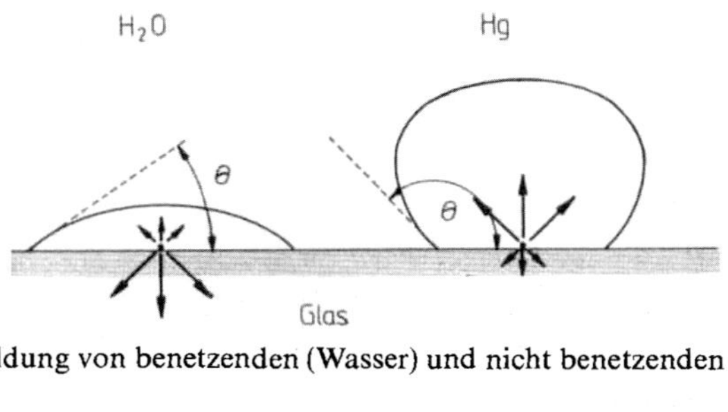

Abb. 4.16 Tropfenbildung von benetzenden (Wasser) und nicht benetzenden Flüssigkeiten (Quecksilber)

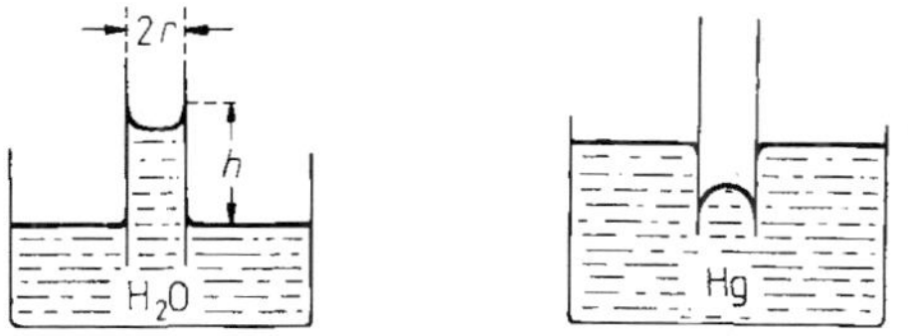

Abb. 4.17 Kapillarwirkung bei benetzenden und nicht benetzenden Flüssigkeiten

Auf dieser Erscheinung beruht auch die *Kapillarwirkung feiner Röhren* (Kapillaren).

Tauchen wir ein enges Rohr (Radius r) in eine benetzende Flüssigkeit, so zieht die Wasserhaut im Inneren des Rohres eine Wassersäule hoch (Abb. 4.17). Die Höhe h ergibt sich aus der Bedingung, daß die Gewichtskraft der Wassersäule von der Oberflächenspannung am Umfang des Röhrchens gehalten werden muß.

$$G = mg = r^2 \pi h \varrho g = F = (2\pi r)\,\sigma$$

daraus erhält man h zu

$$h = \frac{2\sigma}{r \varrho g}. \tag{4.14}$$

Für nicht benetzende Flüssigkeiten beobachtet man eine sogenannte Kapillardepression (Abb. 4.17b).

Beispiel 4.4: Die Kapillarwirkung in Bäumen

Im Sommer steigt Wasser mit den darin gelösten Nährstoffen von den Wurzeln in die Baumkronen. Der Transport erfolgt über Kapillaren, den Xylemelementen, die einen mittleren Radius von $r = 2 \times 10^{-5}$ m haben. Welche Höhe kann das Wasser aufgrund der Kapillarwirkung erreichen? (Oberflächenspannung für Wasser bei 20 °C = $7{,}28 \cdot 10^{-2}$ N/m).

$$h = \frac{2\,(7{,}28 \cdot 10^{-2}\ \text{N/m})}{(2 \cdot 10^{-5}\ \text{m})\,(10^3\ \text{kg/m}^3)\,(9{,}8\ \text{m/s}^2)} = \mathbf{0{,}74\ m}.$$

Dieses Ergebnis zeigt, daß die Kapillarität nicht die alleinige Ursache dafür ist, daß die Xylemflüssigkeit in Bäumen viele Meter hoch steigen kann.

4.2.5 Eigenschaften strömender Flüssigkeiten

Bei der Betrachtung strömender Flüssigkeiten wollen wir nur den Fall berücksichtigen, daß die Strömung stationär ist, d. h. die Strömungsverhältnisse ändern sich nicht im Laufe der Zeit.

Die Strömung idealer Flüssigkeiten

Die Volumenstromstärke:

Unter der Volumenstromstärke I versteht man das in der Zeiteinheit durch den Rohrquerschnitt strömende Flüssigkeitsvolumen:

$$I = \frac{\Delta V}{\Delta t}. \tag{4.15}$$

Die SI-Einheit lautet: 1 m^3/s.

Aufgrund der fehlenden Reibung an der Rohrwand und in der Flüssigkeit können wir davon ausgehen, daß die Flüssigkeit über den ganzen Rohrquerschnitt die gleiche Strömungsgeschwindigkeit v besitzt. Das sogenannte Geschwindigkeitsprofil (Abb. 4.18a) ist eine Ebene. Wir verstehen darunter die Fläche, auf der die Spitzen der Geschwindigkeitsvektoren liegen, die zu einer Querschnittsfläche gehören.

Das in der Zeit Δt durch einen beliebigen Querschnitt A strömende Volumen ΔV ist

$$\Delta V = A v \Delta t,$$

und die Volumenstärke daher

$$I = A v. \tag{4.16}$$

Die Kontinuitätsgleichung:

Strömt eine Flüssigkeit durch ein Rohr mit veränderlichem Querschnitt, dann kann wegen der Inkompressibilität der Flüssigkeit die Strömungsgeschwindigkeit nicht konstant sein. Da längs des Rohres keine Flüssigkeit dazukommt oder verlorengeht, muß die Volumenstärke bei Querschnittsänderung konstant bleiben (Abb. 4.18b). Anwendung von Gl. (4.16) liefert das folgende Ergebnis:

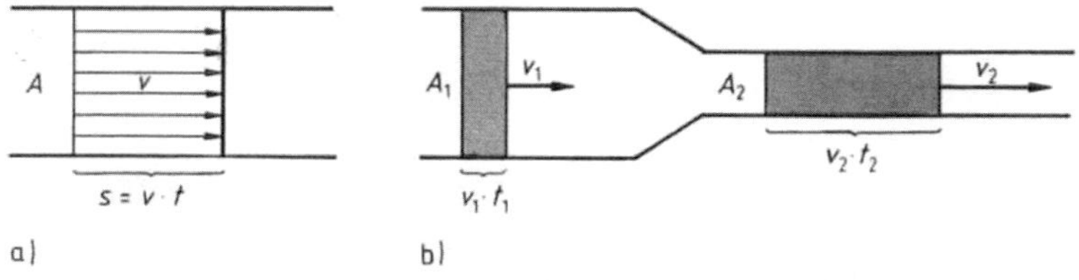

Abb. 4.18 Das Geschwindigkeitsprofil einer idealen Flüssigkeit ist eine Ebene, d. h. die Strömungsgeschwindigkeit ist über den ganzen Rohrquerschnitt gleich (a). Zur Kontinuitätsgleichung: Verringert sich der Rohrquerschnitt, dann muß sich die Strömungsgeschwindigkeit erhöhen (b)

$$A_1 v_1 = A_2 v_2 \quad \text{oder} \quad \frac{v_1}{v_2} = \frac{A_2}{A_1}. \tag{4.17}$$

Die Strömungsgeschwindigkeiten verhalten sich umgekehrt wie die Rohrquerschnitte.

Der Satz von Bernoulli:

So wie in ruhenden Flüssigkeiten herrscht auch in strömenden Flüssigkeiten an jeder Stelle ein bestimmter Druck, der sich als Druck auf die Rohrwand bemerkbar macht und daher auch (wie bei ruhenden Flüssigkeiten) mit angesetzten Manometern gemessen werden kann. Um die Frage zu beantworten, wovon der Druck im allgemeinen abhängt, genügt es, die Energie eines herausgegriffenen Flüssigkeitsvolumens zu betrachten.

Wir wollen annehmen, daß sich bei einem durchströmten Rohr sowohl der Querschnitt A als auch die Höhe über einem beliebigen Bezugsniveau y ändert (Abb. 4.19). Aufgrund des in der Flüssigkeit an den Punkten 1 und 2 herrschenden Drucks hat sich die Flüssigkeit zwischen den Querschnitten 1 und 2 eine bestimmte Strecke weiterbewegt. Insgesamt kann gesagt werden, daß die bei 1 und 2 wirkenden Kräfte das schraffierte Volumen ΔV von 1 nach 2 transportiert haben. Dadurch hat sich die kinetische (es wurde schneller) und potentielle Energie (es wurde angehoben) der Flüssigkeit in diesem Volumen erhöht.

Was läßt sich nun über die geleistete Druck-Volumen-Arbeit sagen?

Da in 2 die Verschiebung gegen die Kraft $F_2 = A_2 p_2$ erfolgt, muß dieser Betrag negativ angesetzt werden:

$$W = p_1 A_1 \Delta s_1 - p_2 A_2 \Delta s_2 = \Delta V(p_1 - p_2).$$

Die Energiesumme ergibt:

$$\Delta E = mg(y_2 - y_1) + \tfrac{1}{2} m(v_2^2 - v_1^2).$$

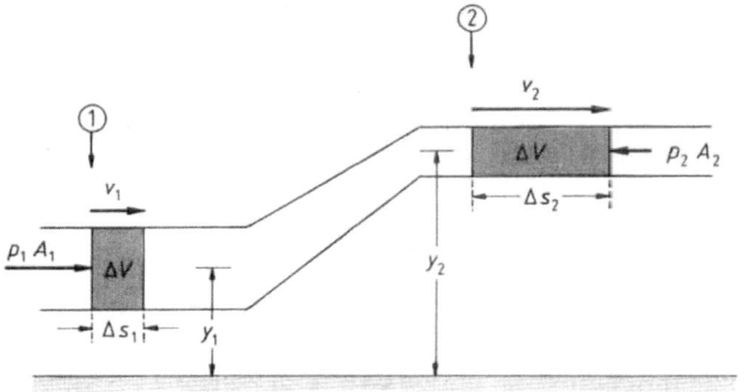

Abb. 4.19 Zur Herleitung der Bernoulli-Gleichung

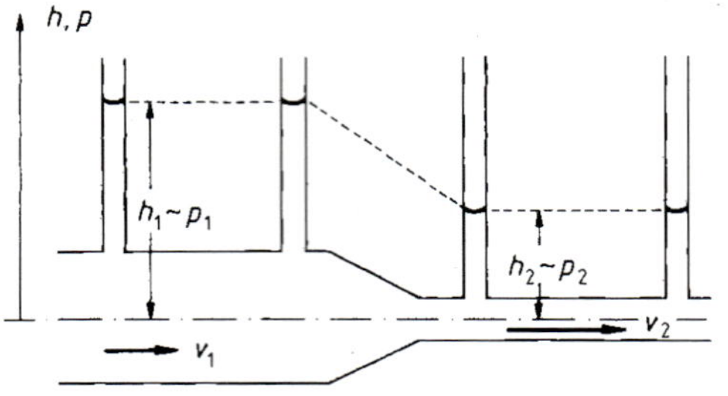

Abb. 4.20 Druckverlauf in einer idealen Flüssigkeit, die ein Rohr mit Querschnittsänderung durchströmt

Gleichsetzen und Umordnen der beiden Gleichungen liefern uns den gewünschten Zusammenhang:

$$p_1 \Delta V + mgy_1 + \tfrac{1}{2} mv_1^2 = p_2 \Delta V + mgy_2 + \tfrac{1}{2} mv_2^2.$$

Da wir zwei beliebige Stellen im Verlauf der Strömung ausgewählt haben, dieser Zusammenhang also überall gelten muß, können wir die Indizes weglassen und sagen:

$$p \Delta V + mgy + \tfrac{1}{2} mv^2 = \text{konstant},$$

oder (nach Division durch ΔV, wobei für $m/\Delta V = \varrho$, die Dichte, gesetzt wird):

Für die stationäre Strömung einer idealen Flüssigkeit gilt:

$$p + \tfrac{1}{2} \varrho v^2 + \varrho g y = \text{konstant}. \qquad (4.18)$$

(Satz von Bernoulli)

In Worten: Der Druck in einer strömenden Flüssigkeit nimmt ab, sobald sie schneller und/oder aufwärts strömt und umgekehrt.

Der Druck in einer strömenden Flüssigkeit kann leicht mit senkrecht aufgesetzten Röhrchen sichtbar gemacht werden. Der Schweredruck der Flüssigkeit im Röhrchen ist gleich dem an dieser Stelle in der Strömung herrschenden Druck. Für eine Querschnittsverkleinerung ergibt sich das in Abb. 4.20 gezeigte Bild. Man beachte auch, daß sich bei konstant bleibendem Querschnitt der Druck nicht ändert, da in einer idealen Flüssigkeit zur Aufrechterhaltung einer Strömung keine Energie erforderlich ist.

Die Strömung realer Flüssigkeiten

Die Viskosität:

Ideale Flüssigkeiten gibt es in der Wirklichkeit nicht. Bei den realen Flüssigkeiten spielt die innere Reibung (Zähigkeit, Viskosität) eine wichtige Rolle. Um diesen Begriff einzuführen, betrachten wir eine idealisierte Situation.

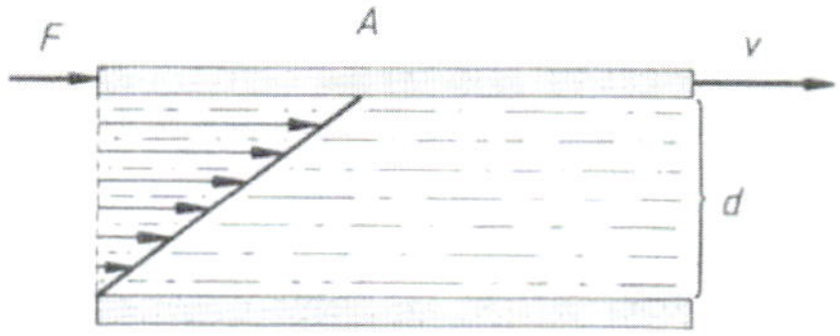

Abb. 4.21 Zur Definition der Viskosität

Zwischen zwei im Abstand d parallel angeordneten Platten (Abb. 4.21) mit der Fläche A befindet sich eine Flüssigkeit. Nun wird die obere Platte mit konstanter Geschwindigkeit v parallel zur unteren verschoben, die in Ruhe bleibt.

Hätten wir es mit einer idealen Flüssigkeit zu tun, dann würde diese in Ruhe bleiben, da keine Kräfte zwischen Platte und Flüssigkeitsmolekülen wirken. Bei den realen Flüssigkeiten haften infolge von Adhäsionskräften die äußersten Schichten fest an den Platten und haben daher auch deren Geschwindigkeiten. In den dazwischenliegenden Bereichen wird sich aufgrund der zwischenatomaren Kräfte ebenfalls ein bestimmter Bewegungszustand einstellen. Wir erwarten ein lineares Gechwindigkeitsprofil, wie es die Zeichnung zeigt.

Für die Kraft, die aufgewendet werden muß, um die Bewegung der Platte aufrecht zu erhalten, erhält man die folgende Abhängigkeit:

$$F = \eta \cdot A \cdot \frac{v}{d}. \tag{4.19}$$

Der Proportionalitätsfaktor η ist charakteristisch für die untersuchte Flüssigkeit. Man nennt ihn den Koeffizienten der Inneren Reibung. SI-Einheit: $1 \frac{\mathrm{N\,s}}{\mathrm{m}^2}$.

Für die Verschiebung der Platte um die Strecke s muß ein Arbeitsbeitrag $F \cdot s$ geleistet werden, der als Wärme in der Flüssigkeit wieder erscheint.

Infolge der Reibung wird bei allen Strömungsvorgängen realer Flüssigkeiten mechanische Energie in Wärme umgewandelt.

Die Zähigkeit ist von der Temperatur abhängig. Steigt diese, dann nimmt die Zähigkeit ab, d.h. die Flüssigkeiten werden mit zunehmender Temperatur immer dünnflüssiger.

Tab. 4.3 enthält typische Werte für die Viskosität.

Stromliniendarstellung einer Strömung:

Die innere Reibung in Flüssigkeiten ist letztlich dafür verantwortlich, daß zwei Strömungsarten unterschieden werden müssen: Laminare und turbulente Strömung. Der Unterschied läßt sich leicht anhand von Stromlinienbildern veranschaulichen.

Tabelle 4.3 Temperaturabhängigkeit der Viskosität einiger Flüssigkeiten

Flüssigkeit	Viskosität (in 10^{-3} Pa · s) bei			
	0 °C	20 °C	37 °C	100 °C
Wasser	1,75	1,00	0,69	0,28
Glyzerin	12,11	1,48		
Blut		3,0	2,1	
Öle (Mittelwerte)	5000	1000		15

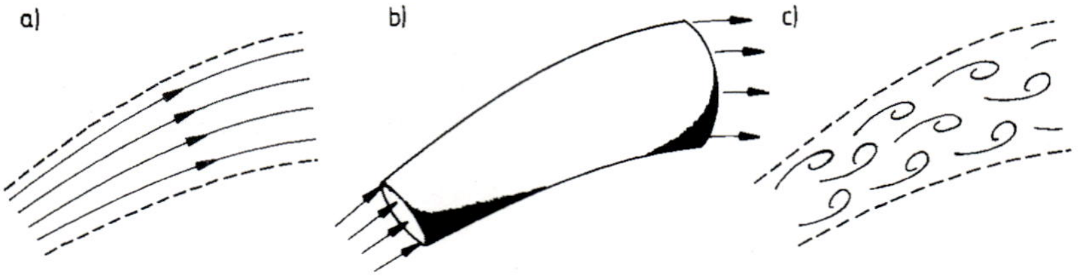

Abb. 4.22 Stromlinienbild einer laminaren Strömung (a). Strömungskanal einer laminaren Strömung (b). Stromlinenbild einer turbulenten Strömung (c)

Unter einer Stromlinie versteht man die Bahn, die von einem Flüssigkeitsteilchen durchlaufen wird. Durch geschicktes, strichweises Einfärben der Flüssigkeit können diese Stromlinien sichtbar gemacht werden. Verlaufen die Stromlinien parallel, dann bezeichnet man die Strömung als laminar (Abb. 4.22 a). Die Gesamtheit dieser Linien nennt man einen Strömungskanal (Abb. 4.22 b).

Werden bestimmte Kriterien überschritten, (im allgemeinen bei steigender Strömungsgeschwindigkeit), dann beginnen die Stromlinien sich zu verwirbeln und zu durchmischen: Die Strömung ist turbulent (Abb. 4.22 c).

Die laminare Strömung:

Von besonderem Interesse ist die laminare Strömung in Röhren und Kapillaren.

Die Flüssigkeitsschicht an der Rohrwand wird stets in Ruhe sein. Zur Rohrmitte hin werden zylinderförmige, konzentrische Flüssigkeitsschichten mit steigender Geschwindigkeit ineinander gleiten (Abb. 4.23). Es kann gezeigt werden, daß die im Zentrum vorliegende maximale Geschwindigkeit v_{max} genau doppelt

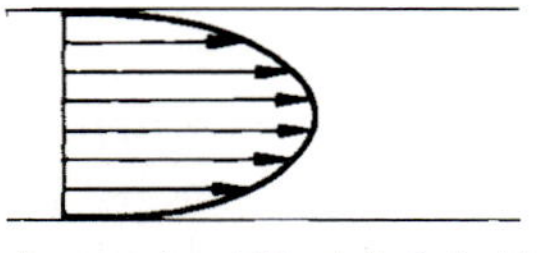

Abb. 4.23 Geschwindigkeitsprofil einer realen Flüssigkeit bei laminarer Strömung durch ein Rohr mit kreisförmigem Querschnitt

so groß ist wie die über den gesamten Querschnitt gemittelte Durchschnittsgeschwindigkeit $\bar{v}$.

Kontinuitätsgleichung und Satz von Bernoulli behalten für laminare und turbulente Strömung durch Kapillaren ihre Gültigkeit, wenn mit der mittleren Geschwindigkeit $\bar{v}$ gerechnet wird.

Die laminare Strömung durch Kapillaren mit kreisförmigem Querschnitt läßt sich leicht mathematisch behandeln, wobei sich folgendes ergibt:

Als Geschwindigkeitsprofil erhält man eine Parabel (Abb. 4.23). Geht man von einem Rohr mit der Länge l und dem Radius r aus, durch das aufgrund einer Druckdifferenz $p_2 - p_1$ eine Flüssigkeit mit der Viskosität η strömt (Abb. 4.24), dann gilt für die Volumenstärke das sogenannte Hagen-Poiseuillesche Gesetz:

$$I = \frac{V}{t} = \frac{\pi}{8} \frac{r^4}{\eta} \frac{(p_2 - p_1)}{l}. \tag{4.20}$$

Die Abhängigkeiten leuchten ein:
Die pro Sekunde durch das Rohr strömende Flüssigkeitsmenge ist

a) um so kleiner, je größer die Zähigkeit ist,
b) um so kleiner, je länger das Rohr ist,
c) um so größer, je größer die Druckdifferenz zwischen Anfang und Ende des Rohres ist und
d) um so größer, je größer der Rohrradius ist.

Da sowohl der Querschnitt des Rohres als auch die mittlere Strömungsgeschwindigkeit $\bar{v}$ quadratisch mit dem Radius anwachsen, ist sogar die vierte Potenz von r verständlich.

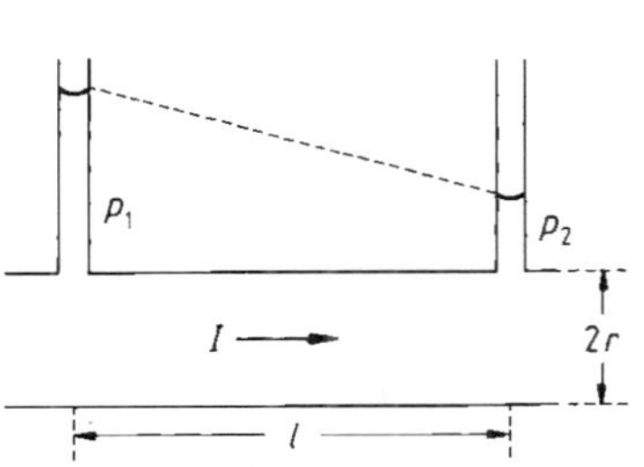

Abb. 4.24 Bei realen Flüssigkeiten tritt in Strömungsrichtung auch bei konstantem Querschnitt ein Druckabfall auf (vgl. Abb. 4.20 für ideale Flüssigkeiten)

Der Strömungswiderstand:

Das Hagen-Poiseuille-Gesetz kann in eine andere Form gebracht werden, wenn man schreibt:

$$I = \frac{1}{R}\,\Delta p = \left(\frac{\pi}{8}\,\frac{r^4}{l\eta}\right)\Delta p. \qquad (4.21)$$

mit

$$R = \frac{8\,l\eta}{\pi r^4}.$$

R nennt man den Strömungswiderstand eines Rohres. Er ist definiert als

$$R = \frac{\text{Druckdifferenz}}{\text{Volumenstromstärke}} = \frac{\Delta p}{I}. \qquad (4.22)$$

In dieser Form läßt sich auch einem beliebigen Rohrsystem (d.h. mit Verzweigungen, Querschnittsänderungen usw.) ein Strömungswiderstand zuschreiben. Kombiniert man Rohre mit bekanntem R zu größeren Anordnungen, dann kann der Strömungswiderstand der gesamten Anlage nach einfachen Regeln berechnet werden.

Hintereinander liegende Rohre (Abb. 4.25):
Die Volumenstärke muß überall gleich sein. Daraus folgt:

$$R_{\text{ges}} = \frac{\Delta p}{I} = \frac{\Delta p_1 + \Delta p_2 + \Delta p_3}{I} = R_1 + R_2 + R_3.$$

Parallel liegende Rohre (Abb. 4.26):
An der Verzweigung teilt sich die Volumenstromstärke auf:

$$I = \frac{\Delta p}{R_{\text{ges}}} = I_1 + I_2.$$

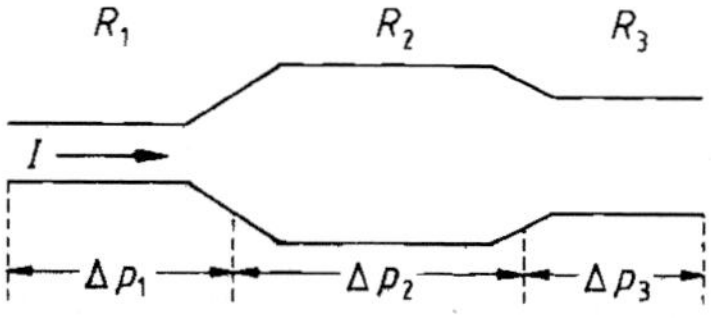

Abb. 4.25 Bei hintereinandergeschalteten Rohren addieren sich die Strömungswiderstände

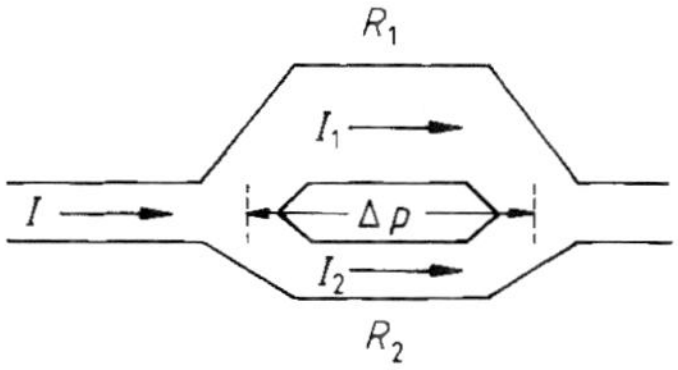

Abb. 4.26 Bei parallel geschalteten Rohren addieren sich die Leitwerte (reziproken Widerstände) zum Gesamtleitwert

Da an beiden Rohren die gleiche Druckdifferenz Δp liegt, folgt daraus:

$$\frac{\Delta p}{R_{ges}} = \frac{\Delta p}{R_1} + \frac{\Delta p}{R_2}.$$

$1/R$ nennt man den Leitwert eines Rohres. Damit kann man die folgenden Regeln schreiben (Kirchhoffsche Gesetze):

Bei hintereinander liegenden Rohren addieren sich die einzelnen Strömungswiderstände zum Gesamtwiderstand

$$R_{ges} = R_1 + R_2 + R_3 + \cdots. \quad (4.23)$$

Bei parallel liegenden Rohren addieren sich die Leitwerte (Kehrwerte der Widerstände) zum Gesamtleitwert:

$$\frac{1}{R_{ges}} = \frac{1}{R_1} + \frac{1}{R_2} + \frac{1}{R_3} + \cdots. \quad (4.24)$$

Die Teilstromstärken nach einer Verzweigung verhalten sich wie die Leitwerte (d.h. umgekehrt wie die Einzelwiderstände):

$$\frac{I_1}{I_2} = \frac{R_2}{R_1}. \quad (4.25)$$

Solange der Strömungswiderstand für eine Flüssigkeit, die durch ein Rohr strömt, konstant ist (unabhängig von Δp, d.h. auch unabhängig von der Strömungsgeschwindigkeit v), nennt man sie newtonsch.

Turbulente Strömung:

Zeichnet man ein Druckdifferenz-Stromstärke-Diagramm (Abb. 4.27), so erkennt man im allgemeinen nach einem linearen Anstieg (I proportional Δp; newtonsches Verhalten) ein Abflachen der Kurve. Die eintretende Turbulenz führt zu einer Verwirbelung innerhalb des Strömungskanals und damit auch zu einem Ansteigen des Strömungswiderstandes.

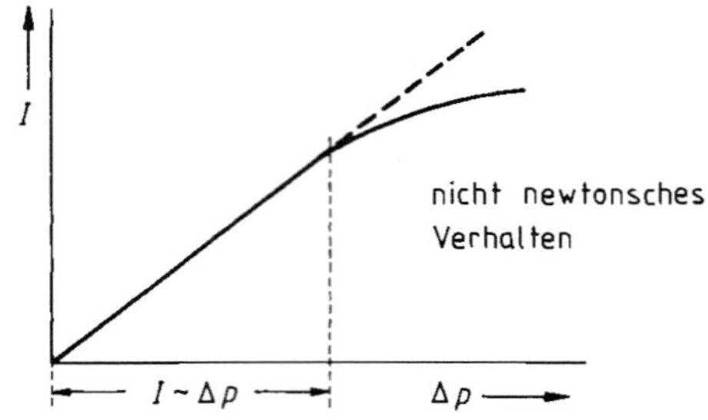

Abb. 4.27 Typischer Verlauf eines Druckdifferenz-Stromstärke-Diagramms

Um abschätzen zu können, wann die laminare in turbulente Strömung umschlägt, kann die *Reynoldsche Zahl* berechnet werden:

$$Re = \frac{\varrho \bar{v} D}{\eta}. \tag{4.26}$$

Ermittelt man diese dimensionslose Zahl für eine Flüssigkeit (Dichte ϱ, Zähigkeit η), die mit einer mittleren Geschwindigkeit $\bar{v}$ durch ein Rohr mit dem Durchmesser D fließt, dann kann aus der Größe der Zahl auf die Strömungsform geschlossen werden. Es gilt etwa:

$Re < 2000$: laminare Strömung,
$Re > 3000$: turbulente Strömung,
$2000 < Re < 3000$: Strömung ist nicht stabil. (Umschlagen von laminar nach turbulent oder umgekehrt ist möglich.)

Turbulente Strömungen sind wesentlich schwieriger zu behandeln als laminare. Generell kann gesagt werden, daß bei Turbulenz mehr mechanische Energie in Wärme und auch in Schall (Strömungsgeräusche) umgewandelt wird. Dadurch wird, wie wir noch sehen werden, die Blutdruckmessung erleichtert sowie die Entdeckung gewisser Herzabnormitäten ermöglicht.

4.2.6 Der Blutkreislauf

Die in Abschnitt 4.2 gefundenen Gesetzmäßigkeiten sollen nun auf den Blutkreislauf angewendet und an einigen Beispielen verdeutlicht werden.

Für unsere Betrachtung ist Blut eine Flüssigkeit mit einer Dichte von 1,06 g/cm^3 und einer Zähigkeit von $2{,}1 \cdot 10^{-3}$ Pa · s. In Abb. 4.28 ist das gesamte Gefäßsystem schematisch dargestellt. Das Herz als Doppelpumpe erzeugt den Druck, der für die Strömung des Blutes durch den Körper- und den Lungenkreislauf benötigt wird (im zeitlichen Mittel ca. 13,0 kPa bzw. 2,0 kPa). Hierbei ist zu beachten, daß alle Druckwerte, die im Zusammenhang mit dem Blutkreis-

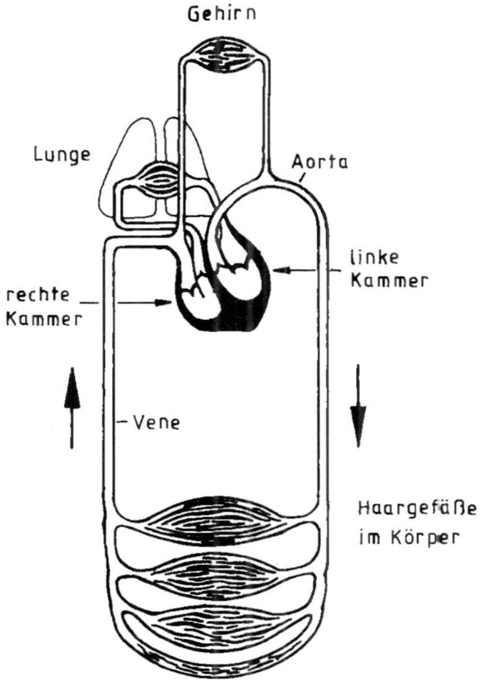

Abb. 4.28 Der Blutkreislauf im Schema

lauf angegeben werden (ebenso wie beim Reifendruck) den Überdruck bedeuten, der an einer bestimmten Stelle gegenüber dem äußeren Luftdruck (ca. 100 kPa) herrscht. Häufig wird auch noch die Druckeinheit 1 Torr = 1 mmHg verwendet, die jedoch nicht zum SI gehört. Umrechnung:

$$1 \text{ Torr} = 1{,}33 \text{ mbar} = 133 \text{ Pa} = 0{,}133 \text{ kPa}.$$

Die Herztätigkeit

Wie bereits in Beispiel 1.13 erläutert, preßt das Herz bei jedem Pulsschlag ca. 70 cm^3 Blut unter einem Druck von 16,0 kPa in die Aorta (Systolischer Druck) und aus der rechten Herzkammer unter einem Druck von 2,7 kPa in die Lungenarterie. Während in der linken Herzkammer anschließend der Druck auf fast Null zurückgeht (Füllphase), fällt er wegen der elastischen Eigenschaften der Gefäßwand hinter der Arterienklappe in der Aorta nur auf ca. 10,7 kPa (diastolischer Druck) ab (Abb. 4.29).

Beispiel 4.5: Herztätigkeit
Wie groß ist bei einer Pulsfrequenz von 60 Schlägen/min die Volumenstromstärke im Kreislauf? Welche Leistung muß das Herz aufbringen? Wieviel % des täglichen Grundumsatzes eines Men-

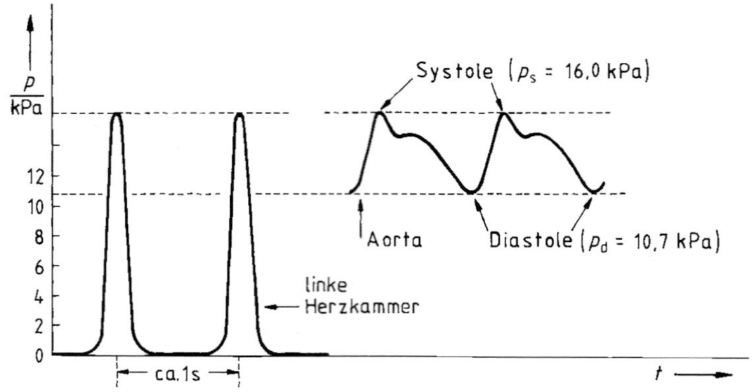

Abb. 4.29 Zeitlicher Druckverlauf in der linken Herzkammer und in der Aorta

schen von ca. 8000 kJ (= Energieverbrauch zur Aufrechterhaltung der Lebensfunktionen ohne körperliche Betätigung) wird für die Herzarbeit benötigt?

Für die Volumenstromstärke erhalten wir (Gl. 4.15):

$$I = \frac{70 \cdot 10^{-6}\,\mathrm{m}^3}{1\,\mathrm{s}} = 7 \cdot 10^{-5}\,\mathrm{m}^3/\mathrm{s} = \mathbf{4{,}2\ L/min}.$$

Die pro Pulsschlag geleistete Arbeit beträgt (Gl. 1.29a):

$$W = \Delta V(p_{\mathrm{KK}} + p_{\mathrm{LK}}) = 7 \cdot 10^{-5}\,\mathrm{m}^3\,(16{,}0\,\mathrm{kPa} + 2{,}7\,\mathrm{kPa}) = \mathbf{1{,}31\ J}.$$

Da in einer Sekunde ein Pulsschlag erfolgt ist die Leistung $P = 1{,}31$ Watt. Die Arbeit pro Tag errechnet sich damit zu

$$W = P \cdot t = (1{,}31\,\mathrm{W})\,(86400\,\mathrm{s}) = \mathbf{113\ kJ}.$$

Das sind

$$\frac{(113\,\mathrm{kJ})}{(8000\,\mathrm{kJ})} \cdot 100\,\% = 1{,}4\,\% \quad \text{des Grundumsatzes.}$$

Dies ist nur ein sehr geringer Anteil. Die meiste Energie wird zur Aufrechterhaltung der Körpertemperatur gebraucht.

Druck und Strömungsgeschwindigkeit längs des Körperkreislaufs

In Abb. 4.30 ist der Verlauf des Druckes p und der Strömungsgeschwindigkeit v längs des Körperkreislaufes aufgezeichnet. In den großen Gefäßen (große Arterien und Aorta) ist der Druckabfall gering (großer Radius → kleiner Strömungswiderstand → kleines Δp). Der stärkste Druckabfall erfolgt im Bereich der Kapillaren (kleiner Radius → großer Strömungswiderstand). In den wieder weiten Venen genügt ein kleiner Druck, um das Blut in das Herz zurückzubringen.

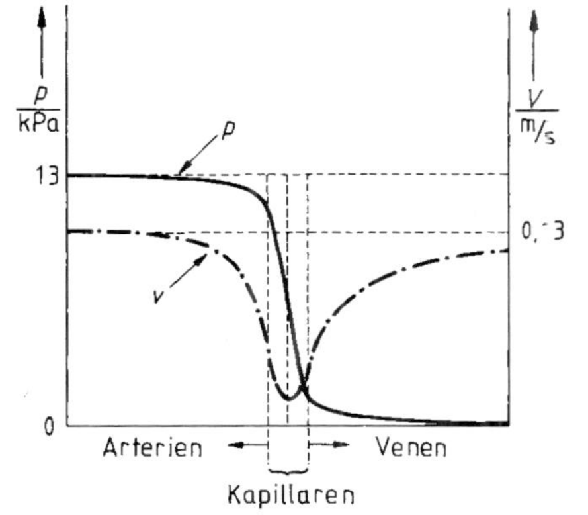

Abb. 4.30 Verlauf von Blutdurck p und Strömungsgeschwindigkeit v längs des Blutkreislaufes

Beispiel 4.6: Druck und Strömungsgeschwindigkeit in der Aorta
Wie groß ist der Strömungswiderstand des gesamten Körperkreislaufs (mittlere Druckdifferrenz $\Delta p = 13{,}0$ kPa, Stromstärke $I = 7 \cdot 10^{-5}$ m³/s)?

Wie groß ist der Strömungswiderstand der Aorta ($r = 1{,}3$ cm, l 0,2 m), wieviel Druck fällt hier ab, wie groß ist hier die Strömungsgeschwindigkeit?

Gl. 4.22 liefert uns den Strömungswiderstand

$$R = \frac{\Delta p}{I} = \frac{13{,}0\ \text{kPa}}{7 \cdot 10^{-5}\ \text{m}^3/\text{s}} = \mathbf{1{,}86 \cdot 10^8\ \frac{Pa\,s}{m^3}}.$$

Für die nächste Frage benötigen wir das Hagen-Poiseuillesche Gesetz in Form der Gl. 4.21:

$$R = \frac{8\,l\eta}{\pi r^4} = \frac{8(0{,}2\ \text{m})\,(2{,}1 \cdot 10^{-3}\ \text{Pa} \cdot \text{s})}{3{,}14\,(0{,}013\ \text{m})^4} = \mathbf{3{,}74 \cdot 10^4\ \frac{Pa \cdot s}{m^3}}.$$

$$\Delta p = I \cdot R = (7 \cdot 10^{-5}\ \text{m}^3/\text{s})\,(3{,}74 \cdot 10^4\ \text{Pa} \cdot \text{s/m}^3) = \mathbf{2{,}62\ Pa}.$$

Längs der Aorta verringert sich der Druck also um weniger als 1 %. Dies rechtfertigt die Methode der Blutdruckmessung an der Armarterie. Auch hier herrschen praktisch die gleichen Druckverhältnisse wie beim Herzen.

Die Strömungsgeschwindigkeit erhält man aus Gl. 4.16:

$$v = \frac{I}{A} = \frac{7 \cdot 10^{-5}\ \text{m}^3/\text{s}}{(0{,}013\ \text{m})^2 \cdot 3{,}14} = \mathbf{0{,}13\ m/s}.$$

Wie in der Zeichnung zu erkennen ist, nimmt im Bereich der Kapillaren die Geschwindigkeit drastisch ab. Daraus kann geschlossen werden, daß der Gesamtquerschnitt aller parallel liegender Kapillaren um den gleichen Faktor zunehmen muß (Kontinuitätsgleichung!).

Allgemeine Bemerkungen zum Blutkreislauf:

Die Abhängigkeit des Strömungswiderstandes von der vierten Potenz des Radius bietet eine effektive Methode, die Verteilung des gesamten Blutstromes auf die einzelnen Organe und Körperregionen nach den speziellen, sich ändernden

Bedürfnissen zu regulieren. Um eine optimale Blutversorgung zu erreichen, kann durch geringe Änderungen des Querschnittes bestimmter Adern (eine 20%ige Änderung des Radius halbiert bzw. verdoppelt den Blutstrom) den gerade beanspruchten Organen (Muskeln, Verdauungsorgane, Gehirn usw.) ein größerer Anteil am Gesamtstrom zugeteilt werden.

Blutdruckmessung

Die Messung des Blutdrucks erfolgt mit einer um den Oberarm gelegten elastischen und aufblasbaren Manschette M. Wird der Druck in dieser Manschette, der an einem Manometer ablesbar ist, gesteigert, dann kann dadurch die Armarterie zusammengedrückt und der Blutstrom teilweise oder ganz unterbunden werden. Gleichzeitig werden in der Ellenbogenbeuge die Strömungsgeräusche mit einem Stethoskop abgehört (Abb. 4.31), die bei turbulenter Strömung an dieser Verengung entstehen.

Beispiel 4.7: Strömung in der Armarterie
In der Armarterie (Durchmesser $D = 5$ mm) strömt das Blut mit einer Geschwindigkeit von $v = 0{,}05$ m/s. Ist die Strömung laminar? Wie stark muß der Querschnitt verengt werden, um ein Umschlagen in Turbulenz zu erreichen?
Die Reynoldsche Zahl für die Strömung beträgt (Gl. 4.26):

$$Re = \frac{\varrho D v}{\eta} = \frac{(1{,}06 \cdot 10^3\,\mathrm{kg/m^3})\,(0{,}005\,\mathrm{m})\,(0{,}05\,\mathrm{m/s})}{2{,}1 \cdot 10^{-3}\,\mathrm{Pa\,s}} = \mathbf{125}.$$

Die Strömung ist mit Sicherheit laminar. Wird der Durchmesser um den Faktor 20 verringert, dürfte Turbulenz einsetzen. Denn dies bedeutet eine Verkleinerung des Querschnitts um den Faktor 400 und damit eine Vergrößerung der Geschwindigkeit um den Faktor 400 (Kontinuitätsgleichung). Das Produkt $D \cdot v$ wird damit 20 mal größer, oder $Re \approx 2500$.

Zunächst wird der Druck in der Manschette so stark erhöht, daß kein Blut strömt (keine Geräusche). Senkt man den Druck nun ab, dann wird ein stoßweises Geräusch hörbar, sobald der systolische Druck p_s erreicht ist, da nur wäh-

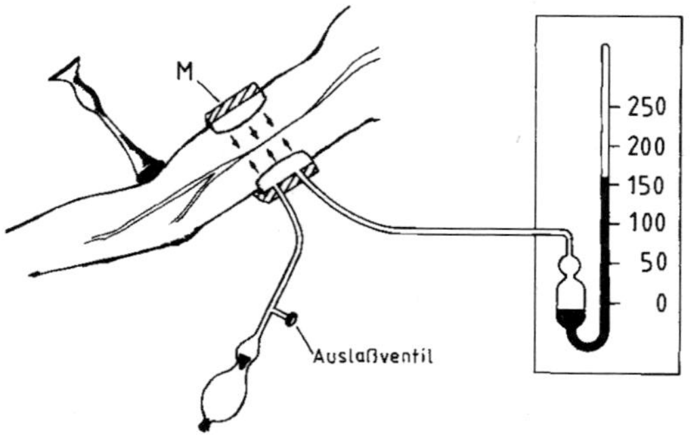

Abb. 4.31 Blutdruckmessung

rend der Druckmaxima Blut strömen kann. Wird bei weiterer Druckerniedrigung der diastolische Druckwert p_d unterschritten, dann ist ein Dauergeräusch zu hören. Die Engstelle kann dauernd, wenn auch turbulent, durchströmt werden. Als Ergebnis der Blutdruckmessung gibt man die Werte p_s/p_d an (Richtwerte für einen Erwachsenen: 16,0/10,7 kPa).

Der Schweredruck des Blutes

Eine nicht zu vernachlässigende Rolle spielt der Schweredruck des Blutes. Er addiert bzw. subtrahiert sich zum Druck p_0, der durch die Herztätigkeit erzeugt wird, je nachdem, ob wir ein Körperteil betrachten, das oberhalb oder unterhalb des Herzens liegt (Abb. 4.28).

Beispiel 4.8: Vergleich der Blutdrucke im Gehirn, im Fuß und im Herz
Um welchen Betrag unterscheidet sich der Druck in einer Arterie des Gehirns und in einer Arterie des Fußes vom Druck in der Aorta bei einem aufrecht stehenden Menschen (Abstand Herz–Fuß = 1,3 m; Abstand Herz–Gehirn = 0,4 m)? (Dabei kann angenommmen werden, daß der Druckabfall infolge von Reibungsverlusten in den Arterien vernachlässigt werden kann; s. Beispiel 4.6).

Aus Gl. 4.9 erhalten wir für die gesuchten Druckwerte:

$$p_F = \varrho g h_{H-F} = (1{,}06 \cdot 10^3\ \text{kg/m}^3)\ (9{,}81\ \text{m/s}^2)\ (1{,}3\ \text{m}) = \mathbf{13{,}5\ kPa}$$

$$p_G = \varrho g h_{H-G} = (1{,}06 \cdot 10^3\ \text{kg/m}^3)\ (9{,}81\ \text{m/s}^2)\ (0{,}4\ \text{m}) = \mathbf{4{,}2\ kPa}.$$

Der Gesamtdruck beträgt im Gehirn damit (13,0 − 4,2) kPa = 8,8 kPa, in den Füßen (13,0 + 13,5) kPa = 26,5 kPa.

Dieser geringe Druck im Gehirn kann u. U. (langes Stehen!) zu Blutmangel und damit verbundenen Folgen (Schwindel, Bewußtlosigkeit) führen. Der erhöhte Druck in den Beinen und Füßen beansprucht die Gefäßwände in besonderem Maße (Krampfadern). In beiden Fällen führt Liegen bzw. Hochlegen der Beine zu einer Verminderung der Beschwerden, da dann diese Druckunterschiede verschwinden.

4.3 Gase

Bei den Gasen gehen wir zunächst idealisierend davon aus, daß die wechselseitigen Kräfte keine Rolle spielen, da der Teilchenabstand wesentlich größer ist als bei Flüssigkeiten. Aus diesem Grund kann auch das Eigenvolumen der Moleküle gegenüber dem Volumen, das das Gas einnimmt, vernachlässigt werden.

> Die Moleküle eines idealen Gases besitzen kein Eigenvolumen und üben keine Kräfte aufeinander aus.

Aufgrund der thermischen Energie, die die Teilchen besitzen, bewegen sie sich mit einer mittleren Geschwindigkeit frei im Raum, wobei alle Richtungen gleich wahrscheinlich sind.

4.3.1 Die Dichte von Gasen

Stellvertretend für alle Gase wollen wir aus der Dichte von Luft, die sich leicht experimentell bestimmen läßt, den mittleren Abstand der Luftmoleküle berechnen.

Beispiel 4.9: Der mittlere Abstand der Luftmoleküle
Die Dichte von Luft (bei Normalbedingungen: $p = 1$ atm $= 1{,}01 \cdot 10^5$ Pa; Temperatur 0 °C) beträgt 1,29 kg/m³. Wie groß ist der mittlere Abstand der Luftmoleküle?

Luft besteht zu 80 % aus N_2 ($M = 28$) und zu 20 % aus O_2 ($M = 32$). Die übrigen noch vorhandenen Gase (CO_2 usw.) spielen bei unserer Betrachtung keine Rolle. Wir wollen daher annehmen, daß die Luft im Mittel aus Teilchen mit der relativen Molekülmasse $M_L = 29$ besteht. Die Masse eines solchen Luftteilchens ist dann (Gl. 3.6):

$$\mu_L = M_L \cdot u = 29 \cdot (1{,}66 \cdot 10^{-27}\ \text{kg}) = 4{,}81 \cdot 10^{-26}\ \text{kg}.$$

Daraus ergibt sich die Teilchenzahl pro m³ zu

$$n = \frac{1{,}29\ \text{kg/m}^3}{4{,}81 \cdot 10^{-26}\ \text{kg/Teilchen}} = 2{,}68 \cdot 10^{25}\ \frac{\text{Teilchen}}{\text{m}^3}.$$

Ziehen wir daraus die dritte Wurzel, dann erhalten wir die Teilchenzahl, die sich im Mittel auf eine Strecke von 1 m aufreiht. Der Reziprokwert davon ist der gesuchte Teilchenabstand.

$$s = \frac{1}{\sqrt[3]{n}} = \mathbf{3{,}34 \cdot 10^{-9}\ m}.$$

Der mittlere Abstand zweier Luftmoleküle beträgt bei Normaldruck mehr als das zehnfache ihres Durchmessers. Das erklärt die Tatsache, daß sich Gase leicht komprimieren lassen.

4.3.2 Die kinetische Gastheorie

Die kinetische Gastheorie war der erste große Erfolg des Modells, nach dem Gase aus Atomen bestehen, die sich regellos durcheinander bewegen. Der Druck, den ein Gas auf die Behälterwand ausübt, läßt sich durch elementare Mechanik erklären:

Der Gasdruck wird verursacht durch die Stöße der Teilchen mit der Wand, genauer gesagt, durch die dabei erfolgende Impulsübertragung auf die Wand.

Um einen quantitativen Zusammenhang für den Druck zu finden, betrachten wir ein Gasvolumen, das mit der Fläche A an die Behälterwand grenzt und eine Länge von $v \cdot t$ besitzt (Abb. 4.32). v ist die mittlere Geschwindigkeit der Teilchen, t ein beliebiger Zeitraum. Alle Teilchen, die sich in diesem Volumen befinden und sich mit der Geschwindigkeit v gegen die Wand bewegen, werden im Zeitintervall t dort auftreffen.

Ist n die Teilchendichte, dann befinden sich im Volumen $V(= A \cdot v \cdot t)$ genau $n \cdot A \cdot v \cdot t$ Teilchen. Bei statistischer Richtungsverteilung können wir annehmen, daß sich genau 1/6 dieser Teilchen im Mittel auf die Wand zubewegen, dort einen bestimmten Impuls auf die Wand übertragen und wieder in das Gasvolumen zurückreflektiert werden.

Die Teilchen besitzen den Impuls mv, nach der Reflexion ist er $-mv$ *Jedes* Teilchen überträgt bei einem Stoß daher den Impulsbetrag $2mv$ auf die Wand. In der Zeit t wird von $(1/6)\,n\,A\,v\,t$ Teilchen insgesamt ein Impuls von

$$\left(\tfrac{1}{6}\,n\,A\,v\,t\right)(2mv) = \tfrac{1}{3}\,n\,A\,m\,v^2\,t$$

auf die Wand übertragen. Verwenden wir nun die Definition für den Druck (Gl. 4.7) sowie den Zusammenhang zwischen Impulsänderung und Kraft (Gl. 2.45), so ergibt sich das folgende Resultat:

$$p = \frac{\text{Kraft}}{\text{Fläche}} = \frac{(\text{übertragener Impuls/Zeitintervall})}{\text{Fläche}} = \frac{(1/3)\,n\,A\,m\,v^2\,t}{A\,t} = \frac{1}{3}\,n\,m\,v^2$$

Führen wir noch die mittlere kinetische Energie ε_{kin} eines Teilchens ein, dann ergibt sich der folgende wichtige Zusammenhang:

$$p = \tfrac{2}{3}\,n\,\varepsilon_{\text{kin}}. \qquad (4.27)$$

Der Druck eines Gases auf die Behälterwand ist proportional zur Teilchendichte und proportional zur mittleren kinetischen Energie der Teilchen.

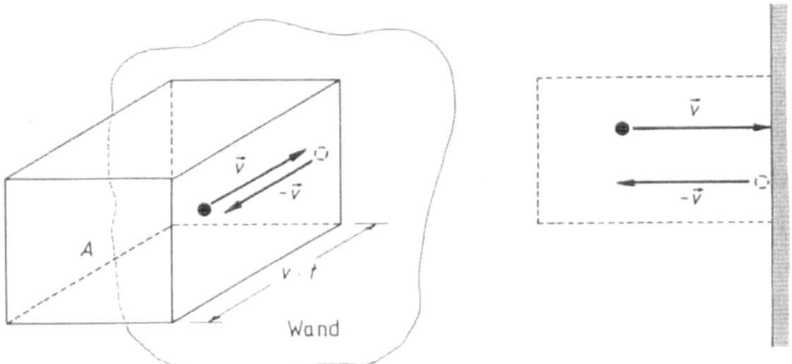

Abb. 4.32 Zur Herleitung des Gasdruckes

Auffallend an diesem Ergebnis ist, daß die Masse der Gasteilchen nicht explizit in den Druck eingeht. Erinnern wir uns daran, daß die mittlere kinetische Energie durch die Temperaturangabe beschrieben wird (Abschn. 1.3.3), dann folgt daraus, daß alle Gase bei gleicher Temperatur (d. h. bei gleicher thermischer Energie) und gleicher Teilchendichte den gleichen Druck ausüben.

Beispiel 4.10: Die mittlere kinetische Energie der Luftmoleküle
Wie groß ist die mittlere kinetische Energie der Luftmoleküle bei Normalbedingungen? In welchem Verhältnis stehen die Geschwindigkeiten der N_2- bzw. O_2-Moleküle?

Setzt man die bekannten Werte für Teilchendichte und Normaldruck (s. Bsp. 4.9) in Gl. 4.7 ein, so errechnet sich die Energie ε_{kin} zu:

$$\varepsilon_{kin} = \frac{3}{2}\frac{p}{n} = \frac{3}{2}\frac{(101{,}3 \cdot 10^3\ \mathrm{Pa})}{(2{,}68 \cdot 10^{25}\ 1/\mathrm{m}^3)} = \mathbf{5{,}67 \cdot 10^{-21}\ J}.$$

In eV umgerechnet ($1\ \mathrm{eV} = 1{,}6 \cdot 10^{-19}\ \mathrm{J}$) sollte man sich diesen Wert ungefähr merken:

Die mittlere kinetische Energie von Gasteilchen bei 0 °C beträgt ca.

$$\varepsilon_{kin} = 3{,}5 \cdot 10^{-2}\ \mathrm{eV}.$$

Während die mittlere kinetische Energie nicht von der Masse der Moleküle abhängt, besteht eine solche Abhängigkeit für die mittlere Geschwindigkeit sehr wohl: Leichte Teilchen bewegen sich (bei gleicher kinetischer Energie) schneller als schwere. Für N_2 und O_2 gilt daher:

$$\frac{v(O_2)}{v(N_2)} = \sqrt{\frac{M(N_2)}{M(O_2)}} = \sqrt{\frac{28}{32}} = \mathbf{0{,}94}.$$

4.3.3 Das Boyle-Mariottesche Gesetz

Führen wir in Gl. 4.27 das Volumen ein (Teilchendichte n = Teilchenzahl N/ Volumen V), dann erhalten wir das sogenannte Boyle-Mariottesche Gesetz:

Bei konstanter mittlerer kinetischer Energie der Gasteilchen, d. h. bei konstanter Temperatur ist das Produkt aus Druck und Volumen eines Gases konstant.

$$pV = \tfrac{2}{3} N \varepsilon_{kin} = \text{konstant}. \qquad (4.28)$$

Anschaulich bedeutet dies, daß z. B. bei Verkleinerung des Volumens die Teilchen stärker zusammengedrängt werden, die Dichte dadurch ansteigt und pro Zeiteinheit mehr Teilchen gegen die Wand prallen. Dies führt zu einer Erhöhung des Druckes.

Beispiel 4.11: Der Verbrauch einer Sauerstoffflasche
Eine Gasflasche ($V = 0{,}02\ m^3$) enthält Sauerstoff unter einem Druck von 15 bar. Ein Mensch atmet reinen Sauerstoff durch eine Maske bei einem Druck von 1 bar. Die Verbrauchsrate ist $0{,}008\ m^3/min$. Nach welcher Zeit ist der Vorrat verbraucht?

Das Produkt aus Volumen und Druck ist zum Zeitpunkt t_2 genauso groß wie zum Zeitpunkt t_1, also:

$$V_1 p_1 = V_2 p_2 \quad \text{oder} \quad V_2 = V_1 \frac{p_1}{p_2} = (0{,}02\ \text{m}^3)\,\frac{15\ \text{bar}}{1\ \text{bar}} = \mathbf{0{,}3\ m^3}.$$

Die Definition für die Volumenstromstärke (Gl. 4.15) gilt natürlich auch für Gase:

$$I = \frac{V}{t} \quad \text{und} \quad t = \frac{V}{I} = \frac{0{,}3\ \text{m}^3}{0{,}008\ \text{m}^3/\text{min}} = \mathbf{37{,}5\ min}.$$

4.3.4 Der Luftdruck

Die leichte Kompressibilität von Gasen hat einen entscheidenden Einfluß auf die Abnahme des Luftdruckes in der Atmosphäre mit zunehmender Höhe.

Wir leben am Boden eines „Luftsees". Ursache für den Luftdruck an einer bestimmten Stelle der Erde ist die Gewichtskraft der darüber liegenden Luftsäule. Insofern kann er verglichen werden mit dem Schweredruck des Wassers am Boden eines Sees. Der Unterschied ist in den beiden folgenden Diagrammen zu erkennen (Abb. 4.33):

Steigen wir vom Grund des Sees ($h = 0$) nach oben, dann nimmt der Schweredruck linear ab, da er bei konstanter Dichte des Wassers nur von der Höhe abhängt. Erreichen wir die Oberfläche, dann wird er Null.

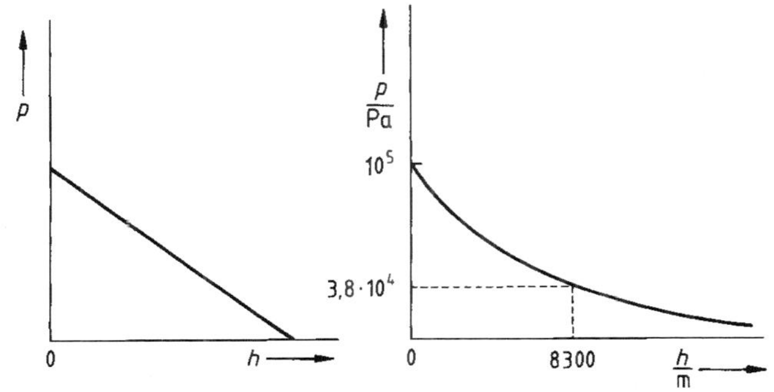

Abb. 4.33 Im Gegensatz zum Schweredruck in Flüssigkeiten (a) nimmt der Luftdruck nach oben exponentiell ab (b)

Infolge der hohen Kompressibilität der Luft werden die unteren Luftschichten, die einem höheren Druck ausgesetzt sind, stärker komprimiert. Dies hat zur Folge, daß die Dichte der Luft am Boden am größten ist und nach oben hin abnimmt. Quantitativ bedeutet das, daß die Druckabnahme (= Steigung der Kurve) nicht wie beim Wasser konstant ist (Gerade), sondern nach oben hin proportional zum Druck selbst abnimmt. Wie in den mathematischen Grundlagen gezeigt wurde (Abschn. 1.4.3), ist dies die Voraussetzung für das Auftreten einer Exponentialfunktion.

Der Luftdruck nimmt nach oben hin exponentiell ab:

$$p(h) = p_0 \mathrm{e}^{-kh}. \tag{4.29}$$

Die quantitative Behandlung des Problems ergibt für die Konstante k den Wert

$$k = \frac{\varrho_0 \cdot g}{p_0} = \frac{(1{,}25\ \mathrm{kg/m^3})\ (9{,}8\ \mathrm{m/s^2})}{1{,}01 \cdot 10^5\ \mathrm{Pa}} = \mathbf{12{,}1 \cdot 10^{-5}\,m^{-1}}.$$

Für eine Höhe von $h = 1/k = 8300$ m ($\approx$ Mount Everest) hat der Druck also auf ($1/\mathrm{e} =$) $0{,}38\ p_0$ abgenommen. Dabei ist jedoch zu beachten, daß diese Überlegungen nur für konstante Temperaturen exakt gültig sind. Wir wissen aus Erfahrung, daß Druckschwankungen aufgrund meteorologischer Einflüsse (Hoch- und Tiefdruckgebiete) bis zu 5% möglich sind.

Lebende Organismen werden von diesem Druck nicht zusammengedrückt, da alle Flüssigkeiten in ihnen unter dem gleichen Druck stehen. So ist der Druck der Flüssigkeit im Inneren der Zellen gleich dem Außendruck, der Druck des Blutes in den Arterien ist sogar wesentlich größer als der Luftdruck. (Bei Verletzungen würde sonst keine Blutung eintreten).

5 Wärmelehre

Zwei Begriffe, die in der Wärmelehre eine zentrale Rolle spielen, haben wir bereits kennengelernt: Wärme und Temperatur. Unter Wärme (Wärmeenergie, Wärmemenge) eines Körpers verstehen wir die Energie, die als ungeordnete Bewegung seiner Bausteine in ihm steckt. Die Temperatur wiederum ist ein Maß für die Größe dieses Energiebetrages. Im folgenden soll unsere erste Aufgabe sein, diese beiden Begriffe exakt zu definieren und ihre Eigenschaften zu beschreiben.

5.1 Temperatur und Wärmeenergie

5.1.1 Die Temperatur

Obwohl wir wissen, daß die Temperatur sehr eng mit der Energie eines Systems zusammenhängt, wird die Temperatur aus praktischen Gründen als neue Basisgröße benutzt. Bekanntlich zeichnet sich eine solche Größe dadurch aus, daß man sie messen und die Meßwerte in einer bestimmten Einheit angeben können muß.

Ein Meßverfahren finden heißt in diesem Fall, nach einem System zu suchen, beim dem wir mit Hilfe der Messung mechanischer Größen (denn diese stehen uns bereits zur Verfügung) die mittlere Energie der atomaren Bausteine bestimmen können. Die kinetische Theorie idealer Gase hat gezeigt, daß diese Substanzen für ein solches Meßverfahren hervorragend geeignet sind.

Die absolute Temperatur

In Abschn. 4.3.2 stellten wir fest, daß der Druck idealer Gase auf einfache Weise mit der mittleren kinetischen Energie der Gasmoleküle zusammenhängt

(Gl. 4.27). Wir schreiben nun in dieser Gleichung für (2/3) ε_{kin} den Buchstaben T, das Symbol für die neu einzuführende physikalische Größe „Absolute Temperatur", und fügen noch einen Proportionalitätsfaktor k hinzu, mit dessen Wahl schließlich die Einheit von T festgelegt wird. Das ergibt

$$p = n \cdot k \cdot T. \tag{5.1}$$

Der Vergleich mit Gl. 4.27 liefert uns den Zusammenhang

$$\varepsilon_{\text{kin}} = (3/2)\, k\, T, \tag{5.2}$$

der so interpretiert werden kann:

> Die absolute Temperatur gibt an, um wieviel mal die mittlere kinetische Energie eines Gasteilchens größer ist als (3/2) k.

Damit haben wir auch ein Meßgerät für die absolute Temperatur gefunden: Das Gasthermometer (Abb. 5.1).

Ein Gasthermometer besteht aus einem Behälter mit einem idealen Gas (bei Zimmertemperatur verhält sich auch Luft wie ein ideales Gas), dessen Volumen konstant gehalten werden muß (ein verändertes Volumen würde die Teilchendichte n und damit den Druck p verändern). Den Gasdruck kann man mit einem angesetzten U-Rohr-Manometer messen. Dieser Druck ist ein direktes Maß für die absolute Temperatur des Gases.

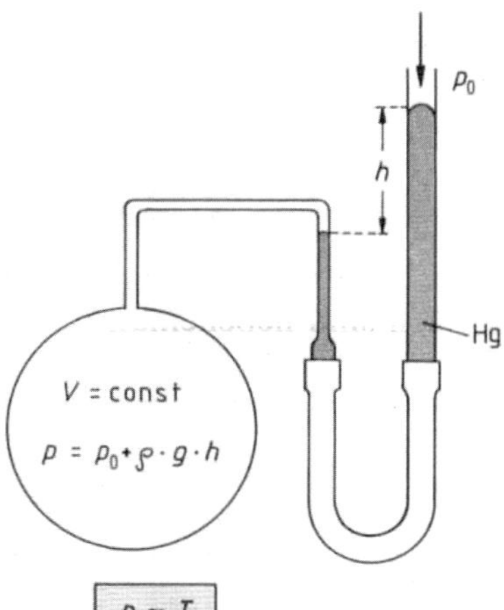

Abb. 5.1 Gasthermometer. Der Druck des Gases im Kolben ist proportional zu seiner absoluten Temperatur

Wir haben also jetzt ein Meßverfahren für die absolute Temperatur. Was noch fehlt, ist die Einheit. Bei ihrer Festlegung war man bestrebt, Übereinstimmung mit der Einheit der Celsiusskala zu erreichen.

Die Celsius-Temperatur

Eine ältere auf experimenteller Erfahrung basierende Temperaturskala ist die Celsiusskala. Diese beruht darauf, daß man zwei Fixpunkte willkürlich wählt und den Temperaturbereich zwischen ihnen in 100 Teile teilt: Es sind dies der Schmelzpunkt (festgelegt zu 0 °C) und der Siedepunkt des Wassers (festgelegt zu 100 °C). Für die tiefste mögliche Temperatur ergibt sich in dieser Skala der Wert − 273 °C.

Da der Nullpunkt der absoluten Temperatur definitionsgemäß festliegt (keine thermische Energie der Gasteilchen), genügt ein zusätzlicher Fixpunkt, um die Einheit zu erhalten. Legt man daher die absolute Temperatur des schmelzenden Eises (bei Normaldruck) fest zu 273 Einheiten, dann hat man erreicht, daß die Einheiten beider Temperaturskalen, der für die absolute Temperatur und der für die Celsiustemperatur, übereinstimmen.

Die Bezeichnung für die Einheit der absoluten Temperatur lautet 1 Kelvin (abgekürzt 1 K). Da Celsiusskala und Skala der absoluten Temperatur in gleichen Schritten unterteilt sind, unterscheiden sich Celsiustemperatur und absolute Temperatur lediglich um den Zahlenwert 273 (genauer: 273,15). Es gilt also die folgende Umrechnungsbeziehung:

$$T \text{ (gemessen in Kelvin)} = t \text{ (gemessen in °C)} + 273. \qquad (5.3)$$

Temperaturdifferenzen sind zahlenmäßig gleich:

$$\Delta T \text{ (gemessen in Kelvin)} = \Delta t \text{ (gemessen in °C)}.$$

Üblicherweise bezeichnet man die absolute Temperatur mit T, die Celsiustemperatur mit t. Beide Skalen sind nebeneinander in Gebrauch.

Nachdem nun die Einheit für die absolute Temperatur festliegt, kann aus Gl. 5.1 auch der Wert für die Konstante k errechnet werden.

In Beispiel 4.9 haben wir für die Teilchendichte der Luft (eines idealen Gases!) bei Normalbedingungen ($p = 1{,}01 \cdot 10^5$ Pa und $T = 273$ K) den Wert $n = 2{,}68 \cdot 10^{25}$ 1/m^3 erhalten. Verwenden wir dieses Ergebnis, dann ergibt sich

$$k = \frac{p}{n \cdot T} = \frac{(1{,}01 \cdot 10^5 \text{ Pa})}{(2{,}68 \cdot 10^{25}\ 1/\text{m}^3)\ (273 \text{ K})} = 1{,}38 \cdot 10^{-23} \text{ J/K}.$$

k nennt man die „Boltzmann-Konstante“.

Während mit Hilfe der absoluten Temperatur viele Gesetzmäßigkeiten der Wärmelehre in eine besonders einfache Form gebracht werden können, verwendet man in der Praxis meist die Celsiusskala.

Temperaturabhängige Stoffeigenschaften

Eine Reihe von Stoffen, deren mechanische oder elektrische Eigenschaften eine Temperaturabhängigkeit zeigen, eignen sich zum Bau von Thermometern.

Die Längenausdehnung fester Körper:

Erwärmen wir einen festen Körper, dann dehnt er sich aus. Im Experiment kann man feststellen, daß für die Längenausdehnung Δl gilt (l_0 sei die Länge des Körpers bei der Ausgangstemperatur):

$$\frac{\Delta l}{l_0} = \alpha \cdot \Delta t. \tag{5.4}$$

Die relative Längenänderung eines Festkörpers ist proportional zur Temperaturänderung. α nennt man den linearen Ausdehnungskoeffizienten.

Beispiel 5.1: Die Längenausdehnung eines Aluminiumstabes

Ein 50 cm langer Aluminiumstab ($\alpha_{Al} = 2{,}3 \cdot 10^{-5}\ 1/°C$) wird um 500 °C erwärmt. Wie groß ist die Längenausdehnung?

$$\Delta l = l_0 \alpha \cdot \Delta t = (0{,}5\ \text{m}) \left(2{,}3 \cdot 10^{-5} \frac{1}{°\text{C}}\right) (500\ °\text{C}) = \mathbf{5{,}75 \cdot 10^{-3}\ m.}$$

Der Stab verlängert sich um mehr als 1%.

Die Volumenausdehnung von Flüssigkeiten:

Auch Flüssigkeiten ändern beim Erwärmen ihr Volumen. Die Ausdehnung folgt einer Gesetzmäßigkeit, die der bei Festkörpern analog ist:

$$\frac{\Delta V}{V_0} = \beta \cdot \Delta t. \tag{5.5}$$

β bezeichnet man als den Volumenausdehnungskoeffizienten. Es muß betont werden, daß die beiden Gesetze 5.4 und 5.5 keine exakte Beziehung sind wie z. B. die für Gase gültige Gl. 5.1. α und β hängen selbst von der Temperatur ab, sodaß sich über große Temperaturbereiche kein linearer Zusammenhang ergibt. Für kleine Temperaturänderungen ist die Genauigkeit jedoch ausreichend.

Einige Beispiele für diese Materialkonstanten findet man in Tab. 5.1.

Tabelle 5.1 Linearer Ausdehnungskoeffizient α einiger Festkörper und Volumenausdehnungskoeffizient β einiger Flüssigkeiten

Substanz	α (in $10^{-5}\,K^{-1}$)	Flüssigkeit	β (in $10^{-3}\,K^{-1}$)
Glas	0,9	Wasser	0,13
Diamant	0,1	Hg	0,18
Al	2,3	Äthylalkohol	1,10
Eis (bei $-5\,°C$)	5,1		
Quarzglas	0,05		

Die Anomalie des Wassers:

Ein bekanntes Beispiel für die Temperaturabhängigkeit des Ausdehnungskoeffizienten ist das Wasser (Abb. 5.2). Unterhalb von 4 °C wird er sogar negativ, d.h. es tritt bei Abkühlung eine *Volumenvergrößerung* ein, die Dichte wird kleiner (Abb. 5.2b). Bei 4 °C besitzt Wasser ein Dichtemaximum.

Diesem Verhalten verdanken die Lebewesen im Wasser das Überleben in strengen Wintern. Sinkt die Lufttemperatur auf 4 °C, so beginnt das genauso kalte und daher schwere Oberflächenwasser, das mit Sauerstoff angereichert ist, nach unten zu sinken, das wärmere leichtere Wasser steigt nach oben. Hat das gesamte Wasser infolge dieses Mischungsprozesses 4 °C erreicht, dann erfolgt eine weitere Abkühlung nur noch an der Oberfläche (da noch kälteres Wasser wieder leichter wird und daher oben bleibt) und der See friert zu. Im sauerstoffhaltigen Wasser unter der Eisschicht überwintern die Tiere.

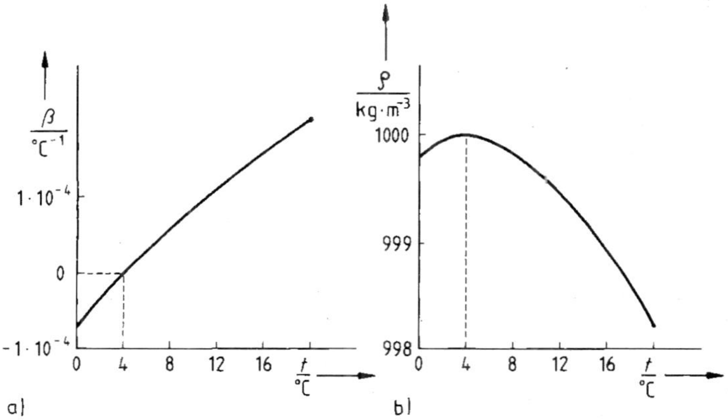

Abb. 5.2 Anomalie des Wassers. Temperaturabhängigkeit des Volumenausdehnungskoeffizienten (a) und der Dichte (b)

Temperaturmessung

Die Wärmeausdehnung von Flüssigkeiten und Festkörpern wird in vielfältiger Weise zur Temperaturmessung verwendet. Weitere temperaturabhängige Stoffeigenschaften, die zur Temperaturmessung geeignet sind, werden wir in der Elektrizitätslehre kennenlernen.

Allgemein läßt sich über Thermometer folgendes sagen:

> Thermometer müssen
>
> a) eine Eigenschaft besitzen, die sich bei Temperaturänderung meßbar ändert und
> b) sie müssen so klein sein, daß der zur Erwärmung des Thermometers nötige Energiebetrag die Temperatur eines Körpers, die man messen will, nicht verfälscht.

Anmerkung zu b):

Zur Temperaturbestimmung eines Körpers muß das Thermometer in thermischen Kontakt mit dem Körper gebracht werden. Das sich einstellende Temperaturgleichgewicht hat einen Energiestrom zwischen Körper und Thermometer zur Folge. Durch die Messung ändert sich also die Temperatur des Körpers. Diese ist nur dann zu vernachlässigen, wenn die Energieabgabe (oder -aufnahme) durch die Temperaturmessung klein ist gegenüber dem gesamten Energieinhalt des Körpers.

Für die Herstellung von Thermometern werden sowohl Festkörper als auch Flüssigkeiten verwendet. Um korrekte Temperaturmessungen zu erreichen, müssen jedoch alle Thermometer mit Hilfe eines Gasthermometers geeicht werden.

Bimetallthermometer:

Werden zwei Metallstreifen, die sich in ihrem Längenausdehnungskoeffizienten α unterscheiden, fest miteinander verbunden (nieten, schweißen), dann krümmen

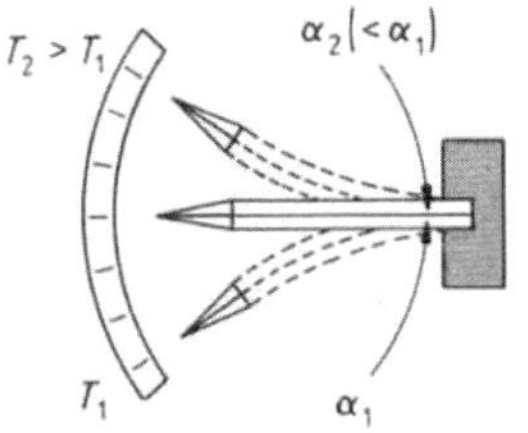

Abb. 5.3 Bimetallthermometer

sie sich bei Erwärmung nach der Seite, auf der sich das Material mit dem kleineren Ausdehnungskoeffizienten befindet (Abb. 5.3).

Thermometer dieser Art zeichnen sich nicht durch sehr große Genauigkeit aus. Sie finden jedoch weite Verwendung in Bereichen, wo bei bestimmten Temperaturen elektrische Kontakte geöffnet oder geschlossen werden sollen (Temperaturregelung beim Bügeleisen, Unterbrechung des Heizvorganges beim Toaster).

Flüssigkeitsthermometer:

Ein kleines Flüssigkeitsvolumen ist mit einer engen Kapillare verbunden (Abb. 5.4). Dehnt sich die Flüssigkeit aus, dann steigt sie in der Kapillare hoch. Die Länge des Flüssigkeitsfadens ist ein Maß für die zu messende Temperatur. Der Meßbereich ist prinzipiell eingegrenzt durch Erstarrungs- und Siedepunkt der verwendeten Flüssigkeit (meistens Hg oder Alkohol).

Je nach speziellem Verwendungszweck gibt es eine große Anzahl verschiedener Ausführungsformen. Das *Fieberthermometer* zeigt die höchste während der Meßzeit erreichte Temperatur an (Maximumthermometer). Eine kleine Einschnürung in der Kapillare oberhalb des Vorratsgefäßes bewirkt zusammen mit der hohen Oberflächenspannung des Hg beim Abkühlen ein Abreißen des Fadens an dieser Stelle. Die einmal erreichte Anzeige des Thermometers bleibt erhalten.

Wärmekapazität: Wie viel Wärme braucht Körper, um sich um 1 K zu erwärmen? (bei Thermometer recht niedrig!)

Abb. 5.4 Quecksilberthermometer

5.1.2 Wärmeenergie

Aus der Tatsache, daß es sich bei der Wärmeenergie um ungeordnete Bewegungsenergie atomarer Teilchen handelt, lassen sich einige allgemeine Eigenschaften dieser Energieform ableiten.

Eigenschaften der Wärmeenergie

Wenn die Bewegung eines Körpers infolge von Reibung zur Ruhe kommt, dann hat sich letztlich die gleichgerichtete Bewegung der Atome des Körpers in ungeordnete Wärmebewegung der Atome an der Reibungsfläche verwandelt. Es wird nie vorkommen, daß sich diese Wärmebewegung verlangsamt (d.h. daß sich die Berührungsfläche abkühlt) und *gleichzeitig* der Körper wieder in Bewegung gerät (d.h. kinetische Energie gewinnt).

Kinetische Energie (wie auch elektrische) kann vollkommen in Wärmeenergie umgewandelt werden. Eine *vollständige Umkehrung* dieses Vorganges ist *nicht* möglich. Mechanische Energie ist eine hochwertigere Energieform als Wärme, da sie vielseitiger eingesetzt werden kann. Wärme unterliegt jedoch ohne Einschränkung den Konsequenzen des Energieerhaltungssatzes. In dieser Hinsicht ist sie eine vollwertige Energieform.

Bringen wir zwei Körper mit unterschiedlicher Temperatur in enge Berührung („thermischen Kontakt“), dann wird an der Berührungsfläche auf atomarer Ebene ungeordnete kinetische Energie durch Stöße von den schnelleren Atomen des wärmeren Körpers auf die langsameren Atome des anderen (kälteren) Körpers übergehen.

Wärme kann von einem Körper auf einen anderen übergehen. Der Übergang erfolgt stets vom wärmeren zum kälteren Körper. Da Wärme eine Energieform ist, wird natürlich auch sie in der SI-Einheit Joule gemessen.

Nicht mehr verwendet werden soll die ältere Einheit 1 Kalorie (1 cal). Für die Umrechnung gilt

1 cal = 4,18 Joule.

Die Wärmekapazität

Um das thermische Verhalten einer Substanz bei Wärmezufuhr zu beschreiben, definiert man den Begriff der Wärmekapazität.

Unter der Wärmekapazität C eines Körpers versteht man die Wärmemenge, die man braucht, um ihn um 1 K zu erwärmen:

$$C = \frac{\text{zugeführte Wärmemenge}}{\text{Temperaturerhöhung}} = \frac{Q}{\Delta T}. \tag{5.6}$$

Die Einheit für die Wärmekapazität ist 1 J/K.

Um ein bestimmtes Material bezüglich dieser Eigenschaft zu charakterisieren, bezieht man die Wärmekapazität auf bestimmte Substanzmengen.

Die spezifische Wärmekapazität eines Stoffes ist definiert als die Wärmekapazität pro Kilogramm Substanz.

$$c = \frac{C}{m} = \frac{Q}{m\Delta T}. \tag{5.7}$$

$$\left(\text{Einheit: } 1\,\frac{\text{J}}{\text{kg}\cdot\text{K}}\right)$$

Die molare Wärmekapazität bezieht sich auf ein Mol der Substanz.

$$c_{\text{mol}} = \frac{C}{\nu} = \frac{Q}{\nu\Delta T}. \tag{5.8}$$

$$\left(\text{Einheit: } 1\,\frac{\text{J}}{\text{mol}\cdot\text{K}}\right)$$

c und c_{mol} sind Materialkonstanten. Sie bezeichnen also die Energiemenge in Joule, die benötigt wird, um die Temperatur von 1 kg bzw. 1 mol der betreffenden Substanz um 1 K zu erhöhen.

Um c_{mol} zu berechnen, muß die spezifische Wärmekapazität mit der Molmasse des betreffenden Stoffes multipliziert werden.

$$c_{\text{mol}} = c\,M. \tag{5.9}$$

Tabelle 5.2 Spezifische Wärmekapazität einiger Stoffe

Substanz	Spezifische Wärmekapazität c (in kJ/kg · K)
Aluminium	0,898
Stahl	0,447
Blei	0,130
Eis	2,09
Wasser	4,17
Wasserdampf	1,96
Heliumgas	5,18
Wasserstoffgas	14,25

Beispiel 5.2: Die Erwärmung von Wasser
Welche Zeit benötigt eine Elektroheizung (Leistung 10 kW), um das Wasser eines Schwimmbeckens (Inhalt 80 m³) von 15 °C auf 21 °C zu erwärmen? ($c_{\text{Wasser}} = 4{,}2 \cdot 10^3$ J/kg · K).

Die erforderliche Energie wird nach Gl. 5.7 berechnet:

$$Q = c m \Delta t = (4{,}2 \cdot 10^3 \text{ J/kg} \cdot \text{K})\,(80 \cdot 10^3 \text{ kg})\,(21 - 15)\,^\circ\text{C} = \mathbf{2 \cdot 10^9\ J}\,.$$

Für die Zeit erhält man

$$t = \frac{Q}{P} = \frac{2 \cdot 10^9 \text{ J}}{10^4 \text{ W}} = 2 \cdot 10^5 \text{ s} = \mathbf{56\ h}\,.$$

Um die spezifische Wärmekapazität eines Stoffes nach Gl. 5.7 zu bestimmen, müßte neben m und Δt auch die Wärmemenge Q gemessen werden. Dafür gibt es jedoch kein direktes Meßgerät. Man wendet daher ein besonderes Verfahren an:

Kalorimetrie:

In einem Kalorimeter (= wärmeisoliertes Gefäß) befindet sich eine bekannte Menge Wasser (m_0) mit der Temperatur t_0. Die spezifische Wärmekapazität des Wassers c_0 ist bekannt (Abb. 5.5).

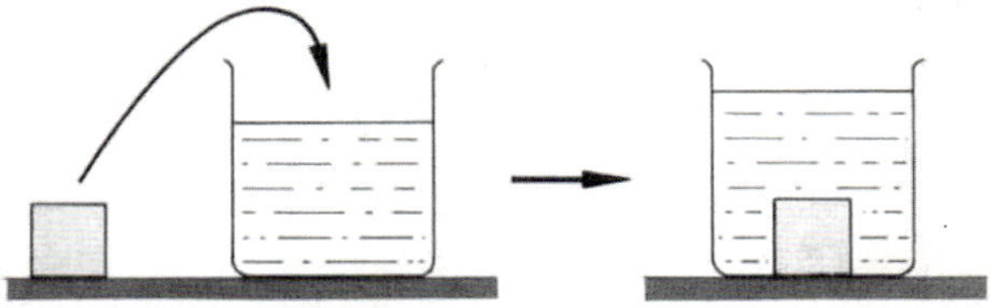

Abb. 5.5 Zur Bestimmung der spezifischen Wärmekapazität eines fester Körpers mit dem Kalorimeter

Man erwärmt nun m kg der Substanz, deren spezifische Wärmekapazität c bestimmt werden soll, auf eine Temperatur t und gibt sie in das Wasser. Die heiße Substanz wird Energie an das Wasser abgeben, wobei gelten muß (Energieerhaltung):

Q (vom Körper abgegeben) = Q (vom Wasser aufgenommen).

Stellt sich dabei nach einer gewissen Zeit eine Mischungstemperatur t_m ein, dann ergibt die obige Bedingung, wenn zweimal die Gl. 5.7 angewendet wird:

$$cm(t - t_m) = c_0 m_0 (t_m - t_0).$$

Daraus kann c bestimmt werden, da alle anderen Größen leicht gemessen werden können oder bekannt sind.

Beispiel 5.3: Die spezifische Wärmekapazität von Kupfer

Um die spezifische Wärmekapazität von Kupfer zu bestimmen, bringen wir ein Stück davon ($m = 0{,}4$ kg, $t = 70\,°C$) in ein Kalorimeter mit Wasser ($m_0 = 0{,}2$ kg, $t_0 = 15\,°C$). Nach einiger Zeit stellt sich eine Mischungstemperatur t_m von 22,9 °C ein. Es soll auch die Wärmekapazität des Kalorimeters berücksichtigt werden ($C_K = 80$ J/K).

Die vom Kupfer abgegebene Wärmemenge erwärmt nicht nur das Wasser, sondern auch das Kaloriemeter. Die Energiebilanz lautet daher:

Q (abgegeben) = Q (aufgenommen)

$$c_{Cu} m(t - t_m) = (c_0 m_0 + C_K)(t_m - t_0).$$

$$c_{Cu} = \frac{[(4{,}18 \cdot 10^3\,\mathrm{J/kg\,K})\,(0{,}2\,\mathrm{kg}) + 80\,\mathrm{J/K}]\,(7{,}9\,°C)}{(0{,}4\,\mathrm{kg})\,(47{,}1\,°C)} = \mathbf{0{,}384 \cdot 10^3\,J/kg\,K}.$$

5.2 Die Hauptsätze der Wärmelehre

Noch ehe man etwas über die atomare Struktur der Materie wußte, wurden Prozesse studiert, bei denen die Wärmeenergie eine Rolle spielt. Um die dabei zu beobachteten Erscheinungen zu erklären, mußten Gesetze formuliert werden, die zwar das Naturgeschehen richtig widergaben, jedoch damals nicht weiter begründet werden konnten: Es entstanden die sogenannten Hauptsätze der Wärmelehre. Erst unsere heutige Kenntnis vom Wesen der Wärmeenergie (ungeordnete Bewegung der atomaren Bausteine) ermöglicht eine zwanglose und anschauliche Deutung dieser Gesetze.

5.2.1 Der erste Hauptsatz

Um diesen Satz formulieren zu können, müssen zwei Begriffe erläutert werden: Innere Energie eines Systems und Volumenarbeit.

Die innere Energie eines Systems

Unter der inneren Energie eines Systems (z.B. ein fester Körper, eine bestimmte Menge Flüssigkeit oder ein Gasvolumen) verstehen wir die gesamte, als kinetische und potentielle Energie seiner Bausteine gespeicherte Energie.

Bei einatomigen Gasen ist dies ausschließlich Translationsenergie. Bei mehratomigen Gasen kommen Rotation und Schwingung der Moleküle dazu, wobei sich die Schwingungsenergie aus kinetischer und potentieller Energie zusammensetzt. Flüssigkeitsteilchen, die zwar gebunden sind, trotzdem jedoch Translationsbewegungen ausführen können, besitzen ebenfalls potentielle und kinetische Energie.

Bei allen Stoffen erhöht sich jedoch die Innere Energie, wenn man ihnen Energie zuführt, (d.h. wenn die Temperatur steigt), da dadurch die Bewegung der Einzelteilchen verstärkt wird.

Die innere Energie, die man üblicherweise mit dem Buchstaben U bezeichnet, hängt von der absoluten Temperatur T ab, und ist daher wie diese eine Zustandsgröße des Systems. Ändert sich der Zustand des Systems, dann ändert sich im allgemeinen auch der Wert der inneren Energie

$$\Delta U = U \text{ (am Ende)} - U \text{ (am Anfang)}.$$

Da es sich natürlich um eine Energie im gewohnten Sinn handelt, wird sie auch in der Einheit Joule angegeben.

Volumenarbeit

Dieser Begriff wurde bereits in den mathematischen Grundlagen eingeführt (s. Abschn. 1.3.3: Beispiele aus der Physik für die Integration).

Wird das Volumen V eines Gases, das in einen Behälter mit verschiebbarem Kolben unter dem Druck p eingeschlossen ist, verändert, dann wird Arbeit geleistet. Sie verändert die innere Energie des Systems.

Da der Druck im allgemeinen vom Volumen abhängt ($p = p(V)$), muß zur Berechnung der Volumenarbeit die Integralformel (Gl. 1.29) verwendet werden.

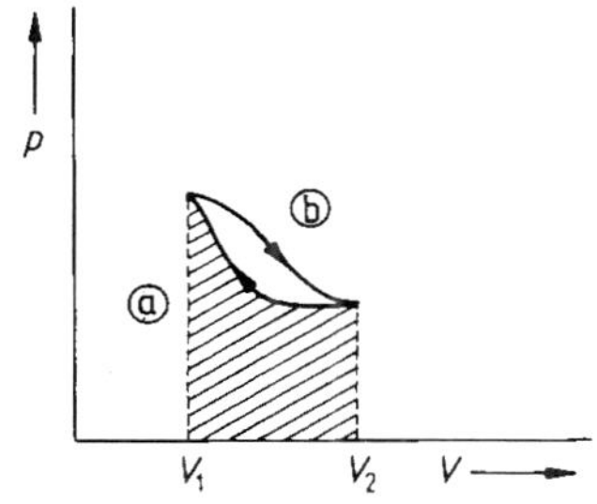

Abb. 5.6 Druck-Volumen-Arbeit: Wird ein Gasvolumen längs der Kurve a von V_2 auf V_1 komprimiert, so wird eine Arbeitsleistung erbracht, die gleich der schraffierten Fläche ist

Für unsere Belange genügt es jedoch, sich mit der graphischen Interpretation dieses Begriffes in einem p-V-Diagramm vertraut zu machen.

Die bei einer Volumenänderung $\Delta V = V_2 - V_1$ geleistete Arbeit ist gleich der Fläche unter der $p(V)$-Kurve im Bereich von V_1 bis V_2. Zwei Fälle sind dabei zu unterscheiden (Abb. 5.6):

a) Wird das Volumen von V_2 auf V_1 verkleinert, indem z. B. eine entsprechende Kraft F auf den Kolben drückt, dann leistet diese äußere Kraft den Arbeitsbetrag und die innere Energie des Gases erhöht sich um den Betrag der schraffierten Fläche (Kurve a).

b) wird der Kolben nach außen bewegt (Kurve b), indem z. B. der Druck p im Inneren entsprechend erhöht wird, dann leistet das Gas Arbeit: Seine innere Energie erniedrigt sich. Für den in der Abbildung gezeigten Verlauf der Kurve wäre der abgegebene Energiebetrag größer als der bei a) aufgenommene (die Fläche ist größer!).

Formulierung des ersten Hauptsatzes

Der erste Hauptsatz der Wärmelehre stellt eine besondere Form des Energieerhaltungssatzes dar, bei der die Wärme als eigene Energieform berücksichtigt wird. Es ist daher für praktische Probleme in der Wärmelehre die geeigneteste Form dieses Prinzips.

Die Zunahme der inneren Energie ΔU eines Systems ist gleich der zugeführten Wärmeenergie Q und der am System verrichteten Arbeit W.

$$\Delta U = Q + W. \tag{5.10}$$

In der Praxis heißt das (Abb. 5.7):
Um die innere Energie U (und damit die Temperatur T) etwa eines Gases zu erhöhen, können wir entweder Wärme zuführen (d. h. den Behälter mit dem Gas

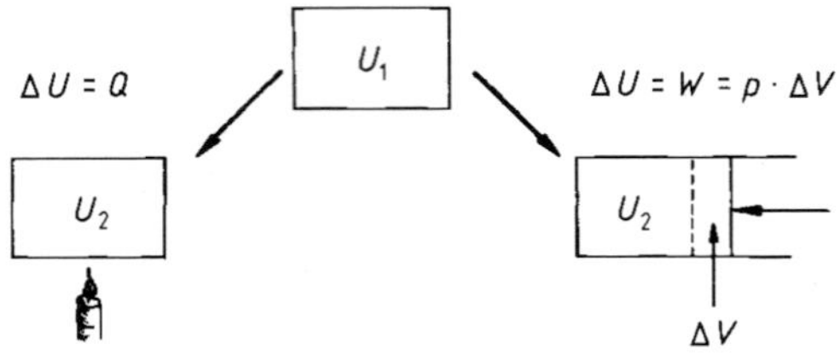

Abb. 5.7 Die innere Energie U_1 eines Systems kann erhöht werden durch Wärmezufuhr Q und/oder durch Arbeitsleistung W

über eine Flamme halten) oder an dem Gas Arbeit verrichten (d.h. es komprimieren). Natürlich kann auch beides gleichzeitig geschehen.

In beiden Fällen wird mechanische Energie auf das Gas übertragen. Der Unterschied besteht lediglich darin, daß dies im ersten Fall auf atomarer Ebene von Atom zu Atom geschieht, im zweiten Fall auf makroskopischer Ebene durch Bewegung des Kolbens.

Die im ersten Hauptsatz auftretenden Größen können positiv oder negativ sein. In unserer Formulierung des ersten Hauptsatzes bedeutet das:

Q negativ: Das System gibt die Wärmemenge Q ab.
W negativ: Das System leistet Arbeit an der Umgebung.

Wird etwa an einem System Arbeit verrichtet, während dieses gleichzeitig Wärme abgibt, dann kann ΔU positiv oder negativ sein, je nachdem ob Q kleiner oder größer ist als W. Die Anwendung des ersten Hauptsatzes ist also ein Bilanzierungsproblem für die Energie.

Der Energiehaushalt des Menschen

Unsere Betrachtungen zum ersten Hauptsatz bezogen sich in den meisten Fällen auf ein Gas. Die dabei gewonnenen Erkenntnisse gelten aber für beliebige Systeme, insbesondere auch für den menschlichen Organismus.

Ein Mensch, der während einer bestimmten Zeitspanne t eine Arbeit W leistet (diese kann bei Benutzung bestimmter Apparaturen direkt gemessen werden: Fahrradergometer) und dabei gleichzeitig eine Wärmemenge Q abgibt, muß diese Energiebeträge aus seiner inneren Energie beziehen. Er atmet laufend Sauerstoff ein und wandelt damit Nahrung in Energie und bestimmte Abfallprodukte um. Um diese Überlegungen zu quantifizieren, müssen noch einige Begriffe definiert werden.

Brennwert:

Nahrungsmittel werden im Körper in energieärmere chemische Verbindungen umgewandelt.

Unter dem spezifischen Brennwert eines Stoffes versteht man die bei vollständiger chemischer Umsetzung in CO_2 und H_2O freiwerdende Energiemenge. Die Einheit ist 1 kJ/g.

Kalorisches Äquivalent:

Durch Messung des O_2-Verbrauchs kann der Energieumsatz im Körper gemessen werden, wenn das kalorische Äquivalent für einen bestimmten Stoff bekannt ist.

Das kalorische Äquivalent ist definiert als das Verhältnis aus freigesetzter Energie zu verbrauchtem Sauerstoff. Die Einheit ist 1 kJ/l.

Beispiel 5.4: Der Energieverbrauch eines Menschen auf einem Fahrradergometer
Ein Erwachsener leiste auf einem Fahrradergometer 180 W. Die gleichzeitige Messung des O_2-Verbrauchs erbringt eine Rate von 140 l/h. Fragen: a) Wie groß ist der totale Energieumsatz pro Sekunde? (Das kalorische Äquivalent für die meisten Stoffe wie Fett, Kohlenhydrate, Eiweiß usw. ist etwa gleich und beträgt im Mittel 20,2 kJ/l). b) Wieviel Prozent davon werden in mechanische Leistung umgesetzt? c) Wieviel Fett wird pro Stunde abgebaut (spezifischer Brennwert für Fett = 38,9 kJ/g)?

zu a) Energieerzeugung pro Sekunde = Sauerstoffverbrauch pro Sekunde mal kalorisches Äquivalent:

$$\frac{\Delta U}{\Delta t} = \frac{140\ \text{l/h}}{3600\ \text{s/h}}\ 20{,}2\ \text{kJ/l} = 0{,}786\ \text{kJ/s} = \mathbf{786\ W}.$$

zu b) $$\frac{W}{\Delta U/\Delta t} = \frac{180\ \text{W}}{786\ \text{W}} = 0{,}23 = \mathbf{23\%},$$

zu c) $$m = \frac{(786\ \text{W})\ (3600\ \text{s/h})}{(38{,}9\ \text{kJ/g})} = \mathbf{72{,}7\ g\ pro\ Stunde}.$$

Isotherme und adiabatische Prozesse

Bei der Anwendung des ersten Hauptsatzes können sich zwei Sonderfälle ergeben.

Wird dafür gesorgt, daß die Temperatur eines Systems während eines Prozesses konstant bleibt, dann spricht man von einem isothermen Prozeß.

Da sich in diesem Fall auch die innere Energie U nicht ändert (d. h. $\Delta U = 0$), folgt aus dem ersten Hauptsatz:

$$Q = -W \quad \text{oder} \quad W = -Q, \quad \text{wenn } \Delta U = 0. \tag{5.11}$$

In Worten: Verrichtet ein System isotherm Arbeit, dann muß ihm die Energie, die es dafür benötigt, gleichzeitig als Wärme zugeführt werden. Wird Arbeit in das System hineingesteckt, dann muß gekühlt werden.

In der Praxis erreicht man diese konstante Temperatur, indem man das System (z. B. den Kolben mit dem Arbeitsgas) in guten thermischen Kontakt mit einem Wärmereservoir, z. B. einem Wasserbehälter bringt. Abb. 5.8 a zeigt eine isotherme Expansion.

Adiabatische Prozesse verlaufen ohne Wärmeaustausch mit der Umgebung.

Da in diesem Fall $Q = 0$, folgt unmittelbar

$$\Delta U = W. \tag{5.12}$$

Wird an einem System adiabatisch Arbeit geleistet, dann muß sich dadurch also die innere Energie und damit auch die Temperatur erhöhen. Entsprechend kühlt es sich ab, wenn es expandiert. Abb. 5.8 b zeigt eine adiabatische Expansion.

Um einen Prozeß adiabatisch zu führen, muß man für gute Wärmeisolation gegenüber der Umgebung sowie einen raschen Prozeßablauf sorgen, damit während dieser Zeit keine Wärme abfließen kann. Die Erwärmung einer Luftpumpe bei rascher Betätigung ist ein Beispiel für einen solchen Vorgang.

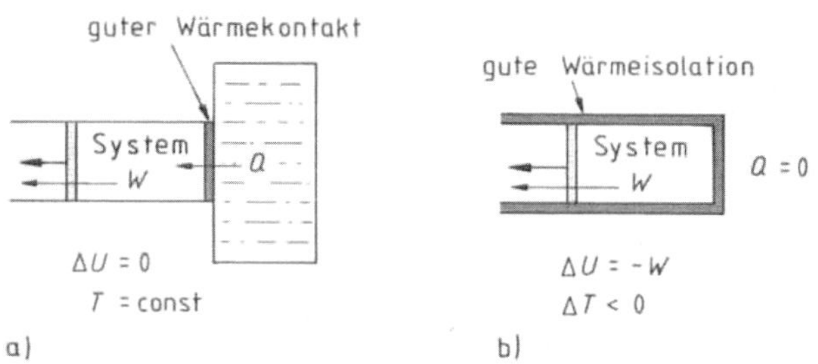

Abb. 5.8 Isotherme Expansion: Die vom System geleistete Arbeit wird vollständig durch Wärmezufuhr ausgeglichen (a). Adiabatische Expansion: Da keine Wärmezufuhr möglich ist, erniedrigt sich bei einer Arbeitsleistung die innere Energie des Systems (b)

5.2.2 Der zweite Hauptsatz

Eine schlüssige Herleitung sowie die quantitative Formulierung des zweiten Hauptsatzes ist im Rahmen dieses Buches nicht möglich. Trotzdem soll versucht werden, dieses Prinzip qualitativ plausibel zu machen und wichtige Konsequenzen zu erörtern.

Molekulare Unordnung und Entropie

Betrachtet man einen Prozeß, der von selbst abläuft, ohne von außen beeinflußt zu werden, dann stellen wir fest, daß sich gleiche Systeme immer in die gleiche Richtung verändern und auch stets den gleichen Endzustand erreichen.

Bringen wir zwei verschiedene Gase zusammen, dann geht das geordnete Nebeneinander von selbst in ein ungeordnetes Durcheinander über. Genauso kann man das Lösen eines Zuckerstückchens im Kaffee beschreiben.

Kommt ein Körper, der über eine ebene Fläche gleitet, infolge der Reibung zur Ruhe, dann ist die geordnete parallel verlaufende Bewegung der Atome des Körpers in ungeordnete thermische Bewegung der Atome an der Berührungsfläche übergegangen. Ein Lämpchen, das von einer Batterie gespeist wird und leuchtet, erwärmt letztlich die Luftmoleküle der Umgebung. Aus geordneter Elektronenbewegung im Draht ist ungeordnete Teilchenbewegung geworden.

Eine Pflanze, die wir in einen luft- und lichtdichten Raum bringen, wird verwelken und verfaulen. Die hohe Ordnung komplizierter organischer Moleküle wandelt sich in die Unordnung einfacher Moleküle (C, CO_2, H_2O usw.) um.

Vereinfacht können wir diese Prozesse dadurch charakterisieren, daß sich stets die Unordnung bezüglich Raum und Bewegung vergrößert.

Ordnung wird zu Unordnung (Abb. 5.9a), die gleichgerichtete Bewegung von Teilchen wandelt sich um in chaotische Bewegung in alle Raumrichtungen (Abb. 5.9b).

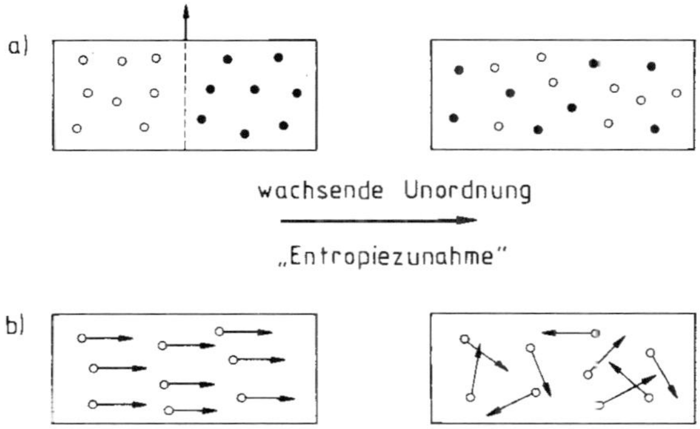

Abb. 5.9 „Entropiezunahme" bedeutet stets wachsende Unordnung

Alle Naturprozesse in einem abgeschlossenen System verlaufen stets in eine bestimmte Richtung. Man nennt sie irreversibel. Eine Umkehrung findet nicht statt. Den Endzustand nennt man thermodynamisches Gleichgewicht.

Um dieses Verhalten quantitativ beschreiben zu können, wird als neue Zustandsgröße eines Systems die Entropie S als Maß für die „Unordnung" eingeführt.

Veränderungen in *abgeschlossenen* Systemen verlaufen stets so, daß die Entropie zunimmt; ist der Gleichgewichtszustand erreicht, dann bleibt sie konstant, sie kann nie von selbst abnehmen:

$\Delta S > 0$: irreversibler Prozeß,
$\Delta S = 0$: thermodynamisches Gleichgewicht,
$\Delta S < 0$: ist in abgeschlossenen Systemen nicht möglich.

Dies ist eine der vielen möglichen Formulierungen des zweiten Hauptsatzes der Wärmelehre.

In *nicht abgeschlossenen* Systemen kann sich die Entropie auch verringern.

Wenn wir z. B. an die Erzeugung komplizierter Moleküle im Reagenzglas denken, an das Zellwachstum oder die Entwicklung des Lebens im allgemeinen, so ist für den Fortgang dieser Prozesse immer die Energiezufuhr von außen notwendig (Nahrungsaufnahme, Sonneneinstrahlung usw.).

Wie sich die Entropie eines Systems ändert, wenn Wärme zugeführt oder entzogen wird, soll im nächsten Abschnitt untersucht werden.

Entropie und Wärme

Der vorangegangene Abschnitt macht deutlich, daß mit jeder Wärmemenge, die auf einen Körper übertragen wird, auch ein gewisser Entropiebetrag verknüpft ist, denn die Wärme wurde schon öfters als ungeordnete Teilchenbewegung charakterisiert. Den Zusammenhang zwischen der übertragenen Wärmemenge Q und der damit verbundenen Entropieänderung ΔS wollen wir zumindest qualitativ begründen.

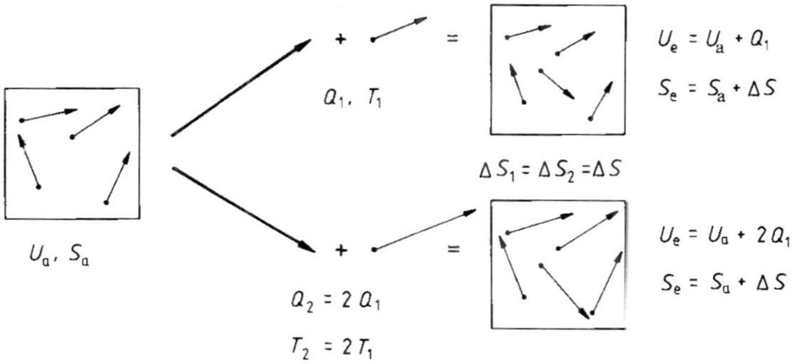

Abb. 5.10 Erhöht man die Innere Energie eines Gases etwa durch Hinzufügen eines weiteren Gasmoleküls, so ist die damit verbundene Zunahme der Entropie ΔS nur vom Verhältnis (zugeführte Wärmemenge/Temperatur) abhängig, in den beiden gezeichneten Fällen also gleich. Wir sehen jeweils fünf in völliger Unordnung durcheinanderfliegende Gasmoleküle

Angenommen wir wollen einem Gas die Wärmemenge Q_1 zuführen, dann können wir z.B. ein Molekül einer bestimmten Temperatur T_1, die dieser Wärmemenge entspricht, hinzufügen. Dadurch würde sich die innere Energie des Gases um $\Delta U = Q_1$ vergrößern, gleichzeitig erhöht sich die Entropie des Systems um ΔS (Abb. 5.10).

$$U_{\text{Ende}} = U_{\text{Anfang}} + Q_1,$$

und

$$S_{\text{Ende}} = S_{\text{Anfang}} + \Delta S.$$

Die gleiche Entropieänderung ΔS ergibt sich jedoch auch wenn das zugefügte Molekül die doppelte thermische Energie $Q_2 (= 2 \cdot Q_1)$ und damit auch die doppelte Temperatur $T_2 (= 2 \cdot T_1)$ besitzt. Ergebnis: die Entropiezunahme hängt nur vom Verhältnis (übertragene Wärmemenge):(Temperatur, bei der der Übergang erfolgt) ab.

Überträgt man eine Wärmemenge Q bei einer Temperatur T auf ein System, dann erhöht sich die Entropie um den Betrag

$$\Delta S = \frac{Q}{T}. \tag{5.13}$$

Bei Wärmeabgabe erniedrigt sie sich entsprechend.

Damit sind wir in der Lage, das Problem der Umwandlung von Wärme in mechanische Energie zu diskutieren.

Wärmekraftmaschinen

Unter einer Wärmekraftmaschine versteht man eine Vorrichtung, die nichts anderes macht, als Wärmeenergie in mechanische Arbeit umzuwandeln, sich selbst dabei aber nicht verändert. Dies wird dadurch erreicht, daß man die Maschine einen Kreisprozeß durchlaufen läßt, der sie stets wieder in den Ausgangszustand zurückbringt (Dampfturbinen, Verbrennungsmotoren, Dampfmaschinen usw.).

Wie muß nun eine solche Maschine arbeiten?

Im einfachsten Fall würde sie mit einem Wärmebehälter A mit der Temperatur T in thermischen Kontakt stehen, dem sie in jedem Zyklus eine bestimmte Wärmemenge Q entzieht und diese in Form mechanischer Arbeit W nach außen abgibt. Obwohl es sehr wünschenswert wäre, eine solche Maschine bauen zu können, kann sie nicht realisiert werden. Mit jedem Umlauf würde sich die Entropie der Maschine um den Betrag $\Delta S = Q/T$ erhöhen, so daß ein kontinuierlicher Betrieb nicht möglich wäre (Abb. 5.11 a).

Um diese Entropiezunahme zu umgehen, muß bei jedem Zyklus ein gewisser Anteil Q' der aufgenommenen Wärme an eine Kühlung mit der Temperatur $T' < T$ abgegeben werden (Abb. 5.11 b), wobei gelten muß

$$\Delta S \text{ (aufgenommen)} = \Delta S' \text{ (abgegeben)}$$

$$Q/T = Q'/T'. \tag{5.14}$$

Dieses Ergebnis wird ebenfalls häufig als zweiter Hauptsatz bezeichnet:

Man kann keine Maschine bauen, die nichts anderes bewirkt als die völlige Umwandlung von Wärme in mechanische Energie.

Um eine Wärmemenge Q, die einem Wärmebehälter mit der hohen Temperatur T entnommen wird, in mechanische Arbeit umzuwandeln, muß gleichzeitig ein Teil Q' davon an ein Wärmereservoir mit der niedrigen Temperatur T' abgegeben werden. Nur die Differenz $Q - Q'$ steht als Arbeit zur Verfügung.

Unter dem Wirkungsgrad η einer Wärmekraftmaschine versteht man das Verhältnis aus geleisteter Arbeit zu zugeführter Wärme:

$$\eta = \frac{W}{Q} = \frac{Q - Q'}{Q} = \frac{Q/Q' - 1}{Q/Q'} = \frac{T - T'}{T}. \tag{5.15}$$

Jede Wärmekraftmaschine hat einen Wirkungsgrad, der kleiner als 1 ist. ($T' = 0$ ist in der Praxis nicht zu realisieren).

Beispiel 5.5: Energiebetrachtung für ein Kraftwerk

In einem Kraftwerk wird zunächst Wasserdampf mit einer Temperatur von 285 °C erzeugt, der in der Turbine auf 40 °C abgekühlt wird. Es liefert eine elektrische Leistung von 300 MW. Die „Abwärme" wird einem Fluß zugeleitet (Stromstärke $I = 30\ m^3/s$). Fragen:

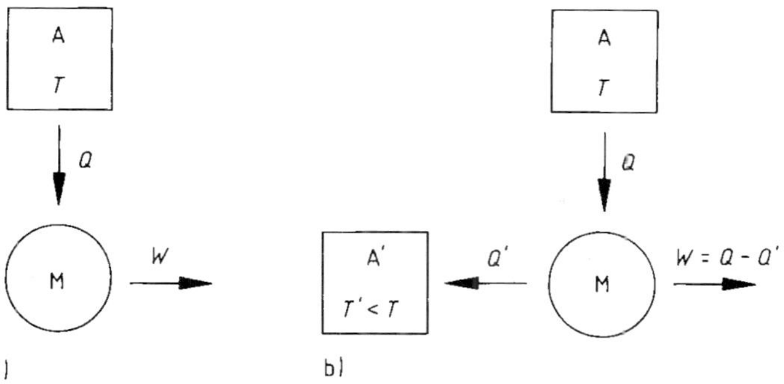

Abb. 5.11 Eine Maschine, die kontinuierlich Wärme vollständig in mechanische Arbeit umwandelt, ist nicht möglich. Die Entropie der Maschine müßte dabei laufend zunehmen (a). Gibt die Maschine jedoch einen Teil der Wärme bei niedrigerer Temperatur wieder ab (Kühlung), dann ist ein Dauerbetrieb möglich, da damit auch die aufgenommene Entropie abgegeben wird. Allerdings kann nur die Differenz zwischen aufgenommener Wärmemenge Q und abgegebener Wärmemenge Q' in Arbeit umgewandelt werden

a) Wie groß ist der theoretische Wirkungsgrad?
b) Welche Primärenergie ist für den Betrieb nötig?
c) Welche Ölmenge muß dafür pro Sekunde verbrannt werden? (Heizwert von Öl: 40 MJ/L)
d) Um wieviel Grad Celsius wird der Fluß erwärmt?

zu a) $T_1 = 285\,°\text{C} + 273 = 558\text{ K}$; $T_2 = 40\,°\text{C} + 273 = 313\text{ K}$.
Der Wirkungsgrad beläuft sich auf (Gl. 5.15):

$$\eta = \frac{558\text{ K} - 313\text{ K}}{558\text{ K}} = 0{,}44 = \mathbf{44\,\%}.$$

Wegen Verlusten, die durch Reibung, Turbulenzen, Wärmeabstrahlung usw. hervorgerufen werden, liegen die Wirkungsgrade in der Praxis unter 40%.

zu b) Primärbedarf:

$$Q = \frac{\text{Ausgangsleistung } W}{\text{Wirkungsgrad } \eta} = \frac{3 \cdot 10^8\text{ W}}{0{,}44} = \mathbf{682\text{ MW}}.$$

zu c) Der Ölbedarf errechnet sich aus

$$\frac{\text{Energiebedarf}}{\text{Heizwert von Öl}} = \frac{6{,}82 \cdot 10^8\text{ J/s}}{40 \cdot 10^6\text{ J/L}} = \mathbf{17{,}0\text{ L/s}}.$$

zu d) Die Abwärme Q' beträgt: 682 MW − 300 MW = 382 MW. Die Temperaturerhöhung erhält man aus Gl. (5.7):

$$\Delta T = \frac{Q'}{m \cdot c} = \frac{(3{,}82 \cdot 10^8\text{ J/s})}{(3 \cdot 10^4\text{ kg/s})\,(4{,}18 \cdot 10^3\text{ J/kg} \cdot \text{K})} = \mathbf{3{,}0\,°C}.$$

Die für die Umwelt gefahrlose Beseitigung der Abwärme ist ein Problem für alle Kraftwerke.

5.3 Das thermische Verhalten von Gasen

Eine quantitative Beschreibung der thermischen Eigenschaften in exakter Form ist für die meisten Stoffe nicht möglich. Die einzige Ausnahme bilden die idealen Gase.

5.3.1 Die Zustandsgleichung für ideale Gase

Mit Hilfe der Zustandsgrößen läßt sich jeder Zustand eines Stoffes exakt beschreiben. Wir verstehen darunter physikalische Größen, die für jeden Zustand eines Systems bestimmte Werte annehmen. Für Gase verwendet man die auf einfache Weise meßbaren Größen Druck p, Volumen V und Temperatur T. Existiert für einen Stoff ein mathematischer Zusammenhang zwischen den Zustandsgrößen, dann sprechen wir von einer Zustandsgleichung.

Für die idealen Gase haben wir eine solche Beziehung bereits bei der Definition der absoluten Temperatur kennengelernt (Gl. 5.1). Wir wollen sie noch ein wenig umschreiben, um sie in die Form zu bringen, in der sie üblicherweise verwendet wird.

Zunächst ersetzen wir die Teilchendichte n durch den Quotienten N/V (Teilchenzahl/Volumen), um das Volumen V explizit erscheinen zu lassen. Außerdem führen wir noch die Stoffmenge ein, indem wir die Teilchenzahl N durch das Produkt $N_L \cdot v$ (molare Teilchenzahl mal Stoffmenge) ersetzen. Damit erhalten wir

$$p \cdot V = v \cdot N_L \cdot k \cdot T.$$

Die beiden konstanten Größen N_L (Loschmidsche Zahl) und k (Boltzmannkonstante) faßt man zusammen zur Gaskonstanten R. Sie besitzt den Wert

$$R = N_L \cdot k = (6{,}02 \cdot 10^{23}\ \mathrm{mol}^{-1})\,(1{,}38 \cdot 10^{-23}\ \mathrm{J/K}) = 8{,}31\ \frac{\mathrm{J}}{\mathrm{mol} \cdot \mathrm{K}}.$$

Die Zustandsgleichung für ideale Gase erhält damit die Form:

$$p \cdot V = v \cdot R \cdot T. \tag{5.16}$$

Sie verknüpft für eine gegebene Gasmenge (v = konstant) in quantitativer Weise die Zustandsgrößen Druck p, Volumen V und absolute Temperatur T. Werden z. B. die Werte für zwei Zustandsgrößen vorgegeben, dann kann die dritte ermittelt werden.

Für viele Zwecke ist es nützlich, für Gase einen sogenannten Normzustand zu definieren: Unter den Normalbedingungen verstehen wir die folgenden Werte:

Normaltemperatur $T_0 = 273{,}15\ \mathrm{K}$ oder $t_0 = 0\ °\mathrm{C}$.
Normaldruck $p_0 = 101\,325\ \mathrm{Pa} = 1{,}01325\ \mathrm{bar}$. (5.17)

Beispiel 5.6: Das Volumen eines idealen Gases
Wie groß ist das Volumen für ein Mol ($\nu = 1$ mol) eines idealen Gases unter Normalbedingungen?

$$V_{\mathrm{mol}} = \frac{\nu \cdot R \cdot T_0}{p_0} = \frac{(1\ \mathrm{mol})\ (8{,}31\ \mathrm{J/mol} \cdot \mathrm{K})\ (273\ \mathrm{K})}{1{,}01 \cdot 10^5\ \mathrm{Pa}} = 2{,}24 \cdot 10^{-2}\ \mathrm{m}^3 = \mathbf{22{,}4\ L}.$$

Ein Mol eines idealen Gases nimmt bei Normalbedingungen unabhängig von der Gasart ein Volumen von 22,4 Litern ein.

Neben der Möglichkeit, wie in Beispiel 5.6 für einen gegebenen Zustand bestimmte Werte zu berechnen, versetzt uns die Zustandsgleichung in die Lage, *Zustandsänderungen* quantitativ zu beschreiben.

5.3.2 Zustandsänderungen idealer Gase

Um überschaubare Abhängigkeiten zu bekommen, wollen wir stets eine Zustandsgröße konstant halten und das Verhalten der übrigen beiden bei Zustandsänderungen untersuchen. Demgemäß lassen sich drei Fälle unterscheiden.

Isobare Temperaturänderung

Bei isobaren Zustandsänderungen bleibt der Druck konstant. Mit p = konstant erhalten wir aus Gl. 5.16 die Beziehung:

$$\frac{V}{T} = \frac{\nu \cdot R}{p} = \text{konstant}. \qquad (5.18\,\mathrm{a})$$

Volumen und absolute Temperatur eines idealen Gases sind zueinander proportional.

Eine etwas andere Form erhält diese Gleichung bei Verwendung der Celsius-Temperatur. Bezeichnen V_0 und T_0 Volumen und absolute Temperatur bei 0 °C, sowie V und T ein beliebiges Wertepaar, dann gilt:

$$V/T = V_0/T_0 \quad \text{oder}$$

$$V(t) = V_0\left(\frac{T}{T_0}\right) = V_0\,\frac{273 + t}{273} = V_0(1 + \alpha \cdot t). \qquad (5.18\,\mathrm{b})$$

$\alpha = 1/(273\,°\mathrm{C}) = 3{,}66 \cdot 10^{-3}\ 1/°\mathrm{C}$ nennt man den Ausdehnungskoeffizienten für ideale Gase. Er ist stoffunabhängig.

Beispiel 5.7: Volumenänderung bei isobarer Temperaturerhöhung
Um welchen Faktor ändert sich das Volumen eines Gases, wenn die Temperatur unter Konstanthalten des Druckes von 0 °C auf 100 °C erhöht wird?
Gl. (5.18) liefert sofort das Ergebnis:

$$V(t = 100\,°\mathrm{C}) = V(t = 0\,°\mathrm{C})\left(1 + \frac{100\,°\mathrm{C}}{273\,°\mathrm{C}}\right) = \boldsymbol{V_0 \cdot 1{,}366}.$$

Das Volumen steigt um den Faktor 1,366 (= 36,6 %).

Isochore Temperaturänderungen

Bei isochoren Temperaturänderungen bleibt das Volumen konstant. In diesem Fall sind Druck p und absolute Temperatur T zueinander proportional

$$\frac{p}{T} = \text{konstant}. \qquad (5.19\,\mathrm{a})$$

bzw.

$$p(t) = p_0(1 + \alpha \cdot t). \qquad (5.19\,\mathrm{b})$$

Beispiel 5.8: Druckänderung bei isochorer Temperaturerhöhung
Morgens vor Antritt einer Fahrt bei einer Temperatur von $t_1 = 15\,°\mathrm{C}$ beträgt der Reifendruck $p_1 = 1{,}8$ bar. (Man beachte, daß stets der Überdruck gegen Atmosphärendruck (ca. 1 bar) gemessen wird. Der Gesamtdruck beträgt daher $p'_1 = 2{,}8$ bar). Nach einer längeren Strecke auf der Autobahn ist die Reifentemperatur um 40 °C gestiegen. Wie groß ist nun der Druck im Reifen?

$$p'_2 = p'_1\,\frac{T_2}{T_1} = (1{,}8 + 1{,}0)\,\mathrm{bar}\,\frac{t_1 + 40\,°\mathrm{C} + 273\,°\mathrm{C}}{t_1 + 273\,°\mathrm{C}} = 2{,}8\,\mathrm{bar}\,\frac{328\,°\mathrm{C}}{288\,°\mathrm{C}} = 1{,}14 \cdot 2{,}8\,\mathrm{bar} = \mathbf{3{,}2\,bar}.$$

Die Prüfung des Druckes an der Tankstelle ergibt daher einen Druck von $p_2 = p'_2 - 1\,\mathrm{bar} = 2{,}2$ bar.

Isotherme Volumenänderungen

Wir wollen diese Gesetzmäßigkeit (Boyle-Mariotte-Gesetz), die wir bereits kennen (s. Gl. 4.28 und Bsp. 4.11), hier wiederholen:

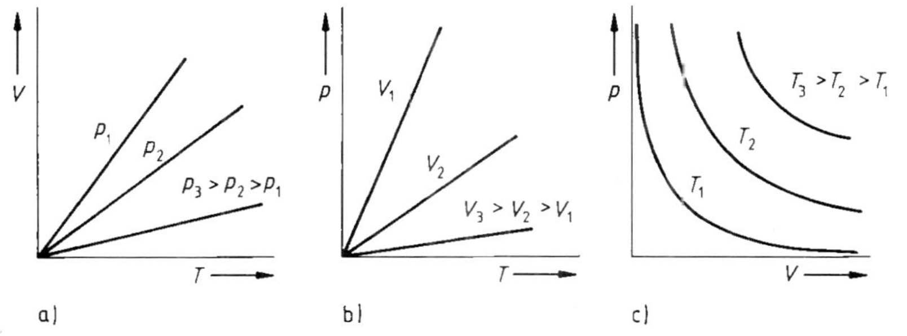

Abb. 5.12 Graphische Darstellung von Zustandsänderungen: Isobaren (a), Isochoren (b) und Isothermen (c)

Bei der isothermen Zustandsänderung eines Gases wird die Temperatur konstant gehalten. Zwischen Druck und Volumen gilt dann die Beziehung

$$p \cdot V = \text{konstant}. \tag{5.20}$$

Graphen der Zustandsänderungen

Für qualitative Überlegungen ist es sehr nützlich, sich die graphischen Darstellungen dieser Zusammenhänge einzuprägen. In ihnen erscheinen jeweils mehrere Kurven, wobei die konstant gehaltene Größe als variabler Parameter behandelt wird (Abb. 5.12).

Die Isobaren in Abb. 5.12a (Gerade durch den Nullpunkt) verlaufen um so steiler, je kleiner der Druck p ist, denn V/T (die Steigung) ist umgekehrt proportional zu p.

Das Gleiche gilt für die Isochoren in Abb. 5.12b. Hier ist $p/T \sim 1/V$.

Bei den Isothermen in Abb. 5.12c handelt es sich um Hyperbeln. Mit zunehmendem Produkt $p \cdot V$, d.h. mit wachsender Temperatur, entfernen sich die Kurven von den Koordinatenachsen.

5.3.3 Gasgemische

Der Partialdruck

Da sich die einzelnen Atome oder Moleküle verschiedener Gase nicht beeinflussen, kann in einem Gasgemisch jede Komponente für sich betrachtet werden, d.h. für jede Gasart gilt getrennt die Gasgleichung.

Befinden sich z.B. in einem Volumen zwei Gassorten (ν_1 bzw. ν_2 Mole), dann würde die erste Gasart den Druck

$$p_1 = \nu_1 \frac{R \cdot T}{V}, \tag{5.21}$$

die zweite entsprechend einen Druck p_2 ausüben.

p_1 und p_2 nennt man die *Partialdrucke* der beiden Gase.

Der Partialdruck eines Gases innerhalb eines Gasgemisches ist der Druck, der gemessen würde, wenn alle übrigen Komponenten des Gemisches aus dem gegebenen Volumen entfernt würden.
Der Gesamtdruck eines Gasgemisches ergibt sich aus der Summe der Partialdrucke der anwesenden Gase:

$$p = p_1 + p_2 + \cdots. \tag{5.22}$$

Dafür kann man schreiben:

$$p \cdot V = (\nu_1 + \nu_2 + \cdots)\, R \cdot T = \nu \cdot R \cdot T.$$

ν ist die Molsumme aller im Volumen V vorhandenen Gase. Dieses Ergebnis ist nicht erstaunlich, da bei idealen Gasen die Identität der Gasart verloren geht und nur die Gesamtmenge des Gases den Druck bestimmt.

Die Zusammensetzung der Luft

Mit Ausnahme des Wasserdampfgehaltes zeigt die Luft eine konstante Zusammensetzung. Die Partialdrücke bezogen auf Normaldruck $p = 101{,}32$ kPa betragen:

		Ausatmungsluft:
$p\,(N_2 + \text{Edelgase})$	= 79,20 kPa;	75,33 kPa
$p\,(O_2)$	= 21,32 kPa;	15,32 kPa
$p\,(CO_2)$	= 0,04 kPa;	4,40 kPa
$p\,(H_2O$, z.B.)	= 0,76 kPa;	6,27 kPa

Untersucht man die Ausatmungsluft auf ihre Komponenten, dann erhält man die rechts angegebenen Werte: Sie ist angereichert mit den Verbrennungsprodukten CO_2 und H_2O. Der Wert für H_2O ist der Sättigungsdampfdruck bei Körpertemperatur ($t = 37\,°C$).

Beispiel 5.9: Der Partialdruck von SO_2 bei Smogalarm

Angenommen, bei einem SO_2-Gehalt von 1,5 mg/m^3 wird Smogalarm gegeben. Welchem SO_2-Partialdruck entspricht diese Konzentration unter Normalbedingungen?

Da die Molmasse von SO_2 64 g/mol beträgt, befinden sich in einem m^3 Luft

$$\nu(SO_2) = \frac{1{,}5 \cdot 10^{-3}\,g}{64\,g/mol} = 2{,}3 \cdot 10^{-5}\,mol\ SO_2.$$

Gleichzeitig enthält 1 m^3 Luft insgesamt (s. Beispiel 5.6)

$$\nu_L = \frac{1\,m^3}{0{,}0224\,m^3/mol} = 44{,}6\ mol\ Luftteilchen.$$

Nach Gl. 5.21 sind die Partialdrucke den Molzahlen proportional. Daraus folgt:

$$p(SO_2) = p_0 \frac{\nu(SO_2)}{\nu_L} = (1{,}0\,bar)\,\frac{2{,}3 \cdot 10^{-5}\,mol}{44{,}6\,mol} = \mathbf{0{,}05\ Pa}.$$

5.3.4 Die Geschwindigkeitsverteilung der Gasteilchen

Wir sind bislang bei unseren Überlegungen (s. kinetische Gastheorie, Abschn. 4.3.2) von der Annahme ausgegangen (und das war für diese Belange ausreichend), daß sich bei einer bestimmten Temperatur alle Gasteilchen mit einer gleichen mittleren Geschwindigkeit bewegen. Wir werden später für die Erklärung gewisser Phänomene (z. B. Verdampfen) die Tatsache benötigen, daß bei den Molekülen von Gasen und Flüssigkeiten eine Geschwindigkeitsverteilung vorliegt: Mit einer bestimmten Wahrscheinlichkeit kommen alle Geschwindigkeiten vor (Abb. 5.13).

Tragen wir in einem Diagramm die Häufigkeit einer bestimmten Geschwindigkeit gegen die Geschwindigkeit selbst auf, dann erhalten wir eine Kurve mit einem Maximum, die von Null bis Unendlich reicht. Mit abnehmender Wahrscheinlichkeit gibt es in jedem Gasvolumen Teilchen mit sehr kleiner und sehr großer Geschwindigkeit.

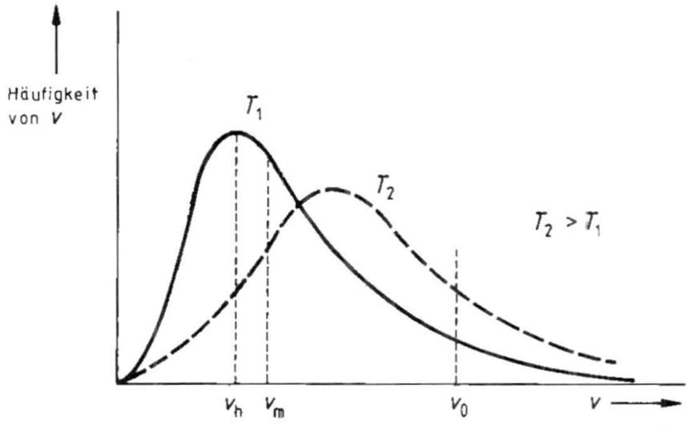

Abb. 5.13 Geschwindigkeitsverteilung der Moleküle in einem Gas. v_h = häufigste Geschwindigkeit, v_m = mittlere Geschwindigkeit. Mit wachsender Temperatur steigt der Anteil der Moleküle mit einer Geschwindigkeit größer als ein bestimmtes v_0

Das Maximum liegt an der Stelle der häufigsten Geschwindigkeit v_h. Sie ist nicht zu verwechseln mit der mittleren Geschwindigkeit v_m, welche für die Berechnung der mittleren kinetischen Energie verwendet werden muß. v_m ist stets größer als v_h.

Wird die Temperatur eines Gases oder einer Flüssigkeit erhöht, dann verschiebt sich das Maximum (und damit auch v_h und v_m) zu höheren Werten. Die mittlere kinetische Energie der Teilchen nimmt zu.

Beispiel 5.10: Die mittlere Geschwindigkeit von Stickstoffmolekülen
Welche mittlere Geschwindigkeit besitzen N_2-Moleküle bei 0 °C?

In Beispiel 4.10 wurde die mittlere kinetische Energie der N_2-Moleküle für 0 °C zu $\varepsilon_{kin} = 5{,}6 \cdot 10^{-21}$ J berechnet. Für die mittlere Geschwindigkeit ergibt sich daraus:

$$v_m = \sqrt{\frac{2\varepsilon_{kin}}{m}} = \sqrt{\frac{2 \cdot (5{,}6 \cdot 10^{-21}\,\mathrm{J})}{28 \cdot (1{,}66 \cdot 10^{-27}\,\mathrm{kg})}} = \mathbf{491\ m/s}.$$

Die häufigste Geschwindigkeit v_h beträgt demgegenüber nur etwa 400 m/s.

Damit eine chemische Reaktion zwischen zwei Molekülen stattfinden kann, benötigen sie beim Zusammenstoß einen gewissen Energiebetrag, die sogenannte Aktivierungsenergie.

Nur Moleküle oberhalb einer bestimmten Geschwindigkeit v_0 besitzen diese erforderliche kinetische Energie. Wie die Geschwindigkeitsverteilung zeigt, wächst dieser Anteil mit steigender Temperatur: die Reaktionsrate nimmt zu.

Das erklärt auch, weshalb biologische Funktionen stark temperaturabhängig sind: Wachstum von Bakterienkulturen, die Aktivität von Insekten usw. Der Grundumsatz des Menschen verdoppelt sich, wenn seine Körpertemperatur bei hohem Fieber um 6 °C auf 43 °C steigt. Tiefe Temperaturen andererseits verlangsamen z. B. das Verderben von Lebensmitteln.

5.3.5 Reale Gase

Das Modell des idealen Gases beinhaltet zwei vereinfachende Annahmen:

a) Das Eigenvolumen der Moleküle ist klein gegenüber dem gesamten Gasvolumen.
b) Die Wechselwirkungskräfte zwischen den Gasteilchen bleiben unberücksichtigt.

Daraus folgt, daß nur bei kleinen Dichten und hohen Temperaturen das Verhalten von Gasen durch die Gasgleichung richtig wiedergegeben wird. Es ist zu erwarten, daß sich Abweichungen davon feststellen lassen, wenn dieser Bereich verlassen wird.

Erhöhen wir die Dichte und/oder senken wir die Temperatur eines Gases, dann werden die van-der-Waalsschen Anziehungskräfte zwischen den Gasteilchen wirksam und es tritt bei einem bestimmten Punkt Verflüssigung ein. Diesen Unterschied zwischen dem idealen und realen Verhalten eines Gases macht ein p-V-Diagramm deutlich (Abb. 5.14).

Komprimiert man ein Gas unterhalb einer bestimmten für jedes Gas charakteristischen Temperatur ($T_1 < T_k$), dann erhöht sich zunächst wie erwartet der Druck. Ab einem bestimmten Wert (Punkt A) erfolgt Verflüssigung, wobei der Druck solange konstant bleibt, bis dieser Vorgang abgeschlossen ist (Punkt B). Der Versuch, das Volumen weiter zu verkleinern, führt zu einem starken Druckanstieg (Flüssigkeiten sind schwer zu komprimieren!). Betrachten wir den gleichen Prozeß bei einer Temperatur oberhalb von T_k (z. B. T_2, T_3), dann beobachten wir zunehmend das Verhalten (d. h. die Isotherme) eines idealen Gases (s. Abb. 5.12c).

Während sich Gase unterhalb der kritischen Temperatur real verhalten und durch Kompression verflüssigt werden können, erfüllen sie die Anforderungen eines idealen Gases um so besser, je weiter ihre Temperatur oberhalb von T_k liegt.

Die kritische Temperatur beträgt für

N_2: ca. −150 °C,
CO_2: 31 °C,
H_2O: 374 °C.

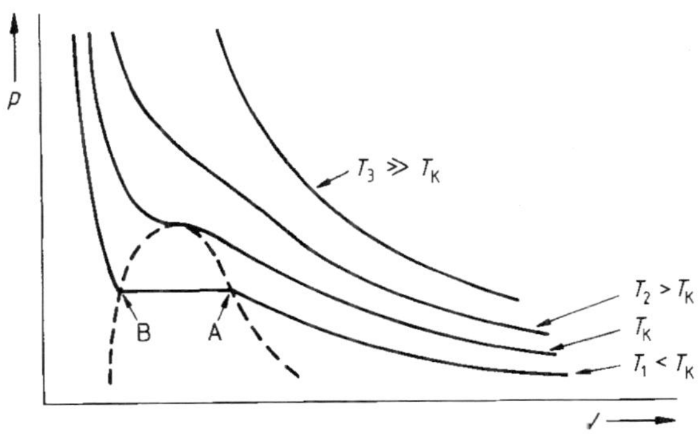

Abb. 5.14 Isothermen eines realen Gases

5.4 Aggregatzustände

Die Erscheinungsformen der Materie bezeichnet man als Aggregatzustände (häufig auch als Phasen). Wir unterscheiden dabei den festen, den flüssigen und den gasförmigen Zustand.

Die wichtigsten Eigenschaften bezüglich Struktur und Formbeständigkeit wurden bereits im Kapitel „Struktur der Materie" (3.4.4) besprochen. In diesem Abschnitt sollen Umwandlungsvorgänge zwischen verschiedenen Aggregatzuständen (Phasenübergänge) und Situationen, bei denen zwei Phasen gleichzeitig nebeneinander existieren (Phasengleichgewichte) betrachtet werden.

5.4.1 Das Phasendiagramm (Zustandsdiagramm)

Wie wir wissen, ist der Zustand eines homogenen Stoffes eindeutig bestimmt, wenn die Werte für zwei Zustandsgrößen festliegen. Es ist daher möglich, in einem p-T-Diagramm die Bereiche zu kennzeichnen, die einem bestimmten Aggregatzustand entsprechen.

Um das Diagramm zu verstehen, kann man sich vorstellen, daß eine bestimmte Menge H_2O in einem Zylinder mit beweglichem Kolben eingeschlossen ist (Abb. 5.15). Durch geeignete Maßnahmen soll es möglich sein, Druck p und Temperatur T auf beliebige Werte einzustellen. Werden mit dieser Anordnung alle erdenklichen p-T-Paare realisiert, dann erhält man das in (der nicht maßstäblichen) Abb. 5.16 dargestellte Ergebnis.

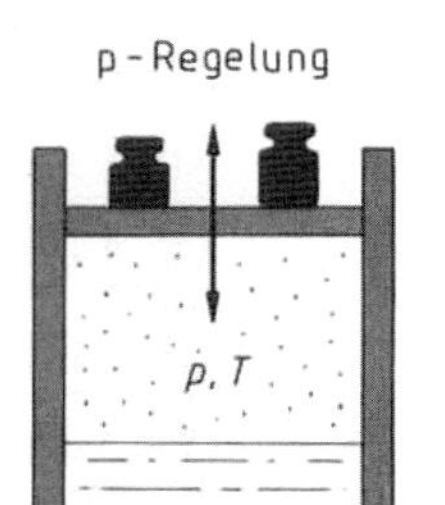

Abb. 5.15 Zur Erläuterung des Phasendiagramms: Mit dieser Anordnung lassen sich beliebige Druck- und Temperaturwerte einstellen

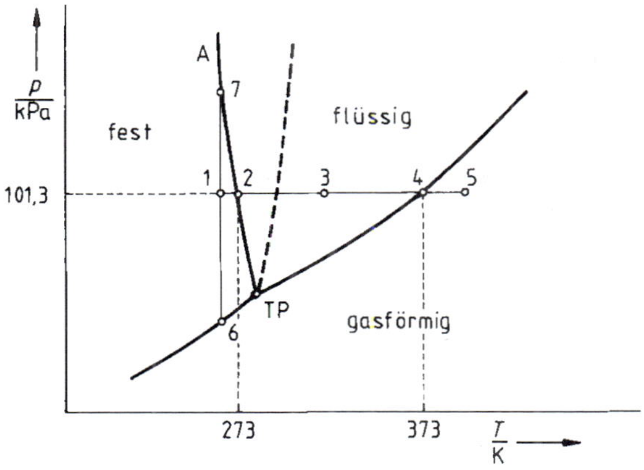

Abb. 5.16 Phasendiagramm des Wassers

Drei Kurven teilen das Diagramm in drei Bereiche ein, in denen das H_2O in verschiedenen Formen vorliegt:

a) bei niedrigen Temperaturen und hohen Drucken als Festkörper,
b) bei mittleren Temperaturen und nicht zu kleinen Drucken als Flüssigkeit,
c) bei genügend hohen Temperaturen als Gas.

Wir haben hier die Überlegungen für Wasser durchgeführt. Für andere Substanzen erhalten wir prinzipiell ein gleiches Schema, wobei lediglich die angegebenen Zahlenwerte an den Achsen und eventuell kleine Details zu ändern sind, auf die wir später noch zurückkommen werden (Anomalie des Wassers).

Im Diagramm sind verschiedene Zustände durch Zahlen markiert, die im folgenden als Bezugspunkte dienen sollen. Bei den Punkten 1, 3 und 5 liegt jeweils nur eine reine Phase vor (fest, flüssig und gasförmig). Damit haben wir uns bereits beschäftigt. Übrig bleiben die Zustände und die Zustandsänderungen, die mit den Punkten 2, 4, 6 und 7 bezeichnet sind.

5.4.2 Phasenübergänge

Für die einzelnen Phasenübergänge sind besondere Bezeichnungen gebräuchlich:

Punkt 2: Übergang fest-flüssig: Schmelzen
Übergang flüssig-fest: Erstarren

Punkt 4: Übergang flüssig-gasförmig: Verdampfen
Übergang gasförmig-flüssig: Kondensieren

Punkt 6: Übergang fest-gasförmig: Sublimieren
Übergang gasförmig-fest: Kondensieren

Unter der Umwandlungswärme versteht man die bei einem Phasenübergang zu- oder abgeführte Energiemenge (Wärme). Was beim Schmelzen, Verdampfen und Sublimieren zugeführt werden muß, wird beim umgekehrten Vorgang wieder frei.

Man spricht von der spezifischen Umwandlungswärme q_u, wenn sie auf ein kg, von der molaren Umwandlungswärme Q_u, wenn sie auf ein Mol bezogen wird:

$$q_u \text{ (bzw. } Q_u) = \frac{\text{für die Umwandlung benötigte Wärmemenge}}{\text{Masse (bzw. Stoffmenge)}}.$$

Die SI-Einheit ist dementsprechend: 1 J/kg bzw. 1 J/mol.

Beispiel 5.11: Phasenübergänge beim Eis

Wird einer bestimmten Menge Eis (1 kg) bei Normaldruck ($p_0 = 101{,}3$ kPa) ausgehend von einer Temperatur $T = 250$ K ein zeitlich konstanter Wärmestrom (gemessen in J/s) zugeführt, dann erhält man einen zeitlichen Verlauf der Temperatur, wie er in Abb. 5.17 wiedergegeben ist. (Dieser Prozeß entspricht im Phasendiagramm der Geraden von 1 nach 5). Auf der horizontalen Achse ist die insgesamt zugeführte Wärmeenergie aufgetragen. Welche Informationen können dieser Darstellung entnommen werden?

Bereich 1:

Das Eis erwärmt sich von 250 K auf 273 K. Dazu sind 53 kJ nötig. Daraus können wir die spezifische Wärmekapazität von Eis ermitteln (Gl. 5.7):

$$c\,(\text{Eis}) = \frac{Q}{\Delta T \cdot m} = \frac{53 \text{ kJ}}{(23 \text{ K})(1 \text{ kg})} = \mathbf{2{,}3} \, \frac{\mathbf{kJ}}{\mathbf{kg \cdot K}}.$$

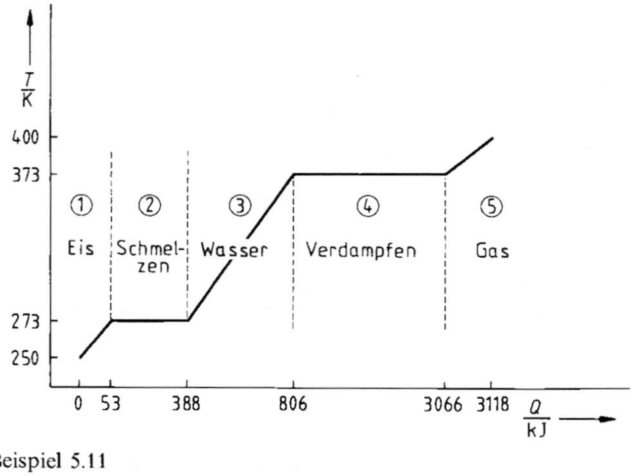

Abb. 5.17 Zu Beispiel 5.11

Bereich 2:
Bei $T = 273$ K beginnt das Eis zu schmelzen. Während dieses Vorganges erhöht sich die Temperatur nicht. Die zugeführte Energie dient ausschließlich dazu, die Gitterbindungen zu lösen. Daraus ergibt sich die spezifische Schmelzwärme für Eis zu

$$q_s(\text{Eis}) = (388 - 53)\,\text{kJ/kg} = \mathbf{335\,kJ/kg}.$$

Bereich 3:
Anschließend erwärmt sich das Wasser auf 373 K. Die Steigung dieser Geraden liefert wiederum die spezifische Wärmekapazität der Substanz, diesmal von Wasser:

$$c(\text{Wasser}) = \frac{418\,\text{kJ}}{(100\,\text{K})\,(1\,\text{kg})} = \mathbf{4{,}18\,\frac{kJ}{kg \cdot K}}.$$

Bereich 4:
Während dieses Zeitraums verdampft das Wasser. Die Temperatur bleibt wieder konstant. Die spezifische Verdampfungswärme beträgt

$$q_d = \mathbf{2{,}26\,MJ/kg}.$$

Bereich 5:
Weitere Wärmezufuhr erhöht die Temperatur des Wasserdampfes. Seine spezifische Wärmekapazität (bei konstantem Druck) beträgt:

$$c(\text{Wasserdampf}) = \frac{52\,\text{kJ}}{(27\,\text{K})\,(1\,\text{kg})} = \mathbf{1{,}925\,\frac{kJ}{kg \cdot K}}.$$

Dieses Beispiel hat uns folgendes gezeigt:

Während die Energiezufuhr in den Bereichen 1, 3 und 5 die Temperatur erhöht (d.h. die kinetische Energie der Moleküle erhöht), dient sie bei den Phasenübergängen im Bereich 2 und 4 dazu, die potentielle Energie der Teilchen zu steigern (die Abstände werden größer, die Bindung lockerer).

Während eines Phasenübergangs bleibt die Temperatur konstant.

Tabelle 5.3 Schmelzpunkt t_s und spezifische Schmelzwärme q_s sowie Siedepunkt t_d und spezifische Verdampfungswäre q_d für einige Stoffe bei Atmosphärendruck

Substanz	t_s (in °C)	q_s (in kJ/kg)	t_d (in °C)	q_d (in kJ/kg)
Stickstoff	– 209,9	25,5	– 195,8	201
Äthylalkohol	– 114	104	78	854
Quecksilber	– 39	11,8	357	272
Wasser	0	333	100	2255
Blei	327	24,5	1620	912

In Tab. 5.3 findet man die Umwandlungstemperaturen und Umwandlungswärmen für einige Stoffe. Nun sollen die Phasenübergänge im Einzelnen noch kurz beschrieben werden.

Schmelzen und Erstarren

Mikroskopische Deutung des Vorganges:

Die zugeführte Energie verstärkt die Schwingungsbewegung der Gitterbausteine solange, bis die Bindungskräfte die Teilchen nicht mehr an ihrem Gitterplatz halten können, so daß sie sich ungeordnet durcheinander bewegen können. Gleichwohl ist ihr gegenseitiger Abstand noch relativ klein, und es wirken noch starke Kräfte zwischen ihnen (Oberflächenspannung).

Anomalie des Wassers:

In einem Punkt unterscheidet sich das Wasser von den übrigen Substanzen:

Eis kann durch Druckerhöhung geschmolzen werden und verringert dabei sein Volumen (wie wir wissen, ist die Dichte von Eis kleiner als die von Wasser). Umgekehrt vergrößert sich das Volumen, wenn Wasser zu Eis friert.

Im Phasendiagramm ist dies daran zu erkennen, daß wir ausgehend vom Punkt 1 durch Druckerhöhung bei Punkt 7 in den flüssigen Bereich gelangen. Bei den anderen Substanzen verläuft diese sogenannte Schmelzdruckkurve A (Abb. 5.16) nach rechts oben.

Verdampfen und Kondensieren

Mikroskopische Deutung des Vorganges:

Normalerweise können die Moleküle einer Flüssigkeit diese nicht verlassen, da sie an der Oberfläche von den Bindungskräften zurückgehalten werden. Damit sie in den Gasraum austreten können, muß ihre Geschwindigkeit in der Flüssigkeit einen bestimmten Mindestwert v_0 überschreiten (s. Abb. 5.13). Aufgrund der Geschwindigkeitsverteilung besitzt mit steigender Temperatur ein immer größer werdender Anteil der Teilchen diese erforderliche Geschwindigkeit, kann also die Anziehungskräfte überwinden und „verdampfen".

Aus dieser Erklärung des Verdampfungsprozesses können folgende Schlüsse gezogen werden:

a) Das Verdampfen einer Flüssigkeit erfolgt bei jeder Temperatur. Die Verdampfungsgeschwindigkeit nimmt mit steigender Temperatur zu.
b) Da nur die schnellsten Moleküle die Flüssigkeit verlassen, nimmt die mittlere kinetische Energie der restlichen Moleküle ab, d.h. die Temperatur der Flüssigkeit sinkt.
c) Der Verdampfungsprozeß verläuft unabhängig davon, ob sich oberhalb der Flüssigkeit noch andere Gase befinden oder nicht.

Je höher die Temperatur einer Flüssigkeit ist, um so rascher verdampft sie. Dabei kühlt sie sich ab.

Man nutzt den Effekt, daß sich eine Flüssigkeit durch Verdampfen abkühlt, um in einem einfachen Verfahren eine kurzfristige örtliche Betäubung bzw. „Vereisung" begrenzter Körperstellen zu erreichen. Dazu besprüht man die betreffende Stelle mit einer an Luft rasch verdunstenden Flüssigkeit (Äther), was eine unmittelbare Abkühlung zur Folge hat.

Auch das Schwitzen, d.h. die Verdunstung von Wasser an der Körperoberfläche, dient letzten Endes dazu, dem Körper Wärme zu entziehen. Dieser Prozeß spielt eine wichtige Rolle, um den Wärmehaushalt des Menschen zu regulieren.

Beispiel 5.12: Schwitzen

Welche Schweißmenge muß in einer Stunde verdampfen, damit die 200 W Wärme, die ein Arbeiter bei seiner Tätigkeit produziert, ausschließlich durch Schwitzen abgegeben werden (q_v(Schweiß) $= q_v$(Wasser) $= 2{,}26$ MJ/kg)?

Es gilt: Abgegebene Wärmemenge pro Sekunde = spezifische Verdampfungswärme mal verdampfte Wassermasse pro Sekunde.

$$\frac{Q}{t} = q_v \cdot \frac{m}{t}$$

$$\frac{m}{t} = \frac{Q/t}{q_v} = \frac{200\ \text{W}}{2{,}26 \cdot 10^6\ \text{J/kg}} = 8{,}8 \cdot 10^{-5}\ \frac{\text{kg}}{\text{s}} = \mathbf{0{,}32\ kg/h}.$$

Sublimieren

Unterhalb der Schmelztemperatur verdampfen auch feste Körper. Es findet also ein Phasenübergang direkt vom festen in den gasförmigen Zustand statt (s. Punkt 6 im Phasendiagramm).

An Tagen mit trockener, kalter Luft (t unter 0 °C) verschwindet Schnee, obwohl er nicht schmilzt.

Bei der Gefriertrocknung (Kaffee, Milch usw.) wird diesen Stoffen im gefrorenen Zustand die Feuchtigkeit entzogen, indem das sublimierende (verdampfende) Wasser mittels Pumpen abgesaugt wird. Man vermeidet dadurch das Erhitzen, was oft zur Zerstörung wichtiger Bestandteile führt. Auch bei der Herstellung von Gewebeschnitten zur mikroskopischen Untersuchung spielt die Gefriertrocknung eine wachsende Rolle.

5.4.3 Phasengleichgewichte

Der Dampfdruck

Wenn im letzten Abschnitt vom Verdampfen gesprochen wurde, dann wurde stillschweigend angenommen, daß der Dampfraum über der Flüssigkeit unbegrenzt ist, so daß der Vorgang bis zur vollständigen Verdampfung der Flüssigkeit fortgesetzt werden kann. Betrachten wir jetzt eine Anordnung wie sie in Abb. 5.18 gezeigt ist, bei welcher der Gasphase nur ein begrenztes Volumen zur Verfügung steht. In diesem Fall stellt sich ein Phasengleichgewicht ein, d.h. die Verdampfung kommt zum Stillstand.

Es handelt sich hierbei jedoch um ein sogenanntes dynamisches Gleichgewicht. Im zeitlichen Mittel verlassen stets ebensoviele Moleküle die Flüssigkeit wie andererseits wieder in die Flüssigkeit zurückkehren, wenn sie aufgrund ihrer ungeordneten Wärmebewegung auf die Oberfläche auftreffen.

Unter dem *Sättigungsdampfdruck* p_D einer Flüssigkeit versteht man den Druck, der sich in einem abgeschlossenen Volumen über der Flüssigkeit im Gasraum einstellt.

Wovon hängt der Dampfdruck einer Flüssigkeit ab?

In Abb. 5.18b gehen wir von einem bestimmten Gleichgewichtszustand (p_0, T_0, V_0) aus. Verkleinern wir das Volumen (Abb. 5.18a), so werden kurzzeitig mehr Moleküle in die Flüssigkeit zurückkehren (d.h. eine bestimmte Gasmenge kondensiert), da die Dichte vergrößert wurde. Es wird sich jedoch wieder ein Gleichgewicht bei p_0 und T_0 einstellen. Erhitzen wir das System (Abb. 5.18c), dann werden pro Zeiteinheit mehr Moleküle in die Dampfphase übergehen. Dort muß sich die Dichte, d.h. der Dampfdruck erhöhen, damit das dynamische Gleichgewicht zwischen austretenden und wieder eintretenden Molekülen wieder erreicht wird.

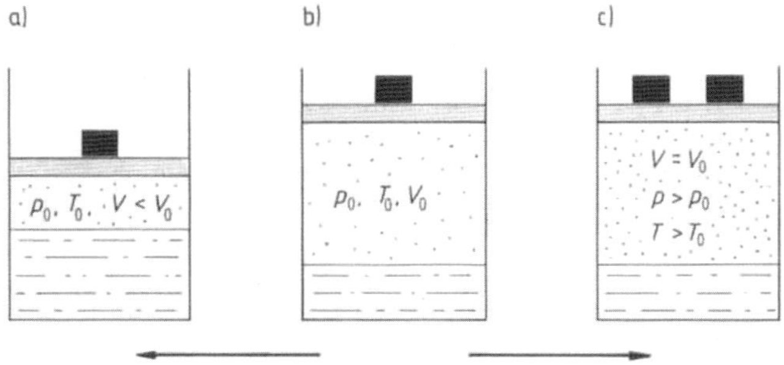

Abb. 5.18 Der Dampfdruck einer Flüssigkeit hängt nur von der Temperatur, nicht aber vom Volumen ab. Er steigt bei Temperaturerhöhung (b nach c), er bleibt konstant bei Volumenänderung (b nach a)

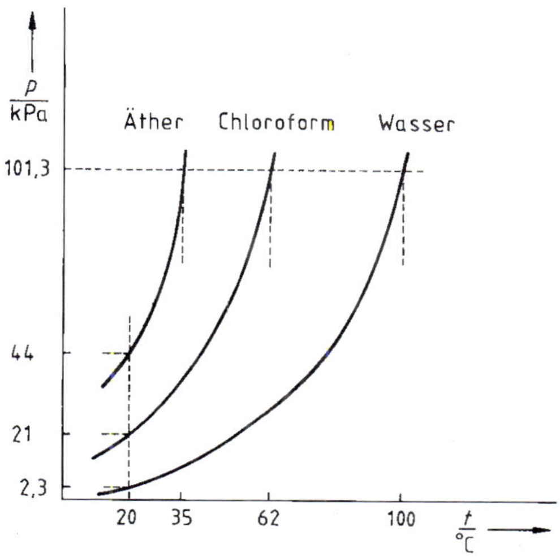

Abb. 5.19 Dampfdruckkurven für Äther, Chloroform und Wasser

Der Dampfdruck einer Flüssigkeit hängt sehr stark von der Temperatur ab. Mit steigender Temperatur nimmt er exponentiell zu. Dagegen ist er unabhängig vom Volumen, welches das System (Flüssigkeit und Gas) einnimmt.

Einen ungefähren Verlauf der Dampfdruckkurven nebst einigen Zahlenwerten für Wasser, Chloroform und Äther zeigt die Abbildung 5.19.

Es muß nachdrücklich darauf hingewiesen werden, daß für Gase, die im Kontakt mit ihrer flüssigen Phase stehen, nicht die Zustandsgleichung angewendet werden kann. Wir haben eben gesehen, daß wir in diesem Fall das Volumen ändern können, ohne daß sich Druck oder Temperatur ändern.

Allgemein bezeichnet man Gase, die im Kontakt mit ihrer flüssigen Phase stehen, als Dämpfe. Hat sich das Phasengleichgewicht zwischen Gas und Flüssigkeit eingestellt, dann spricht man von einem gesättigten Dampf.

Unter den Bedingungen des Tripelpunktes (TP in Abb. 5.16) können alle drei Phasen nebeneinander existieren.

Der Siedevorgang

Der bislang beschriebene Verdampfungsvorgang (Verdunsten) ist auf die Oberfläche der Flüssigkeit beschränkt. Prinzipiell können sich auch im Inneren der Flüssigkeit Dampfblasen bilden. Voraussetzung dafür ist, daß der in der Blase herrschende Druck (dieser ist gleich dem Sättigungsdampfdruck) mindestens gleich ist dem an dieser Stelle der Flüssigkeit herrschenden hydrostatischen Druck, der einer Blasenbildung entgegenwirkt. Vernachlässigen wir den Schweredruck der Flüssigkeit, der viel kleiner ist als der auf der Oberfläche lastenden Luftdruck, dann läßt sich feststellen:

Eine Flüssigkeit beginnt zu sieden, wenn ihr (mit steigender Temperatur wachsender) Dampfdruck ebenso groß ist wie der über der Flüssigkeit herrschende Gasdruck.

5.4.4 Die Luftfeuchtigkeit

Im Alltag begegnen wir jedoch häufig Situationen, bei denen dieser Sättigungsdampfdruck nicht erreicht wird, da die verdampfende Flüssigkeit von der Oberfläche teilweise wegtransportiert wird.

Stellen wir etwa in einem Wohnraum eine Schale mit Wasser auf, dann wird dieses entsprechend seinem Dampfdruck verdunsten. Da jedoch gleichzeitig mit dem normalen Luftaustausch auch Wasserdampf verloren geht, wird sich im allgemeinen ein Partialdruck für das Wasser einstellen, der unterhalb des Sättigungsdampfdruckes liegt.

Ähnlich liegen die Verhältnisse in der Natur. Von allen Wasseroberflächen verdunstet laufend Wasser, doch hängt es ganz von den herrschenden klimatischen Verhältnissen ab, welcher Wasserdampfpartialdruck sich letzten Endes einstellt bzw. wie er sich ändert.

Als ein Maß für die in der Luft vorhandene Wasserdampfmenge definiert man die Luftfeuchtigkeit.

Die relative Luftfeuchtigkeit gibt an, wieviel Prozent des bei einer bestimmten Temperatur möglichen Sättigungsdampfdrucks der tatsächliche vorhandene Wasserdampfpartialdruck ausmacht:

$$\text{relative Luftfeuchtigkeit} = \frac{\text{Partialdruck des Wasserdampfes}}{\text{Sättigungsdampfdruck}} \cdot 100\,\%.$$

Die absolute Luftfeuchtigkeit gibt direkt den Wasserdampfgehalt der Luft in kg/m^3 an.

In der Luft ist stets ein gewisser Wasserdampfpartialdruck enthalten, der normalerweise unter dem Sättigungswert liegt. Kühlt sich die Luft ab (z.B. am

Morgen), dann sinkt der Sättigungsdampfdruck unter den herrschenden Partialdruck. Es tritt Übersättigung ein, die zur Kondensation führt (Nebel, Tau). Andererseits löst die Sonne durch Erwärmung bestehende Nebel auf.

Beim Arbeiten schwitzt der Mensch, um Wärme an die Umwelt abzugeben. Schwitzen heißt, daß Wasser in den Schweißdrüsen verdampft. Beträgt die relative Luftfeuchtigkeit 100%, dann ist dies nicht möglich. Es ist schwül. Am angenehmsten empfindet der Mensch einen Wert zwischen 60% und 80%.

Beispiel 5.13: Die Luftfeuchtigkeit in Räumen
In einem Raum mit einem Volumen von 75 m^3 herrsche bei einer Temperatur von 20 °C eine relative Luftfeuchtigkeit von 75%. Der Dampfdruck von Wasser bei 20 °C beträgt beträgt 2,3 kPa, die dazugehörende Dampfdichte 17,3 g/m^3. Fragen: a) Welche Wassermenge befindet sich im Raum? b) Wieviel Wasser müßte zusätzlich verdampfen, um Sättigung zu erreichen? c) Wieviel Prozent der Luft müßte man durch trockene Luft ersetzen, um ausgehend von 75% diesen Wert auf 60% zu senken?

zu a) Man kann in diesen Fällen rechnen, als wäre die Luft nicht vorhanden. Bei 75% Luftfeuchtigkeit beträgt die Dichte des Dampfes noch

$$\varrho(H_2O) = \left(17{,}3\,\frac{g}{m^3}\right) \cdot 0{,}75 = 13{,}0\ g/m^3.$$

Die Masse im Zimmer beläuft sich daher auf insgesamt

$$m(H_2O) = \varrho(H_2O) \cdot V = (13{,}0\ g/m^3) \cdot (75\ m^3) = \mathbf{973\ g}\ (\mathbf{\widehat{=}\ 1\ l}).$$

zu b) Bei zusätzlicher Verdampfung von

$$(1/3) \cdot (973\ g) = \mathbf{324\ g}$$

steigt die relative Luftfeuchtigkeit auf 100%.
zu c) Um 60% zu erreichen, muß 1/5 des Wasserdampfes, d.h. 1/5 der Luft (15 m^3) durch trockene Luft ersetzt werden.

5.5 Wärmetransport

Bislang haben wir stets nur davon gesprochen, daß einem System Wärmemengen zugeführt oder entzogen werden, ohne uns darüber Gedanken gemacht zu haben, wie Wärme von dem Punkt, wo sie entsteht, abtransportiert werden kann (weil sie vielleicht dort Schaden anrichtet) oder an eine andere Stelle gebracht werden kann, wo sie für bestimmte Zwecke gebraucht wird.

In der Natur gibt es drei unterschiedliche Mechanismen, um Wärmemengen zu transportieren: Konvektion, Wärmeleitung und Wärmestrahlung.

5.5.1 Konvektion

Mit jeder Materie ist untrennbar auch ein bestimmter Wärmebetrag verknüpft, der in ihr steckt. Er ist um so größer, je heißer der Stoff ist. Transport von Materie bedeutet daher stets auch Transport von Wärme.

Unter Konvektion versteht man einen Wärmetransport, der mit Materietransport verbunden ist.

Besonders geeignet für Konvektion sind Flüssigkeiten, – ein Beispiel sind Kreislaufsysteme – und hier speziell das Wasser, da es eine überdurchschnittlich hohe spezifische Wärmekapazität besitzt. Mit wenig Wasser kann viel Wärmeenergie transportiert werden. Beispiele hierfür finden wir in den mannigfaltigen Heizungs- und Kühlsystemen, die wir im Alltag benutzen (Wohnungsheizung, Motorkühlung usw.)

Eine wichtige Funktion des Blutkreislaufes besteht darin, die Wärme vom Entstehungsort im Inneren des Körpers an die Körperoberfläche zu transportieren, um auch hier eine möglichst gleichmäßige Temperatur zu halten.

5.5.2 Wärmeleitung

Wärmeenergie kann auch innerhalb eines Körpers (Festkörper, Flüssigkeit oder Gas) von einer Stelle zur anderen gelangen. In diesem Fall erfolgt die Energieweiterleitung durch Stöße zwischen den Molekülen. Besteht zwischen zwei Punkten eines Körpers eine Temperaturdifferenz (d.h. besitzen die Moleküle an diesen Orten unterschiedliche mittlere kinetische Energie), dann ergibt sich ein Wärmestrom in Richtung zur kälteren Stelle.

Unter Wärmeleitung versteht man den Energiestrom innerhalb eines Körpers aufgrund von Energieübertragung zwischen seinen Bausteinen. Wärmeleitung ist nicht mit Materietransport verbunden.

Zur quantitativen Charakterisierung eines Stoffes bezüglich seiner Wärmeleitungseigenschaft definiert man die sogenannte Wärmeleitfähigkeit. Der Wärmestrom, der durch einen homogenen Stab der Länge l mit dem Querschnitt A

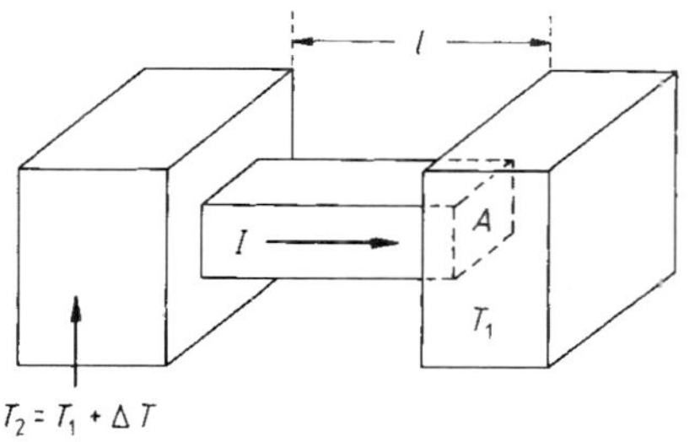

Abb. 5.20 Zur Definition der Wärmeleitfähigkeit

fließt, wenn zwischen seinen Enden eine Temperaturdifferenz ΔT besteht (Abb. 5.20), beträgt

$$I = \frac{q}{t} = \lambda \cdot A \frac{\Delta T}{l}. \tag{5.23}$$

Die Wärmeleitfähigkeit λ hat die SI-Einheit: $1 \frac{\mathrm{J}}{\mathrm{m \cdot s \cdot K}}$.

Beispiel 5.14: Die Wärmeleitung durch ein Fenster

Wie groß ist der Wärmeverlust durch eine 0,5 cm dicke und 1 m^2 große Fensterscheibe, wenn an der Innenseite eine Temperatur von 10 °C, an der Außenseite von – 5 °C herrscht? Die Wärmeleitfähigkeit von Glas beträgt 0,8 W/m · K.

Nach Gl. 5.23 errechnet sich der Wärmestrom nach draußen zu:

$$I = \frac{(0{,}8\ \mathrm{W/m \cdot K})\ (1\ \mathrm{m}^2)\ (15\ \mathrm{K})}{(0{,}005\ \mathrm{m})} = \mathbf{2{,}4\ kW}.$$

Die Phänomene der Konvektion und der Wärmeleitung sind in flüssigen und gasförmigen Medien nie zu trennen, da Strömungsvorgänge infolge der stets vorhandenen Temperaturunterschiede nicht zu vermeiden sind. So hängt z. B. die Wärmeabgabe einer warmen Oberfläche an die angrenzende Luft sowohl von der Orientierung der Oberfläche als auch von zusätzlich vorhandenen Luftströmungen ab. Wird nämlich die an der heißen Fläche erwärmte Luft durch einen Luftzug oder durch spontanes Aufsteigen infolge geringer Dichte laufend abtransportiert, dann ist der Wärmeverlust wesentlich größer als wenn diese Luft nicht bewegt würde, da Luft selbst ein schlechter Wärmeleiter ist. Bei der Verwendung von Isolierglas beim Hausbau nutzt man diesen Effekt. Zwischen den beiden Scheiben befindet sich trockene Luft, die einen Wärmestrom nach außen stark herabsetzt, da sie sich auch bei unterschiedlichen Temperaturen innen und außen kaum bewegt. Aus dem gleichen Grund kühlt auch ein Schiffbrüchiger nicht so schnell aus, wenn er bekleidet ist. Die Wasserschicht zwischen Körper und Bekleidung verhindert ebenfalls Konvektion.

Man versucht dieses Verhältnis durch Einführung der sogenannten Wärmeübergangszahl quantitativ zu fassen. Diese ist definiert als Proportionalitätsfaktor zwischen der von einer warmen Fläche abgegebenen Wärmestromdichte (= Wärmestrom pro m^2) und der Temperaturdifferenz zum angrenzenden Medium:

$$j_Q = \alpha \cdot \Delta T. \qquad (5.24)$$

Empirisch ermittelte Werte für warme Flächen in Zimmerluft liegen abhängig von der Orientierung zwischen 9,1 $W/m^2 \cdot K$ (vertikal) und 5,5 $W/m^2 \cdot K$ (horizontal).

Beispiel 5.15: Der Wärmeverlust des Körpers durch Wärmeübergang
Eine unbekleidete Person (Hauttemperatur 33 °C) befindet sich in einem Raum von 29 °C. Wie groß ist der Wärmeverlust, wenn man von einer Körperoberfläche von 1,5 m^2 und einer Wärmeübergangszahl von 6,5 $W/m^2 \cdot K$ ausgeht?

$$I = j_Q \cdot A = (6{,}5\ \mathrm{W/m^2 \cdot K})\,(4\ \mathrm{K})\,(1{,}5\ \mathrm{m^2}) = \mathbf{39\ W}.$$

Da der Grundumsatz für eine liegende Person etwa 100 W beträgt, kann sie bei dieser Raumtemperatur nur ca. 40% dieser Leistung durch Konvektion abgeben. Dieser Anteil könnte sich natürlich erhöhen, wenn die Raumtemperatur gesenkt oder die Konvektion durch Luftbewegung unterstützt würde.

5.5.3 Wärmestrahlung

Jeder Körper sendet elektromagnetische Strahlung aus und absorbiert sie auch. Mit dieser Strahlung ist ein Energiestrom verbunden, der sich mit diesen Wellen ausbreitet.

Unter Wärmestrahlung versteht man den Wärmetransport durch elektromagnetische Wellen. Wärmestrahlung bedarf daher keines Mediums. Sie breitet sich auch im Vakuum aus.

Befindet sich ein Körper im thermischen Gleichgewicht mit seiner Umgebung, dann absorbiert er pro Zeiteinheit die gleiche Energiemenge, die er auch wieder emittiert. Ansonsten würde sich seine Temperatur ändern. Ist er wärmer (kälter) als die Umgebung, dann emittiert er mehr (weniger) als er absorbiert, und seine Temperatur wird daher fallen (steigen), bis sie gleich derjenigen seiner Umgebung ist. Sowohl die emittierte als auch die absorbierte Strahlungsleistung gehorchen dem gleichen Gesetz.

Die Energie, die ein Körper pro Sekunde und Quadratmeter abstrahlt, ist proportional zur vierten Potenz seiner absoluten Temperatur:

$$S = \sigma \cdot T^4 . \tag{5.25}$$

Die Konstante σ hat den Wert $5{,}6 \cdot 10^{-8}\ \mathrm{W/m^2\,K^4}$. Dieser Zusammenhang gilt auch für die absorbierte Strahlungsleistung, wenn seine Umgebung die Temperatur T besitzt.

Bei der Absorption geht allerdings noch ein Faktor ein, der zwischen 0 und 1 liegt und der vom Material abhängt. (Ein Teil der auftreffenden Strahlung wird im allgemeinen reflektiert.) Für viele Überlegungen kann er jedoch gleich 1 gesetzt werden.

Beispiel 5.16: Der Wärmeverlust des Körpers durch Wärmestrahlung
Welche Energie verliert die Person aus Beispiel 5.15 aufgrund der Wärmestrahlung?

Bei einer Oberflächentemperatur von $T = 306$ K strahlt der Körper eine Leistung ab von

$$P_{\mathrm{em}} = \sigma \cdot A \cdot T^4 = (5{,}6 \cdot 10^{-8}\ \mathrm{W/m^2\,K^4})\,(1{,}5\ \mathrm{m^2})\,(306\ \mathrm{K})^4 = 736\ \mathrm{W}.$$

Gleichzeitig absorbiert er jedoch aus der Umgebung

$$P_{\mathrm{ab}} = (5{,}6 \cdot 10^{-8}\ \mathrm{W/m^2\,K^4})\,(1{,}5\ \mathrm{m^2})\,(302\ \mathrm{K})^4 = 699\ \mathrm{W}.$$

Die Nettorate beträgt also **37 W**. Dies ist etwa gleich dem Betrag, der auch durch Konvektion abgegeben wird.

5.6 Stoffgemische

Während bei den Gasgemischen jede Komponente für sich behandelt werden kann, muß das Verhalten von Gemischen, an denen Flüssigkeiten und Festkörper beteiligt sind, gesondert diskutiert werden, da es sich von dem der reinen Substanzen zum Teil erheblich unterscheidet.

5.6.1 Definition und Einheiten

Lösungen

Stoffgemische bezeichnet man im allgemeinen als Lösungen. Eine Lösung ist eine vollständige Mischung der Moleküle eines Stoffes (gelöster Stoff) mit denen eines Lösungsmittels.

Neben den echten Lösungen gibt es noch kolloidale Lösungen. Von solchen spricht man, wenn die gelösten Teilchen aus Makromolekülen bestehen oder kleine Partikel aus vielen Atomen des gelösten Stoffes (Größenordnung 10^{10}) darstellen. Je nach Art der beteiligten Stoffe tragen diese kolloidalen Lösungen eigene Namen:

Emulsionen (flüssige Teilchen in Flüssigkeit: Milch), Suspensionen (feste Teilchen in Flüssigkeit), Aerosole (feste oder flüssige Teilchen in Gas: Nebel, Rauch).

Konzentrationsangaben

In vielen Fällen sind alle Mischungsverhältnisse möglich, manche Stoffe sind nur begrenzt löslich. In Tab. 5.4 sind die gebräuchlichsten Konzentrationsmaße zusammengestellt.

Die Stoffmengenkonzentration nennt man auch Molarität und gibt sie gleichzeitig in mol/L an. Befinden sich in einem Liter Lösung n Mole des gelösten Stoffes, dann heißt die Lösung n-molar.

Beispiel 5.17: Physiologische Kochsalzlösung

Hoher Blutverlust kann durch die Infusion von „physiologischer Kochsalzlösung“ ausgeglichen werden. Ein Liter dieser Lösung muß 9 g NaCl enthalten. Wie groß sind Massenkonzentration ϱ, Massengehalt w und Stoffmengenkonzentration c? (Die Dichte der Lösung ist 1 g/cm³, die Molmasse von NaCl beträgt 58,5 g/mol.)

$$\varrho = \frac{9\,\text{g}}{10^{-3}\,\text{m}^3} = 9\,\text{kg/m}^3 = \mathbf{9\,g/L}.$$

Da die Masse von 1 m³ Lösung 10^3 kg beträgt, ergibt sich für den Massengehalt ein Wert von $9/10^3 = \mathbf{0{,}009}$.

Ein Liter Lösung enthält $\dfrac{9\,\text{g}}{58{,}5\,\text{g/mol}} = 0{,}154$ mol NaCl. Dies entspricht einer Stoffmengenkonzentration von

$$c = 0{,}154\,\text{mol/L} = \mathbf{154\,mol/m^3}.$$

Tabelle 5.4 Konzentrationsmaße

Bezeichnung	Definition	SI-Einheit
Massenkonzentration	Masse des gelösten Stoffes pro m³ Lösung	kg/m³
Stoffmengenkonzentration	Molzahl des gelösten Stoffes pro m³ Lösung	mol/m³
Massengehalt	Masse des gelösten Stoffes zu Gesamtmasse der Lösung	1
Stoffmengengehalt (Molenbruch)	Molzahl des gelösten Stoffes zu Gesamtmolzahl der Lösung	1

5.6.2 In Flüssigkeiten gelöste Gase

Es ist bekannt, daß in Wasser eine große Menge CO_2 gelöst sein kann, das z. B. beim Öffnen einer Sprudelflasche zum Teil frei wird. Auch im Leitungswasser ist eine geringe Menge Luft gelöst, die beim Erwärmen bereits vor Erreichen des Siedepunktes in Form kleiner Bläschen entweicht. Aus diesen beiden Beispielen kann auf die Abhängigkeit der Sättigungskonzentration des gelösten Gases von Druck und Temperatur geschlossen werden. Auch hier handelt es sich um ein dynamisches Gleichgewicht zwischen den aus der Lösung austretenden Gasmolekülen und solchen, die aus der Gasphase in die Flüssigkeit zurückkehren. Daraus folgt:

Die Sättigungskonzentration c_s eines Gases in einer Flüssigkeit ist proportional zum Partialdruck p des Gases über der Flüssigkeit (Henry-Daltonsches Gesetz):

$$c_s = K(T) \cdot p. \tag{5.26}$$

Mit steigender Temperatur nimmt die Sättigungskonzentration ab.

Diese Tatsache wird verständlich, wenn man bedenkt, daß mit steigender Temperatur die gelösten Moleküle immer leichter die Flüssigkeit verlassen können.

Diese Gesetzmäßigkeiten sind für Taucher wichtig. In einer Tiefe von 50 m lastet auf dem Brustkorb ein Schweredruck von 5 bar. Damit der Taucher frei atmen kann, muß auch die Atemluft in der Druckflasche diesen Druck haben. Dadurch steigt jedoch der Sauerstoffpartialdruck ebenfalls um den Faktor 5 an und damit auch die Sauerstoffkonzentration im Blut. Da dies zu Vergiftungserscheinungen führt, verwendet man ein Helium-Sauerstoffgemisch, in welchem der Sauerstoffpartialdruck demjenigen in der normalen Atemluft gleicht.

Unabhängig von der Gasart steigt beim Taucher die Konzentration der gelösten Gase in allen Körperflüssigkeiten entsprechend dem Versorgungsdruck an. Dies erfordert ein langsames Wiederauftauchen, da es sonst zur Gasblasenbildung kommt (wie beim Öffnen der Sprudelflasche).

Sind im Gasraum über einer Flüssigkeit mehrere Gasarten enthalten, dann gilt das Henry-Daltonsche Gesetz getrennt für jede Komponente, wobei natürlich die Konstante $K(T)$ für jede Sorte verschieden ist.

Aus der Analyse der Partialdrucke eines Gasgemisches kann daher auf die Konzentration dieser Stoffe in der angrenzenden Flüssigkeit geschlossen werden.

So läßt sich z.B. aus dem Partialdruck der Atemgase die Konzentration der Blutgase bestimmen.

5.6.3 Diffusion

Aufgrund der thermischen Bewegung breitet sich eine bestimmte Gasmenge stets solange aus, bis sie den zur Verfügung stehenden Raum mit konstanter Teilchendichte erfüllt. Dies geschieht unabhängig davon, ob im gleichen Volumen noch andere Gase vorhanden sind oder nicht.

> Massentransport aufgrund der thermischen Bewegung nennt man Diffusion. Sie sorgt dafür, daß sich Konzentrationsunterschiede innerhalb eines Gasvolumens stets ausgleichen. Wird ein Konzentrationsgefälle aufrecht erhalten, dann stellt sich ein konstanter Diffusionsstrom von Teilchen ein.

Die Diffusion ähnelt in gewisser Weise der Wärmeleitung. Daher ist auch die formale Beschreibung der Diffusion durch das erste Ficksche Gesetz derjenigen der Wärmeleitung analog:

> Der Massenstrom durch die Querschnittsfläche A ist dem Konzentrationsgefälle proportional.
>
> $$I = \frac{\mathrm{d}m}{\mathrm{d}t} = -D \cdot A \cdot \frac{\mathrm{d}c}{\mathrm{d}x}. \tag{5.27}$$
>
> D ist der Diffusionskoeffizient mit der SI-Einheit $1\,\frac{\mathrm{m}^2}{\mathrm{s}}$, wenn c die Massenkonzentration ($\mathrm{kg/m^3}$) angibt.

Da die thermische Geschwindigkeit der Gasmoleküle mit steigender Temperatur zunimmt und bei gleicher Temperatur leichte Teilchen schneller sind als schwere, ist zu verstehen, daß die Diffusionskonstante D mit wachsender Temperatur und sinkender Masse der Gasteilchen größer wird.

Von großer Wichtigkeit für den Stoffwechsel im menschlichen Körper ist die Diffusion durch poröse Membranen und Gewebe. Dies ist der wichtigste Transportmechanismus für Substanzen neben dem Blutkreislauf.

Durch Diffusion gelangt der Sauerstoff von den Lungenbläschen an das Hämoglobin in den Erythrozyten, in den Kapillaren wiederum zu den Zellen des Gewebes. Allein Diffusion ist dafür verantwortlich, daß eingeatmete Narkosegase und äußerlich aufgetragene Arzneimittel in das Gewebe gelangen. Da die Diffusion ein verhältnismäßig langsamer Vorgang ist, kann die Versorgungsrate nicht beliebig gesteigert werden. Dies spielt z. B. bei der Sauerstoffversorgung der Muskelfasern eine Rolle (anoxische, d. h. schlecht mit O_2 versorgte Bereiche).

5.6.4 Osmose

Einen für viele organische Prozesse wichtigen Effekt kann man beobachten, wenn zwei Lösungen mit unterschiedlicher Konzentration durch eine sogenannte „semipermeable" Membran voneinander getrennt sind. Darunter versteht man eine Trennwand, die aufgrund ihrer speziellen Porengröße nur den Lösungsmittelmolekülen den Durchtritt ermöglicht, nicht jedoch den Molekülen des gelösten Stoffes.

Trennt man etwa eine wäßrige Zuckerlösung (Konzentration c) durch eine solche Membran vom Lösungsmittel (reines Wasser; $c = 0$), dann können die Wassermoleküle ungestört in beiden Richtungen durch die Trennwand diffundieren, die Zuckermoleküle sind zu groß und werden zurückgehalten (Abb. 5.21 a).

Da zu beiden Seiten der Membran zunächst unterschiedliche Wassermolekülkonzentrationen vorliegen, beginnt ein Diffusionsstrom von Wassermolekülen in Richtung zur Lösung. Dort ist wegen der ebenfalls vorhandenen Zuckermoleküle die H_2O-Konzentration geringer. Dadurch erhöht sich der Druck in der Lösung, was z. B. an einem steigenden Flüssigkeitsspiegel auf dieser Seite der Membran zu erkennen ist (Abb. 5.21 b). Dieser Vorgang währt solange, bis der durch wachsende Druckdifferenz immer stärker werdende Rückstrom von Wassermolekülen den Diffusionsstrom in Richtung Lösung kompensiert. Die Diffusion kommt also nicht zum Stillstand, es bewegen sich aber gleichviele Wassermoleküle pro Sekunde in beiden Richtungen durch die Membran.

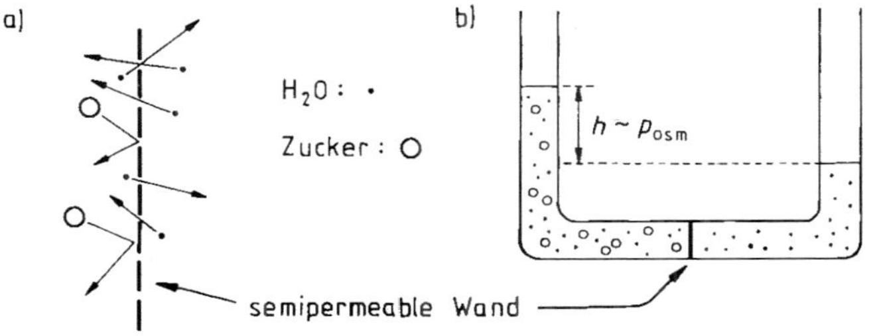

Abb. 5.21 Der osmotische Druck beruht auf der selektiven Eigenschaft einer halbdurchlässigen („semipermeablen") Membran. Während Lösungsmittelmoleküle (z. B. Wasser) ungehindert die Poren passieren können, werden die Moleküle des gelösten Stoffes (z. B. Zucker) zurückgehalten

Den Druck, der sich in einer Lösung gegenüber dem durch eine semipermeable Wand abgetrennten Lösungsmittel aufbaut, nennt man den osmotischen Druck dieser Lösung.

Verwendet man eine Anordnung wie in Abb. 5.21, dann kann der osmotische Druck direkt an der unterschiedlichen Höhe der Wassersäulen abgelesen werden:

$$p_{\text{osm}} = \varrho_{\text{Lsg}} \cdot g \cdot h$$

(ϱ_{Lsg} = Dichte der Lösung).

Untersucht man, wovon die Größe dieses Druckes abhängt, dann macht man eine überraschende Entdeckung.

Der osmotische Druck gehorcht einer Beziehung, die formal der idealen Gasgleichung entspricht:

$$p_{\text{osm}} \cdot V = \nu \cdot R \cdot T \tag{5.28}$$

(van t'Hoffsche Gleichung).

Führt man für $\nu/V = c$ die Konzentration ein, dann ergibt sich

$$p_{\text{osm}} = c \cdot R \cdot T. \tag{5.28 a}$$

Der osmotische Druck hängt demnach *nicht* ab von der Art der gelösten Moleküle und auch *nicht* vom Lösungsmittel.

Die van t'Hoffsche Gleichung (5.28) läßt die folgende anschauliche Deutung des osmotischen Druckes zu:

Der osmotische Druck einer Lösung ist ebenso groß wie der Gasdruck, der sich einstellen würde, wenn sich die Moleküle des gelösten Stoffes allein im Volumen V befinden würden. Er ist offensichtlich gleich dem „Partialdruck" der gelösten Moleküle, während der „Partialdruck" des Lösungsmittels auf beiden Seiten der Membran gleich ist.

Befinden sich auf beiden Seiten der Membran Lösungen, dann stellt sich als resultierender Druck die Differenz der osmotischen Drucke auf beiden Seiten ein. Sind in den beteiligten Lösungen mehrere Substanzen enthalten, die osmotisch wirksam sind (d.h. die nicht von der Membran durchgelassen werden), dann verwendet man den Begriff der Osmolarität:

$$\text{Osmolarität} = \frac{\text{Molzahl aller Stoffe, die zu } p_{\text{osm}} \text{ beitragen}}{\text{Volumen der Lösung}}$$

Beispiel 5.18: Der osmotische Druck in Bäumen

Der osmotische Druck zwischen dem Saft der Baumwurzeln und dem Wasser im Boden ist mit eine der Ursachen für das Steigen des Saftes im Frühjahr. Wenn angenommen wird, daß der Saft 1 Gewichts-% Zucker ($C_{12}H_{22}O_{11}$) enthält und eine Temperatur von 24 °C herrscht, wie groß ist dann der osmotische Druck und wie hoch steigt der Saft in den Bäumen?

Die molare Masse von Zucker ist: $(12 \cdot 12 + 22 \cdot 1 + 11 \cdot 16) = 342$ g/mol. 1 Gewichts-% heißt: In 1 m³ (= 10³ kg) Lösung sind 1% (= 10 kg) Zucker. Dies entspricht (10⁴ g)/(342 g/mol) = 29,2 mol. Aus Gl. (5.28 a) erhält man damit

$$p_{osm} = (29{,}2\ \text{mol/m}^3)\ (8{,}32\ \text{J/mol} \cdot \text{K})\ (297\ \text{K}) = \mathbf{7{,}2 \cdot 10^4\ Pa}.$$

Dieser Druck hebt eine Wassersäule bis eine Höhe von

$$h = \frac{p_{osm}}{\varrho \cdot g} = \frac{7{,}2 \cdot 10^4\ \text{Pa}}{(10^3\ \text{kg/m}^3)\ (9{,}8\ \text{m/s}^2)} = \mathbf{7{,}35\ m}.$$

Beispiel 5.19: Der osmotische Druck des Blutplasmas

Bei Blutverlust muß für die Infusion eine Kochsalzlösung verwendet werden, die eine Konzentration von 9 g/L. Sie besitzt dann die gleiche Osmolarität wie das Blutplasma und kann gefahrlos gegeben werden. Wie groß ist die Osmolarität der Lösung und wie groß ist der osmotische Druck dieser physiologischen Kochsalzlösung und damit auch der des Blutplasmas (gegenüber reinem Wasser)?

In Beispiel 5.17 hatten wir errechnet, daß die Lösung eine Molarität von 154 mol/m³ besitzt. Da jedoch sowohl die Na^+- als auch die Cl^--Ionen zum osmotischen Druck beitragen, ist die Osmolarität gleich $2 \cdot 154$ mol/m³ · = **308 mol/m³**.

Damit erhält man für den osmotischen Druck bei Körpertemperatur $T = 310$ K:

$$p_{osm} = \left(308\ \frac{\text{mol}}{\text{m}^3}\right)\left(8{,}31\ \frac{\text{J}}{\text{mol} \cdot \text{K}}\right)(310\ \text{K}) = \mathbf{8 \cdot 10^5\ Pa = 8\ bar}$$

(= achtfacher Atmosphärendruck).

Nur in einer Umgebung mit der berechneten Osmolarität können Blutkörperchen existieren. Würde man reines Wasser zuführen, dann würden die Zellen infolge des sich in ihnen einstellenden großen osmotischen Druckes platzen.

6 Elektrizitätslehre

In diesem Kapitel wollen wir uns mit den Erscheinungen in der Natur beschäftigen, deren Ursache und Erklärung man in der elektrischen Ladung der Elementarbausteine findet.

In Kapitel 3 wurde dargelegt, daß elektrische Kräfte sowohl für den Aufbau der Atome und Moleküle, als auch für den Zusammenhalt der Teilchen in Flüssigkeiten und festen Körpern verantwortlich sind. Nach außen treten diese Kräfte nur selten auf, da man davon ausgehen kann, daß Atome und Moleküle einerseits und Flüssigkeiten und Festkörper andererseits als Ganzes gesehen neutral sind. Die elektrischen Kräfte werden also nur in Erscheinung treten, wenn man Ladungen trennt (Coulombkraft) oder gegeneinander bewegt (Lorentzkraft). Wir werden daher zunächst untersuchen, in welcher Form und unter welchen Voraussetzungen dies möglich ist.

6.1 Die elektrische Struktur der Materie

6.1.1 Die elektrische Ladung

Die elektrische Ladung als physikalische Größe sowie ihre Einheit haben wir bereits im Abschnitt 3.2.2 kennengelernt. Sie besitzt einige wichtige Eigenschaften, die im folgenden zusammengestellt sind:

a) Zwei Ladungen Q_1 und Q_2, die sich im Abstand r befinden, üben eine Kraft aufeinander aus von der Größe

$$F = \frac{1}{4\pi\varepsilon_0} \frac{Q_1 Q_2}{r^2}. \tag{6.1}$$

ε_0 ist die sog. elektrische Feldkonstante und hat den Wert $\varepsilon_0 = 8{,}85 \cdot 10^{-12}$ As/Vm.

b) Wir kennen positive und negative Ladungen. Gleichnamige Ladungen stoßen sich ab, ungleichnamige ziehen sich an.

c) In einem abgeschlossenen System bleibt die Summe der Ladungen erhalten. Es können zwar Ladungen erzeugt werden, jedoch entstehen in einem solchen Fall stets positive und negative Ladungen in gleicher Menge.

d) Die elektrische Ladung tritt in der Natur stets nur in Vielfachen einer kleinsten Ladungsmenge, der sogenannten Elementarladung, auf. Sie hat den Wert

$$e = 1{,}609 \cdot 10^{-19}\ \text{C}.$$

Dies ist genau die Ladung, die (mit unterschiedlichem Vorzeichen) sowohl Elektron als auch Proton besitzen. Alle auftretenden Ladungen sind also stets Anhäufungen von überschüssigen (d.h. mehr als der Neutralität des Körpers entsprechenden) Elektronen bzw. Protonen.

Beispiel 6.1: Die elektrische Ladung zweier sich anziehender Kugeln

Wie groß muß die (betragsmäßig gleiche) Ladung zweier kleiner Kugeln im Abstand $r = 0{,}1$ m sein, damit sie sich mit einer Kraft von $F = 5$ N anziehen?

Wird Gl. 6.1 nach Q aufgelöst, dann ergibt sich

$$Q = r\,\sqrt{4\pi\varepsilon_0 F} = (0{,}1\ \text{m})\,\sqrt{4\pi\left(8{,}85 \cdot 10^{-12}\,\frac{\text{As}}{\text{Vm}}\right)(5\ \text{N})} = \mathbf{2{,}36 \cdot 10^{-6}\ C}.$$

Um dies zu erreichen, müßte man $1{,}47 \cdot 10^{13}$ Elektronen von der einen Kugel entfernen und auf die andere bringen. So groß diese Zahl auch ist, sie ist trotzdem noch klein gegen die Anzahl der Atome in 1 cm^3 Metall. Diese beträgt ca. 10^{23}.

6.1.2 Atome und Moleküle

Atome und Moleküle sind neutrale Gebilde aus Protonen, Neutronen und Elektronen. Um geladene Teilchen zu erzeugen, muß man die elektrische Bindung lösen, indem man Energie zuführt. Dafür ist z.B. bei einem Wasserstoffatom (bestehend aus Proton und Elektron) ein Energiebetrag von 13,6 eV (1 eV $= 1{,}6 \cdot 10^{-19}$ J) nötig, die sogenannte „Ionisierungsenergie“. Damit haben wir das Atom „ionisiert“, d.h. wir haben es in ein positives „Ion“ und ein freies Elektron aufgespalten. Diese Betrachtungen lassen sich für andere Atome verallgemeinern.

Führen wir einem Atom die Ionisierungsenergie zu, dann entsteht ein freies Elektron und ein einfach positiv geladenes Ion. Symbolisch kann man schreiben:

$$A + E_{ion} = A^+ + e^- . \tag{6.2}$$

Den umgekehrten Vorgang nennt man Rekombination. Hierbei wird der gleiche Energiebetrag als „Bindungsenergie" wieder frei.

$$A^+ + e^- = A + E_B \quad (E_B = E_{ion}).$$

Der gleiche Mechanismus ist auch bei Molekülen möglich. So können etwa N_2- oder O_2-Moleküle ionisiert werden, so daß sich freie Elektronen und N_2^+- bzw. O_2^+-Ionen ergeben.

Daneben besteht jedoch noch eine weitere Möglichkeit, aus neutralen Molekülen geladene Teilchen zu erzeugen.

Führt man einem Molekül Energie zu, dann kann es in zwei unterschiedlich geladene Ionen aufspalten, es „dissoziiert". Dabei entsteht jeweils ein positives Ion (es besitzt ein Elektron zuwenig in der Hülle) und ein negatives Ion (es besitzt ein Elektron zuviel). Symbolisch:

$$(AB) + E_{dis} = A^+ + B^- . \tag{6.3}$$

Auch hier wird bei einer Rekombination der gleiche Energiebetrag wieder frei.

Die Dissoziationsenergien liegen wie die Ionisierungsenergien in der Größenordnung von einigen eV. Während die Dissoziation für freie Moleküle keine große Bedeutung hat, spielt sie beim Lösen von Salzen in Flüssigkeiten eine wichtige Rolle.

6.1.3 Makroskopische Körper

Bei makroskopischen Körpern geht es primär nicht um die Frage, wie in ihnen Ladungen getrennt werden können. Hier ist von Bedeutung, in welchen Körpern unter welchen Bedingungen bewegliche Ladungsträger vorhanden sind. Denn dies ist die Voraussetzung dafür, daß sie elektrisch leitend werden, d. h. daß in ihnen Ladungen transportiert werden können.

Gase

Atomare und molekulare Gase bestehen im Normalfall aus freien, neutralen Teilchen, die jedoch durch Energiezufuhr ionisiert werden können.

Als Ladungsträger treten in Gasen vorzugsweise positive Ionen und Elektronen auf. Die Ionisation erfolgt durch thermische Stöße der Gasteilchen untereinander bei hohen Temperaturen oder durch Stöße mit energiereichen anderen Teilchen.

Thermische Ionisation tritt ein, sobald die kinetische Energie der Gasteilchen gleich der Ionisierungsenergie wird.

Beispiel 6.2: Die thermische Ionisation von Wasserstoffgas

Auf welche Temperatur muß Wasserstoffgas erhitzt werden, damit thermische Ionisation eintritt?

Die mittlere kinetische Energie berechnet sich nach der Formel

$$\varepsilon_{\text{kin}} = \frac{3}{2} kT \quad \text{oder} \quad T = \frac{2\varepsilon_{\text{kin}}}{3k}.$$

Mit $\varepsilon_{\text{kin}} = E_B = 13{,}6\ \text{eV} = 21{,}8 \cdot 10^{-19}\ \text{J}$ ergibt das

$$T = \frac{2(21{,}8 \cdot 10^{-19}\ \text{J})}{3(1{,}38 \cdot 10^{-23}\ \text{J/K})} = \mathbf{10{,}5 \cdot 10^4\ K}.$$

Temperaturen dieser Größe (100 000 K) herrschen im Inneren der Sonne. Der Wasserstoff in der Sonne ist vollständig ionisiert.

Läßt man schnelle Teilchen, wie sie z. B. beim radioaktiven Zerfall auftreten, durch ein Gas (z. B. Luft) laufen, so erzeugen sie durch Zusammenstöße Ladungsträger. Darauf beruht eine wichtige Methode zum Nachweis solcher energiereicher Teilchen (siehe Abschn. 10.4).

Flüssigkeiten

Flüssigkeiten werden dann leitend, wenn durch Dissoziation Ionen entstehen. Als Ladungsträger treten daher positive und negative Ionen auf. Leitende Flüssigkeiten nennt man Elektrolyte.

Löst man etwa einen NaCl-Kristall in Wasser auf, dann dissoziiert er fast vollständig in Na^+- und Cl^--Ionen. Auch im reinen Wasser ist ein geringer Anteil der H_2O-Moleküle in H^+- (genauer H_3O^+-) und OH^--Ionen dissoziiert.

Die größte Bedeutung als Elektrolyte aber haben die Lösungen. Eine besondere Rolle spielen geladene Ionen in der Zellflüssigkeit im Zusammenhang mit der Entstehung und Weiterleitung von Nervenreizen.

Festkörper

Festkörper sind die mit Abstand wichtigste Stoffklasse für die Elektrizitätslehre. Entsprechend ihren elektrischen Eigenschaften teilt man sie in drei Gruppen ein.

Nichtleiter (Isolatoren):

Die Bausteine eines Isolators sind neutrale Moleküle oder Atome. Die Elektronen, auch die für den Zusammenhalt verantwortlichen äußersten Bindungselektronen, sind fest an „ihre" Atomkerne gebunden (Abb. 6.1 a).

Unter normalen Bedingungen (d. h. bei Zimmertemperatur) sind in einem Isolator keine frei beweglichen Ladungsträger (Elektronen) vorhanden.

Leiter:

Ein ganz anderes Verhalten zeigen die Elemente, bei denen für die Ablösung des äußersten Elektrons ihrer Hülle nur relativ wenig Energie erforderlich ist. Die typischsten Vertreter sind die Alkalimetalle sowie die Elemente Cu, Ag und Au mit jeweils einem Valenzelektron über einer abgeschlossenen Schale. Bilden diese Substanzen einen Festkörper (einen Kristall), so haben die dichte Packung der Atome und die Wechselwirkung zwischen ihnen zur Folge, daß die Valenzelektronen „ihr" Atom verlassen und sich praktisch frei im gesamten Festkörper bewegen können (Abb. 6.1 b).

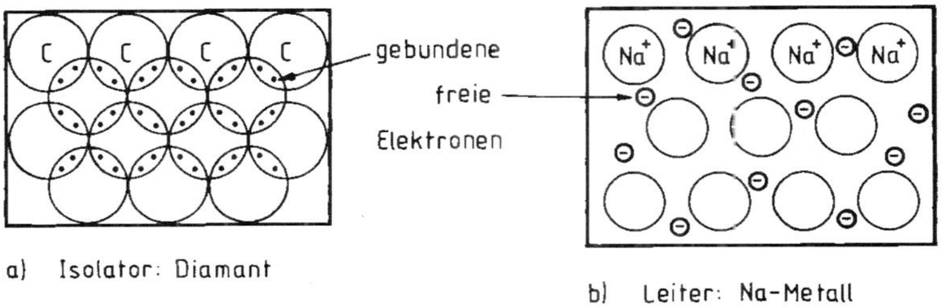

Abb. 6.1 Im Isolator sind die Valenzelektronen an der Bindung beteiligt und daher fest an die Atome gebunden (a). Im Leiter können sich die Valenzelektronen frei im ganzen Kristall bewegen (b)

Solche freien Elektronen sind die Ladungsträger in Metallen. Die Valenzelektronen der Gitteratome können sich im Kristall ungehindert bewegen, diesen aber nicht verlassen.

Letzteres erklärt sich aus den Kräften, die die positiv geladenen Gitterionen auf die Elektronen ausüben. Im Inneren des Kristalls heben sich diese Kräfte auf. Es ergibt sich jedoch eine resultierende Kraft nach innen, sobald die Elektronen die Metalloberfläche verlassen möchten.

Die Energie, die nötig ist, damit ein Elektron aus dem Metall austreten kann, nennt man die *Austritts-* oder *Ablösearbeit*. Auch sie liegt in der Größenordnung von einigen Elektronenvolt, ist also vergleichbar mit der Ionisierungsenergie freier Atome.

Halbleiter:

Zwischen den Klassen der Nichtleiter und der Metalle existiert noch eine dritte Kategorie von Stoffen, bei denen das elektrische Verhalten stark von der Temperatur abhängt: die Halbleiter. Bei ihnen wird mit steigender Temperatur durch die zunehmende thermische Bewegung eine immer größere Anzahl von Valenzelektronen in die Lage versetzt, „ihr" Gitteratom zu verlassen und sich als Leitungselektron im gesamten Kristall zu bewegen. Typische Vertreter dieser Klasse sind die Elemente Germanium (Ge) und Silizium (Si).

Halbleiter sind bei tiefen Temperaturen Isolatoren. Mit steigender Temperatur nimmt in ihnen die Zahl der freien Elektronen zu, sie werden leitend.

6.2 Elektrostatik

Die Elektrostatik beschäftigt sich mit stationären (d.h. sich zeitlich nicht verändernden) Ladungsverteilungen. Um die Verhältnisse in der Umgebung von Ladungen zu beschreiben und die Kräfte auf Ladungen in der Nähe anderer Ladungen berechnen zu können, führt man den Begriff des elektrischen Feldes ein. Dazu betrachten wir noch ein Beispiel:

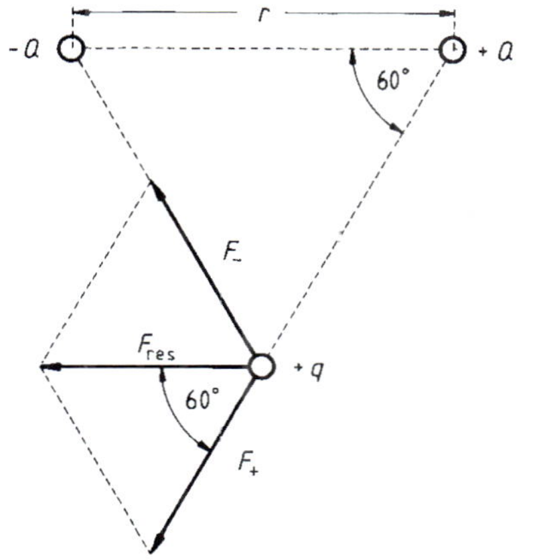

Abb. 6.2 Zu Beispiel 6.3

Beispiel 6.3: Die Kräfte zwischen drei elektrischen Ladungen
An zwei Ecken eines gleichseitigen Dreiecks liegen entgegengesetzt gleiche Ladungen $\pm Q$. Wie groß ist Betrag und Richtung der Kraft auf eine dritte positive Ladung q, die sich an der dritten Ecke des Dreiecks befindet (Abb. 6.2)?

Entsprechend den Prinzipien der Mechanik müssen Kräfte, die auf denselben Körper wirken, vektoriell addiert werden. Die Ladung $+Q$ übt eine abstoßende Kraft $\boldsymbol{F}_+$ auf q aus, die Ladung $-Q$ wirkt mit der gleichen Kraft, jedoch anziehend ($\boldsymbol{F}_-$). Es gilt

$$\boldsymbol{F}_{\text{res}} = \boldsymbol{F}_+ + \boldsymbol{F}_- .$$

Sind die Kräfte $\boldsymbol{F}_+$ und $\boldsymbol{F}_-$ betragsmäßig gleich (F), dann hat die resultierende Kraft den Betrag

$$F_{\text{res}} = 2F\cos 60^\circ = 2F(1/2) = F = \frac{1}{4\pi\varepsilon_0}\frac{Qq}{r^2} .$$

Die Richtung der resultierenden Kraft ergibt sich aus der in Abb. 6.2 gezeigten Anordnung horizontal nach links.

Nach diesem Verfahren kann auch die Kraft auf eine Ladung q berechnet werden, wenn mehr als zwei Ladungen Q gegeben sind: Man ermittelt die einzelnen Kräfte und addiert diese vektoriell zur Gesamtkraft.

6.2.1 Das elektrische Feld

Untersucht man die Kräfte vieler Ladungen aufeinander, so erweist sich jedoch eine andere Betrachtungsweise als vorteilhaft. Man sagt, in der Umgebung elektrischer Ladungen herrsche ein elektrisches Feld. Bringt man eine weitere Ladung q in dieses Feld, dann erfährt sie eine Kraft. (Dies ist kein neues Naturgesetz, sondern nur eine andere Formulierung des Coulombschen Gesetzes.)

Um die Wirkung des elektrischen Feldes quantitativ zu fassen, müssen wir seine Stärke angeben können.

Die elektrische Feldstärke $\boldsymbol{E}$ an irgend einem Punkt ist definiert als Quotient aus Kraft $\boldsymbol{F}$ und Ladung q, auf die diese Kraft wirkt:

$$\boldsymbol{E} = \frac{\boldsymbol{F}}{q}. \qquad (6.4)$$

Die Feldstärke ist also ein Vektor, der in Richtung von $\boldsymbol{F}$ zeigt. Die SI-Einheit ist 1 N/C.

Elektrische Feldlinien

Um die Größe und Richtung der elektrischen Feldstärke in der Umgebung von Ladungen anschaulich darzustellen, zeichnet man sogenannte Feldlinienbilder. Welcher Zusammenhang besteht nun zwischen dem Feldlinienbild einerseits sowie der elektrischen Feldstärke und den felderzeugenden Ladungen andererseits?

Die Feldlinien beginnen an den positiven Ladungen und enden an den negativen Ladungen. Die Richtung der Feldlinien ist identisch mit der Richtung der elektrischen Feldstärke $\boldsymbol{E}$. Die Dichte der Feldlinien (d. h. die Anzahl der Feldlinien pro Flächeneinheit senkrecht zu den Feldlinien) ist ein Maß für den Betrag der Feldstärke $\boldsymbol{E}$. Daraus folgt: Die Kraft auf eine positive Ladung in einem elektrischen Feld ist in Richtung der Feldlinien wirksam, auf eine negative Ladung wirkt sie in entgegengesetzter Richtung.

6.2.2 Feldlinienbilder einfacher Ladungsanordnungen

Punktladung

Für diesen Fall wollen wir zum besseren Verständnis die Feldstärkevektoren in der Umgebung der Punktladung Q sowie das Feldlinienbild, das sich daraus ergibt, gegenüberstellen.

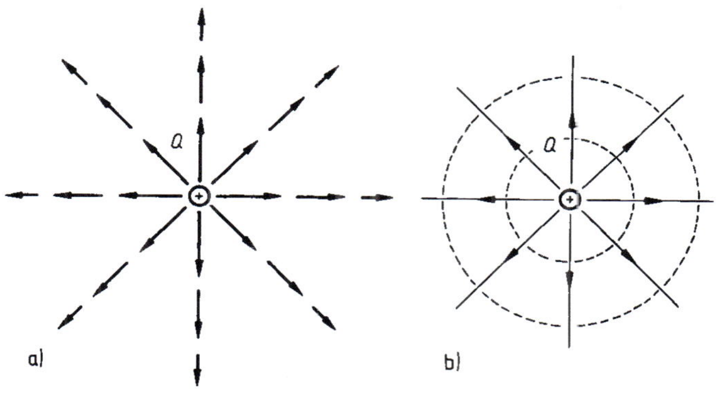

Abb. 6.3 Feldstärkevektoren an einigen Punkten in der Umgebung einer positiven Punktladung (a). Feldlinien und Äquipotentialflächen (gestrichelt) um eine positive Punktladung (b)

Um die Feldstärke einer Ladung Q im Abstand r zu erhalten, muß mit dem Coulombschen Gesetz (Gl. 6.1) die Kraft auf eine Ladung q im Abstand r berechnet werden. Dividiert man das Ergebnis durch q, so ergibt sich E:

$$E = \frac{F}{q} = \frac{1}{4\pi\varepsilon_0}\frac{Q}{r^2}. \qquad (6.5)$$

In Abb. 6.3a sind die Feldstärkevektoren für einige Punkte in der Umgebung von Q (qualitativ) eingezeichnet. Sie sind von Q weggerichtet, und ihre Länge nimmt mit $1/r^2$ ab.

Abb. 6.3b zeigt das dazugehörende Feldlinienbild. Die Feldlinien laufen radial nach außen (in Richtung von E!) und ihr gegenseitiger Abstand nimmt nach außen zu. Das bedeutet jedoch abnehmende Feldliniendichte und damit eine kleiner werdende Feldstärke $\boldsymbol{E}$ (kürzere Vektorpfeile).

Elektrischer Dipol

Zwei entgegengesetzt gleiche elektrische Ladungen $+q$ und $-q$ im Abstand l nennt man einen elektrischen Dipol. Seine Stärke ist definiert als das Produkt

$$p = q \cdot l \qquad (6.6)$$

Die SI-Einheit ist 1 C m.

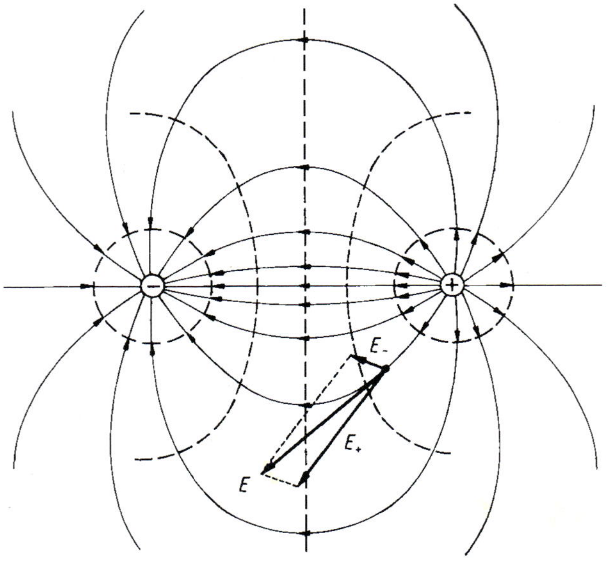

Abb. 6.4 Feldlinien und Äquipotentialflächen (gestrichelt) um einen elektrischen Dipol

In Abb. 6.4 ist das Feldlinienbild eines Dipols wiedergegeben. Die Richtung der Feldlinien in einem bestimmten Raumpunkt läßt sich durch vektorielle Addition der Feldstärken, die von den Einzelladungen dort erzeugt werden, gewinnen. Für einen Punkt ist dies gezeigt.

Das homogene Feld

Das elektrische Feld in einem Raumbereich ist homogen, wenn es an jedem Punkt gleiche Feldstärke (nach Betrag und Richtung!) besitzt. Die Feldlinien verlaufen in diesem Fall geradlinig, parallel und äquidistant (d.h. in gleichmäßigem Abstand).

Ein solches Feld kann man durch zwei ebene Metallplatten, die sich parallel gegenüberstehen und entgegengesetzt gleiche Ladungen tragen, erzeugen (Abb. 6.5). Eine solche Anordnung heißt bekanntlich Kondensator. Die genaue Betrachtung dieses Kondensatorfeldes ergibt dann den folgenden Zusammenhang zwischen der Ladung Q auf den Platten, der Plattenfläche A und der Feldstärke E im Zwischenraum:

$$E = \frac{1}{\varepsilon_0}\frac{Q}{A} = \frac{\sigma}{\varepsilon_0}. \tag{6.7}$$

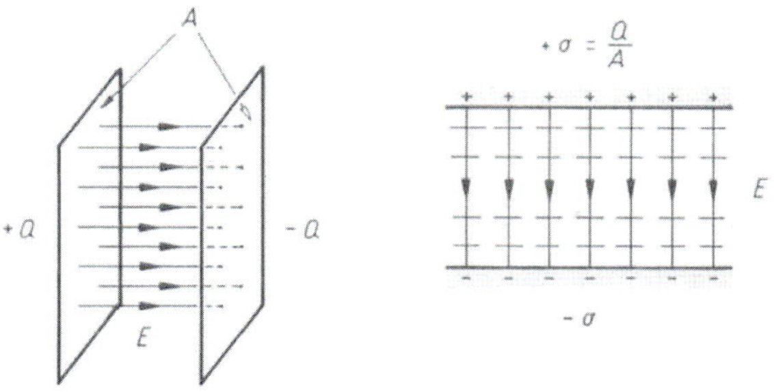

Abb. 6.5 Feldlinienbild zwischen zwei parallelen Platten. Das Feld ist homogen

σ steht hier für die Ladungsdichte auf den Platten (SI-Einheit: 1 C/m^2). Anschaulich bedeutet dies, daß um so mehr Feldlinien zwischen den Platten verlaufen, je größer die Ladungsdichte auf ihnen ist. Man beachte, daß E nicht vom Plattenabstand abhängt.

Beispiel 6.4: Das elektrische Feld zwischen zwei Metallplatten
Zwei Metallplatten (Fläche $A = 100$ cm^2) stehen sich im Abstand $d = 2$ cm gegenüber. Sie tragen die Ladung $\pm Q = 10^{-9}$ C. Welche Feldstärke herrscht zwischen den Platten? Welche Kraft wirkt hier auf ein einfach geladenes positives Ion? Welche kinetische Energie besitzt es, wenn es die gesamte Distanz von der positiven zur negativen Platte durchlaufen hat?

Für die Feldstärke liefert die Gl. 6.7:

$$E = \frac{(10^{-9}\,\mathrm{C})}{\left(8{,}85 \cdot 10^{-12}\,\frac{\mathrm{A\,s}}{\mathrm{V\,m}}\right)(10^{-2}\,\mathrm{m}^2)} = \mathbf{1{,}13 \cdot 10^4\ N/C}.$$

Ionenladung (1,6 · 10^{-19} C) mal Feldstärke ergibt die Kraft (Gl. 6.4):

$$F = (1{,}6 \cdot 10^{-19}\,\mathrm{C})\,(1{,}13 \cdot 10^4\,\mathrm{N/C}) = \mathbf{1{,}81 \cdot 10^{-15}\ N}.$$

Die kinetische Energie erhält man aus der Arbeit, die von der Kraft F auf der Strecke d geleistet wird:

$$E_{\mathrm{kin}} = F \cdot d = (1{,}81 \cdot 10^{-15}\,\mathrm{N})\,(0{,}02\,\mathrm{m}) = \mathbf{3{,}62 \cdot 10^{-17}\ J}.$$

6.2.3 Elektrisches Potential und Spannung

Die Situation, die in Beispiel 6.4 für eine Ladung in einem homogenen Feld beschrieben wurde, entspricht in voller Analogie einer Masse, die im Schwerefeld der Erde zu Boden fällt. Wir können diese Betrachtung auf die potentielle Energie ausdehnen und gelangen damit zu einem weiteren wichtigen Begriff der Elektrizitätslehre: der elektrischen Spannung.

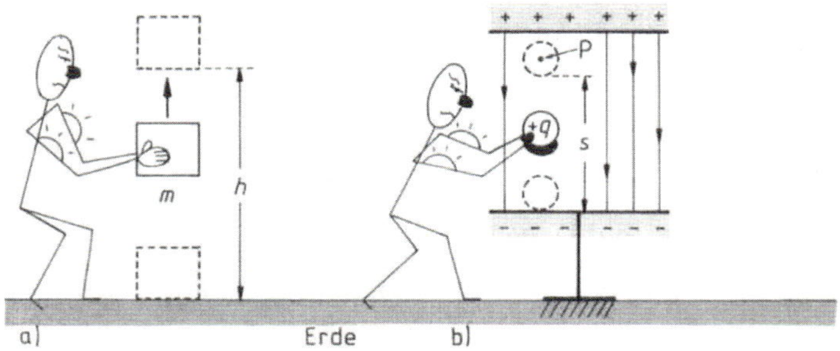

Abb. 6.6 Zur Herleitung des Potentialbegriffs: Arbeit gegen die Schwerkraft erhöht die potentielle Energie (a). Arbeit gegen das elektrische Feld erhöht ebenfalls die potentielle Energie (b)

Das elektrische Potential

Heben wir eine Masse vom Erdboden in die Höhe, dann erhält der Körper potentielle Energie, die gleich der bei diesem Vorgang geleisteten Arbeit ist (Abb. 6.6a).

Bewegen wir nun in einem homogenen elektrischen Feld E eine positive Ladung q, ausgehend von der negativen Platte (auf ihr soll die Ladung die potentielle Energie Null besitzen, analog der Masse m am Erdboden), eine Strecke s „gegen" das Feld zum Punkt P (Abb. 6.6b), dann steckt auch hier die geleistete Arbeit W in der potentiellen Energie der Ladung q. Offensichtlich können wir auf diese Weise jedem Punkt im elektrischen Feld einen Wert der potentiellen Energie W zuordnen, die eine Ladung dort besitzt, wenn sie von der negativen Platte zu diesem Punkt gebracht wurde. Beziehen wir diese potentielle Energie auf die Einheitsladung 1 Coulomb, dann können wir den Begriff des elektrischen Potentials definieren:

Unter dem elektrischen Potential φ im Punkt P eines elektrischen Feldes versteht man die potentielle Energie, die die positive Einheitsladung dort besitzt. Das ist aber auch gleich der Arbeit, die verrichtet werden muß, um diese Ladung vom Ort mit dem Potential Null an diese Stelle zu transportieren.

Die Festlegung, das Potential der negativen Platte sei Null, ist willkürlich. In der Praxis verwendet man wie in der Mechanik die Erdoberfläche (die „Erde") als Bezugspotential mit dem Wert Null. Jeder Körper, der leitend mit der Erde verbunden ist, besitzt dann ebenfalls das Potential Null. In Abb. 6.6b ist dies symbolisch angedeutet.

$$\varphi\,(\text{im Punkt P}) = \frac{W\ (\text{Arbeit, um } q \text{ von der Erde nach P zu bringen})}{q\,(\text{transportierte Ladung})};$$

$$\varphi(\mathrm{P}) = \frac{W}{q}. \tag{6.8}$$

Daraus ergibt sich die SI-Einheit, die einen eigenen Namen erhält: 1 J/C = 1 Volt = 1 V.

Die elektrische Spannung

Die elektrische Spannung U_{12} zwischen den Punkten 1 und 2 ist definiert als die Potentialdifferenz zwischen diesen Punkten:

$$U_{12} = \varphi(2) - \varphi(1) = \frac{W(1-2)}{q}. \tag{6.9}$$

Die SI-Einheit für die Spannung ist dieselbe wie für das Potential, nämlich 1 Volt.

Mit anderen Worten: Die Spannung ist gleich der Arbeit, die nötig ist, um die Ladung 1 Coulomb vom Punkt 1 zum Punkt 2 zu bringen.

Obwohl wir unsere Überlegungen anhand eines homogenen Feldes durchgeführt haben, gelten die Definitionen für Potential und Spannung für beliebige Feldformen. Für ein homogenes Feld kann man jedoch einen einfachen quantitativen Zusammenhang zwischen Feldstärke E und Spannung U angeben:

Verschieben wir eine Ladung q eine Strecke s gegen die Feldrichtung (Abb. 6.6 b), dann wird die Arbeit

$$W = F \cdot s = q \cdot E \cdot s$$

geleistet. Entsprechend der Definition der Spannung herrscht also zwischen Anfang und Ende von s die Spannung

$$U = \frac{W}{q} = E \cdot s. \tag{6.10}$$

Aus der Definitionsgleichung 6.9 folgt weiter, daß die Spannung eines Punktes 2 gegen Erde ($\varphi(1) = 0$) das Potential von Punkt 2 ergibt.

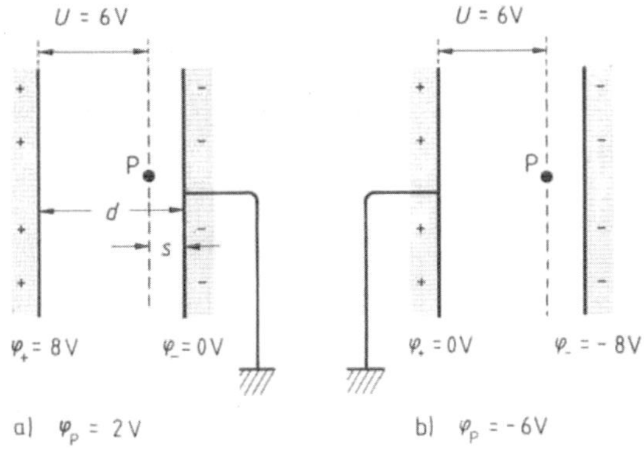

Abb. 6.7 Zu Beispiel 6.5

Beispiel 6.5: Die Spannung zwischen zwei elektrisch geladenen Metallplatten
Wir betrachten zwei parallele Metallplatten im Abstand $d = 2$ cm, zwischen denen eine elektrische Feldstärke von 400 V/m herrscht (Abb. 6.7a).

Die negative Platte soll geerdet sein (d.h. $\varphi_- = 0$ V). Wie groß ist das Potential der positiven Platte φ_+ und das Potential eines Punktes P in $s = 0{,}5$ cm Abstand von der negativen Platte? Wie groß ist die Spannung zwischen P und der positiven Platte $U(\mathrm{P}, +)$?

Nach Gl. 6.10 erhalten wir:

$$\varphi(\mathrm{P}) = E \cdot s = (400 \text{ V/m})\,(0{,}005 \text{ m}) = 2 \text{ V},$$

$$\varphi_+ = E \cdot d = (400 \text{ V/m})\,(0{,}02 \text{ m}) = 8 \text{ V},$$

$$U(\mathrm{P}, +) = \varphi_+ - \varphi(\mathrm{P}) = 8 \text{ V} - 2 \text{ V} = \mathbf{6\ V}.$$

Wie ändern sich diese Werte, wenn die positive Platte geerdet wird ($\varphi_+ = 0$) (Abb. 6.7b)?

$$\varphi(\mathrm{P}) = E(\mathrm{d} - \mathrm{s}) = (400 \text{ V/m})\,(0{,}015 \text{ m}) = -6 \text{ V},$$

$$\varphi_- = -8 \text{ V},$$

$$U(\mathrm{P}, +) = \varphi_+ - \varphi(\mathrm{P}) = 0 \text{ V} - (-6 \text{ V}) = \mathbf{6\ V}.$$

Dieses Beispiel macht folgendes deutlich:

Während bei einem Wechsel des Null-Potentials das Potential eines Punktes P seinen Wert ändert, bleiben die Spannungen davon unberührt. Obwohl die Spannung zwischen zwei Punkten als Differenz auch negativ werden kann, ist es üblich, sie stets positiv anzugeben. Die Betrachtung der Potentiale liefert die Polung.

Das Elektronenvolt

Nachdem wir nun den Spannungsbegriff kennengelernt haben, sind wir in der Lage, die Definition der Einheit 1 Elektronenvolt nachzuholen.

Ein Elektronenvolt (1 eV) ist die kinetische Energie, die ein Elektron besitzt, nachdem es die Spannung 1 Volt durchlaufen hat.

$$E_{kin} = e \cdot U = (1{,}609 \cdot 10^{-19}\ \mathrm{C})\ (1\ \mathrm{V}) = 1{,}609 \cdot 10^{-19}\ \mathrm{J} = 1\ \mathrm{eV}.$$

Als Umrechnungsfaktor ergibt sich daher:

$$1\ \mathrm{eV} = 1{,}609 \cdot 10^{-19}\ \mathrm{J}. \qquad (6.11)$$

Man merke sich die häufig vorkommenden Vielfachen:

$$1\ \mathrm{MeV} = 10^3\ \mathrm{keV} = 10^6\ \mathrm{eV}.$$

Äquipotentialflächen

Bislang sind wir stets davon ausgegangen, daß Ladungen parallel zur Richtung des Feldes verschoben werden. Bewegt man nun aber eine Ladung in schräger Richtung zum Feld, dann ist (entsprechend der Definition der Arbeit) nur die Feldkomponente in Wegrichtung wirksam; ist der Winkel 90°, dann ist für die Verschiebung keine Arbeit erforderlich.

Wird eine Ladung auf einer Fläche senkrecht zu den Feldlinien verschoben, dann bleibt die potentielle Energie der Ladung konstant. Man bezeichnet sie als Äquipotentialflächen (d. h. Flächen gleichen Potentials).

Für die von uns besprochenen Feldformen Punktladung (Abb. 6.3 b), Dipol (Abb. 6.4) und homogenes Feld (Abb. 6.5) sind die Äquipotentialflächen als gestrichelte Linien eingetragen.

Das Potential der Leiteroberflächen:

Da im Leiter die Ladungen frei beweglich sind, darf im stationären Fall (Elektrostatik, d. h. es fließt kein Strom) die Feldstärke an der Leiteroberfläche keine Komponente parallel zur Oberfläche besitzen. Sie würde eine Verschiebung der Ladungen bewirken. Daraus folgt:

Feldlinien stehen stets senkrecht auf Leiteroberflächen. Leiteroberflächen sind daher Äquipotentialflächen.

6.2.4 Kondensator und Kapazität

Unter einem Kondensator versteht man einen Speicher für elektrische Ladung.

Wenn zwei isoliert gegeneinander aufgestellte Leiter entgegengesetzt gleiche Ladungsmengen $\pm Q$ tragen, dann baut sich zwischen ihnen eine Spannung U auf. Man findet, daß das Verhältnis Q/U unabhängig von Q konstant ist. Definitionsgemäß bezeichnet man eine solche Anordnung als Kondensator und dieses Verhältnis als die Kapazität des Kondensators

Die Kapazität eines Kondensators ist definiert als

$$C = \frac{\text{aufgebrachte Ladung}}{\text{Spannung zwischen den Leitern}} = \frac{Q}{U}. \tag{6.12}$$

Die SI-Einheit für die Kapazität ist 1 C/V = 1 Farad = 1 F.

Gebräuchliche Bruchteile sind:

$$1\ \text{F} = 10^3\ \text{mF} = 10^6\ \mu\text{F} = 10^9\ \text{nF} = 10^{12}\ \text{pF}.$$

Der Plattenkondensator

Die einfachste Form eines Kondensators ist die von uns schon öfters erwähnte Anordnung zweier paralleler Metallplatten, der sogenannte Plattenkondensator.

Seine Kapazität läßt sich leicht bestimmen. Dazu betrachten wir zwei parallele Platten mit der Fläche A im Abstand d (Abb. 6.8). Bringen wir die Ladung

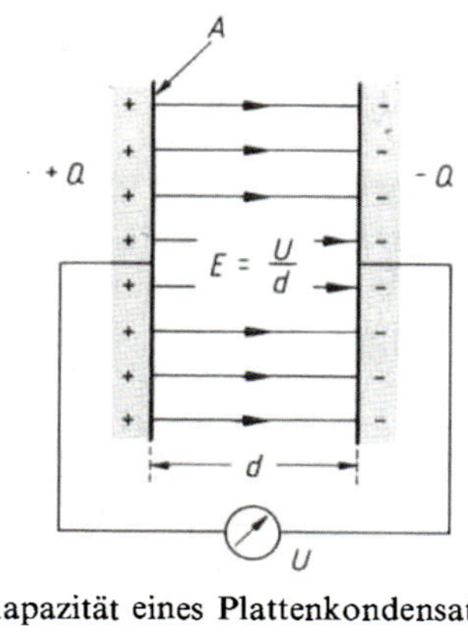

Abb. 6.8 Zur Herleitung der Kapazität eines Plattenkondensators

$\pm Q$ auf die Platten, dann können wir Feldstärke E und Spannung U zwischen den Platten berechnen:

Gl. (6.7) und (6.10) ergeben

$$E = \frac{Q}{A\varepsilon_0} \quad \text{und} \quad U = E \cdot d = Q\frac{d}{A\varepsilon_0}.$$

Für die Kapazität eines Plattenkondensators erhält man den Ausdruck

$$C = \frac{Q}{U} = \frac{A\varepsilon_0}{d}. \tag{6.13}$$

Haben die leitenden Teile, die den Kondensator bilden, eine andere geometrische Form als beim Plattenkondensator (Zylinderkondensator: 2 konzentrische metallische Zylinder; Kugelkondensator: 2 konzentrische Kugeln), dann kann man die Kapazität durch gleichzeitige Messung von Q und U ermitteln.

6.2.5 Materie im elektrischen Feld

Bislang haben wir uns in diesem Kapitel mit der Frage beschäftigt, wie die elektrischen Felder mit den Ladungen zusammenhängen, die sie erzeugen, wie sie aussehen (Feldlinienbilder und Äquipotentialflächen) und wie sie sich beschreiben lassen.

Wir wollen nun von einem gegebenen Feld ausgehen und untersuchen, wie sich Materie verhält, wenn sie in ein Feld gebracht wird. Dabei ist es zweckmäßig, Leiter und Isolatoren getrennt zu behandeln.

Leiter

Bringen wir einen ungeladenen Leiter in ein elektrisches Feld, dann wirkt auf die Leitungselektronen eine Kraft entgegengesetzt zur Feldrichtung, und sie setzen sich in Richtung auf die Oberfläche in Bewegung (Abb. 6.9 a). Dadurch erfolgt eine teilweise Ladungstrennung, die sich als negative bzw. positive Oberflächenladung äußert. Dieser Prozeß kommt zum Stillstand, wenn das durch diese Oberflächenladungen erzeugte innere Feld das äußere Feld genau kompensiert (Abb. 6.9 b). Das Innere des Leiters ist dann feldfrei.

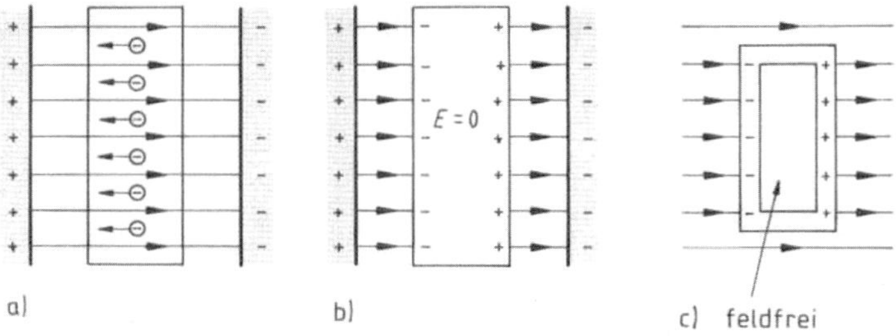

Abb. 6.9 Bringt man einen Leiter in ein elektrisches Feld, dann erfolgt eine teilweise Ladungstrennung (a) bis das Innere des Leiters feldfrei ist (b). Hohlräume in Leitern sind feldfrei (Faraday-käfig; c)

Die Ladungstrennung in einem Leiter durch ein äußeres elektrisches Feld nennt man Influenz, die dabei auftretenden Oberflächenladungen Influenzladungen. Das Innere eines Leiters im Feld ist selbst feldfrei.

Dies gilt für massive und hohle Körper.

Auch im Inneren eines hohlen Leiters treten keine elektrischen Felder auf. Eine solche Anordnung bezeichnet man als *Faradayschen Käfig* (Abb. 6.9c) und nutzt sie für Abschirmzwecke.

Umgibt man einen Raum mit leitenden Wänden, dann ist man darin gegen elektrische Felder geschützt. Das wissen beispielsweise Passagiere in Flugzeugen oder auch jeder Pkw-Insasse zu schätzen: Ihnen können Blitzeinschläge nichts anhaben. Nicht zuletzt werden auch empfindliche Meßapparaturen durch Faraday-Käfige gegen äußere Störfelder geschützt.

Isolatoren

Auch auf Isolatoren hat ein äußeres Feld eine Wirkung, da ein Isolator ebenfalls aus geladenen Teilchen aufgebaut ist. Nur ist bei ihnen keine Ladungstrennung zu erwarten, da positive Teilchen (Atomkern) und negative Elektronen (Hülle) aneinander gebunden sind. Das Feld bewirkt hier lediglich eine Verschiebung der Ladungen in den einzelnen Atomen oder Molekülen in entgegengesetzte Richtungen, so daß diese Bausteine der Substanz zu kleinen Dipolen werden. Diesen Vorgang bezeichnet man als *Verschiebungspolarisation.*

Es gibt eine Gruppe von Stoffen, bei denen noch ein weiterer Effekt hinzukommt: die *Orientierungspolarisation.* Sie tritt dann auf, wenn die Atome oder Moleküle der betreffenden Substanz bereits ohne äußeres Feld Dipole sind (man spricht von sogenannten permanenten Dipolen). In einem äußeren Feld drehen sich die einzelnen Dipole, sie werden in Feldrichtung ausgerichtet.

Wichtig ist nun die folgende Feststellung:

Verschiebungs- und Orientierungspolarisation haben nach außen für einen Körper die gleiche Wirkung: Sie schwächen das äußere Feld, das die Polarisation hervorgerufen hat. Um den Effekt der Schwächung des elektrischen Feldes quantitativ zu erfassen, schreibt man jedem Material einem bestimmten Wert der sog. Dielektrizitätszahl zu:

$$\varepsilon = \frac{\text{elektrisches Feld ohne Materie}}{\text{elektrisches Feld mit Materie}} = \frac{E_0}{E}.$$

ε ist aufgrund dieser Definition eine dimensionslose Zahl. Ihr Wert beträgt für Vakuum, also für den Fall $E = E_0$, gerade 1, für Materie ist $\varepsilon > 1$.

Wie kann man die Schwächung des elektrischen Feldes anschaulich erklären? Denken wir uns einen geladenen Kondensator, bei dem der Raum zwischen den Platten mit einem Isolator (in diesem Fall auch *Dielektrikum* genannt) erfüllt ist. Im Innern des Stoffes bilden die atomaren Dipole eine regelmäßige Anordnung, bei der sich benachbarte positive und negative Ladungen kompensieren und nur an den Oberflächen Flächenladungen Q' übrigbleiben (Abb. 6.10), und zwar negative Ladungen an der Seite des Dielektrikums, das die positive Kondensatorplatte berührt und umgekehrt. D.h. aber, zwischen beiden Enden des Dielektrikums bildet sich aufgrund dieser Flächenladung ein elektrisches Feld aus, das dem Kondensatorfeld entgegengerichtet ist, dieses also schwächt.

Mit der Schwächung des Kondensatorfeldes einher geht noch ein weiterer Effekt: die Änderung der Kapazität beim Einbringen von Materie.

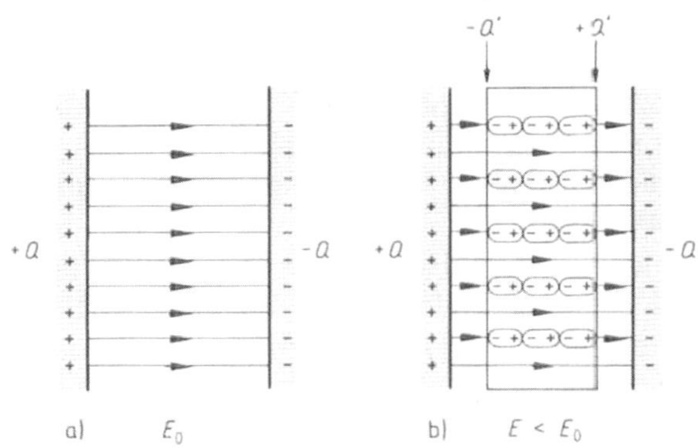

Abb. 6.10 Zur Polarisation eines Dielektrikums

Tabelle 6.1 Dielektrizitätszahl (Dielektrizitätskonstante) für einige Stoffe

Substanz		Dielektrizitätszahl
Luft*)	(trocken, bei Normalbedingungen)	1,0006
Glas	bei 20 °C	5–10
Wasser	bei 20 °C	81
Kunststoff		3–20
Papier		3,5
Zellmembran	bei 37 °C	8

*) Man beachte, daß in der Praxis für Luft der Vakuumwert 1 verwendet werden kann

Da bei konstant gehaltener Ladung Q auf dem Kondensator mit kleiner werdender Feldstärke auch die Spannung abnimmt, ergibt sich somit (wegen $C = Q/U$) eine Zunahme der Kapazität.

Bringt man zwischen die Platten eines Kondensators ein Dielektrikum, so vergrößert sich die Kapazität des Kondensators. Dabei ändern verschiedene Dielektrika die Kapazität unterschiedlich stark, abhängig von der jeweiligen Dielektrizitätszahl, für die man auch schreiben kann:

$$\varepsilon = \frac{\text{Kapazität mit Dielektrikum}}{\text{Kapazität ohne Dielektrikum}} = \frac{C_m}{C_0}. \qquad (6.14)$$

Dabei gilt für C_0 gemäß Gl. 6.13:

$$C_0 = \varepsilon_0 \cdot (A/d).$$

Die Kapazität eines mit Dielektrikum gefüllten Plattenkondensators beträgt somit

$$C_m = \varepsilon \cdot C_0 = \varepsilon \frac{\varepsilon_0 A}{d}. \qquad (6.15)$$

(Man beachte, daß der Index „Null“ bei ε_0 nicht ausdrücken soll, daß ε_0 die Dielektrizitätszahl des Vakuums ist [die ist ja 1]; ε_0 steht vielmehr für die elektrische Feldkonstante [vgl. Abschn. 6.1.1] und hat den Wert $\varepsilon_0 = 8{,}85 \cdot 10^{-12}$ As/Vm.)

Typische Werte für die Dielektrizitätszahl von Materie (auch Dielektrizitätskonstante oder DK genannt) findet man in Tab. 6.1. Der hohe Wert für Wasser hat seine Ursache im Dipolcharakter der Wassermoleküle.

Beispiel 6.6: Die Ladung eines Plattenkondensators
Ein mit Dielektrikum gefüllter Plattenkondensator (Fläche 5 cm^2, Abstand 0,1 mm, $\varepsilon = 3{,}5$) wird mit einer Spannungsquelle von 6 V verbunden. Welche Ladung fließt auf den Kondensator?

Die Kapazität berechnet man nach Gl. 6.15:

$$C = \varepsilon \frac{\varepsilon_0 A}{d} = 3{,}5 \cdot \frac{\left(8{,}85 \cdot 10^{-12} \frac{\mathrm{A\,s}}{\mathrm{V\,m}}\right)(5 \cdot 10^{-4}\,\mathrm{m}^2)}{(10^{-4}\,\mathrm{m})} = 1{,}55 \cdot 10^{-10}\,\mathrm{F} = \mathbf{155\ pF}.$$

Die Ladung ergibt sich damit zu

$$Q = C \cdot U = (1{,}55 \cdot 10^{-10}\,\mathrm{F})\,(6\,\mathrm{V}) = \mathbf{9{,}29 \cdot 10^{-10}\ C}.$$

Beispiel 6.7: Die elektrische Kapazität der Zellmembran
Die Ionen im Inneren und Äußeren einer Zelle werden durch eine 10^{-8} m dicke Membran getrennt, deren Dielektrizitätszahl 8 ist. Wie groß ist die Kapazität einer 1 cm^2 großen Membran?

$$C = 8 \frac{\left(8{,}85 \cdot 10^{-12} \frac{\mathrm{A\,s}}{\mathrm{V\,m}}\right)(10^{-4}\,\mathrm{m}^2)}{(10^{-8}\,\mathrm{m})} = 7{,}08 \cdot 10^{-7}\,\mathrm{F} = \mathbf{0{,}708\ \mu F}.$$

6.2.6 Der Energieinhalt des elektrischen Feldes

Um einen Kondensator aufzuladen, muß Arbeit geleistet werden, die dann als potentielle Energie im elektrischen Feld zwischen den Platten steckt. Wollen wir, ausgehend von einem ungeladenen Kondensator eine bestimmte Ladungsmenge Q_0 auf diesen bringen, dann müssen laufend kleine Ladungsmengen $\mathrm{d}Q$ gegen die wachsende Spannung $U = Q/C$ von der einen auf die andere Platte transportiert werden. Dazu ist die Arbeit (s. Gl. 6.9)

$$\mathrm{d}W = U\,\mathrm{d}Q$$

nötig. In Abb. 6.11 ist dies das kleine grau getönte Rechteck. Nach den Regeln der graphischen Integration (Abschn. 1.3) erhalten wir die Gesamtarbeit durch

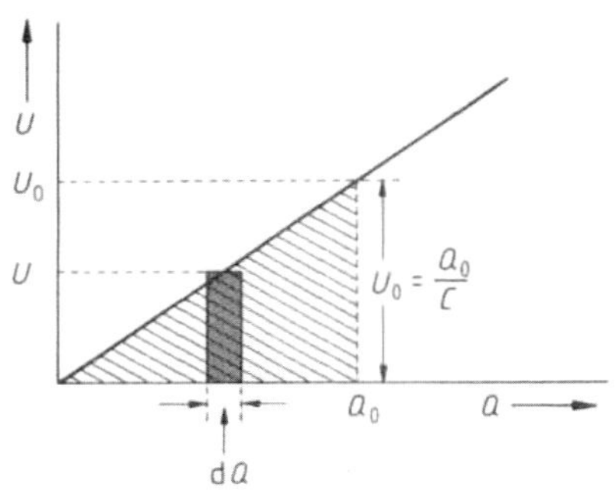

Abb. 6.11 Zur Berechnung des Energieinhalts des elektrischen Feldes

Ermittlung der Fläche unter der $U(Q)$-Kurve zwischen 0 und Q_0. Dies ergibt

$$W = (1/2)\, U_0 Q_0 = \tfrac{1}{2}\, C U_0^2 .$$

Wird ein Kondensator mit der Kapazität C auf die Spannung U aufgeladen, dann ist in ihm die potentielle Energie

$$E = \tfrac{1}{2}\, C U^2 \qquad (6.16)$$

gespeichert.

Beispiel 6.8: Die elektrische Energie der Zellmembran
An einer Zellmembran der Fläche 1 cm^2 (s. Beispiel 6.7) liege eine Spannung von 0,08 V. Welche Energie ist dann in ihr gespeichert?

$$E = \tfrac{1}{2}(7{,}08 \cdot 10^{-7}\ \mathrm{F})\,(8 \cdot 10^{-2}\ \mathrm{V})^2 = \mathbf{2{,}26 \cdot 10^{-9}\ J}.$$

6.2.7 Spannungserzeugung

Um Spannungen zu erzeugen, muß man Ladungen trennen. Dazu ist in jedem Fall Energie aufzubringen, da gegen die anziehenden Kräfte zwischen entgegengesetzten Ladungen Arbeit verrichtet werden muß.

Gleichspannungsquellen liefern eine zeitlich konstante Spannung. Mit ihnen wollen wir uns jetzt beschäftigen. Die für die Praxis wichtigste Methode der Spannungserzeugung (Wechselspannungsgenerator) wird in einem späteren Abschnitt betrachtet (6.4.2: Anwendung der Induktion).

Kontaktspannung und Thermospannung

Um Elektronen von einer Metalloberfläche abzulösen ist, wie wir wissen, ein bestimmter für verschiedene Metalle unterschiedlicher Energiebetrag erforderlich, die Austrittsarbeit (s. Abschn. 6.1.3). Werden zwei Metalle in engen Berührungskontakt gebracht, dann fließen Elektronen vom Metall mit der kleineren Ablösearbeit zum Metall mit der größeren Ablösearbeit. Dieses lädt sich dadurch negativ gegenüber dem ersten auf.

Berühren sich zwei verschiedene Metalle, dann bildet sich zwischen ihnen eine Potentialdifferenz aus, die sogenannte Kontaktspannung. Sie beträgt einige Volt.

Da die thermische Energie der Leitungselektronen in einem Metall von der Temperatur abhängt, ist es verständlich, daß auch diese Kontaktspannung eine Funktion der Temperatur sein muß.

Bildet man einen geschlossenen Leiterkreis aus zwei verschiedenen Metalldrähten, dann sind die Kontaktspannungen an den beiden Berührungsstellen entgegengesetzt gleich, solange diese die gleiche Temperatur haben. Besteht zwischen ihnen jedoch eine Temperaturdifferenz, dann registriert man im Leiterkreis eine resultierende Spannung, die Thermospannung.

Das Thermoelement:

Die Thermospannung eignet sich hervorragend zur Temperaturmessung. Ein Thermoelement besteht aus einer Kombination zweier Metalle oder Metallegierungen (z. B. Kupfer-Konstantan) und einem in den Stromkreis eingeschalteten Spannungsmesser (Abb. 6.12). Für kleine Temperaturdifferenzen ΔT zwischen den Kontaktstellen (z. B. Lötstellen) findet man eine Proportionalität zwischen Thermospannung U und ΔT, für größere Bereiche muß das Gerät geeicht werden.

Um Absolutwerte für die Temperatur messen zu können, muß man dafür sorgen, daß eine Lötstelle stets auf konstanter Temperatur T_0 bleibt. Das gelingt z. B. indem man sie in Eiswasser steckt. Die zweite Lötstelle wird an die Meßstelle gebracht.

Die Vorteile dieser Temperaturmeßmethode liegen in der Kleinheit der Meßsonde (geringe Wärmekapazität) und darin, daß das Meßsignal direkt in Form einer elektrischen Spannung entsteht, die in relativ großer Entfernung von der Meßstelle abgelesen werden kann. Die Größenordnung für die Thermospannung liegt bei ca. 50 μV pro Grad Temperaturunterschied zwischen den Kontaktstellen. Ihr genauer Wert hängt von der Wahl der Metalle ab.

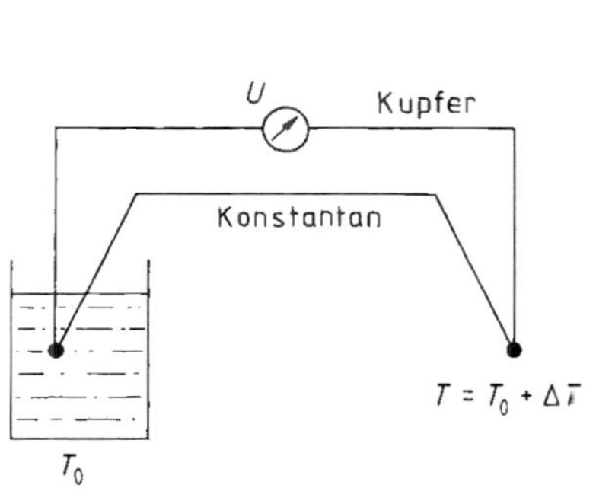

Abb. 6.12 Thermoelement

Galvanische Elemente

Galvanische Elemente als Spannungsquellen beruhen auf der unterschiedlichen Löslichkeit von Metallen in Elektrolyten.

Taucht man etwa einen Kupferstab in eine $CuSO_4$-Lösung ein, dann gehen Cu^{++}-Ionen vom Stab in die Lösung über. Die zurückbleibenden Elektronen laden den Kupferstab negativ auf. Dieser Prozeß kommt zum Stillstand, wenn aufgrund des sich ausbildenden Potentialunterschieds zwischen Stab und Lösung keine Ionen mehr in Lösung gehen.

Zwischen zwei in die gleiche Lösung tauchenden Stäben desselben Metalls entsteht jedoch keine resultierende Spannung, da an beiden Elektroden das gleiche geschieht. Da die Löslichkeit von Ionen zum einen von der Konzentration des Elektrolyten, zum anderen vom Metall abhängt, ergeben sich zwei Möglichkeiten, um galvanische Spannungsquellen zu bauen.

Konzentrationselemente:

Bringt man zwei Kupferstäbe in Elektrolyten ($CuSO_4$) unterschiedlicher Konzentration (Abb. 6.13a), dann werden in der Lösung mit der niedrigeren Konzentration mehr Cu-Ionen in Lösung gehen können. Dieser Stab wird sich daher gegenüber der anderen Elektrode negativ aufladen. Eine semipermeable Wand, die nur für die Lösungsmittelmoleküle durchlässig ist, verhindert einen Konzentrationsausgleich.

Galvanische Elemente:

Zink hat eine höhere Löslichkeit als Kupfer. Eine Anordnung aus einer Kupfer- und einer Zinkplatte (Abb. 6.13b), die beide in denselben Elektrolyten (z.B.

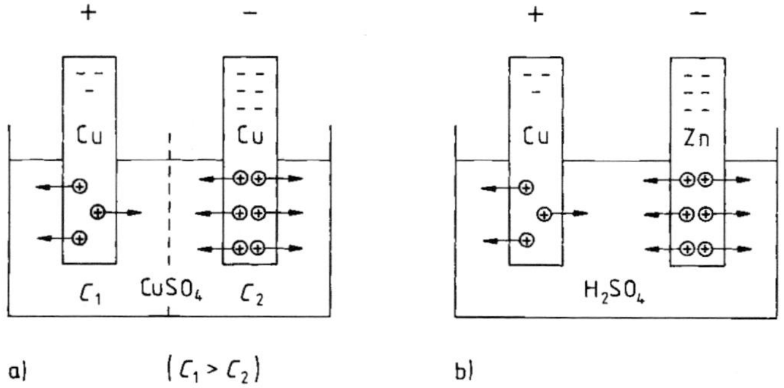

Abb. 6.13 Konzentrationselement (a) und galvanisches Element (b)

H_2SO_4) eintauchen, ergibt eine resultierende Spannung zwischen den Elektroden, wobei Zink negativ, Cu positiv wird. (Eigentlich wird Cu nur weniger negativ als Zn!)

Die für die Ladungstrennung benötigte Energie stammt bei diesen Spannungsquellen aus der chemischen Energie, die bei den gleichzeitig ablaufenden chemischen Prozessen umgesetzt wird. Solche Elemente (auch die Trockenbatterien gehören hierzu) verbrauchen sich daher. Der Vorgang ist irreversibel.

Von großer praktischer Bedeutung sind auch Elemente, bei denen eine Umkehrung möglich ist. Durch Zuführung von elektrischer Energie wird der ursprüngliche chemische Zustand wieder hergestellt und die Anordnung ist erneut als Spannungsquelle verwendbar.

Akkumulatoren:

Unter einem Akkumulator versteht man eine Anordnung, die erst durch das vorhergehende „Laden" (Anlegen einer Spannung) zum galvanischen Element wird.

Am bekanntesten Vertreter dieser Art, dem Bleiakkumulator, sollen diese Vorgänge geschildert werden.

Im entladenen Zustand tauchen zwei Elektroden aus $PbSO_4$ in verdünnte H_2SO_4. Werden die Elektroden mit dem Plus- bzw. Minuspol einer anderen Spannungsquelle verbunden, dann laufen die folgenden Prozesse ab (Abb. 6.14a):

Laden: Anode $PbSO_4 + SO_4^{--} + 2\,H_2O - 2\,e^- \rightarrow PbO_2 + 2\,H_2SO_4$.

Kathode $PbSO_4 + 2\,H^+ + 2\,e^- \rightarrow Pb + H_2SO_4$.

An der Anode (der mit dem Pluspol der Spannungsquelle verbundene Elektrode) werden freiwerdende Elektronen abgezogen, sie wandelt sich in Bleioxid um. An der Kathode (negativ) werden

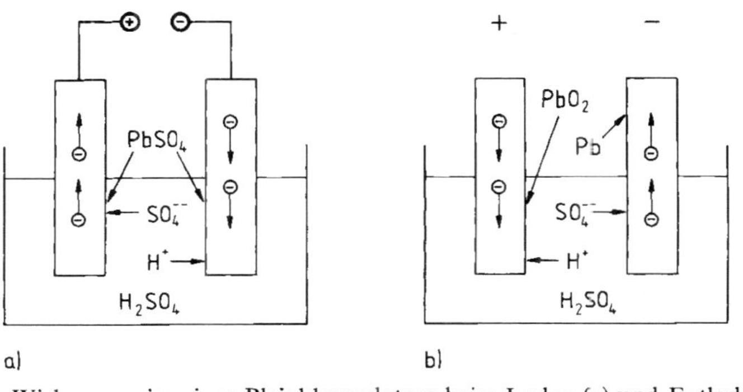

Abb. 6.14 Zur Wirkungsweise eines Bleiakkumulators beim Laden (a) und Entladen (b)

Elektronen zugeführt, es entsteht metallisches Blei. Außerdem entsteht Schwefelsäure, deren Dichte dadurch ansteigt (dies dient zur Ladungskontrolle).

Klemmt man jetzt die Ladespannung ab und verbindet die beiden Elektroden über einen Verbraucher, dann wirkt der Akkumulator als Spannungsquelle:

Entladen: Anode $PbO_2 + 2H^+ + H_2SO_4 + 2e^- \rightarrow PbSO_4 + 2H_2O$.

Kathode $Pb + SO_4^{--} - 2e^- \rightarrow PbSO_4$.

Dieser Lade- und Entladevorgang kann im Prinzip beliebig oft wiederholt werden. Ihm entspricht eine abwechselnde Umwandlung von elektrischer in chemischer Energie und umgekehrt.

6.2.8 Membranspannungen

Membranspannungen sind Potentialdifferenzen, die zwischen dem Innen- und Außenraum von Zellen auftreten. Sie haben ihre Ursache in Konzentrationsunterschieden der Lösungen zu beiden Seiten der Membran und deren selektiver Durchlässigkeit für verschiedene Ionensorten.

Das Nernst-Potential

In einer stark vereinfachenden Darstellung läßt sich das Zustandekommen solcher Spannungen verstehen (Abb. 6.15).

Im Inneren einer Zelle sei die KCl-Konzentration höher als im Außenraum. Ist die Zellmembran nur für die K^+-Ionen durchlässig, nicht jedoch für die Cl^--Ionen, dann diffundieren zunächst mehr K^+-Ionen in den Außenraum als

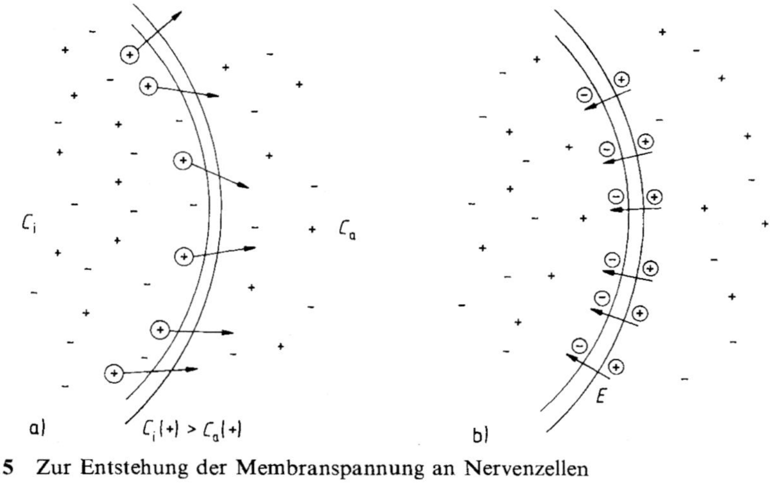

Abb. 6.15 Zur Entstehung der Membranspannung an Nervenzellen

umgekehrt. Da keine Cl^--Diffusion erfolgen kann, führt dies zu einem positiven Ladungsüberschuß im Außenraum, die dazugehörenden Cl^--Ionen verbleiben im Innenraum. Diese Überschußladungen erzeugen eine Spannung über der Membran und zugleich ein elektrisches Feld E, das schließlich den weiteren K^+-Strom von innen nach außen stoppt.

Es stellt sich ein dynamisches Gleichgewicht ein: der Konzentrationsunterschied fördert die Diffusion der K^+-Ionen von innen nach außen, das elektrische Feld unterstützt die Bewegung in der Gegenrichtung.

Mit Hilfe der Nernstschen Gleichung läßt sich die Spannung berechnen, die sich letztlich einstellt: Bezeichnet c_i die Konzentration einer Ionensorte im Innenraum, c_a diejenige im Außenraum, T die absolute Temperatur, k die Boltzmannkonstante, e die Ionenladung (d.h. die Elementarladung bei einwertigen Ionen) und z die Wertigkeit der Ionen, dann gilt

$$U = \frac{kT}{ze} \cdot \ln \frac{c_i}{c_a}. \tag{6.17}$$

Für die Gleichung kann man eine Plausibilitätserklärung geben. Der Ionenstrom von außen nach innen ist proportional zur Energie $z \cdot e \cdot U$, die die Ionen beim Durchlaufen der Spannung U erhalten. Der Ionenstrom in Gegenrichtung ist proportional zur thermischen Energie kT der Ionen und zum Konzentrationsunterschied $\ln(c_i/c_a)$. Gleichsetzen von $z \cdot e \cdot U$ und $kT \cdot \ln(c_i/c_a)$ liefert Gl. 6.17.

Das Ruhepotential der Zellen

Obwohl die genauen Vorgänge an den Zellmembranen sehr kompliziert sind und im Einzelnen auch heute noch nicht vollkommen verstanden werden, liefert bereits ein sehr stark vereinfachtes Modell relativ gute Werte für das Potential (genauer die Potentialdifferenz) an den Zellwänden.

Beispiel 6.9: Das Ruhepotential über der Zellmembran
Man berechne das Ruhepotential über der Zellmembran unter der Annahme, daß ausschließlich K^+-Ionen am Zustandekommen beteiligt sind. Außerdem verwende man die folgenden Angaben:
$c_i = 0{,}141$ mol/L; $c_a = 0{,}005$ mol/L; $T = 310$ K (Körpertemperatur); $k = 1{,}38 \cdot 10^{-23}$ J/K; $e = 1{,}609 \cdot 10^{-19}$ C; $z = 1$.

Die Nernstsche Gleichung (6.17) liefert als Ergebnis:

$$U = \frac{kT}{ze} \ln \frac{c_i}{c_a} = \frac{(1{,}38 \cdot 10^{-23}\,\text{J/K})\,(310\,\text{K})}{(1{,}609 \cdot 10^{-19}\,\text{C})} \ln \frac{0{,}141\,\text{mol/L}}{0{,}005\,\text{mol/L}} = 0{,}089\,\text{V} = \mathbf{89\,mV}.$$

Ein weiteres Beispiel soll verdeutlichen, daß nur ein verschwindender Bruchteil der K^+-Ionen nach außen diffundieren muß, um diese Potentialdifferenz zu erzeugen.

Beispiel 6.10: Zahl der diffundierten K^+-Ionen

Um diese Abschätzung machen zu können, gehen wir von folgenden Annahmen aus: Zellvolumen: $V = 10^{-9}\,\text{cm}^3$; Zelloberfläche: $A = 5 \cdot 10^{-6}\,\text{cm}^2$. Die Konzentration von 0,141 mol/L entspricht einer K^+-Ionendichte von

$$n(\text{K}^+) = (0{,}141\ \text{mol/L})\ (6{,}02 \cdot 10^{23}\ \text{K}^+\text{-Ionen/mol}) = 0{,}85 \cdot 10^{23}\ \frac{\text{K}^+\text{-Ionen}}{\text{L}}.$$

Im ganzen Zellvolumen befinden sich somit

$$n(\text{K}^+) \cdot V = \left(0{,}85 \cdot 10^{23}\ \frac{\text{K}^+\text{-Ionen}}{\text{L}}\right)(10^{-12}\ \text{L}) = 8{,}5 \cdot 10^{10}\ \frac{\text{K}^+\text{-Ionen}}{\text{Zelle}}.$$

In Beispiel 6.7 haben wir die Kapazität einer 1 cm^2 großen Zellmembran berechnet. Die Kapazität der gesamten Zelloberfläche ist dann

$$C = (7{,}08 \cdot 10^{-7}\ \text{F/cm}^2)\ (5 \cdot 10^{-6}\ \text{cm}^2) = 3{,}5 \cdot 10^{-12}\ \text{F}.$$

Bei einer Potentialdifferenz von 89 mV trägt dieser „Kondensator" eine Ladung von

$$Q = C \cdot U = (3{,}5 \cdot 10^{-12}\ \text{F})\ (0{,}089\ \text{V}) = 3{,}1 \cdot 10^{-13}\ \text{C}.$$

Dies wiederum entspricht der Ladung von

$$\frac{Q}{e} = \frac{3{,}1 \cdot 10^{-13}\ \text{C}}{1{,}61 \cdot 10^{-19}\ \text{C}} = \mathbf{1{,}9 \cdot 10^6\ K^+\text{-Ionen}}.$$

Verglichen mit annähernd 10^{11} K^+-Ionen im Innern heißt das, daß nur etwa jedes 100000ste dieser Ionen nach außen diffundiert. Dieser Prozeß verändert die Konzentration der beteiligten Ionen praktisch nicht.

Aktionspotentiale

Die in den letzten beiden Beispielen angenommenen Verhältnisse entsprechen einer nicht gereizten Nervenzelle (Ruhepotential). Erfolgt nun durch mechani-

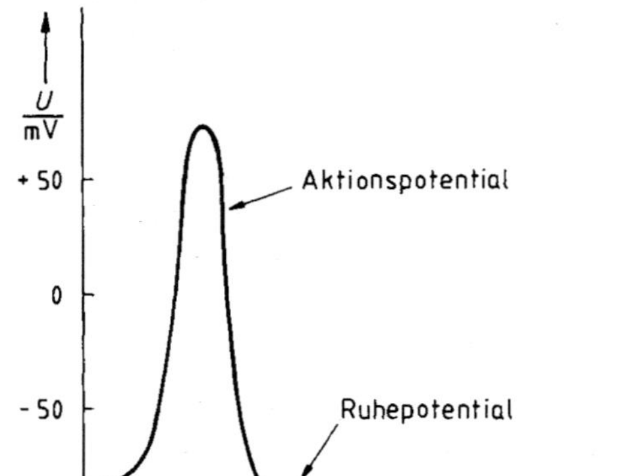

Abb. 6.16 Zeitlicher Verlauf der Membranspannung während eines Nervenreizes

sche, chemische oder elektrische Einflüsse eine Reizung, dann verändern sich die Konzentrationen der Ionen, da die Membran ihre Durchlässigkeit für die verschiedenen Ionensorten ändert. Die Folge ist ein rascher Anstieg des Potentials im Innern vom Ruhepotential − 89 mV auf Werte um + 60 mV (Depolarisation, Aktionspotential). Während dieser Spannungsimpuls als Nervenreiz längs der Nervenzelle weiterläuft, stellt sich am Entstehungsort nach ca. 1 ms wieder das Ruhepotential ein (Abb. 6.16).

Elektrokardiogramm

Eine direkte Messung des Aktionspotentials an einzelnen Nervenfasern ist nur möglich, wenn die Meßsonde direkt an die Nervenzellen angelegt werden kann. Dies ist für Routineuntersuchungen sehr unpraktisch. Anders liegt der Fall, wenn diese Potentiale gleichzeitig an mehreren Nerven- oder Muskelfasern auftreten, wie es z. B. bei der Erregung des Herzmuskels geschieht. Solche „Summenpotentiale“ können durch das Anbringen von Elektroden auf der Körperoberfläche direkt nachgewiesen werden.

Aufgrund der Potentialänderungen an einer Stelle im Innern des Körpers können in der Nähe an der Oberfläche ebenfalls Potentialschwankungen registriert werden. Obwohl diese Änderungen nur in der Größenordnung von 50 µV liegen (das entspricht ca. 1 ‰ des Ruhepotentials), lassen sie sich gut beobachten und aufzeichnen.

Beim Elektrokardiogramm (EKG) werden die elektrischen Aktivitäten der Herzmuskulatur gemessen. Normalerweise bringt man die Elektroden an den Handgelenken und am linken Fußgelenk an und registriert die Potentialdifferenzen zwischen diesen Punkten als Funktion der Zeit. Abb. 2.38 c zeigt eine solche Kurve. Aus der Form der beobachteten Impulse kann man auf Abweichungen vom normalen Erregungsablauf der Herzmuskulatur schließen.

Analoge Untersuchungen sind auch am Gehirn (Elektroencephalogramm, EEG) und an der Skelettmuskulatur (Elektromyogramm, EMG) möglich.

6.3 Gleichströme

Werden die beiden Pole einer Spannungsquelle über einen Leiter miteinander verbunden, dann setzen sich die beweglichen Ladungsträger in ihm entsprechend ihrer Polarität in Feldrichtung (bei positiver Ladung) oder in entgegengesetzter Richtung (bei negativer Ladung) in Bewegung. Bewegte Ladungen bezeichnet man als elektrischen Strom.

Wenn wir uns jetzt Strömen und den damit verbundenen Erscheinungen zuwenden, so können wir dabei außer Acht lassen, um welche Art von Ladungsträgern und um welchen Leitungsmechanismus es sich handelt. Es gibt eine Reihe von Eigenschaften, die allen Strömen gemeinsam sind, unabhängig davon, ob wir einen Elektronenstrom im Metall, einen Ionenstrom im Elektrolyten oder frei durch das Vakuum fliegende Elektronen oder Ionen betrachten. Auf Unterschiede werden wir später eingehen.

6.3.1 Grundbegriffe

Als Stromrichtung definiert man die Bewegungsrichtung positiver Ladungen. Diese bewegen sich stets vom hohen Potential (dem Pluspol der Spannungsquelle) zum niedrigeren Potential (dem Minuspol).

Diese Definition ist allerdings willkürlich, denn positive Ladungsträger, die sich in eine bestimmte Richtung bewegen, unterscheiden sich in ihren Auswirkungen nicht von Elektronen, die in die entgegengesetzte Richtung fließen. In Metallen bewegen sich also die Ladungsträger (die Elektronen) entgegen der Stromrichtung.

Die elektrische Stromstärke

Die elektrische Stromstärke ist ein Maß für die durch einen Leiterquerschnitt strömende Ladungsmenge. Man definiert:

Elektrische Stromstärke = Ladungsmenge pro Zeiteinheit,

$$I = \frac{dQ}{dt}. \qquad (6.17)$$

Die Stromstärke ist eine Basisgröße. Ihre Einheit ist 1 Ampere = 1 A.

Man kann Stromarten danach unterscheiden, welche zeitliche Abhängigkeit sie zeigen. Fließt der Strom stets in die gleiche Richtung, dann bezeichnet man ihn als *Gleichstrom*. In Abb. 6.17a sind Beispiele für einen ab- und einen zunehmenden Gleichstrom gezeigt. Üblicherweise spricht man jedoch von Gleichstrom, wenn die Stromstärke konstant bleibt (Abb. 6.17b). Für diesen Fall ergibt

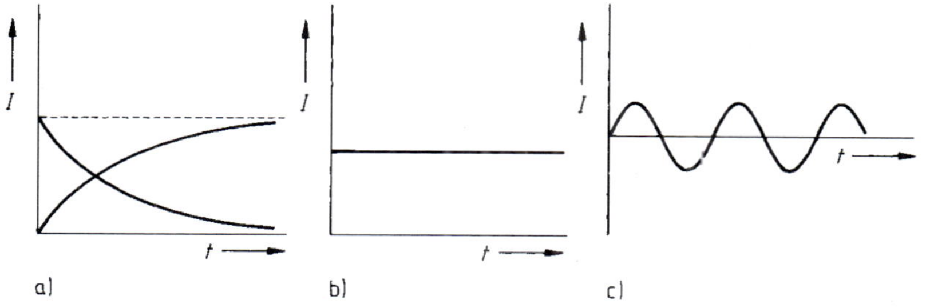

Abb. 6.17 Stromformen: Zu- und abnehmender Gleichstrom (a), konstanter Gleichstrom (b) und sinusförmiger Wechselstrom (c)

sich die Stromstärke einfach aus dem Verhältnis der Ladungsmenge Q, die im Zeitabschnitt Δt fließt:

$$I = \frac{Q}{\Delta t}. \qquad (6.17\,a)$$

Ändert der Strom in regelmäßigen Abständen die Richtung, dann nennt man ihn *Wechselstrom*. Die häufigste Form ist der sinusförmige Wechselstrom (Abb. 6.17c). Seine Eigenschaften werden uns in einem späteren Abschnitt (6.4.1) beschäftigen.

Die Stromdichte

Unter der Stromdichte versteht man die Stromstärke geteilt durch den Leiterquerschnitt.

$$j = \frac{I}{A}; \quad \text{SI-Einheit: } 1\ \text{A/m}^2. \qquad (6.18)$$

Beispiel 6.11: Die Stromdichte in einer Kupfersulfatlösung
Zwei Kupferplatten, die mit einer Batterie verbunden sind, tauchen in eine Kupfersulfatlösung. Welche Kupfermenge m wird transportiert, wenn eine Stunde lang ein Strom von 0,4 A fließt? Wie groß ist die Stromdichte zwischen den parallel angeordneten Platten, wenn diese eine Fläche von 80 cm^2 haben? (Relative Atommasse von Cu: 63,5)

$$m = (\text{Masse eines Kupferions}) \cdot (\text{Zahl der Kupferionen}) = \mu(\text{Cu}) \cdot N.$$

$$\mu(\text{Cu}) = (\text{relative Atommasse von Cu})(\text{atomare Masseneinheit})$$
$$= M_{\text{Cu}} \cdot u = 63{,}5\,(1{,}67 \cdot 10^{-27}\ \text{kg}) = 1{,}06 \cdot 10^{-25}\ \text{kg}.$$

$$N = \frac{\text{Transportierte Ladung}}{(\text{Ladung pro Cu}^{++}\text{-Ion})} = \frac{I \cdot t}{2e} = \frac{(0{,}4\ \text{A})\ (3600\ \text{s})}{2(1{,}61 \cdot 10^{-19}\ \text{C})} = \mathbf{4{,}47 \cdot 10^{21}\ Ionen}.$$

Damit berechnet sich die Kupfermasse zu

$$m = (1{,}06 \cdot 10^{-25}\ \mathrm{kg})\,(4{,}47 \cdot 10^{21}) = 4{,}74 \cdot 10^{-4}\ \mathrm{kg} = \mathbf{0{,}474\ mg}.$$

Für die Stromdichte im Elektrolyten erhalten wir

$$j = \frac{I}{A} = \frac{(0{,}4\ \mathrm{A})}{(8 \cdot 10^{-3}\ \mathrm{m}^2)} = \mathbf{50\ A/m^2}.$$

6.3.2 Der elektrische Widerstand

Zwischen einer Flüssigkeitsströmung, die infolge einer Druckdifferenz durch eine Kapillare strömt und dem elektrischen Strom, der aufgrund einer Spannung durch einen Leiter fließt, besteht eine weitgehende Analogie. Während es dort die innere Reibung der Flüssigkeit ist, gegen deren Widerstand der Druck Arbeit leisten muß, ist es hier der elektrische Widerstand, den die Ladungsträger bei ihrer Bewegung durch den Leiter erfahren, der durch die angelegte Spannung überwunden werden muß. In beiden Fällen erscheint die aufgewendete Energie als Wärme wieder.

Jeder Leiter setzt dem Stromfluß (d.h. der Bewegung der Ladungsträger) einen Widerstand entgegen. Um den Strom aufrecht zu erhalten, muß an den Enden des Leiters eine Spannung liegen.

Die Definition des Widerstandes

Der elektrische Widerstand eines Materials ist definiert als das Verhältnis der angelegten Spannung zum Strom, der durch das Material fließt.

$$\text{Elektrischer Widerstand} = \frac{\text{anliegende Spannung}}{\text{fließenden Strom}},$$

$$R = \frac{U}{I}. \tag{6.19}$$

Aus der Definition ergibt sich die SI-Einheit: $1\ \mathrm{V/A} = 1\ \mathrm{Ohm} = 1\ \Omega$.

Abb. 6.18 zeigt die übliche Darstellung einer elektrischen Schaltung. Hier repräsentiert der rechteckige Block ein elektrisches Bauteil, das einen im Vergleich zu den Zuleitungen sehr großen Widerstand besitzt. Man bezeichnet daher dieses Bauteil selbst als „Widerstand“.

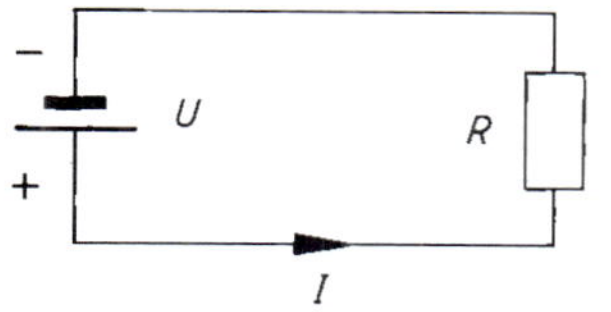

Abb. 6.18 Ein Stromkreis im Schema

Für einige Zwecke ist der Begriff des Leitwertes G nützlich. Man versteht darunter den Kehrwert des Widerstandes:

$$G = \frac{1}{R}; \quad \text{SI-Einheit: } 1\,\Omega^{-1} = 1 \text{ Siemens} = 1\text{ S}. \tag{6.20}$$

Der spezifische Widerstand

Der elektrische Widerstand eines Leiters hängt von seiner geometrischen Form ab. Um einen bestimmten Stoff bezüglich seiner elektrischen Eigenschaften zu charakterisieren, benötigt man eine formunabhängige, materialspezifische Größe.

Betrachtet man den elektrischen Strom als einen normalen Strömungsvorgang, dann erwartet man folgende Abhängigkeit des Widerstandes von den Dimensionen des Leiters (Abb. 6.19):

Der Widerstand eines Leiters ist um so größer, je kleiner die Querschnittsfläche des Leiters und je länger der Leiter ist. Den dabei auftretenden Proportionalitätsfaktor ϱ nennt man den spezifischen Widerstand des Materials, aus dem der Leiter besteht.

$$R = \varrho \cdot \frac{l}{A} \tag{6.21}$$

SI-Einheit: $1\,\Omega \cdot \text{m}$.

Abb. 6.19 Zur Definition des spezifischen Widerstandes

Tabelle 6.2 Spezifischer Widerstand ϱ für einige Stoffe

	Substanz	ϱ (in $\Omega \cdot m$)
Leiter	Kupfer	$1{,}72 \cdot 10^{-8}$
	Aluminium	$2{,}63 \cdot 10^{-8}$
Halbleiter	Germanium	0,60
	Silizium	2300
Isolatoren	Glas	$10^{10}-10^{14}$
Elektrolyten	Körperflüssigkeit	ca. 0,15

In Tab. 6.2 sind einige Zahlenwerte für diese Größe zusammengestellt.

Den Kehrwert des spezifischen Widerstandes nennt man die spezifische Leitfähigkeit.

$$\sigma = \frac{1}{\varrho}; \quad \text{SI-Einheit: } 1\,\text{S} \cdot \text{m}^{-1}. \tag{6.22}$$

Der spezifische Widerstand ist im allgemeinen eine Funktion der Temperatur. Während er für Metalle linear mit der Temperatur ansteigt,

$$\varrho(\text{t}) = \varrho_0(1 + \alpha t). \tag{6.23}$$

(ϱ_0 = spezifischer Widerstand bei 0 °C; t Celsiustemperatur; α = Temperaturkoeffizient des elektrischen Widerstandes), nimmt er für Elektrolyten und Halbleiter mit steigender Temperatur ab.

Beispiel 6.12: Die Temperaturabhängigkeit des Widerstandes eines Kupferdrahtes

Wie stark muß ein Kupferwiderstand ($\alpha = 0{,}004\ 1/°\text{C}$) erhitzt werden, damit sich sein Widerstand gegenüber dem Wert bei 0 °C verdoppelt?

$$\varrho(\text{t}) = 2\varrho_0 \quad \text{und damit } (1 + \alpha t) = 2.$$

$$t = \frac{1}{\alpha} = \frac{1}{0{,}004\,°\text{C}^{-1}} = \mathbf{250\,°C}.$$

Widerstandsthermometer:

Infolge dieser Temperaturabhängigkeit eignen sich Metallwiderstände sehr gut zur Temperaturmessung.

Allerdings beschreibt Gl. 6.23 diesen Zusammenhang über große Temperaturbereiche nur mit unzureichender Genauigkeit. Ist die Meßanordnung jedoch exakt geeicht, dann zeichnen sich solche Thermometer (z. B. Platinwiderstandsthermometer) durch sehr hohe Genauigkeit und Reproduzierbarkeit aus. Voraussetzung ist dann allerdings, daß gleichzeitig der Widerstandswert sehr genau bekannt ist; er läßt sich mit einer Brückenschaltung (s. Abschn. 6.3.5) messen.

Das Ohmsche Gesetz

Für sehr viele elektrische Leiter gilt ein einfacher Zusammenhang zwischen der angelegten Spannung und dem fließenden Strom.

Wird die Temperatur des Leiters konstant gehalten, dann ist der elektrische Strom proportional zur angelegten Spannung. Mit anderen Worten: Der elektrische Widerstand ist unabhängig von der Stromstärke eine konstante Größe.

$$\frac{U}{I} = R = \text{konstant} \quad (\text{für } T = \text{const}). \tag{6.24}$$

Leiter, die diesem Gesetz gehorchen, nennt man ohmsche Leiter. Zu ihnen gehören die Metalle und die Elektrolyte.

Man beachte, daß dieses Gesetz nur bei konstanter Temperatur gilt. In jedem Leiter entsteht bei Stromfluß Wärme. Nur solange diese vernachlässigbar klein ist oder durch besondere Maßnahmen abgeführt wird, kann man eine Proportionalität zwischen U und I erwarten.

Ferner beachte man den Unterschied zwischen Ohmschen Gesetz (6.24) und Definition des Widerstandes (6.21): Der Quotient U/I aus den Momentanwerten für Spannung und Strom liefert stets den Widerstand R. Nur wenn U proportional zu I ist, ist das Ohmsche Gesetz erfüllt.

Strom-Spannungs-Kennlinien

Trägt man in einem Diagramm den Strom als Funktion der angelegten Spannung auf, so erhält man eine sogenannte Strom-Spannungs-Kennlinie.

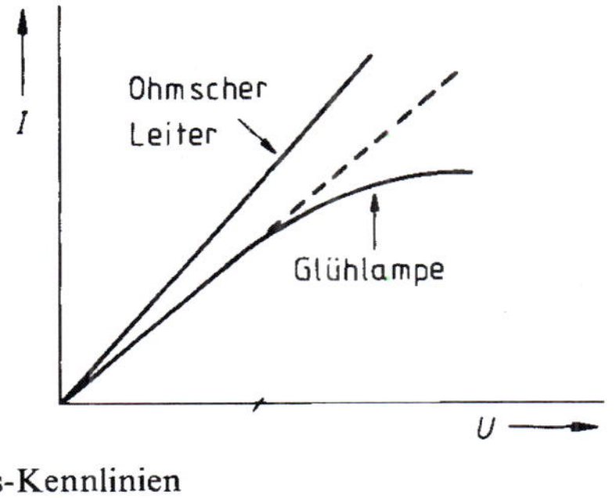

Abb. 6.20 Strom-Spannungs-Kennlinien

In Abb. 6.20 sind die Kennlinien für einen ohmschen Leiter (U proportional I) und für eine Glühlampe eingezeichnet. Erstere ist erwartungsgemäß eine Gerade durch den Ursprung. Für eine Glühlampe wird die Stromzunahme bei steigender Spannung geringer, als es dem Ohmschen Gesetz entspricht. Dies bedeutet, daß der Widerstand mit wachsender Stromstärke zunimmt. Die Ursache dafür liegt in der zunehmenden Erwärmung des Glühfadens.

6.3.3 Die Leistung des elektrischen Stromes

Wenn in einer Spannungsquelle, die die Spannung U liefert, eine Ladungsmenge Q auf ein um U Volt höheres Potential gebracht wird, dann ist dazu die Arbeit $W = Q \cdot U$ nötig. Sie stammt (s. Abschn. 6.2.7) aus der chemischen Energie der Batterie.

Diese Energie wird wieder verbraucht, wenn die Ladung Q über einen Leiter, in den „Verbraucher" R eingeschaltet sind, zum anderen Pol der Spannungsquelle zurückfließt.

Beziehen wir diese Energiemenge auf die Zeit, dann ergibt sich die Leistung des elektrischen Stromes:

$$P = \frac{W}{t} = \frac{Q \cdot U}{t} = I \cdot U = I^2 \cdot R = \frac{U^2}{R}. \tag{6.25}$$

Die in einem Gleichstromkreis verbrauchte Leistung ist gleich dem Produkt aus angelegter Spannung U und Stromstärke I.

Die Einheit für die Leistung (1 Watt) kennen wir bereits. Hier ergibt sich noch der Zusammenhang mit den elektrischen Größen Volt und Ampere:

$$1\ \text{W} = 1\ \text{A} \cdot 1\ \text{V}.$$

Diese Energie tritt in Stromkreisen in unterschiedlicher Form in Erscheinung. Ein Teil wird stets als Wärme auftreten, da diese untrennbar mit jedem Stromfluß verknüpft ist. Sie hat den Namen *Joulesche Wärme*. Entweder ist sie unvermeidbarer Verlust, oder sie wird für Heizzwecke mit Absicht erzeugt. Die Energie läßt sich aber auch für mechanische Arbeitsleistung (Elektromotor) verwenden.

Beispiel 6.13: Die Joulesche Wärme bei einem Bügeleisen
Die Zuleitung für ein Bügeleisen (220 V, 1 kW) besteht aus Kupferdraht (Länge 3 m, Querschnitt des Drahtes 0,75 mm^2, ϱ (Cu) = 1,7 · 10^{-8} Ω · m). Wie groß ist der Widerstand der Zuleitung (Hin- und Rückleitung berücksichtigen!)? Wie groß ist der Widerstand der Heizwicklung im Bügeleisen? Welcher Strom fließt? Welche Leistung wird in der Zuleitung in Wärme umgewandelt?

Widerstand der Zuleitung (Gl. 6.21):

$$R_Z = (1{,}7 \cdot 10^{-8}\ \Omega\text{m})\,\frac{2(3\ \text{m})}{(0{,}75 \cdot 10^{-6}\ \text{m}^2)} = \mathbf{0{,}14\ \Omega}.$$

Aus Gl. 6.25 und 6.19 erhält man $P = U \cdot I = U^2/R$ und daraus den Widerstand der Heizwicklung:

$$R = \frac{(220\ \text{V})^2}{1000\ \text{W}} = \mathbf{48{,}4\ \Omega}.$$

Der Gesamtwiderstand beläuft sich auf 48,54 Ohm. Dies ergibt einen Strom von

$$I = \frac{220\ \text{V}}{48{,}54\ \Omega} = \mathbf{4{,}53\ A}.$$

In der Zuleitung werden

$$P_Z = I^2 R_Z = (4{,}53\ \text{A})^2\,(0{,}14\ \Omega) = \mathbf{2{,}87\ W}.$$

in Wärme umgewandelt.

6.3.4 Eigenschaften von Spannungsquellen

Will man Spannungsquellen in Stromkreise einbauen, dann ist es erforderlich, einige Eigenschaften der Spannungsquellen zu kennen.

Was ist damit gemeint?

In einem Stromkreis (Abb. 6.21 a) fließen die Ladungen tatsächlich „im Kreis" herum, d.h. auch durch die Spannungsquelle, die ja ein Bestandteil dieses Kreises ist. Wie in jedem anderen Teil des Stromkreises erfolgt der Stromfluß auch hier gegen einen gewissen Widerstand, den sogenannten Innenwiderstand der Spannungsquelle. Für quantitative Überlegungen ist es daher sehr nützlich, ein „Ersatzschaltbild" zu verwenden, in dem die reale Spannungsquelle U ersetzt wird durch eine Spannungsquelle U_0 (die nun keinen Widerstand mehr besitzt) und einen dazu in Reihe geschalteten Widerstand R_i, den sogenannten Innenwiderstand der Spannungsquelle (Abb. 6.21 b).

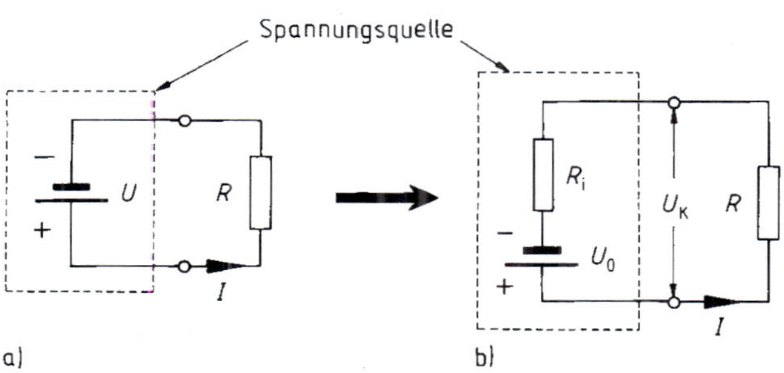

Abb. 6.21 „Ersatzschaltbild" für eine Spannungsquelle

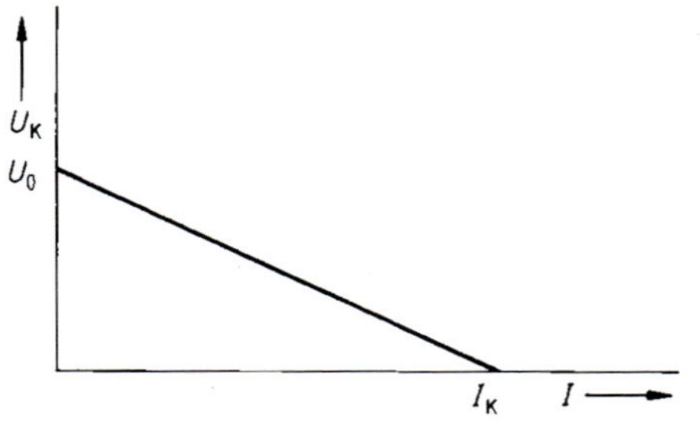

Abb. 6.22 Die Klemmenspannung einer Spannungsquelle nimmt linear ab, wenn der entnommene Strom anwächst

Wird nun der Stromkreis über einen äußeren Widerstand R (den Verbraucher) geschlossen, dann muß die Spannungsquelle U_0 den Strom sowohl durch den Widerstand R als auch durch den eigenen Innenwiderstand R_i treiben. Die an den Klemmen der Spannungsquelle zur Verfügung stehende Spannung U_K ist daher um den Betrag $R_i \cdot I$ kleiner als U_0. Dieser Spannungsbetrag fällt bereits am Innenwiderstand der Quelle ab. Für die „Klemmenspannung" U_K erhält man also den allgemeinen Zusammenhang

$$U_K = U_0 - I \cdot R_i. \tag{6.26}$$

Tragen wir U_K als Funktion des entnommenen Stromes I in ein Diagramm ein (Abb. 6.22), dann können wir daraus folgendes ablesen:

a) Nur für $I = 0$ (d.h. R = unendlich oder offener Stromkreis) ist die Klemmenspannung U_K gleich U_0. Diesen Wert bezeichnet man daher auch als „Leerlaufspannung".
b) Mit wachsendem Strom, der entnommen wird, sinkt die Klemmenspannung ab, bis sie für $I_K = U_0/R_i$ zu Null wird. Dies ist der Maximalstrom, den die Quelle liefern kann. Dieser „Kurzschlußstrom" tritt auf, wenn der Außenwiderstand R gleich Null wird.

Eine Spannungsquelle ändert ihre Klemmenspannung um so weniger, je kleiner ihr Innenwiderstand ist.

Beispiel 6.14: Die Autobatterie
Ein Autoakku (12 V) besitzt eine Kapazität von 36 Ah (d.h. erreicht das Produkt: Entnommener Strom mal Zeit 36 Ah, dann ist der Akku erschöpft). Wird er kurzgeschlossen, dann fließt ein Strom von 1200 A.

Wie groß ist der Innenwiderstand R_i des Akkus? Wie groß ist die Klemmenspannung, wenn beim Betätigen des Anlassers 80 A fließen? Welche Leistung P_A nimmt der Anlasser auf? Welche Leistung P_B wird beim Anlassen im Akku verbraucht?

Bei Kurzschluß ist $U_K = 0$. Daraus folgt (Gl. 6.26):

$$R_i = U_0/I_K = \frac{12\ \text{V}}{1200\ \text{A}} = \mathbf{0{,}01\ Ohm}.$$

Beim Anlassen gilt:

$$U_K = U_0 - I \cdot R_i = (12\ \text{V}) - (80\ \text{A})\,(0{,}01\ \Omega) = \mathbf{11{,}2\ V}.$$

$$P_A = I \cdot U_K = (80\ \text{A})\,(11{,}2\ \text{V}) = \mathbf{896\ W}.$$

Am Innenwiderstand fällt die Spannung $U_0 - U_K$ ab. Die verbrauchte Leistung im Akku ist daher

$$P_B = I(U_0 - U_K) = (80\ \text{A})\,(0{,}8\ \text{V}) = \mathbf{64\ W}.$$

Diese in jeder Spannungsquelle als Wärme freiwerdende Leistung kann bei zu hohen Strömen zur Zerstörung führen.

6.3.5 Einfache elektrische Schaltungen

Um einfache Schaltungen, die bei bestimmten Meßproblemen auftreten, verstehen zu können, genügt es, zwei Regeln zu beachten, die ihrerseits unmittelbar aus grundlegenden physikalischen Prinzipien folgen.

Die Kirchhoffschen Regeln

An Verzweigungspunkten für den elektrischen Strom gilt die sogenannte Knotenregel (Abb. 6.23a):

Im Knotenpunkt einer Schaltung ist die Summe aller zufließenden Ströme I_z gleich der Summe aller abfließenden Ströme I_a:

$$I_{z1} + I_{z2} + \cdots = I_{a1} + I_{a2} \cdots. \tag{6.27}$$

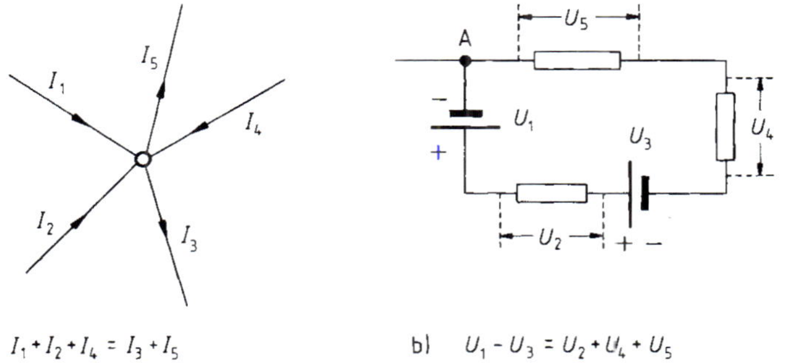

Abb. 6.23 Beispiele für die Anwendung der Knotenregel (a) und der Maschenregel (b)

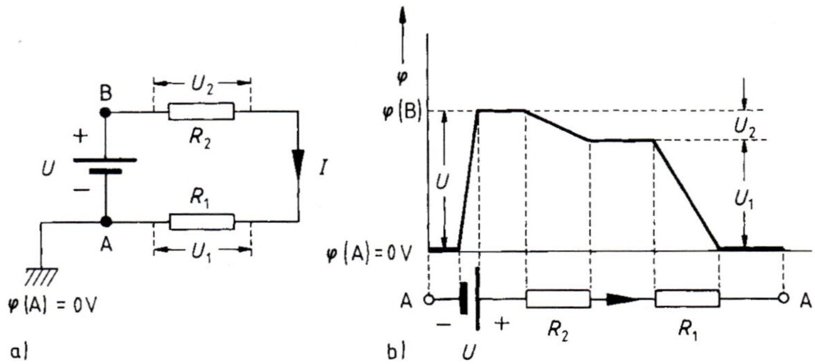

Abb. 6.24 Schneidet man den Stromkreis (a) am Punkt A auf, so ergibt sich der in (b) gezeigte Potentialverlauf entlang des Kreises

Für geschlossene Stromkreise gilt (unabhängig von eventuellen Abzweigungen wie im Punkt A der Abb. 6.23b) die sogenannte Maschen- oder Schleifen-Regel:

In einem geschlossenen Stromkreis (Masche) ist die Summe aller Spannungen U_q der enthaltenen Spannungsquellen (dabei sind die Vorzeichen zu beachten!) gleich der Summe der Spannungsabfälle U_w an den Widerständen:

$$U_{q1} + U_{q2} + \cdots = U_{w1} + U_{w2} + \cdots . \tag{6.28}$$

Die Knotenregel folgt aus dem Erhaltungssatz für die elektrische Ladung. Elektrische Ladungen können an den Knotenpunkten nicht entstehen oder verschwinden.

Die Maschenregel folgt aus dem Energieerhaltungssatz. Die Ladungen können an den Verbraucher nicht mehr Energie abgeben als sie an der Spannungsquelle mitbekommen haben.

Zum besseren Verständnis der Maschenregel wollen wir einen einfachen Stromkreis (Abb. 6.24a) beim Punkt A aufschneiden und das Potential längs des Kreises in ein Diagramm eintragen (Abb. 6.24b), wobei wir annehmen, daß Punkt A geerdet ist (d.h. hier herrscht das Potential $\varphi(A) = 0$ V). Wie stets bei solchen Betrachtungen gehen wir von der technischen Stromrichtung, also von der Bewegungsrichtung positiver Ladungen, aus. Das hat jedoch keinen Einfluß auf das Ergebnis der Überlegung.

Durch die Batterie (Spannungsquelle, auch elektromotorische Kraft = EMK genannt) werden die Ladungen auf das positive Potential $\varphi(B)$ gebracht. Längs der widerstandslosen Leitungen behalten sie ihr Potential bei. Eine Abnahme der potentiellen Energie (sie ist proportional zum Potential) erfolgt jedoch über den beiden Widerständen, da hier Arbeit geleistet werden muß. Die

Summe der Spannungsabfälle über den beiden Widerständen muß aber gleich der Batteriespannung sein, da die Ladungen auf dem Potential $\varphi(A) = 0$ V zur Spannungsquelle zurückkehren.

Man kann in diesem Zusammenhang auch an einen Flüssigkeitskreislauf denken: Eine Pumpe drückt die Flüssigkeit in die Höhe (Erhöhung der potentiellen Energie). Durch ein Rohrsystem, durch welches z. B. ein Wasserrad angetrieben wird, kehrt die Flüssigkeit wieder auf das Ausgangsniveau zurück.

Widerstandsschaltungen

Um den Gesamtwiderstand einer Kombination von Widerständen zu berechnen, müssen die Kirchhoffschen Regeln auf einfache Stromkreise angewendet werden. Man beachte, daß die Ergebnisse völlig analog sind zu den Beziehungen, die wir für die Kombination von Strömungswiderständen gefunden haben.

Serienschaltung:

Aus der Maschenregel (Gl. 6.28) und dem Ohmschen Gesetz folgt für den Gesamtwiderstand von hintereinander geschalteten Widerständen (Abb. 6.25):

$$U = U_1 + U_2 = IR_1 + IR_2 = I(R_1 + R_2) = I \cdot R.$$

Der Gesamtwiderstand von Einzelwiderständen, die in Reihe geschaltet sind, ist gleich der Summe der Einzelwiderstände:

$$R = R_1 + R_2 + \cdots. \tag{6.29}$$

Parallelschaltung:

Aus der Knotenregel (Gl. 6.27) und dem Ohmschen Gesetz folgt für den Gesamtwiderstand zweier parallelgeschalteter Widerstände (Abb. 6.25 b):

$$I = I_1 + I_2 = \frac{U}{R_1} + \frac{U}{R_2} = U\left(\frac{1}{R_1} + \frac{1}{R_2}\right) = U \cdot \frac{1}{R}.$$

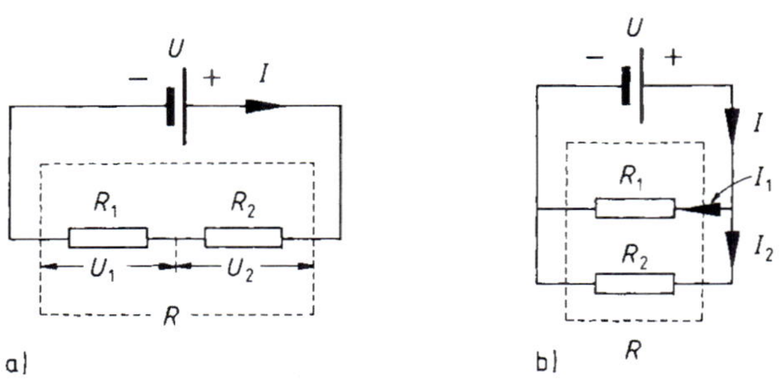

Abb. 6.25 Serien- (a) und Parallelschaltung (b) von Widerständen

Bei einer Parallelschaltung von Einzelwiderständen addieren sich die Reziprokwerte (Kehrwerte) dieser Widerstände zum Reziprokwert des Gesamtwiderstandes:

$$\frac{1}{R} = \frac{1}{R_1} + \frac{1}{R_2} + \cdots. \tag{6.30}$$

Beispiel 6.15: Widerstandsschaltung

Für die in Abb. 6.26a angegebene Schaltung berechne man den Gesamtwiderstand, den Gesamtstrom und das Potential im Punkt P.

Eine solche Schaltung läßt sich schrittweise vereinfachen, indem man auf Widerstandsgruppen, wo es möglich ist, die Regeln 6.29 und 6.30 anwendet.

1. Schritt: Vereinfachung zur Schaltung Abb. 6.26b:

$$R_b = R_1 + R_2 + R_3 = 1\,\Omega + 2\,\Omega + 3\,\Omega = 6\,\Omega.$$

2. Schritt: Vereinfachung zur Schaltung Abb. 6.26c:

$$\frac{1}{R_c} = \frac{1}{R_b} + \frac{1}{R_4} = \frac{1}{6\,\Omega} + \frac{1}{3\,\Omega} = \frac{1+2}{6\,\Omega} = \frac{1}{2\,\Omega}; \qquad R_c = 2\,\Omega.$$

3. Schritt: Vereinfachung zur Schaltung Abb. 6.26d:

$$R_d = R_5 + R_c + R_6 = 1\,\Omega + 2\,\Omega + 5\,\Omega = 8\,\Omega.$$

Damit ist der Gesamtwiderstand gefunden: $\mathbf{R_{ges} = 8\,\Omega}$.

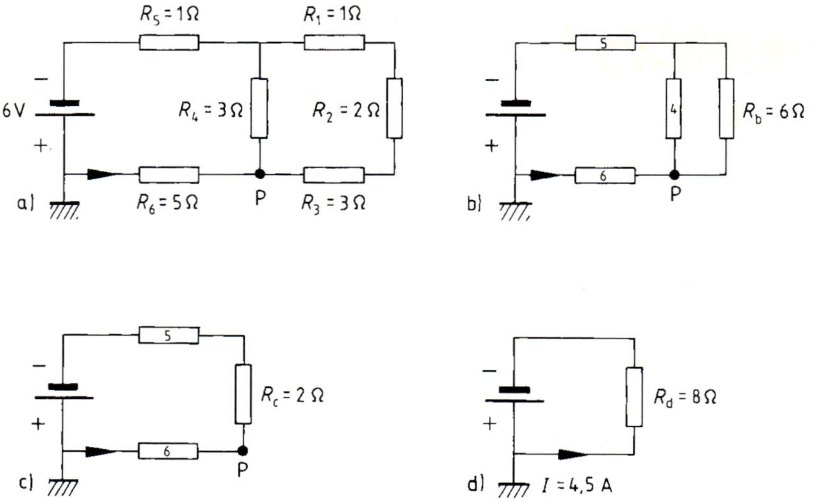

Abb. 6.26 Zu Beispiel 6.15

In diesem Schaltkreis fließt daher ein Strom von

$$I = \frac{U}{R} = \frac{36\ \text{V}}{8\ \Omega} = \mathbf{4{,}5\ A}.$$

Der Spannungsabfall über Widerstand R_6 beträgt $U = R_6 \cdot I = (5\ \Omega)\ (4{,}5\ \text{A}) = 22{,}5\ \text{V}$.
Da das eine Ende des Widerstandes geerdet ist, herrscht am Punkt P das Potential $\boldsymbol{\varphi}\,\mathbf{(P) = -22{,}5\ V}$.

Strom- und Spannungsmessung

Um Ströme zu messen, benutzt man Instrumente, die in geeigneter Weise (z.B. durch Zeigerausschlag) auf die Wirkungen des elektrischen Stromes reagieren. Neben der Wärmeentwicklung zählt zu diesen Wirkungen in erster Linie die Kraft, die ein stromdurchflossener Leiter in einem Magnetfeld erfährt (s. Abschn. 6.3.6). Auch Spannungen werden letztlich dadurch gemessen, daß man den Strom registriert. Trotzdem sollte man ein und dasselbe Instrument nicht für beide Zwecke (Strom- und Spannungsmessung) einsetzen. Der Grund liegt darin, daß jede Meßart eine andere Verschaltung des Instruments im Stromkreis erfordert und daß sich dabei der Innenwiderstand des Instruments unterschiedlich bemerkbar macht.

Strommessung:

Durch eine Leitung fließe ein Strom I, der gemessen werden soll (Abb. 6.27a). Dazu muß man die Leitung auftrennen und das Meßgerät (Strommesser, Amperemeter) direkt in den Stromkreis einschalten. Wie bei jedem Meßvorgang ist es wünschenswert, daß die zu messende Größe durch die Messung nicht verändert wird. Dies ist nur zu erwarten, wenn das Meßinstrument einen möglichst kleinen Innenwiderstand besitzt. Denn der Innenwiderstand erhöht den Gesamtwiderstand des Kreises und verringert dadurch den Strom, der gemessen werden soll.

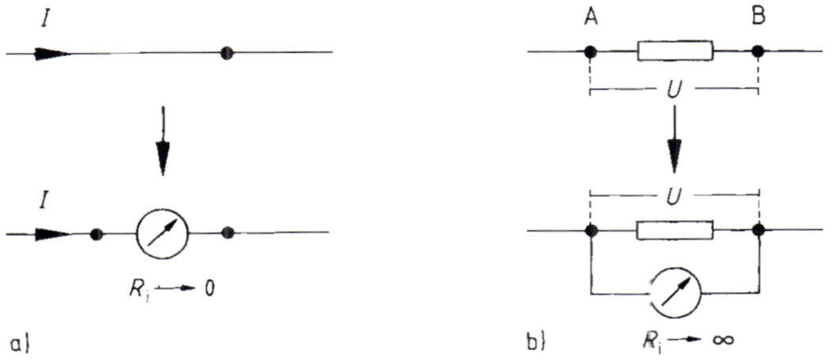

Abb. 6.27 Strom- (a) und Spannungsmessung (b)

Strommeßgeräte werden direkt in den Stromkreis eingeschaltet. Sie sollten einen möglichst kleinen Innenwiderstand besitzen.

Spannungsmessung:

Zwischen den Punkten A und B den Enden eines Widerstandes soll die Spannung gemessen werden (Abb. 6.27 b). Dazu verbinden wir die Punkte A und B mit den Anschlußbuchsen des Meßgerätes (Spannungsmesser, Voltmeter), das jetzt von dem Strom I durchflossen wird. Da das Meßgerat den Innenwiderstand R_i hat, läßt sich der Stromwert gemäß dem Ohmschen Gesetz $U = R_i I$ in einen Spannungswert umwandeln. In der Praxis ist die Skala eines Voltmeters direkt in Volt geeicht.

Auch diese Messung verfälscht die Meßgröße. Durch die Parallelschaltung des Spannungsmessers sinkt nämlich (vergl. den Abschnitt über Widerstandsschaltungen) der Gesamtwiderstand zwischen A und B und damit auch die zu messende Spannung. Der Effekt ist um so größer, je kleiner der Innenwiderstand des Meßgerätes ist.

Spannungsmeßgeräte schließt man parallel zu den Punkten an, zwischen denen die Spannung gemessen werden soll. Ihr Innenwiderstand sollte möglichst groß sein.

Meßbereichserweiterung:

Um mit einem Meßgerät Ströme oder Spannungen in weiten Größenbereichen messen zu können, kombiniert man das Gerät mit geeignet dimensionierten Widerständen und sieht entsprechende Umschaltmöglichkeiten vor.

Um den Strommeßbereich zu erweitern, müssen Widerstände parallel zum Meßgerät geschaltet werden, damit ein definierter Anteil des Stromes am Instrument vorbeifließt. Dagegen müssen zur Erweiterung des Spannungsmeßbereiches die Widerstände in Serie zum Meßgerät geschaltet werden, damit ein definierter Anteil der Spannung bereits daran abfällt.

Beispiel 6.16: Meßbereichserweiterung eines Strom-/Spannungsmeßgeräts
Ein Meßgerät M besitze einen Innenwiderstand $R_i = 100$ Ohm. Es zeige Vollausschlag, wenn ein Strom von 1 mA fließt. Damit läßt es sich auch zu Spannungsmessungen bis 100 mV ($= R_i I$) einsetzen. Wie müssen die Schaltbilder für die Bereichserweiterungen aussehen, wenn Strombereiche bis 10 mA und bis 100 mA bzw. Spannungsmeßbereiche bis 1 V und bis 10 V zugeschaltet werden sollen?

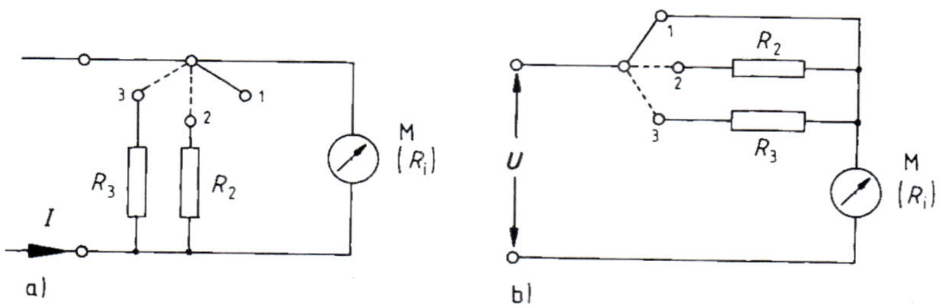

Abb. 6.28 Meßbereichserweiterung für Strom- (a) und Spannungsmessung (b)

Um z. B. 10 mA messen zu können, muß man dafür sorgen, daß 9 mA durch einen Parallelwiderstand und nur 1 mA durch das Gerät fließen. Dies wird erreicht, wenn dieser Nebenwiderstand 1/9 des Innenwiderstands beträgt. Analog ergeben sich andere Meßbereiche (Abb. 6.28 a).

Meßbereich 1:	Vollausschlag	1 mA:	kein Nebenwiderstand,
Meßbereich 2:	Vollausschlag	10 mA:	$R_2 = \frac{1}{9} R_i = \frac{100}{9}\ \Omega$,
Meßbereich 3:	Vollausschlag	100 mA:	$R_3 = \frac{1}{99} R_i = \frac{100}{99}\ \Omega$.

Um den Bereich z. B. auf 1 V zu erweitern, müssen 0,9 V am Vorwiderstand abfallen, d. h. dieser Widerstand muß 9 mal so groß sein wie R_1. Für weitere Bereiche gilt entsprechendes (Abb. 6.28 b).

Meßbereich 1:	Vollausschlag	100 mV:	kein Vorwiderstand
Meßbereich 2:	Vollausschlag	1 V:	$R_2 = 9\ R_i = 900\ \Omega$
Meßbereich 3:	Vollausschlag	10 V:	$R_3 = 99\ R_i = 9{,}9\ \text{k}\Omega$.

Aus diesen Darlegungen ist jedoch ersichtlich, daß das Meßgerät auf diese Weise nur *unempfindlicher* gemacht werden kann, nicht aber empfindlicher, d. h. verwendbar für kleinere Ströme und Spannungen.

Will man die Urspannung U_0 einer Spannungsquelle bestimmen, dann mißt man prinzipiell eine zu kleine Spannung, da die Klemmenspannung U_K, die wir ja nur messen können, um den Betrag [(Innenwiderstand der Quelle) mal (entnommener Strom)] kleiner ist als U_0 (Gl. 6.26). Dieser Fehler läßt sich nur klein halten, wenn man folgendes beachtet:

$$U_0 = U_K + R_i^{sp} \cdot I = U_K \left(1 + \frac{R_i^{sp}}{R_i^{mg}}\right), \quad \text{da} \quad I = \frac{U_K}{R_i^{mg}}.$$

Daraus folgt:

Eine korrekte Spannungsmessung ist nur möglich, wenn der Innenwiderstand R_i^{mg} des Meßgerätes sehr groß ist gegenüber dem Innenwiderstand R_i^{sp} der Spannungsquelle, deren Urspannung gemessen werden soll. Nur dann ist U_K gleich U_0.

Beispiel 6.17: Messung der Leerlaufspannung einer Nervenzelle

Nervenzellen liefern eine Leerlaufspannung U_0 von ca. 100 mV und besitzen einen Innenwiderstand von ca. 10 MΩ. Welche Spannung würde ein Meßgerät anzeigen, dessen Innenwiderstand $R_i^{mg} = 100$ Ohm beträgt?

$$U_K = \frac{U_0}{1 + R_i^{sp}/R_i^{mg}} = \frac{U_0}{1 + (10^7\,\Omega/100\,\Omega)} = 10^{-5}\,U_0 = \mathbf{10^{-6}\,V}.$$

Diese Schwierigkeiten treten nicht auf, wenn man

a) entweder elektronische Meßverstärker anstelle von herkömmlichen Drehspulmeßgeräten einsetzt (R_i ca. 100 MΩ) oder
b) sogenannte Kompensationsschaltungen verwendet.

Kompensationsschaltungen zur Spannungsmessung:

Dazu baut man eine Schaltung auf, wie sie in Abb. 6.29 dargestellt ist. Man legt eine feste Spannung U an einen Widerstand, der einen verschiebbaren Abgriff hat. Zwischen A und B lassen sich somit je nach Stellung des Abgriffs verschiedene Spannungen einstellen. Man bezeichnet dies als eine Potentiometerschaltung.

Legt man nun die zu messende Spannungsquelle U_x in Verbindung mit einem Strommeßgerät so an A und B, daß Minus an Minus und Plus an Plus kommt, dann kann durch Verschieben von B erreicht werden, daß kein Strom mehr fließt. Die Spannung zwischen A und B ist dann gleich der Leerlaufspannung U_0, da in diesem Zustand kein Strom entnommen wird. Da sich an dem Schiebewiderstand die Längen wie die dazugehörenden Widerstände verhalten, gilt

$$\frac{U}{U_x} = \frac{R}{R_x} = \frac{l}{l_x}, \quad \text{oder} \quad U_x = U \cdot \frac{l_x}{l}.$$

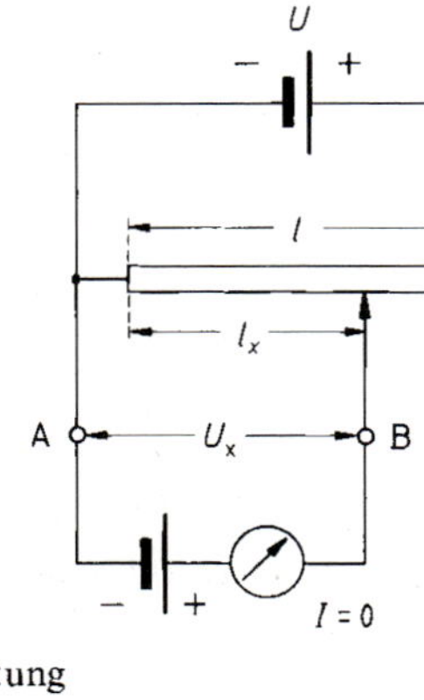

Abb. 6.29 Kompensationsschaltung

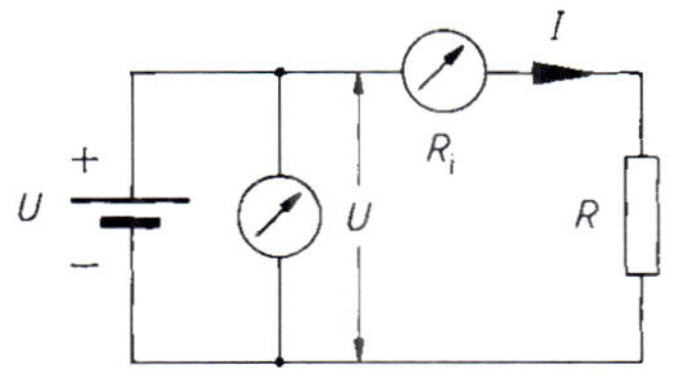

Abb. 6.30 Ermittlung des Widerstandes aus Strom- und Spannungsmessung

Widerstandsmessung

Nun sollen noch zwei Verfahren vorgestellt werden, die es gestatten, unbekannte Widerstände zu messen.

Widerstandsmessung aus Strom- und Spannungsmessung:

Die direkteste Methode geht von der Definition des Widerstandes aus. Dazu müssen gleichzeitig der durch den Widerstand fließende Strom I und die an den Enden des Widerstandes liegende Spannung U gemessen werden. U/I ergibt den Widerstand R.

Baut man zu diesem Zweck etwa die Schaltung nach Abb. 6.30 auf, so mißt man zwar den korrekten Wert des Stromes I, jedoch eine zu große Spannung U, da auch am Amperemeter mit seinem endlichen Innenwiderstand ein kleiner Spannungsbetrag abfällt. Für die gemessene Spannung gilt

$$U = I \cdot R + I \cdot R_i = I(R + R_i)$$

Da der Innenwiderstand eines Meßgerätes im allgemeinen bekannt ist, kann man nach Ablesung von U und I den Widerstand R berechnen:

$$R = \frac{U}{I} - R_i.$$

Widerstandsmessung mit einer Brückenschaltung:

Zu Präzisionsmessungen von Widerständen benutzt man meistens eine Brükkenschaltung.

Dazu baut man den unbekannten Widerstand R_x mit drei bekannten Widerständen R_1, R_2 und R_3 zu der in Abb. 6.31 gezeichneten Schaltung zusammen. R_1 muß dabei ein veränderlicher Widerstand sein. Legt man eine Spannung U an, dann wird im allgemeinen das Amperemeter einen Strom zwischen A und B anzeigen. Durch Verändern des Widerstandes R_1 läßt sich erreichen, daß dieser Strom Null wird ($i = 0$). Dann liegen die Punkte A und B auf dem gleichen Potential (d.h. zwischen ihnen herrscht keine Spannung). Es gilt also:

$$U_x = U_3, \quad \text{und} \quad U_1 = U_2.$$

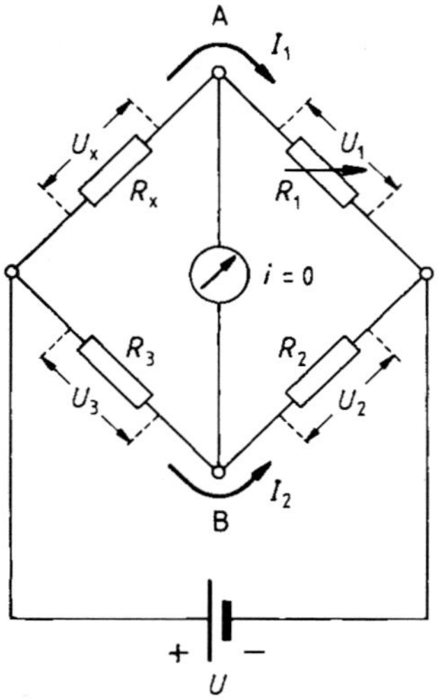

Abb. 6.31 Widerstandsmessung mit der Wheatstoneschen Brückenschaltung

Da $i = 0$ fließt durch R_x und R_1 derselbe Strom I_1. Ebenso sind die Stromstärken in R_2 und R_3 einander gleich ($= I_2$), so daß man schreiben kann:

$$R_x \cdot I_1 = R_3 \cdot I_2 \quad \text{und} \quad R_1 \cdot I_1 = R_2 \cdot I_2 .$$

Diese beiden Beziehungen können durcheinander dividiert und nach R_x aufgelöst werden:

$$R_x = R_1 \cdot \frac{R_3}{R_2}. \tag{6.31}$$

6.3.6 Magnetfelder

In Abschnitt 3.2.2 haben wir neben der Coulombkraft auch die zwischen bewegten Ladungen, d.h. zwischen Strömen wirksame Lorentzkraft kennengelernt. Man nennt sie auch magnetische Kraft.

Gl. 3.5 lautet etwas umgeschrieben:

$$F = l \cdot I \cdot \frac{\mu_0}{2\pi} \frac{I_0}{r}. \tag{6.32}$$

Die Konstante μ_0 besitzt den Wert: $4\pi \cdot 10^{-7} \frac{\text{V s}}{\text{A m}}$. F ist also die Kraft, die zwischen zwei Strömen I und I_0 im Abstand r auf der Länge l wirkt.

Ebenso wie für den Bereich der elektrischen Kräfte der Begriff des elektrischen Feldes eingeführt wurde, ist es möglich, die Wirkung magnetischer Kräfte auf die Existenz eines Magnetfeldes in der Umgebung von Strömen zurückzuführen.

Zur Erinnerung:

In der Umgebung elektrischer Ladungen existiert ein elektrisches Feld $\boldsymbol{E}$. Bringt man eine weitere Ladung q in dieses Feld, dann erfährt sie eine Kraft $\boldsymbol{F}$ der Größe

$$\boldsymbol{F} = q \cdot \boldsymbol{E}$$

in Richtung von $\boldsymbol{E}$.

Für die Kräfte zwischen Strömen wollen wir nun ein analoges Konzept entwickeln.

Die magnetische Feldstärke

Um den Begriff der magnetischen Feldstärke einzuführen, genügt es, die Gl. 6.32 anders zu interpretieren.

Ein vom Strom I_0 durchflossener Leiter erzeugt im Abstand r ein magnetisches Feld mit der Feldstärke

$$B = \frac{\mu_0}{2\pi} \cdot \frac{I_0}{r}. \qquad (6.33)$$

Bringen wir einen zweiten vom Strom I durchflossenen Leiter der Länge l (parallel zu I_0) in dieses Feld, dann wirkt auf ihn die Kraft

$$F = l \cdot I \cdot B. \qquad (6.34)$$

Daraus läßt sich die SI-Einheit von B ableiten:

$$1 \frac{\mathrm{N}}{\mathrm{Am}} = 1 \text{ Tesla} = 1 \text{ T}.$$

Beispiel 6.18: Das magnetische Feld zwischen zwei Starkstromleitungen

Zwei Starkstromleitungen ($I_1 = I_2 = 1000$ A) verlaufen im Abstand von einem Meter. Wie groß ist das magnetische Feld des einen Stroms am Ort des anderen und mit welcher Kraft ziehen sie sich auf einer Strecke von 50 m gegenseitig an?

Nach Gl. 6.33: $B = \frac{4\pi\, 10^{-7}\ \mathrm{Vs/Am}}{2\pi} \frac{1000\ \mathrm{A}}{1\ \mathrm{m}} = \mathbf{2 \cdot 10^{-4}\ T}$,

und Gl. 6.34: $F = (50\ \mathrm{m})\,(1000\ \mathrm{A})\,(2 \cdot 10^{-4}\ \mathrm{T}) = \mathbf{10\ N}$.

Die Kraft auf eine bewegte Ladung im Magnetfeld:

Benutzt man die Definition für die Stromstärke ($I = Q/t$), dann kann die Gl. 6.34 umgeschrieben werden für den Fall, daß sich eine Einzelladung q mit der Geschwindigkeit v durch ein Magnetfeld B bewegt. Dazu müssen wir das Produkt $I \cdot l$ umformen:

$$I \cdot l = q \cdot \frac{l}{t} = q \cdot v,$$

und wir erhalten für die gesuchte Kraft:

$$F = q \cdot v \cdot B. \tag{6.34a}$$

Damit haben wir aber erst den Betrag von $\boldsymbol{F}$ definiert. Um die vollständige Beziehung zwischen I (bzw. v), I_0 und F zu erhalten, müssen wir die *Richtungen* der Ströme und des Magnetfeldes mit berücksichtigen, d.h. alle Größen als Vektoren betrachten.

Dazu gehen wir in zwei Schritten vor:

Als erstes stellen wir fest, welche Richtung das Feld $\boldsymbol{B}$ um einen Strom $\boldsymbol{I}_0$ hat. Anschließend untersuchen wir, unter welchem Winkel dieses Feld auf einen Strom $\boldsymbol{I}$ wirkt. Damit können wir dann die Kraft $\boldsymbol{F}$ berechnen.

Die nächsten beiden Abschnitte beschreiben anhand von Beispielen, wie sich die Richtungsbeziehung zwischen Strom und Magnetfeld erhalten läßt.

Magnetische Feldlinien

Um Größe und Richtung der magnetischen Feldstärke in der Umgebung eines Leiters anschaulich darzustellen, bedient man sich auch hier sogenannter Feldlinienbilder. Welcher Zusammenhang besteht zwischen Richtung und Stärke des Feldes $\boldsymbol{B}$ einerseits und dem Verlauf der magnetischen Feldlinien?

Für magnetische Feldlinienbilder gelten die folgenden Regeln:

i) Die Feldlinien sind in jedem Punkt parallel zum Vektor $\boldsymbol{B}$.
ii) Die Dichte der Feldlinien ist in jedem Punkt proportional zum Betrag von $\boldsymbol{B}$.
iii) Es gibt keine Quellen und Senken für die Feldlinien. Sie sind stets geschlossen und umschlingen den Strom, der das Magnetfeld erzeugt.

Nur im Punkt iii) unterscheiden sich magnetische und elektrische Feldlinien!

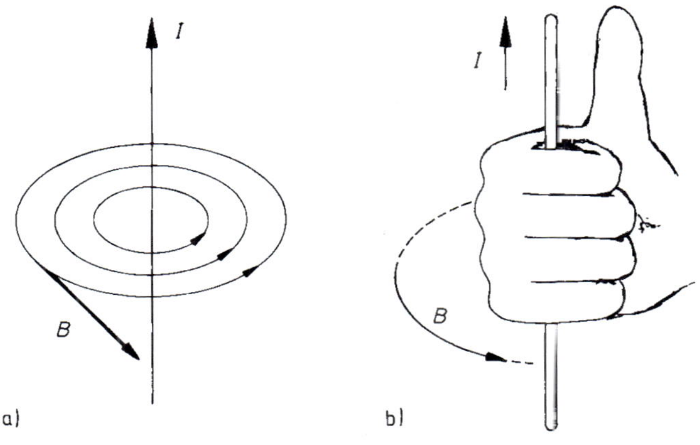

Abb. 6.32 Die magnetischen Feldlinien verlaufen als konzentrische Kreise um einen geraden Leiter (a). Die Richtung ergibt sich aus der 1. Rechte-Hand-Regel (b)

Einfache magnetische Feldformen:

a) Der gerade Leiter

Die magnetischen Feldlinien in der Umgebung eines geraden Leiters sind konzentrische Kreise (Abb. 6.32a). Die Tangentenrichtung ist gleich der Richtung des magnetischen Feldstärkevektors.

Die Feldlinienrichtung entspricht dem Drehsinn einer Rechtsschraube, die sich in Stromrichtung fortbewegt. In der Praxis läßt sich die Feldlinienrichtung leicht mit Hilfe der 1. Rechte-Hand-Regel ermitteln (Abb. 6.32b):

Umfaßt die rechte Hand den Leiter so, daß der abgespreizte Daumen in die Richtung des positiven Stromflusses weist, dann zeigen die vier anderen, gekrümmten Finger in Richtung der magnetischen Feldlinien, die den Strom umgeben.

b) Die Leiterschleife (Kreisstrom):

Aus dem Feldlinienbild eines geraden Leiters kann man leicht dasjenige einer kreisförmigen Schleife herleiten, wenn man den Leiter zum Ring biegt.

Abb.6.33a zeigt die räumliche Darstellung, Abb. 6.33b einen Schnitt senkrecht zur Schleife. Anordnungen, die eine solche Feldverteilung zeigen, bezeichnet man auch als magnetische Dipole.

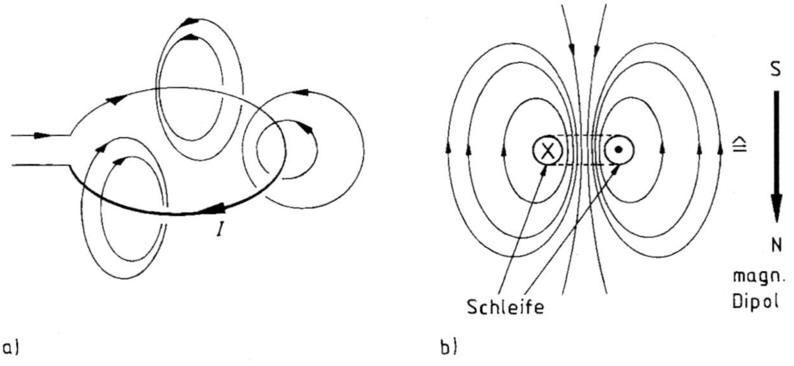

Abb. 6.33 Magnetfeld einer Stromschleife (Kreisstrom; a). Stromschleifen bezeichnet man auch als magnetische Dipole (b)

Eine stromdurchflossene Leiterschleife bildet einen magnetischen Dipol. Definitionsgemäß besitzt ein magnetischer Dipol einen Südpol und einen Nordpol, wobei die Dipolrichtung vom Süd- zum Nordpol zeigt. Diese Richtung stimmt überein mit der Richtung des Feldes im Inneren der Schleife.

c) Die lange gerade Spule:

Aus dem Feld einer Leiterschleife erhält man auch den Feldverlauf für eine lange gerade Spule. Unter einer Spule versteht man viele eng beieinanderliegende Schleifen mit gleichem Durchmesser. Dieser soll klein sein gegenüber der Länge der Spule. Die Abb. 6.34 zeigt ihr Feldlinienbild. Zwei Punkte sind bemerkenswert:

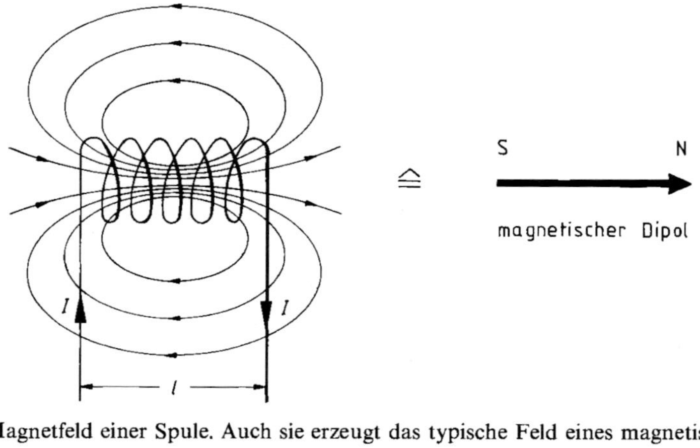

Abb. 6.34 Magnetfeld einer Spule. Auch sie erzeugt das typische Feld eines magnetischen Dipols

– Im Inneren einer langen geraden Spule (Windungszahl N, Länge l, Strom I) herrscht ein annähernd homogenes Magnetfeld (d.h. parallele Feldlinien, räumlich konstante magnetische Feldstärke). Die Feldstärke beträgt hier

$$B = \mu_0 \frac{N}{l} I. \tag{6.35}$$

– Nach außen erkennt man das charakteristische Dipolfeld. Auch eine Spule kann als magnetischer Dipol angesehen werden.

Beispiel 6.19: Magnetfeld einer langen Spule
Eine 10 cm lange Spule besitzt 1000 Windungen. Welcher Strom muß in ihr fließen, damit im Inneren ein Magnetfeld von der Stärke des Erdmagnetfeldes ($B = 10^{-4}$ T) herrscht?
Aus Gl. 6.35 ergibt sich:

$$I = \frac{B \cdot l}{N \mu_0} = \frac{(10^{-4}\,\text{T})\,(0{,}1\,\text{m})}{1000\,(4\pi \cdot 10^{-7}\,\text{Vs/Am})} = 8 \cdot 10^{-3}\,\text{A} = \mathbf{8\,mA}.$$

Kräfte im Magnetfeld

Als zweiten Schritt überlegen wir nun, welche Kraft ein Magnetfeld auf einen stromführenden Leiter ausübt. Auch hier sind wieder zwei Fälle zu unterscheiden: der gerade Leiter und der Dipol.

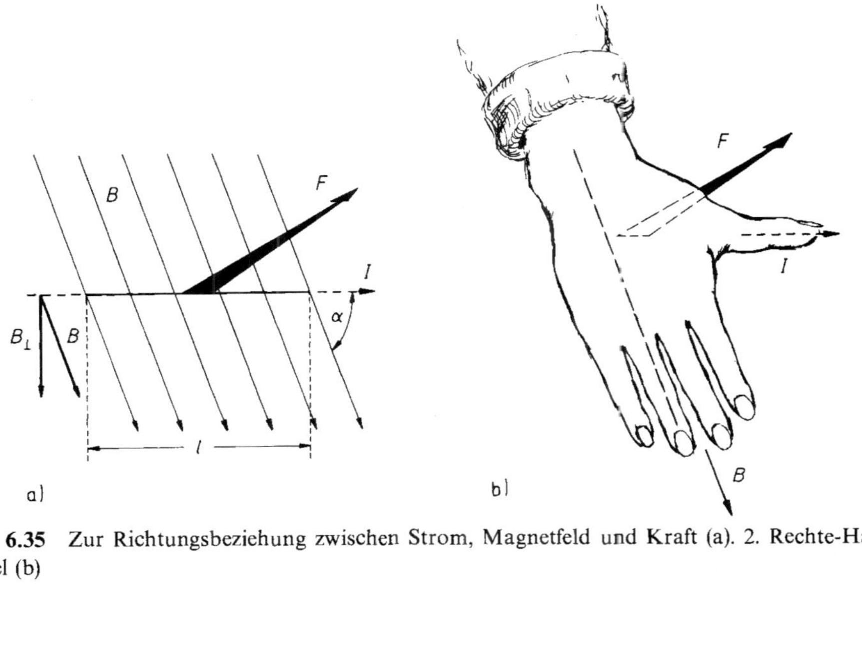

Abb. 6.35 Zur Richtungsbeziehung zwischen Strom, Magnetfeld und Kraft (a). 2. Rechte-Hand-Regel (b)

Der gerade Leiter:

Verläuft der Strom $\boldsymbol{I}$ unter einem beliebigen Winkel α zum Magnetfeld $\boldsymbol{B}$, dann liefert nur die zu $\boldsymbol{I}$ senkrechte Komponente von $\boldsymbol{B}$ einen Beitrag zur Kraft (Abb. 6.35a). Gl. 6.34 muß daher durch einen sin α ergänzt werden:

$$F = lIB \sin\alpha. \tag{6.34a}$$

Um die Richtungsverhältnisse zwischen diesen Größen zu überblicken, wollen wir die 2. Rechte-Hand-Regel anwenden:

> Weist der abgespreizte Daumen der rechten Hand in die Stromrichtung und die übrigen vier Finger in Richtung der magnetischen Feldlinien, dann weist der Kraftvektor aus der Handfläche heraus (Abb. 6.35b).

Die Leiterschleife:

Das generelle Verhalten einer stromführenden Leiterschleife hängt nicht von ihrer speziellen Form ab. Wir wählen daher eine rechteckige Schleife, da für diesen Fall die Verhältnisse leicht zu überschauen sind.

Die Schleife werde so in ein Magnetfeld gebracht, daß zwei Seiten parallel, die beiden anderen Seiten senkrecht zum Feld $\boldsymbol{B}$ ausgerichtet sind (Abb. 6.36a). Nur auf die letzten beiden Leiterstücke werden Kräfte ausgeübt ($\sin\alpha = 1$). Sie sind betragsmäßig gleich, aber wegen der unterschiedlichen Stromrichtung entgegengesetzt gerichtet. Insgesamt erzeugen sie daher ein Drehmoment, das die Schleife um eine Achse senkrecht zu $\boldsymbol{B}$ drehen will. Für die Größe des Drehmoments erhalten wir:

$$M = 2aF = 2alIB. \tag{6.36}$$

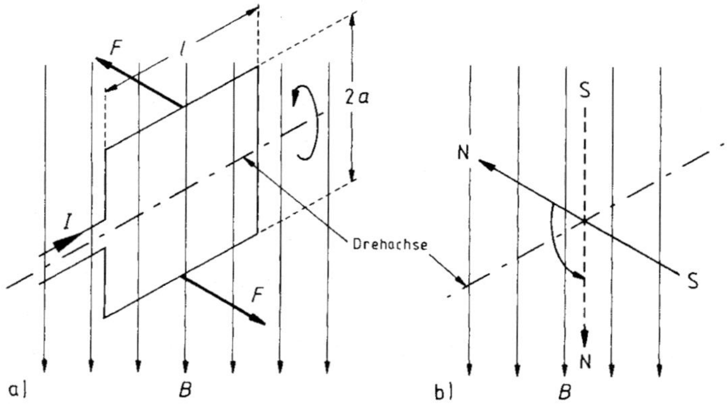

Abb. 6.36 Auf eine Stromschleife (magnetischen Dipol) wirkt in einem Magnetfeld ein Drehmoment senkrecht zu B (a). Ein beweglicher Dipol wird in Feldrichtung gedreht (b)

Das Drehmoment wird Null, sobald die Schleife senkrecht zum Feld $\boldsymbol{B}$ orientiert ist. Betrachten wir die Schleife als einen magnetischen Dipol, der senkrecht auf der Schleifenfläche steht, dann heißt das:

Wird ein magnetischer Dipol in ein Magnetfeld gebracht, dann richtet er sich stets in Feldrichtung aus, d. h. er stellt sich parallel zu den Feldlinien ein (Abb. 6.36 b).

Materie im Magnetfeld; Magnete

Materie ist aus Atomen aufgebaut. Die in den Atomen auf Kreisbahnen umlaufenden Elektronen sind Kreisströme (Stromschleifen), die als magnetische Dipole wirken. Atome besitzen im allgemeinen mehrere Elektronen in ihrer Hülle. Diese können sich in ihrer magnetischen Wirkung gegenseitig ganz oder zum Teil aufheben, wenn sie in verschiedenen Drehrichtungen rotieren.

Eisen beispielsweise gehört zu denjenigen Elementen, deren Atome einen resultierenden magnetischen Dipol besitzen, wo sich die magnetischen Wirkungen der Elektronen also nicht ganz aufheben. Bringt man ein Stück Eisen in ein Magnetfeld, dann erfolgt eine Ausrichtung der atomaren Dipole in Feldrichtung. Der Körper wird magnetisiert, d. h. er wird nach außen *als ganzes* zu einem magnetischen Dipol. Wie wir jedoch wissen, verhalten sich magnetische Dipole bezüglich ihres Magnetfeldes wie stromdurchflossene Spulen. Das führt zu einer Verstärkung des Magnetfeldes, das die Magnetisierung des Stoffes hervorgerufen hat (Abb. 6.37). Quantitativ läßt sich dieser Effekt erfassen, indem man jedem Material einen bestimmten Wert der sog. Permeabilität μ zuschreibt:

$$\mu = \frac{\text{Magnetfeld mit Materie}}{\text{Magnetfeld ohne Materie}} = \frac{B_M}{B_0}.$$

μ ist dimensionslos, und es gilt: $\mu_{\text{Vakuum}} = 1$, $\mu_{\text{Materie}} > 1$. Für Eisen ist die Permeabilität besonders groß: $\mu_{\text{Eisen}} \approx 1000$.

Man beachte den Unterschied zur Dielektrizitätszahl ε, die den Einfluß von Materie auf elektrische Felder beschreibt (s. Abschn. 6.2.5): ε steht für das Verhältnis elektrisches Feld ohne Materie dividiert durch elektrisches Feld mit Materie: E_0/E_M. Obwohl E_M stets kleiner ist als E_0 (anders als im magnetischen Fall!), erhält man so ε-Werte, die ebenfalls größer als 1 sind. Diese Definitionen von ε einerseits und von μ andrerseits sind sinnvoll, da sowohl die Kapazität eines Kondensators (um den Faktor ε) als auch die sog. Induktivität einer Spule (um den Faktor μ; s. Abschn. 6.4.2) beim Einbringen von Materie vergrößert werden.

Kehren wir nun zu unserem Beispiel „Eisen im Magnetfeld" zurück. Entfernt man das Eisen wieder aus dem äußeren Feld, dann können (abhängig von

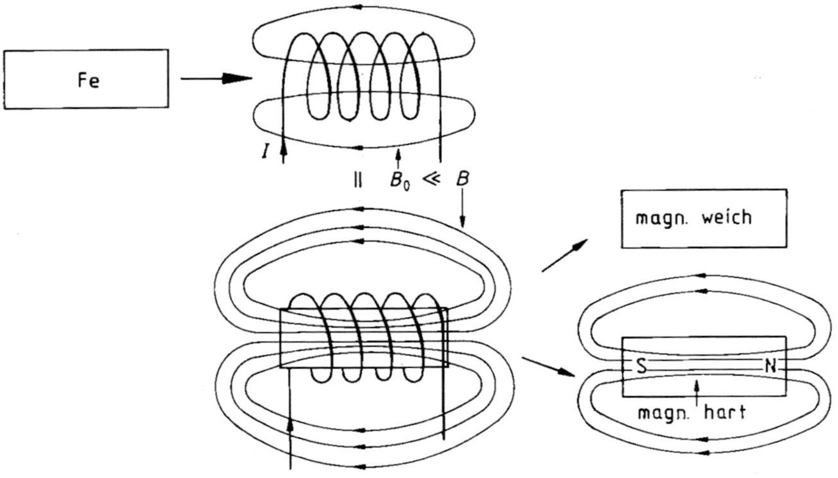

Abb. 6.37 Bringt man ein Eisenstück in ein Magnetfeld B_0 (z. B. einer Spule), dann wird es magnetisiert und verstärkt das Feld ($B \gg B_0$). Wird es anschießend aus dem Feld entfernt, dann kann es die Magnetisierung verlieren (magnetisch weiches Material) oder es bleibt magnetisch (magnetisch hartes Material). Sein Verhalten hängt im einzelnen von verschiedenen Faktoren (Legierung, Vorbehandlung usw.) ab

Legierung und Vorbehandlung) zwei verschiedene Fälle eintreten:

a) Das Eisen verliert seine Magnetisierung und wird wieder nichtmagnetisch. In diesem Fall spricht man von *Weicheisen.*
b) Die Atome behalten auch ohne Feld ihre Orientierung bei, der Körper bleibt magnetisiert. Dann nennt man es *magnetisch hartes Material.*

> Körper aus magnetisch hartem Material, die einmal magnetisiert worden sind, heißen Permanentmagnete. Sie erzeugen im Außenraum ein Magnetfeld, wie auch eine gleichgeformte Spule es besitzt.

Mit einem Hufeisenmagneten läßt sich so z. B. recht gut ein homogenes Feld zwischen Nord- und Südpol erzeugen.

Verwendung von Permanentmagneten

Das Drehspulinstrument:

Drehspulinstrumente (Galvanometer) dienen zur Messung von Gleichströmen. Abb. 6.38 zeigt den Aufbau. Im Magnetfeld zwischen den zylindrisch geformten Polschuhen eines Permanentmagneten und einem zylindrischen Eisenkern ist eine rechteckige Spule so angebracht, daß sie den Eisenzylinder umschließt und

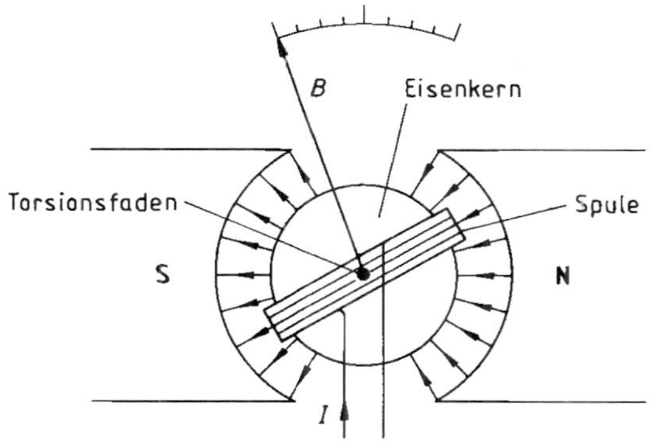

Abb. 6.38 Drehspulgalvanometer

sich um die Zylinderachse drehen kann. Durch eine Feder oder einen Torsionsfaden wird sie elastisch in einer Ruhelage gehalten. Die zur Zeichenebene senkrechten Teile der Spule verlaufen dann im Magnetfeld.

Fließt ein Strom durch die Spule, dann entsteht ein Drehmoment (Stromschleife im Magnetfeld!), das zum Strom proportional ist (Gl. 6.36). Durch die elastische Aufhängung ist die Verdrillung des Aufhängefadens und damit auch der Zeigerausschlag zum Strom proportional.

Der Elektromotor:

Dieser arbeitet nach dem gleichen Prinzip wie das Galvanometer, nur ist die Spule frei drehbar (ohne Rückstellfeder). Damit sich die Spule dauernd dreht, muß sich die Polung bei jeder halben Umdrehung ändern. Das erreicht man durch Schleifkontakte an der Spulenachse, über die der Strom zugeführt wird.

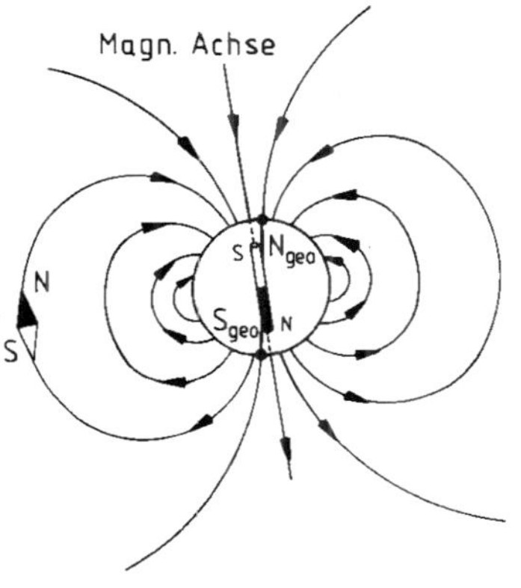

Abb. 6.39 Das Magnetfeld der Erde

Kompaßnadeln:

Magnetische Dipole stellen sich stets parallel zu den magnetischen Feldlinien ein. Man kann daher sowohl stromdurchflossene Spulen als auch kleine Permanentmagnete dazu verwenden, um die Richtung der Feldlinien in einem **B**-Feld zu bestimmen.

Die Erde besitzt ein Magnetfeld, das etwa die in Abb. 6.39 gezeichnete Form hat. Eine Kompaßnadel im Erdfeld stellt sich parallel zum Feld (genauer zur Horizontalkomponente, wenn die Nadel um eine vertikale Achse drehbar ist) ein.

Da der Nordpol der Nadel nach Norden zeigt, laufen auch die Feldlinien von Süden nach Norden. Betrachtet man daher die Erde als großen Magneten, so ist zu beachten, daß ihr geographischer Nordpol ein magnetischer Südpol ist und umgekehrt.

6.4 Zeitabhängige Ströme

Bislang haben wir uns mit Stromkreisen beschäftigt, in denen eine konstante Spannungsquelle einen zeitlich konstanten Strom fließen ließ. Alle auftretenden Phänomene (d.h. Wirkungen des Stromes wie Magnetfeld, Wärmeentwicklung im Widerstand, Leistung, usw.) sind dann ebenfalls zeitlich konstant. Sehr wichtig sind aber auch zeitlich veränderliche Spannungen und Ströme. Hierzu gehören im besonderen die Einschalt- und Ausschaltvorgänge sowie der sinusförmige Wechselstrom (s. Abb. 6.17a, c).

6.4.1 Sinusförmige Wechselströme

Strom- und Spannungswerte

Das Studium der Schwingungsvorgänge (Abschn. 2.3) hat uns gezeigt, wie eine Sinusschwingung beschrieben werden kann.

Mathematisch läßt sich eine Sinusspannung folgendermaßen darstellen (Abb. 6.40):

$$U(t) = U_0 \sin(\omega t). \qquad (6.37)$$

Den größten auftretenden Spannungswert U_0 nennt man Spannungsamplitude oder Spitzenspannung. ω ist die Kreisfrequenz, die auf bekannte Weise mit der Frequenz und der Schwingungsdauer (Periodendauer) T zusammenhängt:

$$\omega = 2\pi f = \frac{2\pi}{T}.$$

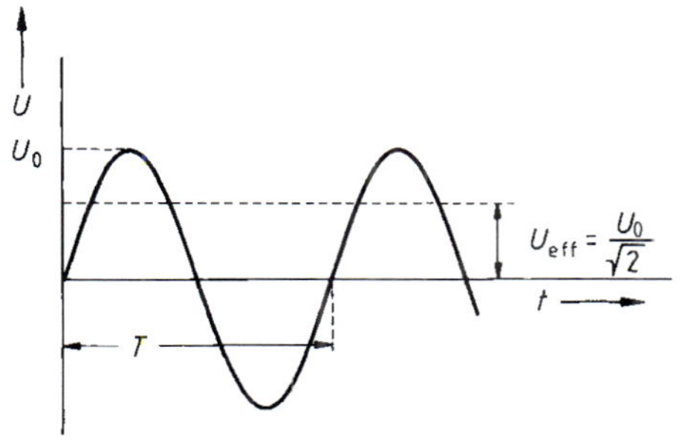

Abb. 6.40 Sinusförmiger Wechselstrom

Wird eine Wechselspannung an einen ohmschen Widerstand angelegt, dann ergibt sich der Strom zu jedem Zeitpunkt aus dem Ohmschen Gesetz, d.h. $I(t)$ ist stets proportional zu $U(t)$. $I(t)$ folgt also phasengleich demselben Zeitgesetz.

$$I(t) = I_0 \sin(\omega t) \quad \text{mit} \quad I_0 = \frac{U_0}{R}. \tag{6.38}$$

Am ohmschen Widerstand sind Strom und Spannnung stets in Phase.

Wir werden auch den „allgemeinen Fall" eines Stromkreises kennenlernen, der darin besteht, daß Kondensatoren und Spulen eingebaut sind (Abschn. 6.4.3). Dann ist diese Phasengleichheit zwischen Strom und Spannung nicht mehr gegeben. Dies läßt sich durch eine Phasenkonstante φ ausdrücken:

$$I(t) = I_0 \sin(\omega t + \varphi). \tag{6.38a}$$

I_0 und φ hängen dann von den Einzelheiten der Schaltung ab.

Die Leistung

Die Definition der Leistung läßt sich auch auf Wechselströme anwenden:

$$P(t) = U(t) \cdot I(t).$$

Damit erhält man den zur Zeit t vorliegenden Momentanwert, der sich jedoch periodisch ändert. Für die Praxis interessiert mehr der zeitliche Mittelwert.

Für den einfachen Fall, daß ein ohmscher Widerstand als Verbraucher wirkt, kann dieser Mittelwert leicht berechnet werden:

$$P(t) = U_0 \cdot I_0 (\sin \omega t)^2.$$

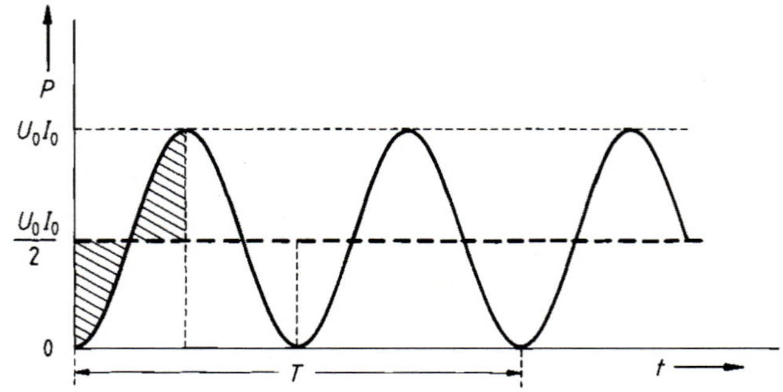

Abb. 6.41 Zeitabhängigkeit der Leistung für einen Wechselstrom

Da U und I stets gleichzeitig das Vorzeichen wechseln, ist P immer positiv. Aus der Symmetrie der $\sin^2$-Kurve (Abb. 6.41) erkennt man sofort, daß der Mittelwert für P genau beim halben Maximalwert von P ($= U_0 I_0$) liegt.

Die an einem ohmschen Widerstand verbrauchte Leistung eines Wechselstromes beträgt im zeitlichen Mittel

$$P = \frac{1}{2} U_0 I_0 = \frac{1}{2} \frac{U_0^2}{R} = \frac{1}{2} I_0^2 R. \qquad (6.39)$$

Ist die Phasenkonstante zwischen Strom und Spannung ungleich Null, dann gibt es innerhalb einer Periode auch Zeitabschnitte, in denen die Leistung ein negatives Vorzeichen erhält: Während dieser Zeit fließt Energie aus dem Stromkreis in die Spannungsquelle zurück. Das sind Energiebeträge, die in den Zwischenzeiten als elektrische Energie in Kondensatoren und als magnetische Energie in Spulen gespeichert waren.

Allgemein unterscheidet man zwischen der Wirkleistung, die in Widerständen in Wärme umgewandelt wird, und der Blindleistung, die stets wieder an die Spannungsquelle zurückgeliefert wird. Die Wirkleistung, die tatsächlich der Spannungsquelle Energie entzieht, hängt deshalb vom Phasenwinkel φ ab:

$$P = \tfrac{1}{2} U_0 \cdot I_0 \cos\varphi. \qquad (6.39\,a)$$

Für $\varphi = 0$ ergibt sich natürlich Gl. 6.39 für die rein ohmsche Belastung.

Effektivwerte

Es ist üblich, bei Wechselspannungen und -strömen nicht den Spitzenwert U_0 bzw. I_0 anzugeben, sondern den sogenannten Effektivwert.

Unter dem Effektivwert U_{eff} einer Wechselspannung versteht man den Wert einer Gleichspannung, die an einem Widerstand R die gleiche Leistung erbringt wie die betrachtete Wechselspannung $U(t)$.

Eine Beziehung zwischen U_0 und U_{eff} erhalten wir, wenn wir die Gleichstromleistung (Gl. 6.25) und die Wechselstromwirkleistung für einen Widerstand R (Gl. 6.39) gleichsetzen.

$$\frac{U_{eff}^2}{R} = \frac{1}{2}\frac{U_0^2}{R}.$$

Zwischen der Spitzenspannung U_0 (auch Scheitelspannung genannt) einer Wechselspannung und dem dazugehörenden Effektivwert besteht die Beziehung

$$U_{eff} = \frac{U_0}{\sqrt{2}}. \tag{6.40}$$

Das gleiche gilt für die Stromwerte.

Die Verwendung der Effektivwerte für Strom und Spannung ist aus praktischen Gründen sehr nützlich.

Meßgeräte für Wechselstrom und Wechselspannung zeigen stets die Effektivwerte dieser Größen an. Sie werden auch in den technischen Daten elektrischer Geräte angegeben. Für die Berechnung der Leistung kann man mit diesen Werten so umgehen, als würde es sich um Gleichstrom bzw. -spannung handeln.

$$P = U_{eff} \cdot I_{eff}. \tag{6.41}$$

Beispiel 6.20: Strom und Leistung bei der Glühlampe
Eine Glühlampe (60 W) wird an das Haushaltsnetz angeschlossen (220 V, 50 Hz). Wie groß ist der Effektivwert des fließenden Stromes? Welchen Spitzenwert erreicht der Strom, und wie oft wird er in einer Sekunde erreicht? Zwischen welchen Werten schwankt die momentane Leistung?

$$I_{eff} = \frac{P}{U_{eff}} = \frac{60\text{ W}}{220\text{ V}} = \mathbf{0{,}273\ A}.$$

$$I_0 = \sqrt{2}\, I_{eff} = \sqrt{2}\,(0{,}273\text{ A}) = \mathbf{0{,}386\ A}.$$

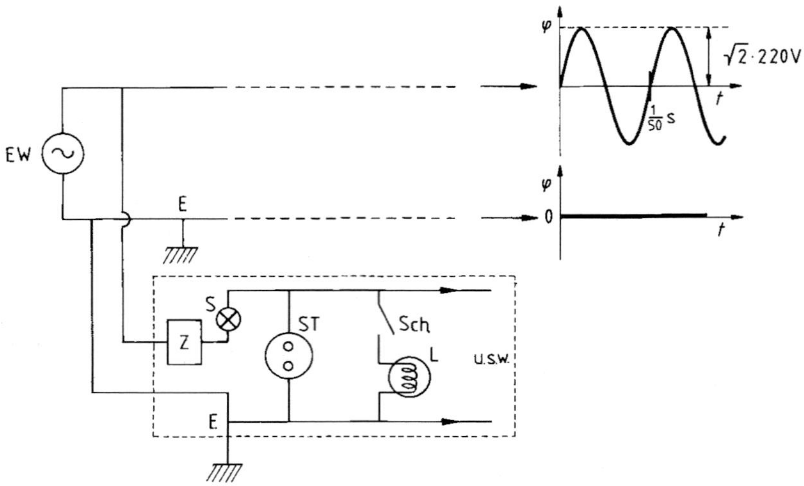

Abb. 6.42 Das städtische Leitungsnetz

I_0 wird in jeder Richtung 50 mal pro Sekunde erreicht. Die maximale momentane Leistung $P_{max} = U_0 \cdot I_0$ ist doppelt so groß wie die durchschnittliche Leistung $P = 60$ W, also 120 W. $P(t)$ schwankt 100 mal in der Sekunde zwischen 0 und diesem Maximalwert.

Das städtische Netz

Das Elektrizitätswerk (EW) stellt die 220-V-Wechselspannung über eine Doppelleitung bereit (Abb. 6.42). Während die eine Leitung (der Nulleiter) geerdet ist (d. h. das Potential 0 V besitzt), liegt an der anderen ein (gegen Erde) sinusförmig wechselndes Potential. Die Hausanschlüsse der Gebäude liegen parallel an dieser Leitung.

In der spannungsführenden Leitung liegen zunächst der Verbrauchszähler Z und eine Sicherung S. Alle Verbraucher innerhalb eines Hauses liegen parallel zueinander zwischen den Leitungen (z. B. eine Steckdose St, eine Lampe L mit Schalter Sch usw.). Je mehr Abnehmer eingeschaltet werden, desto kleiner wird der Gesamtwiderstand der Anlage und der Strom steigt. Die Sicherung sorgt dafür, daß der Gesamtstrom einen bestimmten Wert nicht übersteigen kann. Sie unterbricht in diesem Fall den Kreis.

Beispiel 6.21: Der Verbrauch von elektrischer Energie im Haushalt
Welche Energie wird in einem Haushalt verbraucht, wenn 5 Stunden lang ein Strom von 35 A fließt?
Energie ist Leistung mal Zeit:

$$W = P \cdot t = U_{eff} I_{eff} t = (220 \text{ V})\,(35 \text{ A})\,(5 \text{ h}) = 38{,}5 \cdot 10^3 \text{ Wh} = \mathbf{38{,}5\ kWh}.$$

Die Kilowattstunde (kWh) ist eine in der Technik gebräuchliche Energieeinheit. Es besteht der folgende Zusammenhang mit 1 J:

$$1\ \text{kWh} = (1000\ \text{W})\ (3600\ \text{s}) = 3{,}6 \cdot 10^6\ \text{J} = 3{,}6\ \text{MJ}.$$

6.4.2 Induktion

Bei den zeitabhängigen Strömen tritt eine grundsätzlich neue Erscheinung auf, die von überragender technischer Bedeutung ist: die Induktion. Um dieses Phänomen zu beschreiben und zu erklären, gehen wir zunächst von einem Effekt aus, den wir bereits kennen: der Kraft, die ein Magnetfeld auf stromführende Leiter ausübt.

Der Induktionsbegriff

Für die Kraft auf bewegte Ladungen in einem Magnetfeld haben wir die Beziehung Gl. 6.34a kennengelernt:

$$F = q \cdot v \cdot B.$$

Die Richtung von F ergibt sich aus der 2. Rechte-Hand-Regel, wobei der Daumen in Richtung der Bewegung positiver Ladungen weist. Nun lassen sich prinzipiell zwei Situationen unterscheiden, in denen bewegte Ladungen mit einem Magnetfeld wechselwirken:

a) Die Ladungen bewegen sich durch einen *ruhenden Leiter* aufgrund der Spannung, die an den Leiter angelegt wurde, oder
b) sie werden *zusammen mit dem Leiter*, der sie enthält, aufgrund einer äußeren Kraft durch das Feld bewegt.

Welche Effekte erwartet man nun in diesen beiden Fällen?

Wir gehen von einem Magnetfeld B aus, das in die Zeichenebene hinein gerichtet ist und von einer rechteckigen Leiterschleife, die in der Zeichenebene liegt (Abb. 6.43).

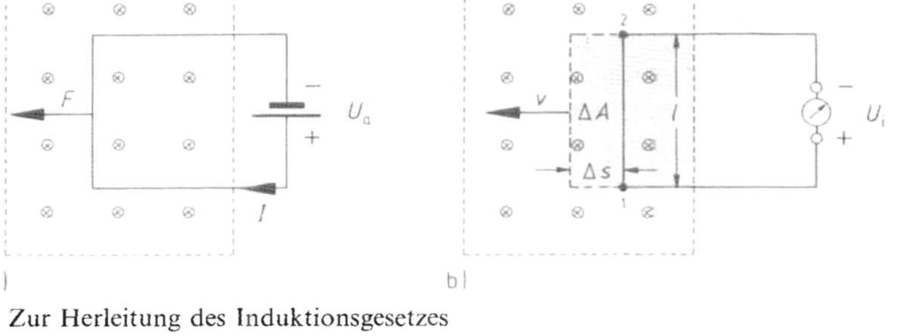

Abb. 6.43 Zur Herleitung des Induktionsgesetzes

Fall a):

Wegen der anliegenden Spannung U_a bewegen sich die (positiven) Ladungen in Stromrichtung. Die Wechselwirkung dieses Stromes mit dem Magnetfeld führt zu einer nach links gerichteten Kraft auf den Leiter; denn die Ladungen können den Leiter nicht verlassen. Ergebnis:

Auf einen stromführenden Leiter, der senkrecht zu den Feldlinien im *B*-Feld liegt, wirkt eine Kraft.

Fall b):

Wird der Leiter aufgrund einer Kraft mit der Geschwindigkeit v nach links durch das Magnetfeld bewegt, dann erfahren die (positiven!) Ladungen eine Kraft in Richtung auf Punkt 1, so daß sich dieser gegenüber Punkt 2 positiv auflädt, was sich durch ein Spannungsmeßgerät, das mit diesen Punkten verbunden ist, nachweisen läßt. Ergebnis:

An den Enden eines Leiters, der senkrecht zu den Feldlinien durch ein Magnetfeld bewegt wird, entsteht eine Spannung, die sogenannte Induktionsspannung U_i.

Im ersten Fall (s. Abschn. 6.3.6) wird elektrische Energie in mechanische umgewandelt (Elektromotor), im zweiten dagegen mechanische in elektrische (Generatorprinzip).

Das Induktionsgesetz

Wie groß ist die induzierte Spannung? Schauen wir uns dazu Abb. 6.43b an:

Die Bewegung der Ladungen im Leiter kommt zur Ruhe, wenn die magnetische Kraft F_m durch die elektrische Kraft F_e kompensiert wird, die aufgrund der entstehenden Induktionsspannung zwischen Punkt 1 und Punkt 2 ebenfalls auf die Ladungen wirkt. Ist der Abstand zwischen 1 und 2 gleich l, dann herrscht hier die elektrische Feldstärke $E = U_i/l$.
Der Ansatz lautet daher

$$F_e = F_m,$$

$$q \cdot \frac{U_i}{l} = q \cdot v \cdot B, \quad \text{oder}$$

$$U_i = v \cdot l \cdot B.$$

Nun ist $v = \Delta s/\Delta t$ die Geschwindigkeit, mit der die Schleife in das B-Feld hineinbewegt wird; $v \cdot l = (\Delta s \cdot l/\Delta t)$ ist daher die Geschwindigkeit $\mathrm{d}A/\mathrm{d}t$, mit der sich die schraffierte Schleifenfläche vergrößert, die in das Feld hineinragt. $B(\mathrm{d}A/\mathrm{d}t)$ kann man als die Geschwindigkeit ansehen, mit der sich die Zahl der magnetischen Feldlinien erhöht, die von der Schleife umschlossen werden. Diese Größe $A \cdot B$ heißt magnetischer Fluß Φ. Damit läßt sich das Induktionsgesetz quantitativ formulieren:

Die Induktionsspannung U_i in einer Leiterschleife ist gleich der Änderung des magnetischen Flusses $\Phi = B \cdot A$ durch die Schleife pro Zeiteinheit.

Handelt es sich um eine Spule, d. h. um mehrere (n) parallel zueinander liegende Leiterwindungen, dann ist die Gesamtspannung n mal so groß wie die in einer Leiterschleife induzierte Spannung:

$$U_\mathrm{i} = n\,\frac{\mathrm{d}\Phi}{\mathrm{d}t}. \tag{6.42}$$

Für viele Überlegungen genügt eine qualitative Formulierung des Induktionsgesetzes:

In einer Leiterschleife wird immer dann eine Spannung induziert, wenn sich die Anzahl der magnetischen Feldlinien, die die Schleife durchsetzen, ändert.

Sehr wichtig für das Induktionsgesetz ist die folgende Verallgemeinerung: Für das Entstehen einer Induktionsspannung ist es unwesentlich, auf welche Weise es zu einer Flußänderung in der Schleife kommt.

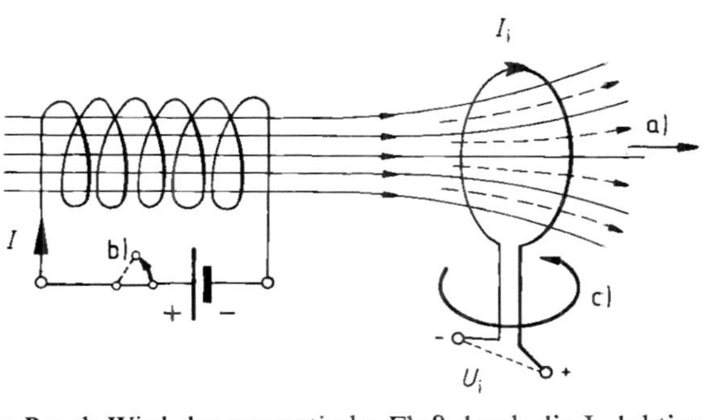

Abb. 6.44 Lenzsche Regel: Wird der magnetische Fluß durch die Induktionsschleife geschwächt (Wegrücken der Schleife (a), Ausschalten des Spulenstroms (b) oder Drehen der Schleife (c)), dann entsteht ein Induktionsstrom, dessen Magnetfeld die Verringerung des Flusses durch die Schleife kompensieren möchte (gestrichelte Feldlinien)

Betrachtet man z. B. das Magnetfeld einer Spule, in dem sich eine Leiterschleife befindet (Abb. 6.44), so stellt man fest, daß sich der Fluß in der Schleife durch folgende Prozesse verändern kann:

a) Wegrücken der Schleife von der Spule: Bringen wir die Schleife an eine Stelle mit niedrigerer Feldstärke B, dann verringert sich auch der magnetische Fluß durch die Schleife.
b) Abschalten des Stromes in der Spule: Dies bewirkt eine Abnahme des Flusses auf Null, da die Feldstärke und damit der magnetische Fluß proportional zum Strom durch die Spule ist.
c) Drehen der Schleife am gleichen Ort: Drehen wir z. B. die Windungsfläche um 90°, dann geht der Fluß ebenfalls auf Null zurück.

In allen Fällen registriert man eine Induktionsspannung U_i in der Schleife.

Die Lenzsche Regel

Die Richtung der Induktionsspannung und des (bei einem geschlossenen Stromkreis) fließenden Induktionsstromes läßt sich leicht durch die sogenannte Lenzsche Regel bestimmen:

> Induktionsspannungen und -ströme sind stets so gerichtet, daß sie der Ursache, durch die sie erzeugt wurden, entgegenwirken.

Würden wir die Induktionsschleife in Abb. 6.44 schließen, dann bedeutete dies für die oben genannten Fälle a), b) und c):

Der magnetische Fluß durch die Schleife verringert sich (egal aus welchem Grund). Die dabei erzeugte Induktionsspannung bewirkt einen Induktionsstrom und damit ein Magnetfeld, das dem Magnetfeld der Spule gleichgerichtet ist. (Der Fluß soll ja konstant gehalten werden!)

Selbstinduktion

Induktionsspannungen treten unabhängig davon auf, wie die Flußänderungen erzeugt werden. Ändert man daher in einer Schleife oder einer Spule den darin

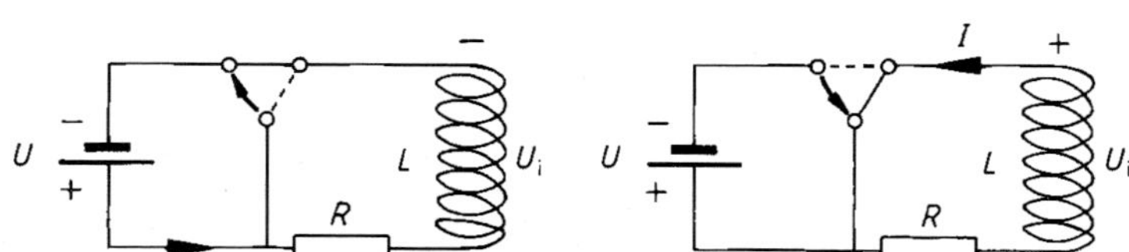

Abb. 6.45 Zur Selbstinduktion einer Spule

fließenden Strom, dann induziert das eine Spannung an der gleichen Schleife bzw. Spule.

Was läßt sich über die Größe dieser Selbstinduktionsspannung sagen?

Da das Magnetfeld eines Stromes stets zu diesem proportional ist ($B \sim I$), wird die Induktionsspannung U_i der Geschwindigkeit proportional sein, mit der sich der Strom ändert:

$$U_i = -L \frac{dI}{dt}. \tag{6.43}$$

L nennt man die Induktivität der Spule. Die SI-Einheit für diese Größe lautet 1 Vs/A = 1 Henry = 1 H.

Um die Richtung einer induzierten Spannung zu erhalten, kann man die Lenzsche Regel anwenden. Die Induktionsspannung wirkt der Änderung des Stromes entgegen, um den bestehenden Zustand aufrechtzuerhalten.

Beispiel 6.22: Die Polung der Induktionsspannung einer Spule
Gegeben ist eine Schaltung, wie sie in Abb. 6.45a, b dargestellt ist. Wie ist die Polung der Induktionsspannung an der Spule beim Ein- bzw. Ausschalten des Stromes?

Einschalten: Die Induktionsspannung ist der angelegten Spannung entgegengerichtet, um dem Anwachsen des Stromes entgegenzuwirken. Die Spule verhindert damit ein sprungartiges Einsetzen des Stromflusses.

Ausschalten: Nach dem Abschalten der Spannungsquelle ist die Induktionsspannung so gerichtet, daß sie den Stromfluß in gleicher Richtung aufrechterhält. Dadurch ergibt sich ein allmählicher Abfall des Stromes.

Für eine Spule läßt sich die Induktivität nach der folgenden Formel berechnen:

$$L_0 = \mu_0 \frac{n^2 A}{l}. \tag{6.44}$$

A: Spulenquerschnitt,
l: Spulenlänge,
n: Windungszahl,
μ_0: magnetische Feldkonstante. Es gilt: $\mu_0 = 4\pi \cdot 10^{-7}$ Vs/Am.

Hier wollen wir noch einmal kurz auf die Definition der Permeabilität eingehen. Wie im Abschnitt 6.3.6 erwähnt, ist die Induktivität L einer Spule das Analogon zur Kapazität C eines Plattenkondensators. L eignet sich daher ebenso zur Einführung der Permeabilität μ wie C zur Einführung der Dielektrizitätszahl ε. Man kann definieren:

$$\mu = \frac{\text{Induktivität mit Materie}}{\text{Induktivität ohne Materie}} = \frac{L_M}{L_0}.$$

Dabei sind L_M und L_0 die Induktivitäten einer Spule mit bzw. ohne Material im Innern. L_0 ist durch Gl. 6.44 gegeben, und für L_m gilt somit:

$$L_M = \mu \cdot L_0 = \mu \cdot \frac{\mu_0 n^2 A}{l}.$$

Wechselstromgeneratoren

Wechselstromgeneratoren dienen zur Erzeugung von sinusförmiger Wechselspannung. In ihnen wird mechanische in elektrische Energie umgewandelt.

Zur Erläuterung des Prinzips denken wir uns eine rechteckige Drahtschleife mit der Fläche A, die mit konstanter Winkelgeschwindigkeit $\omega = \alpha/t$ um eine Achse gedreht wird, die senkrecht zu einem konstanten homogenen Magnetfeld B gerichtet ist (Abb. 6.46a). Die Enden der Schleife sind mit zwei Ringen verbunden, an denen durch Schleifkontakte die Spannung U_i abgenommen werden kann. Der momentane magnetische Fluß durch die Schleife ist gleich dem Produkt aus der Feldstärke B und der Projektion der Schleifenfläche A auf eine Ebene senkrecht zur Feldrichtung (Abb. 6.46b):

$$\Phi(t) = BA' = BA \cos\alpha = BA \cos\omega t.$$

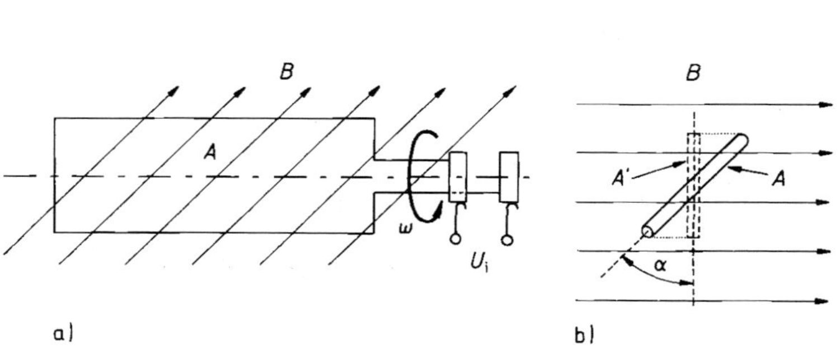

Abb. 6.46 Prinzip des Wechselstromgenerators

Die Induktionsspannung ergibt sich aus der zeitlichen Änderung dieser Größe (Gl. 6.42):

$$U_i(t) = \frac{d}{dt}(BA \cos\omega t) = BA\omega \sin\omega t.$$

Wir erhalten also eine Wechselspannung der gewünschten Form:

$$U(t) = U_0 \sin(\omega t), \qquad \text{wobei } U_0 = AB\omega.$$

Transformatoren

Mit einem Transformator lassen sich Wechselspannungen vergrößern oder verkleinern.

Ein Transformator besteht aus zwei Spulen, die auf einen gemeinsamen Eisenkern gewickelt sind. Abb. 6.47 zeigt zwei mögliche Ausführungsformen. Dieser Kern hat die Aufgabe, den von Spule 1 erzeugten magnetischen Fluß zu verstärken und nach Möglichkeit vollständig durch Spule 2 zu leiten.

Ändert sich in Spule 1 der Strom, dann hat dies eine Induktionsspannung am Ausgang von Spule 2 zur Folge. Wie hängen Eingangsspannung U_1 (auch: Primärspannung) und Ausgangsspannung U_2 (auch: Sekundärspannung) zusammen?

n_1 und n_2 seien die Windungszahlen der beiden Spulen. Die an Spule 1 angelegte Wechselspannung U_1 erzeugt aufgrund der Selbstinduktion eine gleich große, entgegengesetzte Induktionsspannung

$$U_i = U_1 = n_1 \frac{d\Phi}{dt}.$$

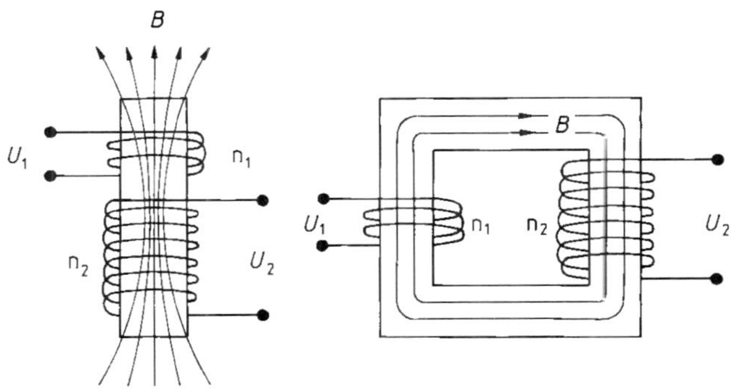

Abb. 6.47 Transformatortypen

Die gleiche Flußänderung induziert jedoch auch in Spule 2 eine Spannung:

$$U_2 = n_2 \frac{d\Phi}{dt}.$$

Ein Vergleich liefert das Ergebnis:

Das Verhältnis von Sekundärspannung U_2 zur Primärspannung U_1 beim Transformator ist gleich dem Verhältnis der Windungszahlen:

$$\frac{U_2}{U_1} = \frac{n_2}{n_1} \quad \text{(Übersetzungsverhältnis).} \tag{6.45}$$

Während man mit Transformatoren Wechselspannung beliebig herauf- und heruntertransformieren kann, ist die an der Sekundärseite entnommene Leistung (abgesehen von gewissen Verlusten) immer gleich der primär hineingesteckten Leistung. Wird die Spannung hochtransformiert, dann lassen sich sekundärseitig nur kleine Ströme entnehmen; wird heruntertransformiert, dann sind große Ströme möglich.

Große praktische Bedeutung besitzen Transformatoren für den Transport elektrischer Energie über große Strecken. Der elektrische Wärmeverlust in einer Leitung, die natürlich stets einen geringen Widerstand hat, ist $I^2 R$. Da jedoch die übertragene Leistung $U \cdot I$ ist, können die Verluste verringert werden, wenn bei hoher Spannung nur ein geringer Strom fließt. Für Überlandleitungen benutzt man Spannungen von mehreren 100000 V. Beim Verbraucher im Haushalt muß wegen der Gefährlichkeit dieser hohen Spannungen wieder eine niedrigere Spannung (220 V) zur Verfügung stehen. Dieses „Umspannen" ist nur mit Hilfe von Transformatoren möglich.

Beispiel 6.23: Hochspannungstrafo für Röntgenröhren

Zum Betrieb einer Röntgenröhre wird eine Hochspannung von 30000 V Spitzenspannung gebraucht. Wieviel Windungen muß die Sekundärwicklung haben, wenn die Primärspule 100 Windungen besitzt und eine 220 V Wechselspannung angelegt wird?

Aus Gl. 6.45 folgt:

$$n_2 = n_1 \frac{U_{2,\text{eff}}}{U_{1,\text{eff}}} = n_1 \frac{U_{2,\text{sp}}}{\sqrt{2}} \frac{1}{U_{1,\text{eff}}} = 100 \frac{30000\ \text{V}}{\sqrt{2}\ 220\ \text{V}} = \mathbf{9642\ Windungen}.$$

6.4.3 Kondensatoren und Spulen im Stromkreis

Neben Spannungsquellen und ohmschen Widerständen sind Kondensatoren und Spulen die wichtigsten Bestandteile von Stromkreisen. Wie verhalten sich Strom und Spannung in solchen Stromkreisen?

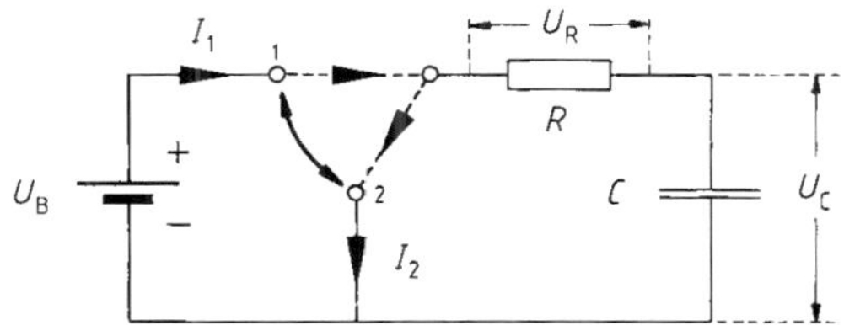

Abb. 6.48 Laden und Entladen eines Kondensators über einen Widerstand

Auf- und Entladen von Kondensatoren

Als erstes wollen wir den Strom- und Spannungsverlauf beim Aufladen eines Kondensators über einen Widerstand untersuchen (*RC*-Schaltung).

In der gezeigten Schaltung (Abb. 6.48) kann über einen Schalter einmal eine konstante Spannungsquelle U_B (z.B. Batterie) über einen Widerstand R an den Kondensator (Kapazität C) gelegt werden (Schalterstellung 1). In der Schalterstellung 2 entlädt sich der Kondensator über denselben Widerstand.

Laden (Stellung 1):

Während des ganzen Ladevorganges fließt ein Strom I_1, der Ladung auf die Kondensatorplatten bringt. Dabei ist der Strom I stets gleich der Zunahme der Ladung auf den Platten ($I = \mathrm{d}Q/\mathrm{d}t$). Nach der Maschenregel muß zu jedem Zeitpunkt gelten:

$$U_B = U_R + U_C = \text{konstant}.$$

Je weiter sich der Kondensator auflädt (d.h. je größer U_C wird), desto kleiner wird der Ladestrom und damit auch U_R. Mathematisch formuliert:

$$\frac{\mathrm{d}U_R}{\mathrm{d}t} = -\frac{\mathrm{d}U_C}{\mathrm{d}t}.$$

Außerdem gilt: $U_R = I \cdot \mathrm{R}$ und $U_C = Q/C$. Damit erhält man

$$R\frac{\mathrm{d}I(t)}{\mathrm{d}t} = -\frac{1}{C}\frac{\mathrm{d}Q(t)}{\mathrm{d}t} = -\frac{1}{C}I(t).$$

In Worten: Je kleiner der Momentanwert des Ladestroms $I(t)$ ist, um so geringer ist auch die Stromabnahme ($-\mathrm{d}I(t)/\mathrm{d}t$).

Differentialgleichungen dieser Art haben, wie wir bereits wissen, als Lösung eine Exponentialfunktion (s. auch Beispiel in Abschn. 1.4.3):

$$I(t) = I_0 \mathrm{e}^{-\frac{t}{RC}}. \qquad (6.46)$$

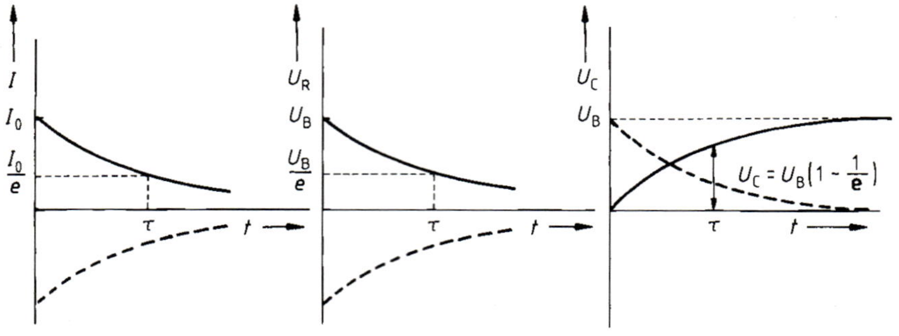

Abb. 6.49 Strom- und Spannungsverlauf an einer RC-Schaltung bei Ein- und Ausschaltvorgängen

Kennt man den zeitlichen Verlauf des Stromes, so folgt daraus auch die Zeitabhängigkeit der übrigen Größen:

Spannung am Widerstand

$$U_R(t) = R\,I(t) = U_0\,e^{-\frac{t}{RC}}, \tag{6.47}$$

wobei $U_0 = U_B = R\,I_0$;

Spannung am Kondensator:

$$U_C(t) = U_B - U_R(t) = U_B(1 - e^{-\frac{t}{RC}}). \tag{6.48}$$

Abb. 6.49 zeigt die Diagramme für $I(t)$, $U_R(t)$ und $U_C(t)$.

Das Produkt aus Widerstand R und Kapazität C in einer solchen Schaltung bezeichnet man als die Zeitkonstante τ:

$$\tau = R \cdot C. \tag{6.49}$$

Je größer die Zeitkonstante ist, um so langsamer verläuft der Ladevorgang. Nach Verstreichen einer Zeit, die gleich der Zeitkonstanten ist, hat der Ladestrom auf $1/e$ abgenommen, und die Spannung am Kondensator hat $(1 - 1/e)\,U_B = 0{,}63\,U_B$ erreicht.

Entladen (Stellung 2):

Der gleichen Gesetzmäßigkeit, allerdings mit umgekehrten Vorzeichen, gehorchen der Strom $I_2(t)$ und die Spannung $U_R(t)$ beim Entladen. U_C ist stets gleich $-U_R$, da $U_B = 0$. (Die Spannungsquelle liegt nicht im Stromkreis.)

Die Kurven für die Entladung sind in den Diagrammen gestrichelt eingetragen.

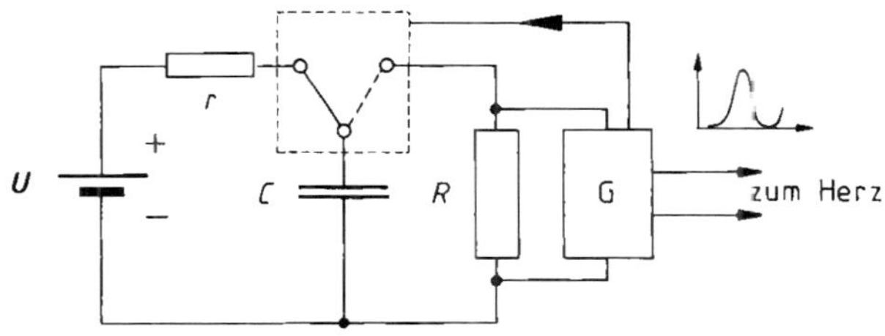

Abb. 6.50 Prinzipschaltung eines Herzschrittmachers (s. Beispiel 6.24)

Beispiel 6.24: Kondensatoren in Herzschrittmachern
Herzschrittmacher sorgen dafür, daß das Herz mit normaler Schlagfrequenz arbeitet. Dazu könnte eine Schaltung verwendet werden, wie sie Abb. 6.50 zeigt.

Ein Kondensator ($C = 0{,}25\ \mu\mathrm{F}$) entlädt sich über einem Widerstand R. Sobald die Spannung am Kondensator auf den e-ten Teil der Ausgangsspannung abgefallen ist, wird ein elektronischer Impulsgeber G angestoßen, der einen Erregerimpuls an das Herz abgibt, zugleich aber durch kurzzeitiges Umlegen eines „Schalters" den Kondensator wieder auf seine Ausgangsspannung auflädt. Die Ladezeit kann gegenüber der Entladezeit vernachlässigt werden (r sehr klein gegenüber R!).

Wie groß muß die Zeitkonstante sein, damit eine Pulsfrequenz von 75 pro Minute erreicht wird? Welcher Widerstand R muß eingebaut werden?

Einer Frequenz von (75/60) Hz = 1,25 Hz entspricht einer Entladezeit von (1/1,25) s = 0,8 s. Eine RC-Schaltung, die nach 0,8 s auf den e-ten Teil abgesunken ist, besitzt eine Zeitkonstante von ebenfalls 0,8 s. Gl. 6.49 liefert uns auch den erforderlichen Widerstand:

$$R = \frac{\tau}{C} = \frac{0{,}8\ \mathrm{s}}{0{,}25 \cdot 10^{-6}\ \mathrm{F}} = 3{,}2 \cdot 10^{6}\ \Omega = \mathbf{3{,}2\ M\Omega}.$$

Wechselstromschaltungen

In Schaltungen mit Gleichspannungsquellen beeinflussen Spulen und Kondensatoren nur während der Einschalt- und Ausschaltphase den Strom- und Spannungsverlauf. Im stationären Zustand wirkt der Kondensator wie eine Unterbrechung (Widerstand unendlich), die Spule wie ein Kurzschluß (Widerstand Null). Wie wir anschließend sehen werden, haben Spule und Kondensator beim Anlegen einer Sinusspannung einen Widerstand, der endlich ist.

Der kapazitive Widerstand eines Kondensators:

Zwischen dem Strom und der Spannung an einem Kondensator (Abb. 6.51) gilt die Beziehung

$$I = \frac{\mathrm{d}Q}{\mathrm{d}t} = \frac{\mathrm{d}(C \cdot U)}{\mathrm{d}t} = C\,\frac{\mathrm{d}U}{\mathrm{d}t}.$$

Eine sinusförmige Wechselspannung $U(t) = U_0 \sin \omega t$ erzeugt daher einen Strom

$$I(t) = C\omega U_0 \cos \omega t = C\omega U_0 \sin(\omega t + \tfrac{\pi}{2}) = I_0 \sin(\omega t + \tfrac{\pi}{2}).$$

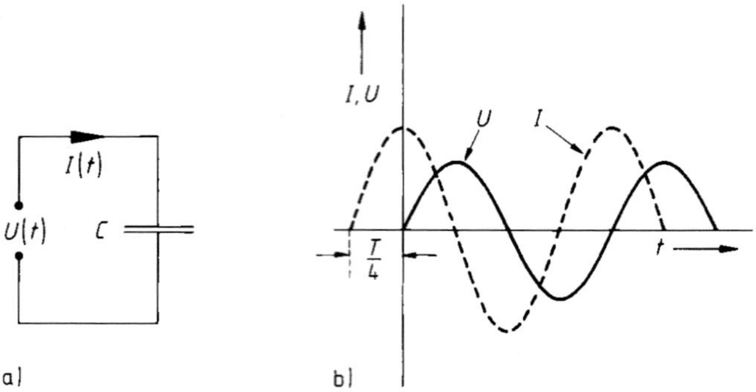

Abb. 6.51 Phasenverschiebung zwischen Strom und Spannung beim Anlegen einer Wechselspannung an einen Kondensator

Es fließt also ein Wechselstrom, der jedoch nicht in Phase ist mit der angelegten Spannung (die Phasenverschiebung hat den Wert $\pi/2$).

Wird eine Sinusspannung an einen Kondensator gelegt, dann eilt der dadurch erzeugte Strom der Spannung um eine viertel Periode voraus. Der Strom erreicht gegenüber der Spannung jeweils um eine Zeit $T/4$ früher den Maximalwert (Abb. 6.51 b).

Es wäre daher sinnlos, die Widerstandsdefinition $R = U/I$ auf die Momentanwerte anzuwenden. Wir beziehen sie besser auf die Effektivwerte, die ja auch von den Meßinstrumenten angezeigt werden. Die Effektivwerte sind wiederum zu den Spitzenwerten proportional, also

$$R_C = \frac{U_0}{I_0} = \frac{U_0}{\omega C U_0} = \frac{1}{\omega C}.$$

Die Größe

$$R_C = \frac{1}{\omega C} \tag{6.50}$$

nennt man den kapazitiven Widerstand eines Kondensators. Er ist frequenzabhängig. Der kapazitive Widerstand wird unendlich für $\omega = 0$ (Gleichstrom), er wird Null für sehr hohe Frequenzen.

Der induktive Widerstand einer Spule:

Legen wir an eine Spule eine Wechselspannung $U(t)$, dann entsteht durch die Induktivität der Spule eine Induktionsspannung U_i, die zu jedem Zeitpunkt der angelegten Spannung entgegengesetzt gleich sein muß (Abb. 6.52) (Die Maschenregel: Summe der Spannungen in einem Stromkreis gleich Null, gilt auch im Wechselstromkreis).

$$U(t) = -\,U_i = -\,L\frac{dI}{dt}.$$

Damit ein sinusförmiger Wechselstrom $I(t) = I_0 \sin\omega t$ fließt, muß für die angelegte Spannung gelten:

$$U(t) = L\omega I_0 \cos\omega t = L\omega I_0 \sin(\omega t + \tfrac{\pi}{2}) = U_0 \sin(\omega t + \tfrac{\pi}{2}).$$

mit $U_0 = L\omega I_0$.

Strom und Spannung sind auch bei der Spule nicht in Phase.

Wird an eine Spule eine Sinusspannung angelegt, dann hinkt der Strom der Spannung um eine viertel Periode nach (Abb. 6.52 b). Der Quotient aus Spitzenspannung und Spitzenstrom $U_0/I_0 = \omega L$ ergibt auch hier den Wechselstromwiderstand:

$$R_L = \omega L. \qquad (6.51)$$

Man nennt ihn den induktiven Widerstand einer Spule. Er ist Null für Gleichstrom ($\omega = 0$) und wird sehr groß für hohe Frequenzen.

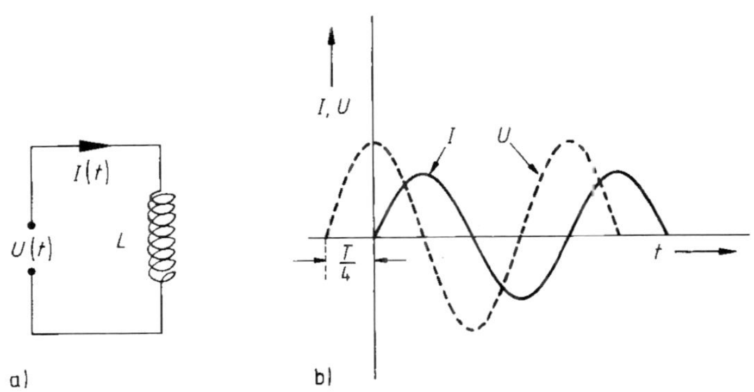

Abb. 6.52 Phasenverschiebung zwischen Strom und Spannung beim Anlegen einer Wechselspannung an eine Spule

Blindleistung und Wirkleistung:

Bei der Ermittlung der Wechselstromleistung wurde bereits erwähnt, daß hierbei der Phasenwinkel zwischen Strom und Spannung eine Rolle spielt (Gl. 6.39 a).

Da bei Spulen und Kondensatoren der Phasenwinkel zwischen Strom und Spannung jeweils 90° beträgt, ist die von diesen Schaltelementen aufgenommene Leistung stets Null (Blindleistung). Nur an ohmschen Widerständen wird tatsächlich Leistung verbraucht (Wirkleistung).

Beispiel 6.25: Ströme in Kondensatoren und Spulen

Ein Kondensator ($C = 3\ \mu F$) und eine Spule ($L = 5\ mH$) werden nacheinander an eine 220 V, 50 Hz Wechselspannung angeschlossen. Wie groß sind die jeweiligen Ströme?

Kondensator: $$R_C = \frac{1}{(2\pi \cdot 50\ s^{-1})\ (3 \cdot 10^{-6}\ F)} = 1{,}06 \cdot 10^3\ \Omega,$$

$$I_C = \frac{220\ V}{1060\ \Omega} = \mathbf{0{,}207\ A}.$$

Spule: $$R_L = (2\pi \cdot 50\ s^{-1})\ (5 \cdot 10^{-3}\ H) = 15{,}7\ \Omega,$$

$$I_L = \frac{220\ V}{15{,}7\ \Omega} = \mathbf{14{,}0\ A}.$$

Der elektrische Schwingkreis

Ganz besondere Eigenschaften hat eine Schaltung, die lediglich aus einer Spule und einem Kondensator besteht (Abb. 6.53). In einer solchen Anordnung können elektrische Schwingungen auftreten.

Wir wollen annehmen, daß zu einem bestimmten Zeitpunkt der Kondensator geladen ist und kein Strom durch die Spule fließt. Der dann ablaufende Vorgang kann in vier Abschnitte zerlegt werden:

a) Der Kondensator beginnt, sich über die Spule zu entladen. Durch den anwachsenden Strom wird in der Spule eine Spannung induziert, die eine zu schnelle Entladung verhindert (Lenzsche Regel).

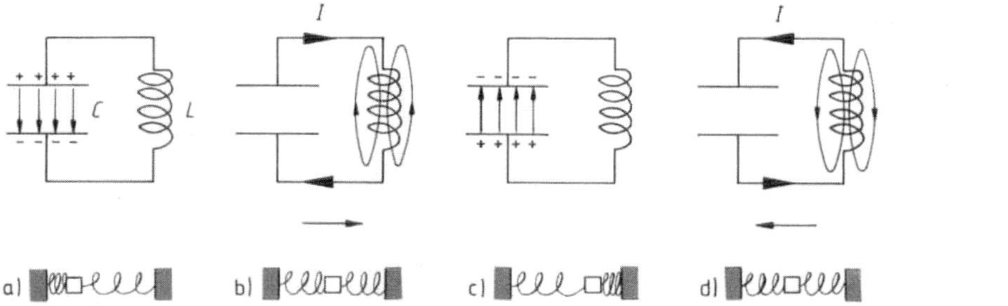

Abb. 6.53 Zur Funktionsweise eines elektrischen Schwingkreises und die Analogie zur mechanischen Schwingung

b) Ist der Kondensator gänzlich entladen, könnte der Strom aufhören zu fließen. Wieder verhindert die Spule eine zu rasche Änderung des bestehenden Zustands (d.h. des Stromflusses) und bewirkt, daß der Strom noch eine Zeit in die gleiche Richtung weiterfließt.
c) Demzufolge lädt sich der Kondensator nun mit entgegengesetztem Vorzeichen wieder auf, während der Strom langsam Null wird.
d) Schließlich wird der Ausgangszustand wieder hergestellt, indem erneut ein von der Spule unterstützter Umladestrom fließt.

Solange keine ohmschen Widerstände im Kreis enthalten oder vorhandene Widerstände sehr klein sind, wiederholt sich der Vorgang beliebig oft.

Kondensator und Spule bilden zusammen einen elektrischen Schwingkreis. Einmal angeregt, schwingen alle beteiligten Ströme und Spannungen harmonisch (d.h. sinusförmig). Während der Schwingung ist die Energie des Kreises abwechselnd als elektrische Feldenergie im Kondensator und als magnetische Feldenergie in der Spule gespeichert.

In der Abbildung ist die offensichtliche Analogie zur Schwingung eines Federpendels in vier Phasen wiedergegeben. Es entsprechen sich dabei der geladene Kondensator und die gespannte Feder, sowie die stromdurchflossene Spule und die sich bewegende Masse. Führt man diese Analogieüberlegungen weiter, so ergibt sich sogar ein Hinweis auf die Berechnung der Eigenfrequenz, mit der ein solcher elektrischer Schwingkreis schwingt.

Ebenso wie eine Vergrößerung der Masse m beim Federpendel bewirkt auch eine Vergrößerung der Induktivität L der Spule eine Verringerung der Frequenz. Während jedoch eine Vergrößerung der Federkonstante D die Frequenz des Federpendels erhöht, bewirkt eine größere Kapazität C eine Verringerung der Frequenz, da ja der Ladevorgang mehr Zeit in Anspruch nimmt. Wir kommen also von der Frequenzformel des Federpendels zu derjenigen für den Schwingkreis, wenn wir darin m durch L und D durch $1/C$ ersetzen; aus $\omega = \sqrt{D/m}$ wird dann $\omega = \sqrt{1/LC}$.

Ein Schwingkreis, bestehend aus Kapazität C und Induktivität L, besitzt eine Eigenfrequenz der Größe

$$\omega = \sqrt{\frac{1}{LC}}. \tag{6.52}$$

Der elektrische Schwingkreis hat die gleichen Eigenschaften wie sein mechanisches Gegenstück:

a) Infolge des ohmschen Widerstandes im Kreis treten stets Verluste auf, die zu einer Dämpfung führen. Je größer der Widerstand, desto größer die Dämpfung.
b) Man kann die Dämpfungsverluste ausgleichen, indem man im Rhythmus der Schwingungen elektrische Energie zuführt. Durch das Anschließen einer Wechselspannungsquelle können erzwungene Schwingungen erzeugt werden, die dann eine konstante Amplitude haben.
c) Stimmt die Erregerfrequenz mit der Eigenfrequenz des Schwingkreises überein, dann ist die Leistungsaufnahme maximal. Dies ist wiederum der Resonanzfall.

Wir werden im Kapitel über die elektromagnetischen Wellen (Kap. 7.4) noch ausführlicher auf elektrische Schwingungen eingehen, denn der elektrische Schwingkreis bildet die Grundlage für die Erzeugung solcher Wellen.

Beispiel 6.26: Verdopplung der Eigenfrequenz eines Schwingkreises
Ein Schwingkreis mit der Induktivität $L = 5$ mH hat eine Eigenfrequenz von 1,5 kHz. Wie groß ist die eingebaute Kapazität? Wie muß der Plattenabstand des Kondensators verändert werden, um eine Verdopplung der Frequenz zu erreichen?

$$C = \frac{1}{4\pi^2 f^2 L} = \frac{1}{4\pi^2 (1500\ \text{Hz})^2 (0{,}005\ \text{H})} = 2{,}25 \cdot 10^{-6}\ \text{F} = \mathbf{2{,}25\ \mu F}.$$

Da die Frequenz proportional zu $1/\sqrt{C}$ ist, muß man die Kapazität um den Faktor 4 verkleinern, d.h. den Abstand um diesen Faktor vergrößern (da C proportional zu 1/Plattenabstand ist), um die Eigenfrequenz zu verdoppeln.

6.5 Mechanismen der Elektrizitätsleitung

Wenn in den zurückliegenden Abschnitten von Strom die Rede war, hatten wir stets das Bild vom Elektronenfluß durch einen metallischen Leiter vor Augen. Dies ist sicherlich die wichtigste Erscheinungsform des elektrischen Stromes, und an diesem Beispiel konnten die wichtigsten Eigenschaften des Stromes (Wärmeerzeugung, Kraftwirkung, Induktion usw.) erläutert werden.

Alle diese Erscheinungen lassen sich aber bei jeder Art von Ladungstransport beobachten, der wie wir wissen (Abschn. 6.1.3) auch in anderen Substanzen als Metallen möglich ist. In einigen Fällen kann man ein Verhalten beobachten, das von der metallischen Leitung abweicht. Daher sollen diese Leitungsmechanismen hier im einzelnen besprochen werden.

6.5.1 Elektrizitätsleitung im Vakuum

Bewegte geladene Teilchen im Vakuum besitzen große technische Bedeutung, so z.B. in Röhren (Bildröhre des Fernsehers usw.), Elektronenmikroskopen oder bei spektroskopischen Untersuchungen. Sie sind stets Teil eines geschlossenen Stromkreises: Zunächst werden sie erzeugt und dann durch elektrische und magnetische Felder beschleunigt und geführt, wobei sie in vielen Anwendungen auf ihrem Weg mit Probenmaterial wechselwirken. Schließlich – und damit schließt sich der Kreis – gelangen sie zum Auffänger, beispielsweise einem Schirm, einer Photoplatte, einer Metallelektrode oder einem anderen Nachweisgerät.

Erzeugung von Ladungsträgern

Als Ladungsträger im Vakuum kommen Elektronen und positive (in manchen Fällen auch negative) Ionen in Frage.

Damit *Elektronen* aus einem Metall austreten können, muß man ihnen kinetische Energie (die Austrittsarbeit) zuführen. Erst dann können sie die Potentialschwelle an der Oberfläche überwinden. Dafür gibt es zwei Möglichkeiten:

a) Glühemission:

Wird ein Metalldraht erhitzt, z.B. indem man einen genügend hohen Strom fließen läßt, dann besitzt mit zunehmender Temperatur ein immer größerer Anteil der Leitungselektronen ausreichend viel kinetische Energie, um das Metall durch die Oberfläche verlassen zu können. Solche zu Wendeln gewickelte Glühdrähte werden häufig als Elektronenquellen verwendet (Glühkathoden).

b) Photoemission:

Die benötigte Energie kann auch durch Bestrahlung der Metalloberfläche mit Licht zugeführt werden. Dabei ist jedoch erforderlich, daß das verwendete Licht eine bestimmte Mindestfrequenz (d.h. Mindestenergie) besitzt, um Elektronen freisetzen zu können (Photoeffekt, s. Abschn. 8.1.2). Anordnungen dieser Art nennt man Photokathoden.

Ionen erzeugt man in sogenannten Ionenquellen. In diesen wird den Atomen, die man ionisieren will, so viel Energie zugeführt, daß sie ein Elektron verlieren. Das kann auf thermischem Weg geschehen (Erhitzen eines Gases) oder durch Beschuß mit schnellen Elektronen oder auch wieder durch Bestrahlen mit Licht geeigneter Frequenz.

Beschleunigung und Führung geladener Teilchen

Zu diesem Zweck benutzt man elektrische und magnetische Felder, die durch ihre Kraftwirkungen (Coulomb- und Lorentzkraft) die geladenen Teilchen an den Nachweisort bringen.

Zur Beschleunigung und gleichzeitigen Führung dient im einfachsten Fall eine elektrische Spannung, die zwischen dem Entstehungsort (z. B. der Glühkathode) und dem Nachweisort (z. B. einer Metallanode) angelegt wird.

Für viele Anwendungen reicht diese einfache Kombination zweier Elektroden jedoch nicht aus. Das gilt insbesondere, wenn es auf eine sehr genaue Führung der geladenen Teilchen ankommt. Ein Beispiel ist das Elektronenmikroskop (s. auch Abschn. 9.4.3). Hier läuft der Elektronenstrahl durch die Felder vieler, längs der Teilchenbahn angeordneter Elektroden oder Magnete, die auf ihn wirken wie Medien verschiedener Brechzahl auf einen Lichtstrahl: Er wird fokussiert, wieder defokussiert und so fort. Am Nachweisort entsteht dann ein Bild vom mikroskopischen Aufbau der Probe, die der Elektronenstrahl transmittiert hat. In Analogie zur Lichtoptik hat sich daher für die Führung von Elektronenstrahlen der Name Elektronenoptik eingebürgert, und die Strahlführungselemente heißen elektrische und magnetische Linsen.

Entsprechend gibt es bei Ionen eine Ionenoptik. Mit komplizierten Feldanordnungen kann man beispielsweise in sogenannten *Massenspektrometern* erreichen, daß verschieden schwere Ionen auf verschiedenen Bahnen laufen und auch an verschiedenen Stellen ankommen. Auf diese Weise erfolgt eine Trennung der Ionen nach ihren Massen (Isotopentrennung).

Nachweis geladener Teilchen

Treffen die geladenen Teilchen auf eine Metallelektrode, dann geben sie dort ihre Ladung ab. Diese kann über ein Strommeßgerät direkt gemessen werden. Allerdings setzt das eine gewisse Mindeststromstärke (= Zahl der geladenen Teilchen pro Sekunde) voraus, da die Empfindlichkeit von Strommeßgeräten begrenzt ist.

Interessiert nur der Ort des Auftreffens, so können Leuchtschirme oder Photoplatten verwendet werden. Zählrohre bieten die Möglichkeit, sogar einzelne Teilchen nachzuweisen.

Technische Anwendungen

Die Elektronenstrahlröhre:

Als Beispiel für eine wichtige technische Anwendung von geladenen Teilchen im Vakuum soll die Zweielektrodenröhre (Diode) dienen, an der sich das Prinzip der Elektronenstrahlröhre erläutern läßt (Abb. 6.54).

Eine Heizspannung U_H sorgt hier dafür, daß die Kathode durch Stromfluß erhitzt wird und Elektronen emittiert. Die Anodenspannung U_A erzeugt zwi-

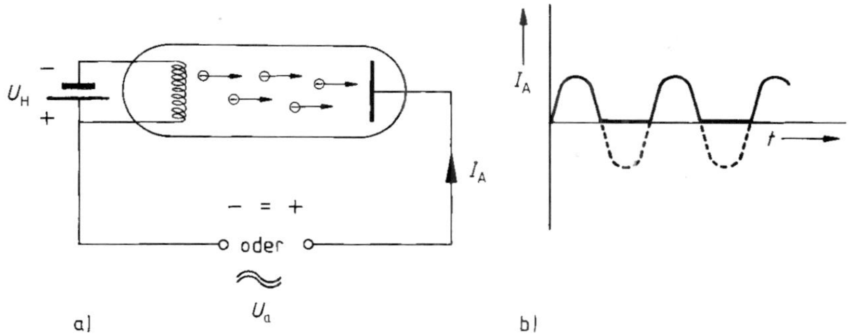

Abb. 6.54 (a) Elektronenröhre (Diode, Gleichrichterröhre) und (b) Stromverlauf durch die Röhre beim Anlegen einer sinusförmigen Wechselspannung

schen Kathode (−) und Anode (+) das elektrische Feld, das die Elektronen zur Anode hin beschleunigt. An der Anode werden sie aufgefangen und fließen zur Spannungsquelle zurück (geschlossener Stromkreis!).

Polt man die Anodenspannung um, dann kann kein Strom fließen, da an der kalten Anode keine Elektronen zur Verfügung stehen, um den Stromkreis zu schließen. Die Diode kann daher als *Gleichrichter* verwendet werden. Liegt an der Anode eine Wechselspannung an, dann fließt nur in der halben Periode ein Strom, in der die Glühkathode negativ gepolt ist. Als Anodenstrom erhalten wir einen pulsierenden Gleichstrom (Abb. 6.54 b).

Beispiel 6.27: Die Leistung einer Diode

An eine Diode wird als Anodenspannung eine 220 V Wechselspannung angelegt. Die Spitzenstromstärke des fließenden pulsierenden Gleichstromes beträgt 50 mA. Welche Leistung wird an der Anode als Wärme frei?

Der Effektivwert des Anodenstroms ist

$$I_{eff} = \left(\frac{1}{2}\right)\frac{I_0}{\sqrt{2}} = \left(\frac{1}{2}\right)\frac{0{,}05\,\text{A}}{\sqrt{2}} = 17{,}7\ \text{mA}.$$

Da Strom und Spannung in Phase sind, kann die Leistung nach Gl. 6.41 berechnet werden:

$$P = U_{eff} \cdot I_{eff} = (220\ \text{V})\,(17{,}7 \cdot 10^{-3}\ \text{A}) = \mathbf{3{,}89\ W}.$$

Der Elektronenstrahloszillograph

Der Oszillograph dient zur Sichtbarmachung rascher Spannungsänderungen. Mit seiner Hilfe können z. B. Frequenz und Amplitude von Wechselspannungen gemessen oder die Spannungsimpulse, wie sie beim EKG entstehen, untersucht werden.

Der Hauptbestandteil eines Oszillographen ist die Elektronenstrahlröhre (Abb. 6.55). Die wie in einer Diode erzeugten schnellen Elektronen fliegen durch ein Loch in der Anode und bewegen sich dann mit konstanter Geschwindigkeit

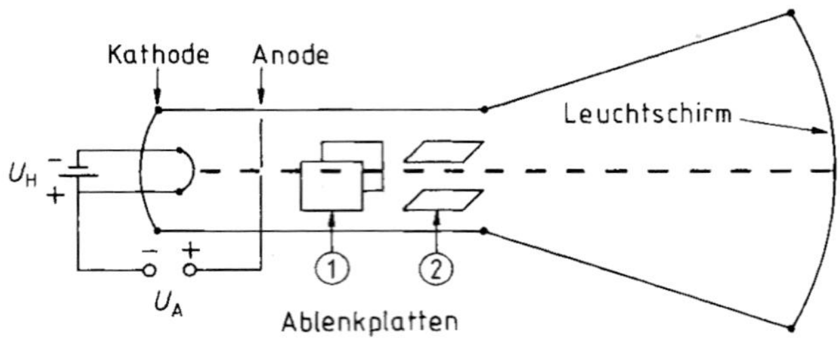

Abb. 6.55 Oszillographenröhre

als feiner Elektronenstrahl geradlinig auf einen Leuchtschirm zu, auf dem der Auftreffort sichtbar wird. Zwischen Anode und Leuchtschirm passieren die Elektronen zwei senkrecht zueinander angeordnete Plattenpaare. Durch Anlegen von Spannungen an die Plattenpaare kann der Elektronenstrahl abgelenkt und der Ort des Leuchtflecks auf dem Schirm verändert werden.

Wird z. B. eine linear anwachsende Spannung an Plattenpaar 1 gelegt, dann bewegt sich der Leuchtfleck mit konstanter Geschwindigkeit horizontal über den Schirm. Wiederholt sich dieser Vorgang mit genügender Schnelligkeit, dann erblickt das Auge eine horizontale Gerade. Eine Wechselspannung, die nun an Plattenpaar 2 gelegt wird, bewirkt eine entsprechende Vertikalablenkung des Strahls, der den zeitlichen Verlauf von $U(t)$ auf den Schirm zeichnet. Da durch elektronische Mittel erreicht werden kann, daß die Aufzeichnung immer bei gleicher Phasenlage beginnt, erscheint ein stehendes Bild der eingegebenen Spannung.

Beispiel 6.28: Spannungsmessung mit dem Oszillographen

Auf dem Oszillographenschirm ist das Bild der Abb. 6.56 zu sehen. Der Einstellknopf für die Vertikalablenkung steht auf 0,2 V/cm, derjenige für die Horizontalgeschwindigkeit auf 0,005 s/cm. Wie lautet die Zeitabhängigkeit der untersuchten Wechselspannung?

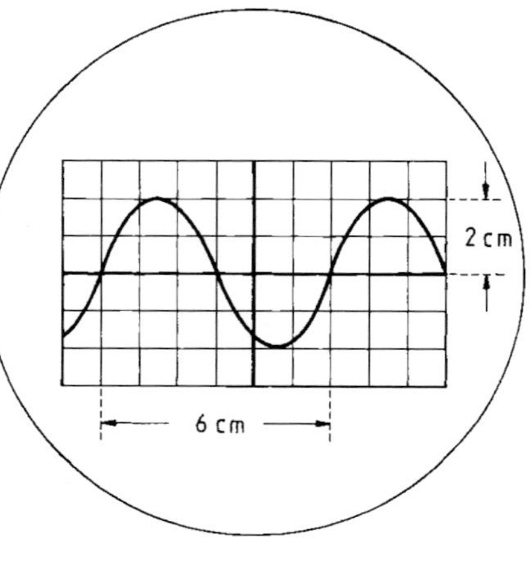

Abb. 6.56 Zu Beispiel 6.28

Die Amplitude beträgt: (2 cm) (0,2 V/cm) = 0,4 V.

Die Schwingungsdauer beträgt: (6 cm)(0,005 s/cm) = 0,03 s. Das bedeutet eine Frequenz von $1/T = 33{,}3$ Hz.

Somit ist

$$V(t) = (0{,}4\ \mathrm{V}) \sin(2\pi(33{,}3\ \mathrm{s}^{-1})\, t).$$

Da heute nahezu jede Art von Information und Meßgröße in elektrische Spannungssignale umgewandelt werden kann, sind Oszillographen für die Untersuchung zeitabhängiger Vorgänge unentbehrlich.

6.5.2 Elektrizitätsleitung in Gasen

Auch in Gasen können Ströme von Elektroden oder Ionen fließen. Welche Mechanismen dabei eine Rolle spielen, das soll am folgenden Experiment erläutert werden:

Füllen wir in eine Elektronenröhre (Diode) ein Gas, dann können die aus der Kathode stammenden Elektronen die Strecke zur Anode nicht ungehindert durchlaufen, sondern werden nach einer bestimmten Strecke auf ein Gasmolekül stoßen. Reicht die Energie, die sie bis dahin gewonnen haben, aus, um das Molekül zu ionisieren, dann entstehen auf diese Weise zwei neue Ladungsträger, die ihrerseits zum Stromfluß beitragen, indem sie in entgegengesetzte Richtungen beschleunigt werden und eventuell selbst durch Stoß weitere Ladungsträger erzeugen (sofern sie nicht vorher rekombinieren).

Steigt der Strom in einer gasgefüllten Röhre durch diesen Ionisationsprozeß lawinenartig an, dann spricht man von einer *Gasentladung*. Das Einsetzen dieser Entladung wird begünstigt durch hohe Spannung und geringen Gasdruck, da dann die Elektronen leichter die zur Ionisierung nötige Energie gewinnen können.

Würden wir in dieser Situation die primäre Elektronenerzeugung aus der Kathode stoppen, dann würde auch die Entladung abbrechen.

Eine unselbständige Gasentladung erlischt, wenn nicht durch bestimmte Maßnahmen laufend primäre Ladungsträger erzeugt werden.

Steigert man die Spannung jedoch über einen bestimmten Wert hinaus, dann brennt die Gasentladung auch weiter, wenn die Elektronenemission an der Kathode aufhört.

Bei einer selbständigen Entladung entstehen im Entladungsraum stets mehr neue Ladungsträger als durch Rekombination oder Auftreffen auf die Elektroden verloren gehen.

Technische Anwendung der Gasentladung:

Da bei den Stoß- und Rekombinationsprozessen Licht entsteht, finden Gasentladungsröhren in der Beleuchtungstechnik weite Verwendung.

Hierher gehören Geräte, die die Glimm- oder Bogenentladung ausnutzen, sowie Metalldampflampen und Leuchtstoffröhren. Sie unterscheiden sich in den technischen Details und den Betriebsbedingungen, allen liegt aber als physikalischer Prozeß die selbständige Entladung zugrunde, die in manchen Fällen nur zum Zünden einen Anstoß von außen benötigt (Starter in Leuchtstoffröhren ist eine kurzzeitige Elektronenemission aus einer Glühkathode).

Zu den Geräten, die mit einer unselbständigen Entladung arbeiten, gehören eine Reihe von Nachweisgeräten für radioaktive Strahlung (Zählrohr, Ionisationskammer). In diesen Geräten erzeugen die Teilchen der Strahlung primär eine bestimmte Anzahl von Ladungsträgern durch Ionisation von Gasmolekülen, die im Falle der Ionisationskammer direkt, beim Zählrohr nach Verstärkung durch Sekundärionisation registriert werden. Hier dauert die Entladung d. h. der Stromfluß nur so lange, wie durch einfallende Teilchen primäre Ionen gebildet werden (s. Abschn. 10.4).

6.5.3 Elektrizitätsleitung in Elektrolyten

In Flüssigkeiten wird der Ladungstransport von Ionen übernommen, die durch Dissoziation neutraler Moleküle entstehen. In diesem Zusammenhang tauchen einige neue Begriffe auf, die anschließend erläutert werden sollen.

Dissoziationsgrad und pH-Wert

Der Dissoziationsgrad eines Elektrolyten gibt an, welcher Anteil der insgesamt vorhandenen Moleküle dissoziiert ist.

$$\text{Dissoziationsgrad} = \frac{\text{Zahl der in Ionen gespaltenen Moleküle}}{\text{Zahl der gelösten Moleküle}}.$$

Der Dissoziationsgrad x_D ist also eine Zahl zwischen 0 und 1.

Auch Wasser ist in geringem Maße dissoziiert entsprechend der Formel

$$2\,H_2O \rightarrow H_3O^+ + OH^-.$$

Bei 25 °C beträgt der Dissoziationsgrad $x_D = 1{,}8 \cdot 10^{-9}$.

Beispiel 6.29: Die Wasserstoffionenkonzentration in Wasser
Wie groß ist die H^+-Ionen-Konzentration in Wasser von 25 °C?

1 mol $H_2O \triangleq 18$ g H_2O enthalten $6 \cdot 10^{23}$ H_2O-Moleküle.
1 L $H_2O \triangleq 1000$ g H_2O enthalten $\frac{1000}{18}\,6 \cdot 10^{23}$ H_2O-Moleküle.

Davon sind also

$$\frac{1000}{18} \cdot 6 \cdot 10^{23} \cdot 1{,}8 \cdot 10^{-9}$$

Moleküle dissoziiert, d.h. 1 L Wasser enthält $6 \cdot 10^{16}$ H^+-Ionen. Dividiert man diese Zahl wieder durch $6 \cdot 10^{23}$, dann ergibt sich die gesuchte Konzentration: $\mathbf{10^{-7}}$ **mol/L**.

Ein Liter reines Wasser enthält bei 25 °C ca. 10^{-7} mol H^+-Ionen.

Da in vielen Fällen die H^+-Ionen-Konzentration einer Flüssigkeit eine wichtige Größe ist, führt man den sogenannten pH-Wert ein:

Unter dem pH-Wert einer Flüssigkeit versteht man den negativen dekadischen Logarithmus der Molarität der Wasserstoffionen.

Der pH-Wert von reinem Wasser ist demnach 7. Dieser Wert markiert die Grenze zwischen den Säuren (pH < 7) und den Basen (pH > 7).

Die Faradayschen Gesetze

Es ist ein charakteristisches Merkmal der elektrolytischen Leitung, daß sie mit dem Transport von Masse verbunden ist. Die Faradayschen Gesetze beschreiben diesen Sachverhalt quantitativ.

Das 1. *Faradaysche Gesetz* sagt etwas aus über die Masse der transportierten Substanz.

Schickt man z. B. einen Strom durch eine Silbernitratlösung, in die zwei Silberelektroden eintauchen, dann gehen an der positiven Elektrode Ag^+-Ionen in Lösung, an der negativen Elektrode werden sie abgeschieden. Die eine Elektrode verliert Masse, die andere wird schwerer.

Da mit jedem Ion stets die gleiche Masse und die gleiche Ladung transportiert wird, folgt:

Die an der Elektrode abgeschiedene Masse ist proportional zu der durch den Elektrolyten geflossenen Ladungsmenge.

$$m = k \cdot Q = k \cdot I \cdot t. \tag{6.53}$$

Wenden wir dies auf ein Mol an, dann können wir damit die Konstante k bestimmen:

Um die Molmasse M abzuscheiden, müssen $N_A \cdot z$ Elementarladungen fließen, wenn z die Wertigkeit eines Ions ist:

$$M = k N_A z e = k z F \qquad (F = N_A e).$$

Daraus folgt

$$k = \frac{M}{zF}.$$

Damit erhält das 1. Faradaysche Gesetz die Form

$$m = \frac{QM}{Fz} = \frac{It}{F}\frac{M}{z}. \tag{6.53a}$$

F nennt man die Faradaykonstante. Sie hat den Wert

$$F = N_A e = 6 \cdot 10^{23}\,\mathrm{mol}^{-1} \cdot 1{,}6 \cdot 10^{-19}\,\mathrm{C} = 96{,}5 \cdot 10^3\,\mathrm{C/mol}.$$

Die Faradaykonstante ist gleich der Ladungsmenge, die nötig ist, um ein Mol einer einwertigen Substanz abzuscheiden.

Beispiel 6.30: Die Abscheidung von Kupfer aus einer Kupfersulfatlösung
Zwischen zwei Kupferelektroden fließt durch eine Kupfersulfat($CuSO_4$)-Lösung eine Stunde lang ein Strom von 2 A. Danach hat sich die Masse der negativen Elektrode um 2,37 g erhöht. Wie groß ist die Molmasse von Kupfer?

Aus Gl. 6.53 a folgt:

$$M = \frac{mFz}{It} = \frac{(2{,}37\,\mathrm{g})\,(96\,500\,\mathrm{C/mol})\,(2)}{(2\,\mathrm{C/s})\,(3600\,\mathrm{s})} = \mathbf{63{,}5\,g/mol}.$$

Das 2. *Faradaysche Gesetz* beantwortet die Frage, wie sich die abgeschiedenen Massen verschiedener Ionensorten verhalten, wenn die gleiche Ladungsmenge ($Q = It$) geflossen ist. Die Anwendung des 1. Faradayschen Gesetzes ergibt:

$$\frac{m_1}{m_2} = \frac{M_1/z_1}{M_2/z_2}. \tag{6.54}$$

Die von der gleichen Ladungsmenge abgeschiedenen Massen verhalten sich wie die Äquivalentmassen dieser Substanzen. Unter der Äquivalentmasse eines Stoffes versteht man den Quotienten aus Molmasse M und Wertigkeit z.

6.5.4 Elektrizitätsleitung im menschlichen Körper

Da in den Körperflüssigkeiten eine hohe Ionenkonzentration herrscht (im Mittel 1/3 molar), ist der menschliche Körper im allgemeinen als guter elektrischer Leiter anzusehen. Allerdings hängt die Stromstärke, die beim Anlegen einer Spannung fließt, davon ab, mit welchen Stellen des Körpers die beiden Spannungspole verbunden werden. Außerdem spielt auch der Übergangswiderstand zur Haut eine große Rolle. Während trockene Haut ein relativ guter Isolator ist, hat der Widerstand bei feuchter Haut praktisch den Wert Null. Um die Gefährlichkeit elektrischer Unfälle beurteilen zu können, müssen zwei Fragen beantwortet werden: Fließt der Strom durch lebenswichtige Organe, und wie groß ist die Stromstärke?

Die Wirkung des elektrischen Stromes auf den Organismus

Stromfluß erzeugt Wärme, auch im Körper. Sie ist am größten, wo Widerstand und Stromdichte groß sind. Dies kann an den Stellen, wo der Strom in den Körper ein- oder austritt, zu Verbrennungen führen.

Die größere Gefahr für den Organismus besteht allerdings darin, daß durch die im Körper fließenden Ströme Nervenreize ausgelöst werden können, die wichtige Lebensfunktionen stören oder völlig unterbinden (Herztätigkeit, Atmung usw.). In Abschnitt 6.2.8 wurde beschrieben, daß dabei das Potential über der Zellmenbran kurzzeitig das Vorzeichen ändert (Depolarisation und Ausbildung eines Aktionspotentials). Da solche Effekte mit Gleichstrom nur beim Ein- und Ausschalten auftreten, ist hier die Gefährdung relativ gering. (Allerdings kann auch relativ schwacher Gleichstrom wegen der elektrolytischen Zersetzung des Blutes zu Schäden führen.) Auch hochfrequenter Wechselstrom ist relativ ungefährlich, da beim elektrolytischen Ladungstransport Ionen bewegt werden müssen. Aufgrund ihrer Masse können sie aber einem raschen Wechsel der Polung mit ihrer Bewegung nicht folgen, so daß effektiv kein Strom fließt und es deshalb auch zu keiner Depolarisation kommt.

Besondere Vorsicht ist jedoch beim Umgang mit technischem Wechselstrom (50 Hz) geboten. Dieser führt im Körper zur wiederholten Depolarisationen, die unkontrollierte Kontraktionen des Herzmuskels hervorrufen können (Herzflimmern – die häufigste Todesursache bei Unfällen durch den unvorsichtigen Umgang mit Wechselstrom).

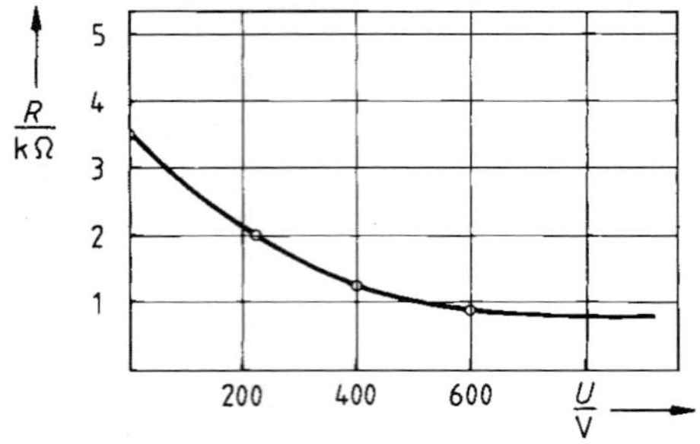

Abb. 6.57 Abhängigkeit des Widerstandes von der anliegenden Spannung, gemessen zwischen den Handgelenken eines Menschen

Die tatsächliche Wirkung des elektrischen Stromes auf den Organismus hängt sowohl von der Stromstärke als auch von der Dauer der Einwirkung ab. Bei kurzzeitigen Stromstößen (kleiner als 1 s) ist die Gefahr relativ gering. Trotzdem ist immer Vorsicht anzuraten!

Kann der Stromfluß nicht rasch unterbrochen werden, dann sind (für 50 Hz Wechselstrom) die folgenden Erscheinungen typisch:

1 mA: Bei diesem Wert beginnt man den Stromfluß zu spüren.
10 mA: Hier treten Muskelreaktionen und Schmerzempfindung ein.
50 mA: Kurzzeitige Bewußtlosigkeit, kurzzeitiger Herzstillstand.
100 mA: Diese Stromstärke ist in vielen Fällen tödlich.

Eine Abschätzung der Stromstärke ist möglich, wenn der Widerstand zwischen zwei Punkten des Körpers bekannt ist. Die Abb. 6.57 zeigt in einer „Widerstandskennlinie" mittlere Werte für einen Menschen von Handgelenk zu Handgelenk: Der Widerstand nimmt mit steigender Spannung ab (Kein ohmscher Leiter!). Selbstverständlich hängen diese Werte stark von der Konstitution des Einzelnen ab.

Beispiel 6.31: Widerstand und Stromstärke zwischen den Händen

Wie groß sind Widerstand und Stromstärke zwischen den beiden Handgelenken für technischen Wechselstrom (220 V, 50 Hz)?

Aus Abb. 6.57 kann der Widerstandswert entnommen werden:

$R = \mathbf{2\ k\Omega}$.

Damit fließt ein Strom von

$I = U/R = (220\ \text{V})/(2000\ \Omega) = \mathbf{110\ mA}$.

Ein Strom, der mit dieser Stärke durch den Brustkorb fließt, ist lebensgefährlich!

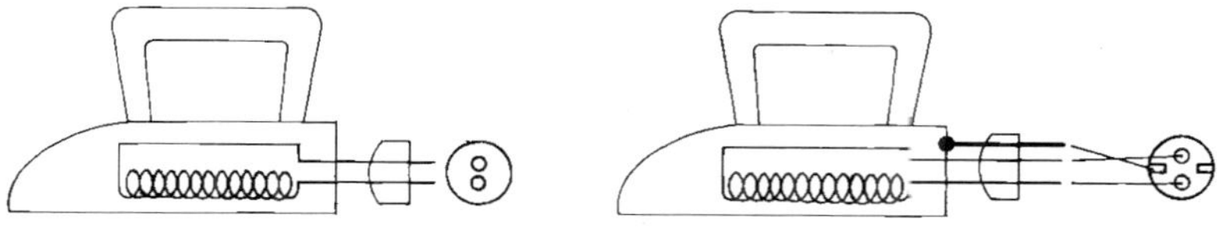

Abb. 6.58 Bügeleisen ohne (a) und mit Schutzerde (b)

Elektrische Sicherheit

Für die elektrische Sicherheit ist der Begriff der Erdung wichtig, denn Stromfluß tritt nur dann ein, wenn eine Person gleichzeitig mit einem spannungsführenden und einem geerdeten Körper in Berührung kommt. (Während Vögel ungefährdet auf Hochspannungsdrähten sitzen könnnen, spürt die Kuh bei der Berührung des elektrischen Weidezauns einen [ungefährlichen] elektrischen Schlag.) Dabei wirkt auch der Erdboden als Erde, wenn man keine gut isolierenden Schuhe trägt, oder das Wasser in der Badewanne, das über die Ablaufleitung guten Erdkontakt besitzt.

Die Abb. 6.58 a zeigt, wie es zu elektrischen Unfällen kommen kann. Die Heizwicklung eines Bügeleisens sei durch einen Zweipolstecker mit dem Haushaltsnetz (s. Abschn. 6.4.1) verbunden. Besteht nun ein fehlerhafter Kontakt zwischen dieser Heizleitung im Bügeleisen und dem Gehäuse, dann kann dieses unter Spannung stehen, je nachdem wie der Stecker in der Steckdose steckt. Die Gefahr ist offensichtlich.

Um dieses Risiko zu vermeiden, wird in jeder Netzleitung ein dritter Draht, die *Schutzerde* mitgeführt, der stets gut geerdet ist und mit dem Gehäuse des Gerätes verbunden werden muß (Abb. 6.58 b). Ein Fehler in der Isolation bewirkt dann immer einen Kurzschluß, der über die Sicherung den Stromkreis sofort unterbricht. Damit ist jede Gefahr für beteiligte Personen ausgeschlossen.

7 Wellen

In Abschn. 2.3.3 wurden die Schwingungen behandelt, Bewegungen, die periodisch ablaufen, sich jedoch nicht räumlich ausbreiten. Betrachtet man Bewegungen, bei denen sowohl die zeitliche Periodizität als auch die räumliche Komponente eine Rolle spielt, dann kommt man zum Begriff der Wellen. Wellenerscheinungen haben in der Physik eine zentrale Bedeutung.

Jede Welle hat ihren Ursprung in einem schwingungsfähigen Gebilde (einem sogenannten Oszillator). Ist dieser Oszillator an eine Umgebung gebunden, die diese periodische Bewegung weitergeben kann, dann entsteht eine Welle, die sich vom Erregungszentrum ausbreitet.

Bewegen wir mit der Hand ein gespanntes Seil auf und ab, dann erzeugen wir *Seilwellen*, die das Seil entlanglaufen. Tauchen wir in regelmäßigen zeitlichen Abständen einen Gegenstand in eine Wasseroberfläche, dann beobachten wir sich konzentrisch ausbreitende *Wasserwellen*.

Bewegt man in Luft eine Membran rasch hin und her (Lautsprecher), dann entstehen dabei Druckwellen, die sich als *Schallwellen* ausbreiten. Eine Radioantenne (das ist ein Stab, in dem periodisch in Strom hin und her fließt) ist der Ausgangspunkt von *elektromagnetischen Wellen*, die sich auch im Vakuum fortbewegen können.

Mit jeder Welle wird Energie transportiert, die vom erregenden Oszillator aufgebracht werden muß und die der Welle an einem entfernten Ort wiederum durch einen Oszillator entzogen werden kann. Damit ist im besonderen auch die Möglichkeit gegeben, Informationen zu übertragen.

Fassen wir z. B. das Seil, dessen anderes Ende mit einer Glocke verbunden ist, mit der Hand, dann können wir durch einfaches Auf- und Abbewegen die

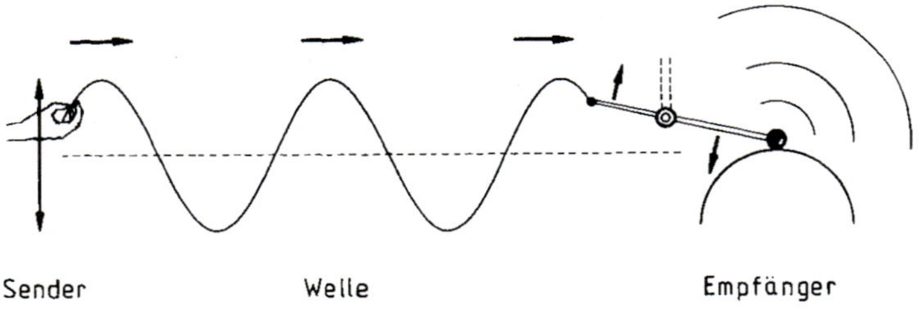

Abb. 7.1 Die Welle als Energie- und Informationsüberträger

Glocke zum Klingen bringen. Die Hand ist der erregende Oszillator, das Seil ist das Medium, in dem sich die Welle ausbreitet und Energie transportiert, die am Ort der Glocke (dem Empfangsoszillator) in Läuten umgesetzt wird. (Abb. 7.1).

Obwohl einfache mechanische Wellen (wie Seil- und Wasserwellen) keine besondere praktische Bedeutung besitzen, ist es doch sehr hilfreich, sich mit ihnen zu beschäftigen. Man kann mit ihnen viele Begriffe und Wellenphänomene auf anschauliche Art und Weise einführen, beschreiben und deuten, die sich ohne Schwierigkeiten auf andere Wellenarten übertragen und verallgemeinern lassen.

7.1 Eindimensionale Wellen: Seilwellen

In diesem Abschnitt wollen wir uns anhand von Seilwellen einige grundsätzliche Dinge über Wellen klarmachen. Dazu betrachten wir das Seil als eine Folge von Massen, die durch Federn verbunden sind. Eine solche Anordnung – auch Federkette genannt – verhält sich in vieler Hinsicht wie ein homogenes Seil.

7.1.1 Wellenlänge und Ausbreitungsgeschwindigkeit

Wird der Beginn einer Federkette auf- und abbewegt, dann bewirken die Federn, daß sich die folgenden Massen mit einer gewissen Verzögerung dieser Bewegung anschließen. Sie führen ebenfalls eine Schwingung aus, liegen jedoch in der Phase gegenüber der ersten Masse um so weiter zurück, je größer die Entfernung zur ersten Masse ist. Nach einer bestimmten Strecke hat diese Phasendifferenz den Wert 2π erreicht, Massen mit diesem Abstand schwingen wiederum in Phase (Abb. 7.2).

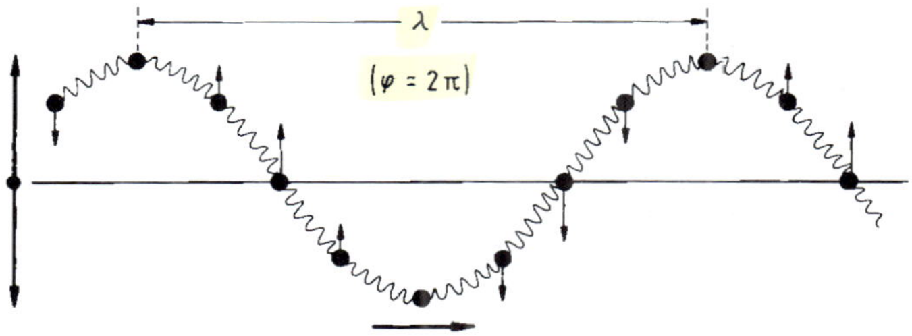

Abb. 7.2 Wird eine Kette aus Massen und Federn am Anfang sinusförmig auf- und abbewegt, dann folgen die weiteren Massen der Bewegung mit einer Phasenverzögerung, die mit zunehmendem Abstand vom Erregungsort größer wird

Der Abstand, der zwischen zwei Punkten einer Welle liegt, in denen der gleiche Schwingungszustand (d. h. die gleiche Phase) vorliegt, heißt *Wellenlänge*.

Während die Masse am Beginn der Kette genau eine volle Schwingung ausführt (dazu braucht sie die Zeit T = Periodendauer der Schwingung), muß die Welle gerade um eine volle Wellenlänge nach rechts gelaufen sein.

Zwischen der Periodendauer T (bzw. der Frequenz $f = 1/T$), mit der die einzelnen Elemente einer Pendelkette schwingen, der Wellenlänge λ und der Ausbreitungsgeschwindigkeit v der Welle besteht die Beziehung

$$v = \frac{\lambda}{T} = \lambda \cdot f. \qquad (7.1)$$

Mit anderen Worten: Das Produkt aus Wellenlänge und Frequenz einer Welle ist gleich der Ausbreitungsgeschwindigkeit. Gl. 7.1 gilt für alle Wellenarten.

Beispiel 7.1: Vergleich der Wellenlängen von Schall- und Lichtwellen
Schallwellen breiten sich in Luft mit einer Geschwindigkeit von 344 m/s aus, Lichtwellen dagegen mit $3 \cdot 10^8$ m/s. Welche Wellenlänge besitzt ein Ton mit der Frequenz $f = 440$ Hz (Kammerton a), bzw. grünes Licht mit der Frequenz $f = 6 \cdot 10^{14}$ Hz?

Für die Schallwelle ergibt sich

$$\lambda = \frac{v}{f} = \frac{344 \text{ m/s}}{440 \text{ Hz}} = \mathbf{0{,}78\ m}$$

und für das Licht

$$\lambda = \frac{3 \cdot 10^8 \,\text{m/s}}{6 \cdot 10^{14} \,\text{Hz}} = 5 \cdot 10^{-7} \,\text{m} = \mathbf{500\ nm}.$$

Dieser große Unterschied hat weitreichende Konsequenzen (s. Beugung; Abschn. 7.2.4): Unsere alltägliche Erfahrung zeigt, daß sich Licht „geradlinig“ ausbreitet, während Schall „um die Ecke geht“.

Die *Ausbreitungsgeschwindigkeit* von Wellen hängt sehr stark vom Medium ab, in dem die Welle läuft: Während sie für Schall in Luft 344 m/s beträgt, steigt dieser Wert für Wasser auf 1480 m/s und für Aluminium auf 5100 m/s. Von welchen Stoffeigenschaften wird die Ausbreitungsgeschwindigkeit wohl abhängen?

Unser Federkettenmodell erlaubt eine qualitative Antwort auf diese Frage.

Die Phasenverzögerung zwischen benachbarten Massen wird um so größer sein, je schwerer sie sind (dann können sie nur schwer folgen) und je schwächer die Verbindungsfeder ist (dann ist die Kraft auf die folgende Masse klein). Große Phasenverzögerung bedeutet, daß nach wenigen Massen der Phasenunterschied 2π beträgt, d.h. die Wellenlänge ist *klein* (Abb. 7.3a). Dagegen ergibt sich eine *große* Wellenlänge, wenn leichte Massen durch starke Federn verbunden sind (Abb. 7.3b). Erregt man also Pendelketten, die sich in den Massen und Federn unterscheiden, mit der gleichen Frequenz, dann besitzt diejenige Kette die kleinere Wellenlänge, die aus den schwereren Massen und den schwächeren Federn besteht. Da $v = \lambda \cdot f$ gilt, ist hier die Ausbreitungsgeschwindigkeit am kleinsten.

Dies läßt sich für mechanische Wellen (wozu auch der Schall gehört) verallgemeinern:

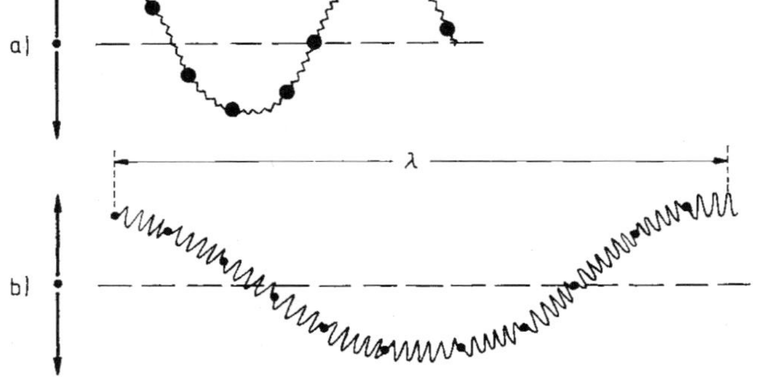

Abb. 7.3 Werden verschiedenartige Pendelketten mit der gleichen Frequenz erregt, dann hängt die Wellenlänge der entstehenden Welle und damit auch die Ausbreitungsgeschwindigkeit von der Masse der Kugeln und der Federkonstanten der Verbindungsfedern ab

Betrachtet man einen homogenen Stoff, durch den sich eine elastische Welle ausbreitet, dann entspricht die Masse der Kugeln der Dichte des Stoffes. Die Stärke der Federn entspricht der Eigenschaft der Substanz, sich leicht oder schwer deformieren (dehnen oder zusammendrücken) zu lassen. Diese Eigenschaft wird bei festen Körpern durch den Elastizitätsmodul, bei Flüssigkeiten durch den Kompressionsmodul und bei Gasen durch den Druck beschrieben.

Die Ausbreitungsgeschwindigkeit für mechanische Wellen ist um so größer, je kleiner die Dichte des Mediums ist und je schwerer es sich deformieren läßt.

Untersucht man dagegen die Abhängigkeit der Ausbreitungsgeschwindigkeit von der Frequenz der Welle, dann findet man das bemerkenswerte und wichtige Ergebnis:

Die Ausbreitungsgeschwindigkeit einer Welle in einem bestimmten Medium ist unabhängig von der Frequenz konstant, d.h. Wellen mit verschiedener Frequenz laufen im gleichen Medium gleich schnell.

Diese Tatsache ist ebenfalls leicht zu verstehen. Da die Ausbreitungsgeschwindigkeit lediglich von Materialkonstanten abhängt (Dichte, E-Modul usw.) wird auch sie für einen bestimmten Stoff im allgemeinen einen festen Wert besitzen.

Davon werden wir nur eine Ausnahme kennenlernen: Licht (das sind elektromagnetische Wellen) in Materie. Hier zeigt sich, daß z.B. in Glas die Geschwindigkeit für Licht mit steigender Frequenz (d.h. von rot nach blau) abnimmt. Diese Tatsache (Dispersion) spielt in der Optik eine große Rolle.

7.1.2 Longitudinal- und Transversalwellen

Bei Wellen kann grundsätzlich unterschieden werden zwischen Longitudinal- und Transversalwellen (Längs- und Querwellen). Bei den Longitudinalwellen ist die Schwingungsrichtung der Teilchen parallel zur Ausbreitungsrichtung, bei den Transversalwellen steht sie senkrecht dazu.

An der Pendelkette läßt sich das gut erläutern. Abb. 7.4a zeigt das Momentanbild einer Longitudinalwelle, bei der das erste Teilchen in Ausbreitungs-

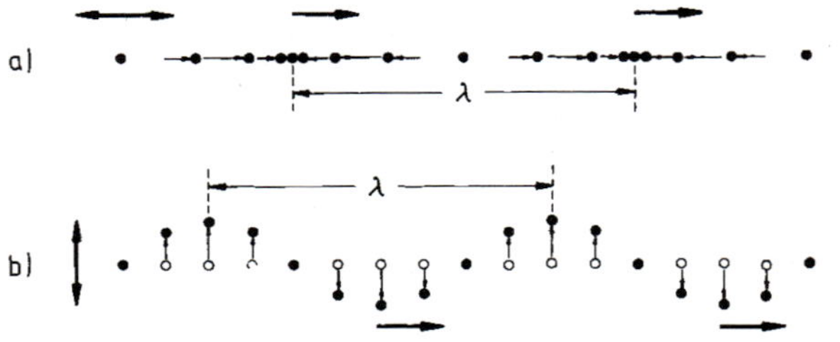

Abb. 7.4 Bei der Längswelle (Longitudinalwelle) schwingen die Massen in Ausbreitungsrichtung (a), bei der Querwelle (Transversalwelle) senkrecht zur Ausbreitungsrichtung (b)

richtung erregt wird. Geschieht dies senkrecht zur Ausbreitungsrichtung (Abb. 7.4 b), dann entsteht eine Transversalwelle. Für Longitudinalwellen ist in der Abbildung außerdem zu erkennen, daß sich hier Dichteschwankungen ausbilden, die sich in periodischer Folge ausbreiten. Im Abstand einer Wellenlänge liegen Dichtemaxima, die stets durch ein Minimum getrennt sind.

Polarisation

Für eine Transversalwelle kann sich die Erregungsrichtung in der Ebene senkrecht zur Ausbreitungsrichtung ändern. In Abb. 7.4 b würde dies bedeuten, daß die Teilchen dann nicht mehr in der Zeichenebene schwingen – jedoch stets senkrecht zur Ausbreitungsrichtung.

Erfolgt die Auslenkung der Teilchen einer Transversalwelle immer in der gleichen Ebene, dann bezeichnet man die Welle als linear polarisiert. Wechselt die Schwingungsrichtung unregelmäßig, dann ist die Welle unpolarisiert.

7.1.3 Überlagerung von Wellen: stehende Wellen

Laufen in einem Medium gleichzeitig mehrere Wellen, dann überlagern sich diese in jedem Raumpunkt; es kommt zur *Interferenz* der Wellen. Man erhält die resultierende Welle, wenn man jeweils die von den Einzelwellen herrührenden Auslenkungen addiert.

In diesem Abschnitt behandeln wir den wichtigen Sonderfall der stehenden Welle, der sich ergibt, wenn zwei Wellen (mit gleicher Frequenz und Amplitude) die in entgegengesetzte Richtungen laufen, interferieren.

In Abb. 7.5 a, b sind zwei gegenläufige Seilwellen zu vier Zeitpunkten dargestellt, die sich jeweils um $T/4$ unterscheiden. Werden nun die momentanen Auslenkungen in jedem Punkt addiert, dann ergibt sich das Bild der Abb. 7.5 c. Die resultierende Bewegung des Seils ist durch die folgenden Merkmale charakterisiert:

a) Bestimmte Punkte des Seils bleiben immer in Ruhe. Diese sogenannten Knoten (K) haben einen gegenseitigen Abstand von einer halben Wellenlänge.
b) Die dazwischenliegenden Teile schwingen mit gleicher Phase aber mit unterschiedlicher Amplitude (Schwingungsbäuche).
c) Es wird keine Energie mehr transportiert. Die Energie ist in dem Bereich, in dem sich eine stehende Welle ausbildet, stationär eingeschlossen.

Die Überlagerung zweier gegenläufiger Wellen mit gleicher Frequenz und Amplitude ergibt eine stehende Welle. Obwohl der Begriff der Ausbreitungsgeschwindigkeit keinen Sinn mehr besitzt, bleibt die Beziehung $\lambda \cdot f = v$ auch hier gültig.

Man kann die Situation auch noch in einer Weise beschreiben, die auch auf allgemeinere Interferenzprobleme anwendbar ist. Der sich für einen bestimmten Punkt ergebende Interferenzeffekt hängt von der Phase der beteiligten Wellen ab:

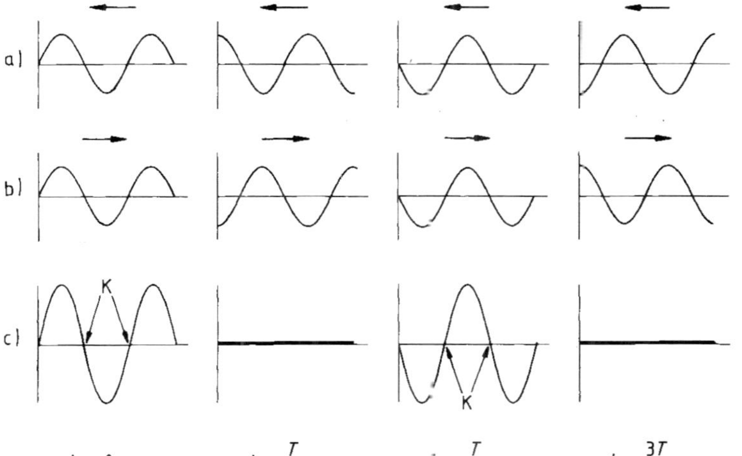

Abb. 7.5 Überlagern sich zwei Wellen, die gleiche Amplitude und gleiche Wellenlänge haben und in entgegengesetzte Richtungen laufen (a, b), dann entsteht eine stehende Welle (c)

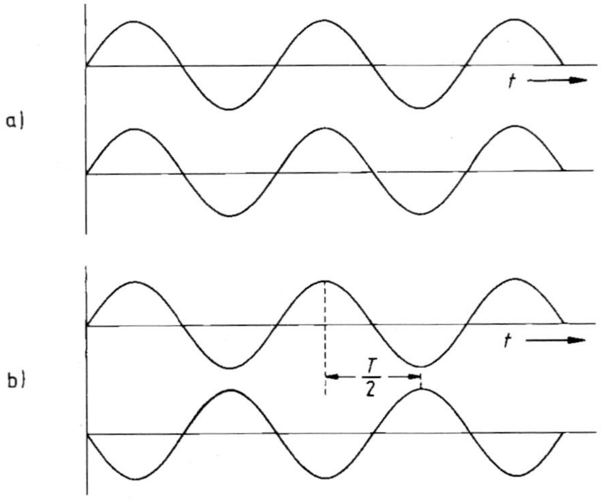

Abb. 7.6 Treffen zwei Wellen an einem Punkt stets phasengleich ein, dann verstärken sie sich (a). Erreichen sie einen Punkt mit einer Zeitdifferenz von $T/2$ (dies entspricht einer Phasendifferenz von π), dann löschen sie sich aus (b)

Wenn zwei Wellen, die einen Punkt erreichen, in Phase sind (Berge und Täler kommen jeweils gleichzeitig an), dann verstärken sie sich an dieser Stelle zu einem Interferenzmaximum (Wellenbauch). Haben sie eine Phasendifferenz von π, dann treffen jeweils Berg auf Tal und Tal auf Berg. Das Ergebnis ist ein Interferenzminimum mit totaler Auslöschung (Knoten der stehenden Welle).

Anstelle von Phasendifferenz spricht man bei Wellen auch vom Gangunterschied:

Unter dem Gangunterschied zwischen zwei Wellen versteht man den Abstand zweier phasengleicher Punkte. Die Phasendifferenz π entspricht einem Gangunterschied von $\lambda/2$. Diese Zusammenhänge sind in Abb. 7.6 nochmals dargestellt. In Abb. 7.6a besitzen die beiden Wellen zu jedem Zeitpunkt den gleichen Schwingungszustand. Sie verstärken sich. In Teilbild b) besteht eine zeitliche Verschiebung von einer halben Schwingungsdauer beim Erreichen eines bestimmten Punktes. Dem entspricht eine Phasendifferenz von π bzw. ein Gangunterschied von $\lambda/2$. Es erfolgt Auslöschung.

7.1.4 Reflexion von Wellen

Trifft eine Welle auf eine Grenzfläche, an der sich die Eigenschaften des Mediums ändern, dann wird im allgemeinen ein Teil der Welle reflektiert, der andere Teil läuft jenseits der Grenzfläche weiter. Wir wollen uns in diesem Abschnitt am Beispiel der Seilwelle mit zwei Spezialfällen beschäftigen, bei denen eine nahezu vollständige Reflexion stattfindet: Der Reflexion am freien bzw. am festgehaltenen Seilende.

In beiden Fällen haben wir vor der Reflexionsstelle eine Situation, die zur Ausbildung einer stehenden Welle führt: Zwei sich überlagernde gegenläufige Wellen gleicher Frequenz. Während jedoch an einem festgehaltenen Seilende ein Schwingungsknoten entstehen muß, beobachtet man an einem freien Seilende einen Schwingungsbauch.

Für die Betrachtung stehender Wellen, die sich durch Reflexion ausgebildet haben, ist nun der folgende Punkt von ausschlaggebender Bedeutung: Da eine stehende Welle zwischen zwei reflektierenden Stellen im Raum „eingeschlossen" ist, besteht eine eindeutige quantitative Beziehung zwischen der Länge der Strecke L, auf der sich die stehende Welle ausbildet, und der Wellenlänge λ:

Für die stehende Seilwelle zwischen festgehaltenen Enden gilt, da dort jeweils ein Knoten sein muß (Abb. 7.7a):

$$L = n \cdot \frac{\lambda}{2}, \quad (n = 1, 2, 3, \ldots). \tag{7.2a}$$

Ist ein Ende des Seils frei beweglich, dann lautet die Bedingung (Abb. 7.7b):

$$L = \left(n - \frac{1}{2}\right)\frac{\lambda}{2}, \quad (n = 1, 2, 3, \ldots). \tag{7.2b}$$

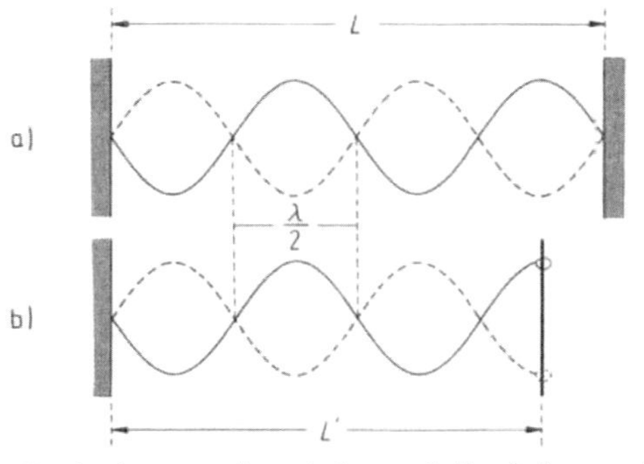

Abb. 7.7 Stehende Seilwellen besitzen am festgehaltenen Seilende immer einen Schwingungsknoten (a). Kann sich das Seilende in vertikaler Richtung frei bewegen, dann entsteht an dieser Stelle ein Schwingungsbauch (b)

Es wurde bereits hervorgehoben, daß eine stehende Welle eigentlich mehr mit der Schwingung eines ausgedehnten Systems (z. B. einer Saite) gemeinsam hat als mit einer fortlaufenden Welle, da alle Teile dieses Systems gleichphasige Schwingungen ausführen.

Stehende Wellen auf einem Seil bezeichnet man daher auch als Eigenschwingungen.

Eigenschwingungen einer Saite

Die Saite eines Musikinstrumentes ist ein Beispiel für ein Seil, das zu Eigenschwingungen angeregt werden kann. Da sie an beiden Enden fest eingespannt ist, gilt Gl. 7.2 a. Durch die Zahl n können die verschiedenen Eigenschwingungen charakterisiert werden. Sie ist gleich der Zahl der Schwingungsbäuche, die sich auf der Saite ausbilden.

Die Eigenschwingung mit der größtmöglichen Wellenlänge nennt man die Grundschwingung ($n = 1$). Die Eigenschwingungen mit höherem n bezeichnet man als Oberschwingungen der Saite.

In Abb. 7.8 sind die Grundschwingung und die ersten drei Oberschwingungen einer Saite gezeigt.

Da die Ausbreitungsgeschwindigkeit unabhängig von der Wellenlänge ist, läßt sich für die Frequenzen der Oberschwingungen folgende Beziehung angeben: $\lambda_1 \cdot f_1 = \lambda_2 \cdot f_2 = \lambda_3 \cdot f_3 = \cdots = v$.

Die Frequenzen der Eigenschwingungen einer Saite verhalten sich umgekehrt wie die zugehörigen Wellenlängen:

$$f_1 : f_2 : f_3 : \cdots = \frac{1}{\lambda_1} : \frac{1}{\lambda_2} : \frac{1}{\lambda_3} : \cdots \tag{7.3}$$

(harmonische Obertöne).

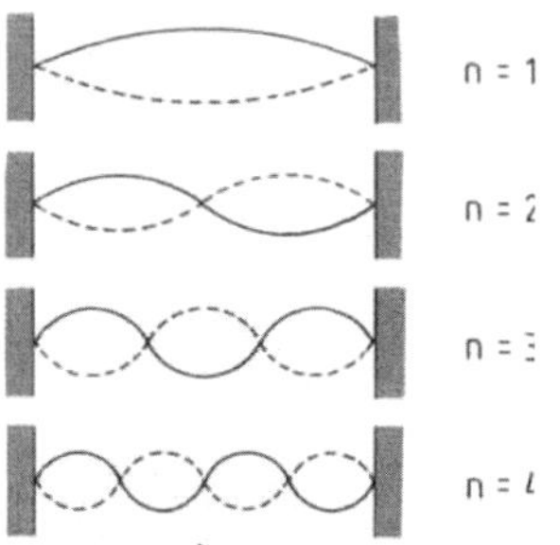

Abb. 7.8 Die Grundschwingung sowie die ersten drei Oberschwingungen einer stehenden Seilwelle

Beispiel 7.2:
Die längste Saite eines Flügels hat eine Länge von 1,91 m, die Ausbreitungsgeschwindigkeit einer Welle auf dieser Saite sei $v = 105$ m/s. Welche Frequenzen haben der Grundton und die beiden ersten Obertöne?

Der Grundton ($n = 1$) hat eine Frequenz von (Gl. 7.2 a)

$$f = \frac{v}{\lambda} = \frac{v}{2L} = \frac{(105\ \mathrm{m/s})}{2(1{,}91\ \mathrm{m})} = \mathbf{27{,}5\ Hz}.$$

Für die Obertöne ergeben sich die doppelte (55 Hz) und die dreifache (82,5 Hz) Frequenz.

7.1.5 Der Energietransport einer Welle

Wie wir bereits wissen (s. Gl. 2.70) ist die Energie, die in einem schwingenden Oszillator steckt, proportional zum Quadrat der Schwingungsamplitude. Wenn in einer fortlaufenden Welle nun nacheinander die Oszillatoren beispielsweise einer Federpendelkette erregt werden, bedeutet dies, daß auch die Energie längs der Kette weitergegeben, d. h. von der Welle transportiert wird.

Die von einer laufenden Welle transportierte Energie ist proportional zum Quadrat der Amplitude der Welle.

7.2 Räumliche Wellen: Wasserwellen

In den vorangegangenen Abschnitten haben wir uns in der Hauptsache mit eindimensionalen Wellen auf einem Seil beschäftigt und hier bereits viel Grundsätzliches über die Bewegungsform „Wellen“ kennengelernt (Reflexion, Interferenz, stehende Wellen). Einige typische Welleneigenschaften lassen sich jedoch nur an räumlichen Wellen studieren, da sie bei eindimensionalen Wellen nicht auftreten (Brechung, Beugung). Um diese Phänomene zu untersuchen, brauchen wir zumindest zweidimensionale Wellenfelder, wie man sie z. B. mit Wasserwellen erzeugen kann. Zweidimensionale Vorgänge besitzen noch den Vorteil, daß man sie leicht zeichnerisch festhalten kann, in der Ebene des Zeichenpapiers. Eine Erweiterung auf drei Dimensionen (räumliche Wellen) ist nicht schwierig.

Wellenfronten, Strahlen:

Um die Form einer räumlichen Welle zu charakterisieren, verwendet man den Begriff der Wellenfront.

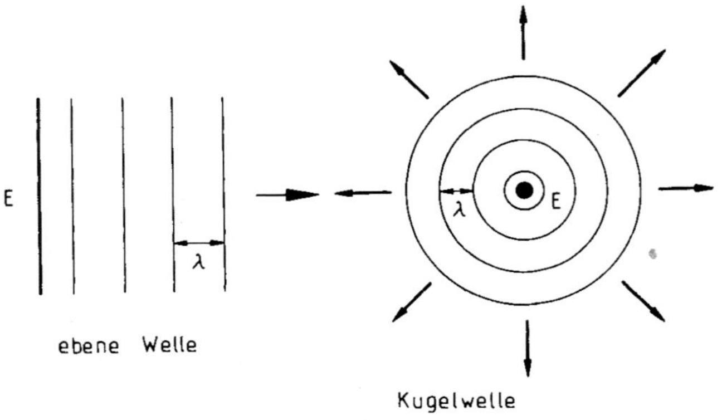

Abb. 7.9 Die Wellenfronten (das sind Flächen gleicher Schwingungsphase) einer ebenen Welle und einer Kugelwelle

Unter einer Wellenfront versteht man eine Fläche, auf der alle Punkte der Welle gleiche Phase (d.h. den gleichen Schwingungszustand) haben. Der Abstand von einer Wellenfront zur nächsten (z. B. Berg – Berg) ist dann genau eine Wellenlänge.

Die Form der Wellenfront ist typisch für bestimmte Wellenarten: Sind die Wellenfronten Ebenen, dann handelt es sich um eine *ebene Welle*, sind es Kugelflächen, dann sprechen wir von *Kugelwellen.* In der zweidimensionalen Darstellung (Wasserwellen) ergeben sich Geraden oder Kreise (Abb. 7.9).

Als Strahlen bezeichnet man Linien, die vom Erregungszentrum E ausgehen und die die Wellenfronten senkrecht schneiden. Strahlen zeigen also in Richtung der Ausbreitung der Wellen.

7.2.1 Die Intensität einer Welle

Bei den räumlichen Wellen verteilt sich die Energie über einen ganzen Raumbereich.

Unter der Intensität einer Welle versteht man die Energie, die die Welle in der Zeit t durch eine Fläche A transportiert:

$$I = \frac{E}{A \cdot t}; \quad \text{Einheit: } 1\,\frac{\text{W}}{\text{m}^2}, \tag{7.4}$$

Bei einer ebenen Welle bleibt die Intensität mit größer werdendem Abstand vom Erregungsort konstant. Bei Kugelwellen nimmt sie mit zunehmender Entfernung von der Quelle ab, da die Fläche der Wellenfront immer größer wird, der Energiefluß durch diese Fläche aber stets der gleiche sein muß. Durch eine Flächeneinheit fließt also mit größer werdendem Abstand von der Quelle immer weniger Energie. Ist r der Abstand von der Quelle (die bei Kugelwellen punktförmig ist), so wächst die Fläche der Wellenfront proportional zu r^2, die Intensität nimmt daher mit $1/r^2$ ab.

Die Intensität der von einer punktförmigen Quelle ausgehenden Strahlung nimmt mit $1/r^2$ ab:

$$I(r) \sim \frac{1}{r^2}. \tag{7.5}$$

(Quadratisches Abstandsgesetz)

Bei diesen Überlegungen wurde nicht berücksichtigt, daß sich die meisten Wellen nur in einem Medium ausbreiten können. Dabei wird immer ein gewisser Teil der Strahlungsenergie im Medium in Wärme umgewandelt. Dieser Energieverlust hat ebenfalls eine Abnahme der Intensität (auch bei der ebenen Welle) zur Folge.

7.2.2 Interferenz

Von der Betrachtung der Interferenzen linearer Seilwellen (stehender Wellen) wissen wir, daß es *Punkte* gibt, in denen stets Verstärkung zu beobachten ist (Intensitätsmaxima, Wellenbäuche). An diesen Stellen beträgt der Gangunterschied zwischen den interferierenden Wellen ein ganzzahliges Vielfaches der Wellenlänge ($n \cdot \lambda$). Andererseits gibt es Punkte, in denen totale Auslöschung erfolgt (Intensitätsminima, Knoten). Hier ist der Gangunterschied $(n + 1/2)\,\lambda$.

Analog dazu ergeben sich bei den zweidimensionalen Wasserwellen *Kurven*, auf denen in Abhängigkeit vom Gangunterschied der interferierenden Wellen Verstärkung oder Auslöschung eintritt. Im Raum sind es schließlich *Flächen* gleichen Gangunterschieds. In allen Fällen gilt jedoch, daß die bestehenden Gangunterschiede zeitlich konstant sein müssen, damit ein sogenanntes „Interferenzmuster" zu beobachten ist.

Das Interferenzfeld zweier Punktquellen

Als Beispiel für ein Interferenzmuster zeigt die Abb. 7.10 die Überlagerung zweier Kugelwellen. Sie gibt die Verhältnisse für den Fall wieder, daß die beiden

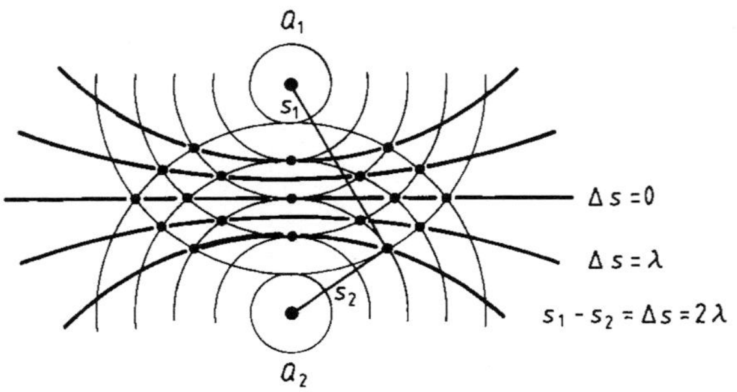

Abb. 7.10 Interferenzbild zweier Wellen, die von zwei phasengleich schwingenden punktförmigen Quellen Q_1 und Q_2 erregt werden. Die Orte maximaler Verstärkung (Gangunterschied $\Delta s = n \cdot \lambda$) liegen auf Hyperbeln

Quellen Q_1 und Q_2 „in Phase“ schwingen. Die gezeichneten Kurven geben den Ort an, an dem die beiden Wellen stets in Phase sind. Hier beobachtet man Verstärkung, wobei der Gangunterschied Δs (Entfernungsdifferenz eines Punktes von den beiden Quellen) sich jeweils um eine Wellenlänge ändert. Zwischen diesen Kurven liegen Bereiche, in denen Auslöschung erfolgt.

Kohärenz von Wellen

Aus der Überlegung zu Abb. 7.10 folgt unmittelbar, daß sich das Interferenzbild ändert, wenn sich die relative Phasenlage ändert, mit der die Wellen von den beiden Quellen emittiert werden. Die Abbildung gilt für phasengleiche Wellenaussendung. Würde z. B. eine der Quellen ihre Phasenlage sprungartig um π ändern (das entspricht einer Änderung des Gangunterschiedes von $\lambda/2$), dann würden die Kurven mit Verstärkung ihren Platz tauschen mit den Kurven, auf denen Auslöschung erfolgt. Wechseln die Phasen der sich überlagernden Wellen unregelmäßig (statistisch), dann ist kein stationäres Muster zu erkennen.

Nur Wellen, die eine konstante Phasenbeziehung zueinander besitzen, erzeugen Interferenzmuster. Man nennt diese Wellen kohärent (sie sind interferenzfähig).

Zwei Wellen behalten ihre Phasenlage zueinander auch bei, wenn bei beiden stets die gleichen Phasensprünge auftreten.

Diese Situation liegt z. B. vor, wenn man die zwei Erreger von Wasserwellen mechanisch koppelt. Man kann dann die Wellenerzeugung beliebig oft unterbrechen (d. h. Phasensprünge erzeugen). Wird wieder eingeschaltet, dann entsteht immer die gleiche Interferenzfigur. Die Wellen sind stets kohärent.

Das Huygenssche Prinzip

Als einfache Wellenformen haben wir die ebenen Wellen und die Kugelwellen kennengelernt. Wie breiten sich aber Wellen aus, wenn sie durch Objekte irgendeiner Form an der geradlinigen Ausbreitung gehindert werden? In solchen Fällen hilft uns das sogenannte Huygenssche Prinzip weiter, das lautet:

Jeder Punkt einer Wellenfront ist Ausgangspunkt einer neuen Kugelwelle (Elementarwelle). Beobachtet wird stets die durch Interferenz dieser Wellen entstehende resultierende Wellenfront. In der Praxis ergibt sich die neue Wellenfront als einhüllende Kurve für die Elementarwellen.

Am Beispiel von ebenen Wellen und Kugelwellen wird in Abb. 7.11 a,b gezeigt, wie dies zu verstehen ist. Zu einem bestimmten Zeitpunkt werde jeweils die dick gezeichnete Linie von der ersten Wellenfront erreicht. Dort entstehen kleine Elementarwellen, die sich kreisförmig (im Raum kugelförmig) ausbreiten. Die Einhüllende dieser Elementarwellen ergibt die Wellenfront für einen Zeitpunkt kurz darauf.

Seine Wirksamkeit zeigt dieses Prinzip, wenn man z. B. ein Hindernis in den Weg einer sich ausbreitenden ebenen Welle stellt. Zeichnet man jetzt die Elementarwellen zu dem Zeitpunkt, wenn die Welle das Hindernis erreicht, dann erkennt man, daß nun auch Wellen hinter das Hindernis laufen (Abb. 7.11 c).

Ehe wir uns jedoch mit diesen sogenannten Beugungserscheinungen (Abschn. 7.2.4) beschäftigen, wenden wir uns einem Problem zu, das ebenfalls mit dem Huygensschen Prinzip gelöst werden kann: Was geschieht, wenn eine Welle auf die Grenzfläche zu einem anderen Medium trifft?

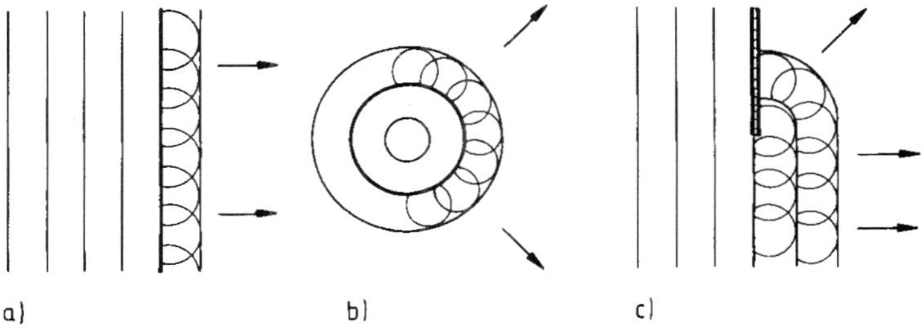

Abb. 7.11 Zum Huygensschen Prinzip

7.2.3 Reflexion und Brechung

Im allgemeinen ändert sich an einer Stelle, wo sich die Eigenschaften des Mediums ändern (Grenzfläche), die Ausbreitungsgeschwindigkeit der Welle. Diese Tatsache haben wir bereits bei den Seilwellen (Abschn. 7.1.1) kennengelernt. Das Huygenssche Prinzip führt zu dem Ergebnis, daß sich in einem solchen Fall die Ausbreitungsrichtung der Welle ändert.

In Abb. 7.12 trifft eine Welle unter dem Winkel α gegen die Normale auf die Grenzfläche zwischen zwei Medien A und B. Beobachten wir eine Wellenfront CA, so erregt diese nacheinander zwischen C und D Elementarwellen, die sich mit unterschiedlicher Geschwindigkeit in den beiden Medien ausbreiten. Zwei dieser Kugelwellen wurden für den Zeitpunkt, wenn das Ende A der Wellenfront den Punkt D der Oberfläche erreicht hat, eingezeichnet. Die neuen Wellenfronten der sich in die beiden Medien hinein fortpflanzenden Wellen erhalten wir nach dem Huygensschen Prinzip aus den Einhüllenden DA′ und DB der Elementarwellen.

Reflexion

In Abb. 7.12 sieht man, daß ein Teil der ankommenden Welle in dasselbe Medium zurückgeworfen wird. Die Ausbreitungsrichtung (sie steht immer senkrecht zu den Wellenfronten) ergibt sich aus einer geometrischen Überlegung.

Die Dreiecke ACD und A′CD sind identisch. Sie haben die gleiche Hypothenuse und gleiche Katheten AD und A′C. Diese Strecken wurden von den beiden Enden der betrachteten Wellenfront in gleichen Zeiten zurückgelegt. Daraus folgt, daß auch $\alpha = \alpha'$ sein muß. Diese Winkel werden aber auch von

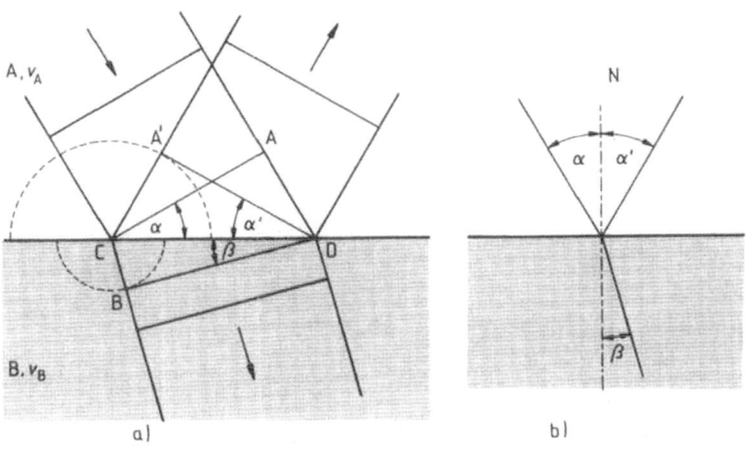

Abb. 7.12 Zur Herleitung des Reflexions- und Brechungsgesetzes

der Ausbreitungsrichtung und der Grenzflächennormalen N eingeschlossen (Abb. 7.12 b).

Wird eine Welle an einer Grenzfläche zu einem anderen Medium reflektiert, dann ist der Reflexionswinkel gleich dem Einfallswinkel

$$\alpha = \alpha'. \qquad (7.6)$$

(Reflexionsgesetz)

Brechung:

Der Anteil der Welle, der in das andere Medium eindringt, erfährt im allgemeinen eine Richtungsänderung.

Während die Wellenfront im oberen Medium A von A bis D läuft, hat sich die Wellenfront um C erst bis B ausgebreitet. Da die Zeiten hierfür gleich sind, muß gelten

$$\frac{\mathrm{AD}}{\mathrm{CB}} = \frac{v_\mathrm{a} \cdot t}{v_\mathrm{b} \cdot t} = \frac{v_\mathrm{a}}{v_\mathrm{b}}.$$

$v_{\mathrm{a,b}}$ sind die Ausbreitungsgeschwindigkeiten der Welle in A und B.

Mit den Beziehungen $\sin\alpha = \mathrm{AD/CD}$ und $\sin\beta = \mathrm{CB/CD}$ erhält man das Brechungsgesetz:

Tritt eine Welle aus dem Medium mit der Ausbreitungsgeschwindigkeit v_a in ein Medium mit der Ausbreitungsgeschwindigkeit v_b über, dann gilt zwischen Einfallswinkel α und Brechungswinkel β die Beziehung

$$\frac{\sin\alpha}{\sin\beta} = \frac{v_\mathrm{a}}{v_\mathrm{b}}. \qquad (7.7)$$

(Brechungsgesetz)

Man beachte dabei, daß die Winkel stets gegen das Lot N gerechnet werden (Abb. 7.12 b).

Bereits bei den Seilwellen (Abschn. 7.1.1) wurde die Möglichkeit erwähnt, daß die Ausbreitungsgeschwindigkeit einer Welle von der Frequenz abhängt (Dispersion). Diese Frequenzabhängigkeit hat auch Auswirkungen auf die Brechung:

Tritt in einem Medium Dispersion auf, dann hängt der Brechungswinkel (bei gleichem Einfallswinkel) von der Frequenz der auftreffenden Welle ab.

Dies bietet die Möglichkeit, ein Gemisch aus Wellen verschiedener Frequenzen in die einzelnen Anteile zu zerlegen. Von dieser Methode werden wir beim Licht noch näheres hören (Spektralanalyse; Abschn. 9.4.5).

7.2.4 Beugung

Es wurde bereits erwähnt, daß sich Wellen auch um Hindernisse herum ausbreiten können, d. h. auch in die Bereiche hinein, die bei einer geradlinigen (geometrischen) Fortpflanzung von den Wellen nicht erfüllt würden (Abschn. 7.2.2).

Man spricht von Beugung, wenn (bei gleichbleibendem Medium) eine beobachtbare Abweichung von der geradlinigen Ausbreitung festzustellen ist.

Wir wollen dieses Verhalten an einem Fall untersuchen, der für die Physik von außerordentlicher Wichtigkeit ist.

Beugung am Spalt

Abb. 7.13 zeigt eine ebene Welle, die auf eine schmale Öffnung in einem sonst undurchdringlichen Hindernis trifft. Die Öffnung hat die Breite *d*. Sobald eine

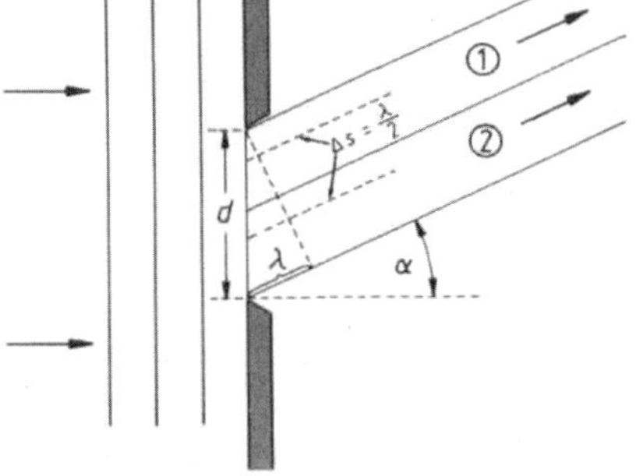

Abb. 7.13 Beugung am Spalt

Wellenfront am Spalt ankommt, erregt sie dort Elementarwellen. Die Anteile, die sich in den „Schattenraum" hinein weiterbewegen, interferieren zu einer für diese Situation charakteristischen Interferenzfigur. Neben einem zentralen Intensitätsmaximum folgen zu beiden Seiten abwechselnd Minima und Maxima mit abnehmender Intensität. Wir interessieren uns in diesem Zusammenhang nur für die Richtung, in der das erste Minimum zu beobachten ist.

Die folgende Überlegung zeigt, daß dazu der Gangunterschied zwischen den beiden Strahlen, die von den Begrenzungen des Spalts herkommen, genau eine Wellenlänge sein muß: Denkt man sich das gesamte Strahlenbündel, das in diese Richtung läuft, in zwei Hälften geteilt, dann findet man zu jedem Strahl in Teilbündel 1 einen solchen in Teilbündel 2, der zum ersten einen Gangunterschied von $\lambda/2$ besitzt. Diese beiden Strahlen und analog alle übrigen in den beiden Teilbündeln löschen sich aus. In dieser Richtung wird keine Intensität beobachtet. Aus Abb. 7.13 läßt sich auch leicht die quantitative Bedingung für diese Richtung herleiten.

Trifft eine Welle mit der Wellenlänge λ auf eine Spaltöffnung mit der Breite d, dann gilt für den Winkel α, unter dem das erste Minimum erscheint, die Bedingung

$$\sin\alpha = \frac{\lambda}{d}. \qquad (7.8)$$

Die sich insgesamt ergebende Intensitätsverteilung bezeichnet man als die Beugungsfigur eines Spaltes, der von Wellen getroffen wird (Abb. 7.14a).

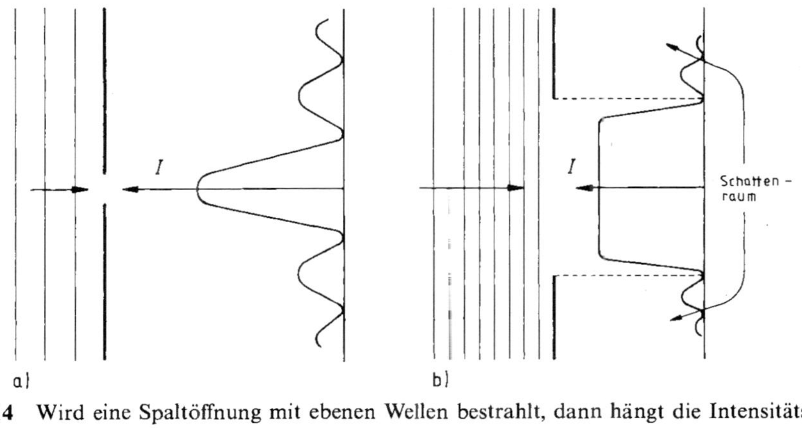

Abb. 7.14 Wird eine Spaltöffnung mit ebenen Wellen bestrahlt, dann hängt die Intensitätsverteilung (Beugungsfigur) vom Verhältnis (Wellenlänge/Spaltbreite) ab. (a) Ist das Verhältnis in der Größenordnung 1, dann beobachtet man ein typisches Beugungsbild: Zentrales Maximum und Nebenmaxima mit abnehmender Intensität. (b) Die Beugungserscheinungen treten immer mehr zurück, je kleiner das Verhältnis wird. Wir beobachten in zunehmendem Maße einen Schattenraum, wie man ihn bei einer „geradlinigen" Ausbreitung der Wellen erwarten würde

Aus Gl. 7.8 ist zu erkennen, daß α groß wird, wenn das Verhältnis Wellenlänge zu Spaltdurchmesser gegen 1 geht. Ist λ/d dagegen sehr klein gegenüber 1, dann verschwinden die beobachtbaren Beugungseffekte.

Beugungseffekte spielen immer dann eine Rolle, wenn Wellen durch Blendenöffnungen begrenzt werden, die in der Größenordnung der Wellenlänge liegen.

Um den Unterschied klar zu machen, wurde in Abb. 7.14 b ein Fall gezeichnet, für den λ viel kleiner als d ist. Hinter der Blende erhalten wir dann einen Wellenverlauf, der stark an eine geradlinige Fortpflanzung von Wellen erinnert, wobei Beugungseffekte beliebig klein werden können.

Sind die Beugungserscheinungen vernachlässigbar, dann ergibt sich hinter einem Hindernis eine scharfe Begrenzung zwischen dem Wellenbündel und dem „Schattenraum".

Damit ist auch eine Erklärung gefunden für die im Anschluß an Beispiel 7.1 getroffene Feststellung bezüglich der Ausbreitung von Schall- und Lichtwellen. Während die Wellenlängen für Schall in der Größenordnung makroskopischer Gegenstände liegen und daher um diese herumgebeugt werden, können wir für das Licht in den alltäglichen Situationen eine geradlinige Ausbreitung („geometrische Optik") annehmen. Es gibt jedoch auch wichtige Ausnahmen hiervon, die in einem eigenen Abschnitt (Abschn. 9.2) über Wellenoptik besprochen werden.

7.3 Schallwellen

Wir haben nun das Verhalten von Wellen kennengelernt und versucht, uns deren Eigenschaften mit Hilfe von Seil- und Wasserwellen anschaulich zu verdeutlichen. In diesem Abschnitt und im nächsten wollen wir uns nun mit den Wellenerscheinungen beschäftigen, die für die Praxis die größte Bedeutung besitzen: mit den Schallwellen bzw. den elektromagnetischen Wellen.

Unter Schallwellen versteht man primär Druckschwankungen, die sich in Materie ausbreiten und von unserem Ohr wahrgenommen werden. Sie liegen in einem Frequenzbereich von ca. 20–20000 Hz. Darüber hinaus gelten diese Betrachtungen auch für höhere Frequenzen (Ultraschall).

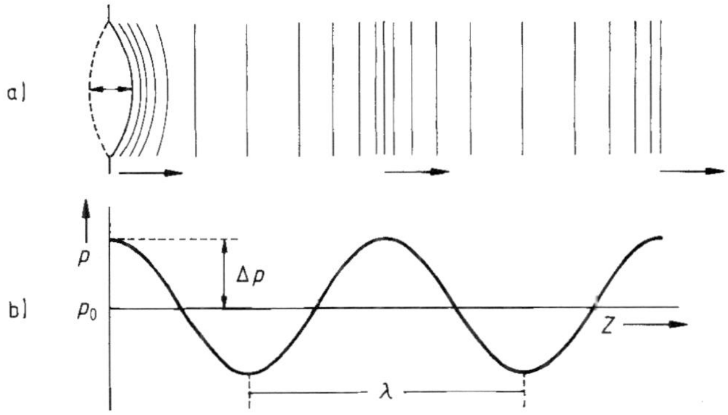

Abb. 7.15 (a) Von einer schwingenden Lautsprechermembran werden periodisch Verdichtungen und Verdünnungen erzeugt, die sich als Schallwellen ausbreiten. (b) In einer Schallwelle ändert sich der Druck periodisch um den Atmosphärendruck $p_0 \cdot \Delta p$ nennt man die Wechseldruckamplitude

7.3.1 Schallausbreitung

Schallwellen werden erzeugt, indem man einen Körper mechanische Schwingungen ausführen läßt, die sich in einem angrenzenden Medium fortpflanzen.

Betrachten wir z. B. als Schallquelle eine elastische Membran (Abb. 7.15 a), die harmonische Schwingungen ausführt. Befindet sich die Membran in einem Gas (z. B. Luft) so gehen von ihr in periodischer Folge Verdichtungen und Verdünnungen des Gases aus, die sich mit einer bestimmten Geschwindigkeit fortbewegen.

Trägt man den Druck (oder die Dichte) für einen bestimmten Zeitpunkt als Funktion des Ortes in ein Diagramm ein, dann erhält man die Darstellung der Abb. 7.15 b. Δp nennt man die Wechseldruckamplitude, p_0 ist der ohne Schallwellen herrschende momentane Gasdruck. Aus diesem Diagramm können wir folgern:

In einer Schallwelle strömen Gasteilchen periodisch hin und her, was zu einer Ausbildung von Druckminima und -maxima führt. Mit einer Schallwelle ist allerdings kein Materietransport verbunden.

7.3.2 Schallgeschwindigkeit

In Abschnitt 7.1.1 haben wir durch die Verallgemeinerung einer Überlegung, die sich auf Seilwellen bezog, gefunden, daß sich mechanische Wellen (das ist nur eine andere Bezeichnung für Schallwellen) mit um so größerer Geschwindigkeit ausbreiten, je kleiner die Dichte des Stoffes ist und je stärker die rücktreibenden Kräfte bei einer Verformung sind. Die Materialkonstanten, die diese Eigenschaften beschreiben sind Dichte ϱ und Druck p bei Gasen, Dichte ϱ und Kompressionsmodul bei Flüssigkeiten sowie Dichte ϱ und Elastizitätsmodul E bei Festkörpern.

Die quantitative Herleitung liefert das folgende Ergebnis:

Die Ausbreitungsgeschwindigkeit für Schallwellen beträgt in

Gasen: $$v = \sqrt{\frac{\kappa \cdot p}{\varrho}}, \tag{7.9 a}$$

Flüssigkeiten: $$v = \sqrt{\frac{K}{\varrho}}, \tag{7.9 b}$$

Festkörpern: $$v = \sqrt{\frac{E}{\varrho}}. \tag{7.9 c}$$

Die Größe κ in Gl. 7.9 a berücksichtigt die Tatsache, daß es sich bei der Schallausbreitung in Gasen um einen adiabatischen Vorgang handelt. Die Temperaturänderungen, die mit jeder Kompression oder Expansion verbunden sind, erfolgen so schnell, daß sich die Temperaturunterschiede nicht durch Wärmeströmung ausgleichen können. Der Adiabatenkoeffizient beträgt für einatomige Gase $\kappa = 5/3$, für zweiatomige (z. B. Luft) ist er 7/5.

Beispiel 7.3: Die Schallgeschwindigkeit in Luft

Wie groß ist die Schallgeschwindigkeit in Luft bei 0 °C und Normaldruck $p_0 = 101$ kPa?

$$v = \sqrt{\frac{(1{,}4)\,(10{,}1 \cdot 10^4\ \text{Pa})}{(1{,}29\ \text{kg/m}^3)}} = \mathbf{331\ m/s}.$$

In Tabelle 7.1 sind die Schallgeschwindigkeiten für einige Stoffe angegeben.

Tabelle 7.1 Schallgeschwindigkeit in einigen Stoffen (bei 20 °C und Normaldruck)

Material	Schallgeschwindigkeit (in m/s)
Luft	344
Kohlendioxid	258
Wasser	1480
Äthylalkohol	1210
Blut (bei 37 °C)	1570
Kupfer	3560
Glas	5600

7.3.3 Stehende Schallwellen

Auch bei Schallwellen tritt Reflexion ein, wenn sich die Eigenschaften des Mediums ändern.

Läuft eine Schallwelle etwa durch eine Luftsäule, z. B. in einem Rohr, so lassen sich wie bei den Seilwellen wieder zwei Fälle unterscheiden:

a) Das Rohr hat zwei geschlossene Enden (entspricht den festgehaltenen Seilenden);
b) das Rohr hat ein geschlossenes und ein offenes Ende (entspricht dem freien Seilende).

Reflexion der Schallwellen an einem geschlossenen Ende bedeutet, daß hier die Teilchenbewegung Null ist, also ein Schwingungsknoten vorliegt; Reflexion am offenen Ende führt hier zu einem Maximum der Teilchenbewegung, also zu einem Schwingungsbauch. In jedem Fall interferieren die reflektierten Schallwellen zu einer stehenden Welle im Rohr.

Abb. 7.16 zeigt das Beispiel einer stehenden Schallwelle in einem Rohr, das ein geschlossenes und ein offenes Ende besitzt. Wiedergegeben ist der Zustand zu einem Zeitpunkt, an dem die Auslenkung der Luftmoleküle und damit auch die Druckschwankungen maximal sind (Abb. 7.16 b, c). Man beachte dabei, daß die Druckschwankungen Δp am geschlossenen Ende gerade den Maximalwert haben, am offenen Ende dagegen sind sie Null, da an dieser Stelle stets der Außendruck p_0 herrscht.

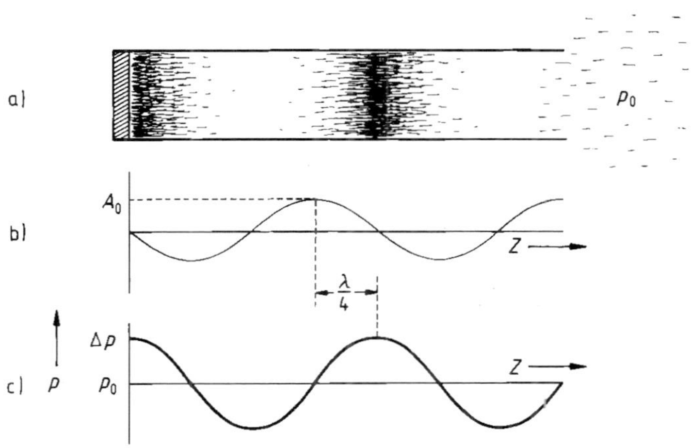

Abb. 7.16 Stehende Schallwelle in einem Rohr mit einem geschlossenen (links) und einem offenen Ende (rechts) zum Zeitpunkt maximaler Dichteschwankungen

Weiter sehen wir, daß bei der stehenden Schallwelle die Druckbäuche (bzw. -knoten) und die Bewegungsbäuche (bzw. -knoten) stets um eine viertel Wellenlänge gegeneinander verschoben sind. Die Beziehung zwischen der Länge einer Luftsäule und den Wellenlängen der darin möglichen stehenden Wellen (Grundschwingung und Oberschwingungen) ist die gleiche, wie wir sie für die Seilwellen gefunden haben:

Zwei geschlossene Enden: $L = n \cdot \frac{\lambda}{2}$, (7.10a)

Ein offenes Ende: $L = \left(n - \frac{1}{2}\right)\frac{\lambda}{2}$. (7.10b)

Beispiel 7.4: Stehende Schallwellen in einem Rohr
Durch Anheben oder Absenken eines Wasserbehälters, der durch einen Schlauch mit einer zum Teil mit Wasser gefüllten Röhre verbunden ist (Abb. 7.17), kann die Länge der Luftsäule im Rohr verändert werden. Welche Länge L muß die Luftsäule haben, damit mit einer Stimmgabel (Kammerton a: $f = 440$ Hz) die Grundschwingung $n = 1$ angeregt wird? Wie groß ist die Frequenz der ersten Oberschwingung bei dieser Länge?

Für $n = 1$ liefert Gl. 7.10b:

$$L = \frac{1}{2} \cdot \frac{\lambda}{2} = \frac{1}{4}\frac{v}{f} = \frac{331 \text{ m/s}}{4(440 \text{ Hz})} = \mathbf{18{,}8\ cm}$$

$$f(n = 2) = \frac{v}{\lambda_2} = \frac{v(n - 1/2)}{2L} = \frac{3}{4}\frac{331 \text{ m/s}}{0{,}188 \text{ m}} = \mathbf{1320\ Hz}.$$

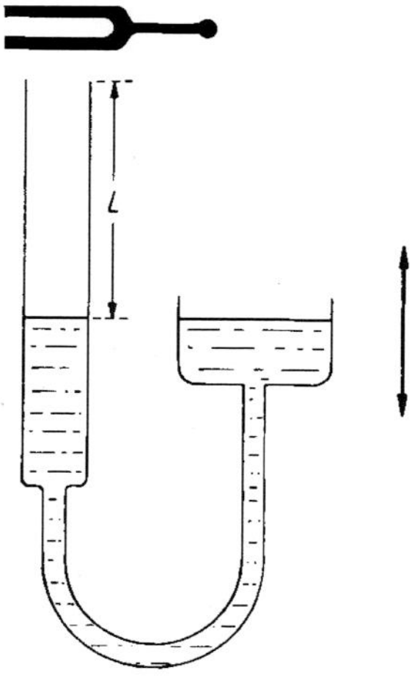

Abb. 7.17 Zu Beispiel 7.4

Dieses Ergebnis könnte man auch direkt gewinnen: Auf die Länge L, auf der zunächst eine halbe Wellenlänge lag, entfallen im zweiten Fall drei halbe Wellenlängen. Da die Wellenlänge um den Faktor drei kleiner geworden ist, muß die Frequenz um diesen Faktor zugenommen haben.

7.3.4 Der Dopplereffekt

Wenn ein Zug mit hoher Geschwindigkeit an einem Beobachter vorüber fährt, dann stellt dieser fest, daß die Frequenz der Fahrgeräusche stark abnimmt, sobald sich der Zug entfernt. Die Ursache liegt darin, daß bei einer sich nähernden Schallquelle mehr Wellenberge pro Zeiteinheit den Beobachter erreichen, als wenn die Schallquelle ruhen würde. Entfernt sich die Quelle, dann wird die Anzahl im Vergleich dazu geringer. Ein ähnlicher Effekt tritt auf, wenn sich der Beobachter selbst bewegt, sich einer stationären Schallquelle nähert oder von ihr entfernt. Beide Erscheinungen nennt man Doppler-Effekt.

Welcher Zusammenhang besteht nun zwischen der Geschwindigkeit, mit der sich der Abstand zwischen Quelle und Beobachter ändert, und der Frequenzänderung? Dazu müssen die beiden erwähnten Fälle getrennt betrachtet werden.

Bewegter Beobachter:

Nähert sich ein Beobachter mit der Geschwindigkeit v_B einer ruhenden Schallquelle (Abb. 7.18 a), dann erreichen ihn in einer Sekunde nicht nur f Wellenberge (f ist die Frequenz, mit der die Quelle sendet), sondern noch zusätzlich so viele,

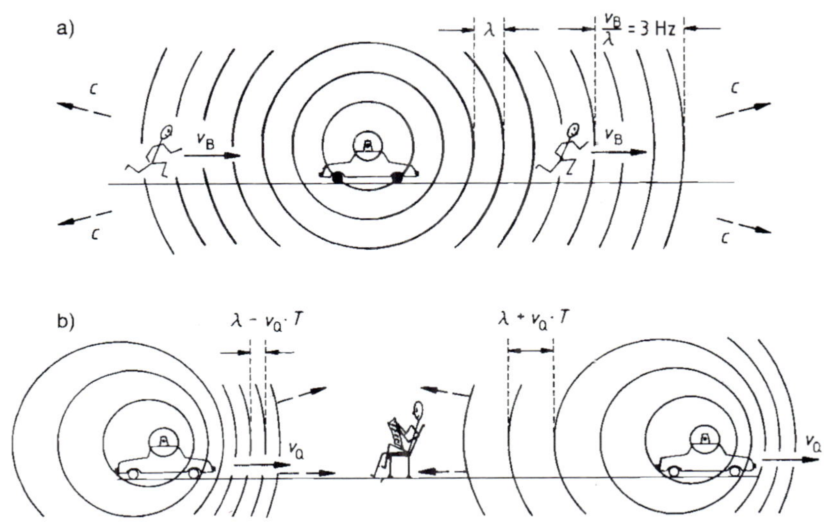

Abb. 7.18 Dopplereffekt für bewegten Beobachter (a) und bewegte Schallquelle (b)

wie Wellenlängen auf die von ihm in einer Sekunde zurückgelegte Strecke (d.h. auf v_B) passen; er beobachtet also eine Frequenz f':

$$f' = f \pm \frac{v_B}{\lambda} = f \pm v_B \frac{f}{c}.$$

Das Minuszeichen gilt für den sich entfernenden Beobachter; c ist die Schallgeschwindigkeit.

Bewegte Schallquelle:

Wie aus der Abbildung zu ersehen ist, ändert sich im Fall der bewegten Schallquelle (Abb. 7.18 b) die Wellenlänge in Richtung auf den Beobachter. Während nämlich eine Wellenlänge ausgestrahlt wird, bewegt sich die Schallquelle um die Strecke $x = v_Q T$ weiter (T: Schwingungsdauer). Um diesen Betrag wird sich die Wellenlänge jeweils verkürzen (bei Annäherung) oder verlängern (bei Entfernung):

$$\lambda' = \lambda \mp v_Q \cdot T = \lambda \mp v_Q \frac{\lambda}{c} = \lambda \left(1 \mp \frac{v_Q}{c}\right).$$

Der Beobachter hört daher eine Frequenz

$$f' = \frac{c}{\lambda'} = \frac{f}{\left(1 \mp \frac{v_Q}{c}\right)}.$$

Bewegt sich ein Beobachter mit der Geschwindigkeit v_B relativ zu einer ruhenden Schallquelle, die mit Frequenz f sendet, dann vernimmt er einen Ton der Frequenz

$$f' = f\left(1 \pm \frac{v_B}{c}\right). \tag{7.11}$$

Bewegt sich eine Schallquelle mit der Geschwindigkeit v_Q relativ zu einem ruhenden Beobachter, so hört dieser einen Ton der Frequenz

$$f' = f\left(1 \mp \frac{v_Q}{c}\right)^{-1}. \tag{7.12}$$

Dabei gilt jeweils das obere Vorzeichen für Annäherung.

Beispiel 7.5: Der Dopplereffekt bei einem vorbeifahrenden Polizeiauto
Ein Polizeiauto mit eingeschalteter Sirene nähert sich mit 100 km/h. Die Sirene hat eine Frequenz von $f = 1000$ Hz. Welche Frequenz hört ein ruhender Beobachter vor (f_1^a) und nach (f_1^e) dem

Vorbeifahren? Welche Frequenz hört man, wenn man sich dem ruhenden Auto mit 100 km/h nähert (f_2^a) bzw. sich von ihm entfernt (f_2^e)?

$$f_1^e = \frac{1000\ \text{Hz}}{1 + (27{,}8\ \text{m/s})/(340\ \text{m/s})} = \mathbf{925\ Hz},$$

$$f_1^a = \frac{1000\ \text{Hz}}{1 - (27{,}8\ \text{m/s})/(340\ \text{m/s})} = \mathbf{1089\ Hz},$$

$$f_2^e = 1000\ \text{Hz}\left(1 - \frac{27{,}8\ \text{m/s}}{340\ \text{m/s}}\right) = \mathbf{918\ Hz},$$

$$f_2^a = 1000\ \text{Hz}\left(1 + \frac{27{,}8\ \text{m/s}}{340\ \text{m/s}}\right) = \mathbf{1082\ Hz}.$$

Man beachte, daß sich die Ergebnisse für den Fall des bewegten Beobachters von denen für die bewegte Quelle unterscheiden, obgleich die Relativgeschwindigkeiten gleich sind. Das rührt letztlich daher, daß auch das wellentragende Medium (z. B. die Luft) und die Bewegung gegenüber diesem bei den Überlegungen eine Rolle spielt, obwohl dies nicht explizit zum Ausdruck kommt. Die Wellenlänge ist stets gegenüber diesem Medium definiert, wie dies auch in der Abbildung zu erkennen ist.

7.3.5 Schallfeldgrößen

Den Bereich, in dem sich Schallwellen ausbreiten, nennt man ein Schallfeld. Um dessen Eigenschaften zu beschreiben, benötigen wir einige neue Größen, die im folgenden eingeführt werden.

Schallamplitude und Schallwechseldruck

Diese beiden Begriffe haben wir schon im Zusammenhang mit den stehenden Wellen kennengelernt.

Unter der Schallamplitude A_0 versteht man die maximale Auslenkung eines Teilchens aus seiner Ruhelage, wenn das betreffende Medium von einer Schallwelle durchlaufen wird (s. Abb. 7.16b).

Der Schallwechseldruck Δp beschreibt die in einer Schallwelle auftretenden maximalen Druckschwankungen, d. h. die maximale Abweichung vom Normaldruck p_0 (s. Abb. 7.16c).

Verglichen mit dem Normaldruck von ca. 10^5 Pa können die in einer Schallwelle auftretenden Wechseldruckamplituden Werte zwischen etwa 10^{-5} Pa (Hörschwelle) und einigen Pascal (Schmerzgrenze) annehmen.

Schallstärke (Schallintensität)

Die Schallstärke ist ein Maß für die in einer Schallwelle transportierte Energie und gibt an, welche Energie E in der Zeit t durch eine zur Ausbreitungsrichtung der Welle senkrechte Fläche A hindurchtritt. Die Schallstärke bezeichnet also die Intensität I einer Schallwelle

$$I = \frac{E}{A \cdot t}. \quad \text{(Einheit: } 1\ \text{W/m}^2\text{)} \tag{7.13}$$

Beispiel 7.6: Die Schallstärke eines Lautsprechers
Ein Lautsprecher erzeugt eine akustische Leistung $P(= E/t)$ von 1 W. In welcher Entfernung ist die Schallstärke auf 0,05 W/m² abgefallen, wenn man annimmt, daß die gesamte Leistung isotrop in eine Halbkugel abgestrahlt wird?

Die Oberfläche der Halbkugel ist $A = 2\pi r^2$. Wir müssen daher die Beziehung $I = P/2\pi r^2$ nach r auflösen:

$$r = \sqrt{\frac{P}{2\pi I}} = \sqrt{\frac{1\ \text{W}}{2\pi (0{,}05\ \text{W/m}^2)}} = \mathbf{1{,}78\ m}.$$

Das menschliche Ohr als Nachweisgerät für Schallwellen besitzt zwei Eigenschaften, die die Einführung von weiteren Größen rechtfertigen, um der subjektiven Empfindung Rechnung zu tragen:

a) Die Empfindlichkeit des Ohres für Schallwellen überstreicht ca. 12 Größenordnungen für die Schallstärke; für die Praxis ist daher eine logarithmische Skala nützlich.
b) Die Empfindlichkeit des Ohres ist frequenzabhängig. Diese Tatsache berücksichtigt man durch Einführung des Begriffs Lautstärke.

Schallpegelmaß

In grober Näherung ist die subjektiv empfundene Lautstärke proportional zum Logarithmus der Schallstärke ($\log I$).

Als Schallpegelmaß bezeichnet man daher den Ausdruck

$$L = 10 \log \frac{I}{I_0} \quad \text{(dB)}, \tag{7.14}$$

wobei die Schallstärke I auf eine Intensität I_0 bezogen wird, die bei 1000 Hz eine gerade noch wahrnehmbare Schallempfindung hervorruft. I_0 liegt bei 10^{-12} W/m².

Die Maßbezeichnung dB (Dezibel) wird wie eine Einheit verwendet. Sie ist eine dimensionslose Zahl, da sie das Verhältnis zweier Intensitäten widerspiegelt.

Beispiel 7.7: Der Schallpegel von zwei Lautsprechern
Ein Lautsprecher erzeugt im Abstand 10 m einen Schallpegel von 40 dB. Wie groß ist die Schallstärke an dieser Stelle? Wie groß wird der Schallpegel, wenn ein weiterer gleich starker Lautsprecher neben den ersten gestellt wird?

Mit $L = 40$ dB und $I_0 = 10^{-12}$ W/m² liefert Gl. 7.14:

$$40 = 10 \log \frac{I}{10^{-12}\,\mathrm{W/m^2}}$$

und delogarithmiert

$$10^4 = \frac{I}{10^{-12}\,\mathrm{W/m^2}} \quad \text{oder} \quad \boldsymbol{I = 10^{-8}\,\mathrm{W/m^2}}.$$

$$L\ (\text{von 2 Lautsprechern}) = 10 \log \frac{2 \cdot I}{I_0} = 10 \log \frac{2 \cdot 10^{-8}\,\mathrm{W/m^2}}{10^{-12}\,\mathrm{W/m^2}} = \mathbf{43\ dB}.$$

Die Verdopplung der Leistung bringt nur einen Anstieg des Schallpegels um 3 dB! Darin äußert sich der logarithmische Maßstab.

Lautstärke und Phonskala

Die Phonskala berücksichtigt die Tatsache, daß die Empfindlichkeit des Ohres frequenzabhängig ist. Dabei wurde festgelegt, daß für einen 1000 Hz-Ton die Phonskala mit der dB-Angabe des Schallpegels übereinstimmt. Ein 1000-Hz-Ton mit dem Schallpegel 30 dB besitzt also eine Lautstärke von 30 Phon.

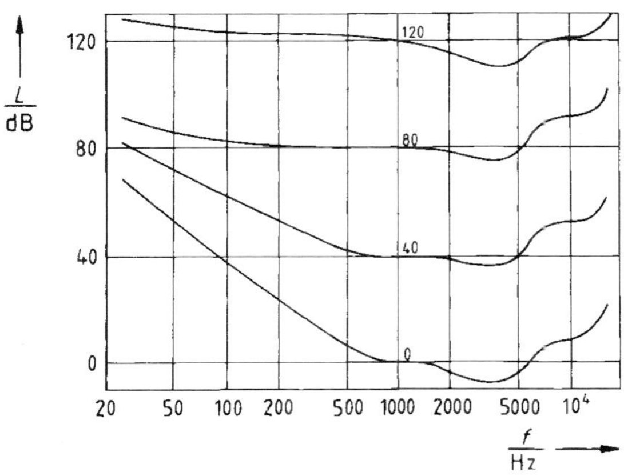

Abb. 7.19 Kurven gleicher Lautstärke (0 phon, 40 phon, 80 phon, 120 phon) für den hörbaren Frequenzbereich. Für eine Frequenz von 1000 Hz stimmen die Werte für die Lautstärke (in phon) mit den Werten für den Schallpegel (in dB) überein

Man schreibt zwei Tönen die gleiche Lautstärke zu, wenn sie unabhängig von der Frequenz als gleich laut empfunden werden. Die Lautstärke wird in der Einheit Phon angegeben.

Die Lautstärke eines beliebigen Tones bestimmt man, indem man ihn mit einem 1000-Hz-Ton vergleicht, der auf gleiche Lautstärke eingestellt ist. Der Schallpegel dieses 1000-Hz-Tones in dB ist dann gleich der Lautstärke des Tones in Phon.

In Abb. 7.19 sind die Kurven gleicher Lautstärke für vier Phonwerte in Abhängigkeit von der Frequenz wiedergegeben. Man erkennt, daß die Empfindlichkeit des Ohres bei ca. 3000 Hz maximal ist. Darüber und darunter fällt sie ab. Die 0-Phon-Kurve ist gleich der unteren Hörschwelle, die 120-Phon-Kurve gibt die Schmerzgrenze an.

7.3.6 Ultraschall

Unter Ultraschall versteht man den Bereich mechanischer Wellen, der oberhalb der Hörgrenze von ca. 20 kHz liegt. Er erstreckt sich bis zu Frequenzen um 100 MHz.

Erzeugung von Ultraschall

Zur Erzeugung von Ultraschall benutzt man Quarzkristalle. Diese zeigen eine Eigenschaft, die man Elektrostriktion nennt. Wird an einen in einer bestimmten Richtung geschnittenen Kristall eine Wechselspannung angelegt, dann bewirkt dies eine gleichlaufende Kontraktion des Kristalls, die sich (bei entsprechender Frequenz des Wechselstroms) als Ultraschallwelle auf ein umgebendes Medium überträgt. Umgekehrt entstehen Spannungsimpulse an einem solchen Kristall, wenn er von Ultraschallwellen getroffen wird. Er eignet sich daher auch zum Nachweis dieser Wellen.

Anwendungen in der Medizin

Ultraschallmethoden haben in jüngster Zeit in Therapie und Diagnostik zunehmende Bedeutung gewonnen, da diese im Unterschied zur Röntgendiagnostik absolut gefahrlos sind und in vielen Fällen vergleichbare oder bessere Ergebnisse liefern.

Wie alle Wellen werden auch Ultraschallwellen an Stellen, wo sich die Eigenschaften des Mediums ändern, teilweise reflektiert. An Grenzflächen entstehen

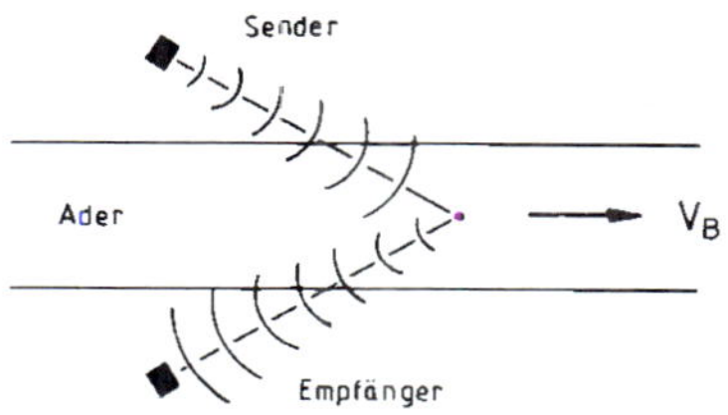

Abb. 7.20 Der Dopplereffekt bei Ultraschall läßt sich zur Bestimmung der Fließgeschwindigkeit des Blutes verwenden

Echos. Aus der Laufzeit dieser Echos (Sender – Grenzfläche – Empfänger) kann auf die Lage dieser Grenzfläche geschlossen werden. Mit Hilfe eines solchen *Sonogramms* kann man z.B. die Lage eines Gehirntumors feststellen.

Der Dopplereffekt ermöglicht es, die Fließgeschwindigkeit des Blutes v_B in Gefäßen zu messen (Abb. 7.20). Dabei wird der Ultraschall, den ein Sender emittiert, an den sich mit der Fließgeschwindigkeit bewegenden roten Blutkörperchen reflektiert. Aus der Frequenzverschiebung, die man an den reflektierten Wellen feststellt, kann v_B errechnet werden.

Durch Bündelung von Ultraschallwellen ist es möglich, bestimmte eng begrenzte Bereiche im Körperinnern zu erwärmen (*Diathermie*). Sehr erfolgreich wird bereits die sogenannte Stoßwellenlithotripsie zur Zertrümmerung von Nieren- und Harnleitersteinen angewendet. Dabei werden kurzzeitige Ultraschallimpulse (Stoßwellen) durch „akustische Linsen" auf das betreffende Objekt fokussiert. Die Wellen passieren das Körpergewebe nahezu ungehindert. An den akustischen Grenzflächen zwischen Stein und Urin wird dagegen Energie frei, die zum Zerfall des Steins führt.

7.4 Elektromagnetische Wellen

Nach den Schallwellen sind die elektromagnetischen Wellen die zweite Klasse wichtiger physikalischer Wellenerscheinungen. Obwohl sie einen Frequenzbereich von ca. 20 Größenordnungen überdecken und je nach Frequenz ganz unterschiedlich mit Materie wechselwirken, gelten für die Entstehung aller elektromagnetischen Wellen die gleichen Grundsätze, ebenso für ihre Ausbreitung im Vakuum.

7.4.1 Erzeugung elektromagnetischer Wellen

Elektromagnetische Wellen bilden sich, wenn elektrische Ladungen eine *beschleunigte* Bewegung ausführen.

Es lassen sich vor allem zwei Quellen für elektromagnetische Wellen unterscheiden: bewegte Ladungen in einem „Hertzschen Dipol“ (Antenne) und bewegte Ladungen in angeregten Atomen. Eine dritte Erzeugungsmöglichkeit werden wir in Zusammenhang mit der Röntgenstrahlung kennenlernen (Bremsstrahlung; s. Abschn. 8.4.1)

Antennen

Technische Vorrichtungen, die elektromagnetische Wellen aussenden (oder empfangen), nennt man Antennen. Sie bestehen aus einem geraden Leiterstück, in dem ein Strom sinusförmig hin- und herfließt.

Jede Antenne muß selbstverständlich mit einem elektrischen Schwingkreis verbunden sein, mit dessen Hilfe die Schwingungen in der Antenne aufrechterhalten werden, da ständig Energie durch Abstrahlung verloren geht.

Betrachtet man eine solche Antenne im zeitlichen Abstand von jeweils einer viertel Schwingungsdauer, dann zeigen sich in ihrer Umgebung die folgenden Feldlinienbilder (Abb. 7.21 a–d):

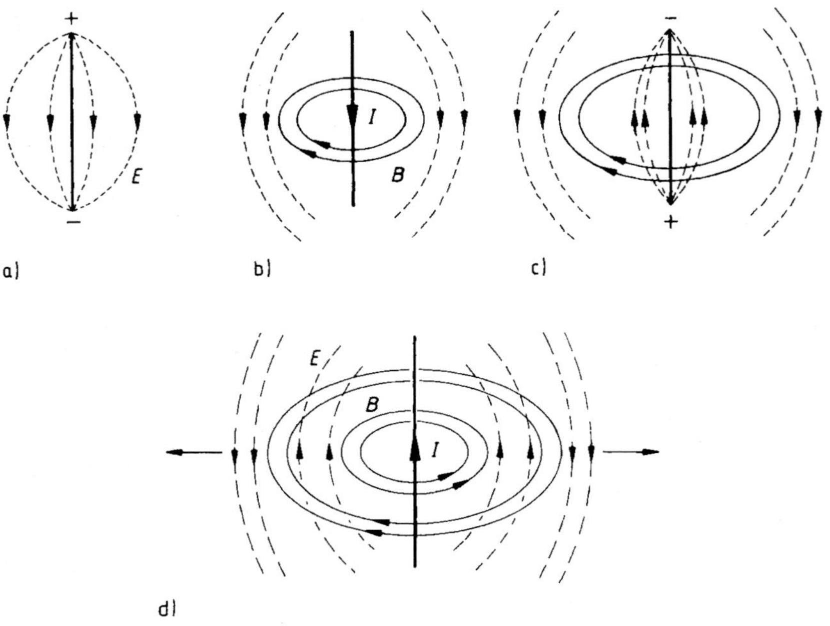

Abb. 7.21 Zur Abstrahlung elektromagnetischer Wellen von einem Hertzschen Dipol

a) Der Strom ist Null, die Antenne ist ein Dipol. Dieser erzeugt um sich ein elektrisches Feld der uns bekannten Form.
b) Nach einer viertel Periode fließt ein maximaler Strom, der die Ladungstrennung (d. h. den Dipolcharakter) aufhebt. Er ist, wie wir wissen, von kreisförmigen magnetischen Feldlinien umgeben.
c) Der Dipol und das dazugehörende Feld haben die Richtung umgekehrt.
d) Der Strom und die magnetischen Feldlinien haben ebenfalls die Richtung umgekehrt. Es stellt sich der Ausgangszustand ein.

Diese laufend gebildeten Felder lösen sich von der Antenne ab und laufen als elektromagnetische Welle weg. Der beschriebene Entstehungsmechanismus läßt zwei wichtige Schlüsse zu:

Aus der Abb. 7.21 ersieht man, daß die Orientierung der $\boldsymbol{E}$ und $\boldsymbol{B}$-Vektoren bezüglich der Dipolrichtung immer die gleiche ist ($\boldsymbol{E}$ parallel, $\boldsymbol{B}$ senkrecht zum Dipol). Damit können wir eine Aussage über die Polarisation der Wellen machen:

Die von einem raumfesten Hertzschen Dipol abgestrahlten elektromagnetischen Wellen sind linear polarisiert.

Die Abbildung läßt ebenfalls erkennen, daß in Dipolrichtung keine Abstrahlung erfolgt. Ein Dipol besitzt eine *Abstrahlungscharakteristik*, die so beschrieben werden kann:

Die von einem Dipol abgestrahlte Leistung ist richtungsabhängig. Sie ist maximal senkrecht zum Dipol, sie ist Null in Dipolrichtung.

Während in einer Antenne viele Ladungen (Elektronen) in Form eines Wechselstroms kollektiv eine beschleunigte Bewegung ausführen, kommen wir jetzt zu dem Fall, daß eine einzelne Ladung Strahlung erzeugt.

Die Strahlung von Atomen

In unserem einfachen Atommodell (s. Abschn. 3.2.1) kreisen in den Atomen negativ geladene Elektronen um einen positiven Atomkern. Nach den Gesetzen der klassischen Mechanik ist dies eine beschleunigte Bewegung, die ebenfalls zur Aussendung von elektromagnetischer Strahlung führen sollte. Im atomaren Bereich versagt diese einfache Vorstellung jedoch. Erst wenn das Atom auf irgend eine Weise Anregungsenergie aufgenommen hat (z.B. durch Absorption von

Licht), kann eine Welle emittiert werden. (Auf diese Vorgänge wird in Abschnitt 8.2 näher eingegangen.)

In der Praxis beobachtet man nicht die Strahlung einzelner Atome, sondern die Abstrahlung einer großen Anzahl meist identischer Atome (leuchtende Gase, glühende Körper usw.). Da diese Atome jedoch zeitlich völlig unabhängig voneinander strahlen und keine einheitliche Ausrichtung besitzen, kann man für diese Strahlung folgendes feststellen:

Die von leuchtenden Atomen ausgehende Strahlung ist nicht polarisiert und besitzt keine Richtungsabhängigkeit (im Gegensatz zur Antennenstrahlung!).

Aus dem gleichen Grunde wechselt bei solcher Strahlung auch ständig und völlig statistisch die Phase, so daß sich mit zwei Lichtquellen dieser Art keine Interferenzmuster erzeugen lassen.

Die Strahlung von natürlichen atomaren Lichtquellen ist nicht kohärent.

Spontane und stimulierte Emission:

Ein angeregtes Atom geht im Normalfall nach einer Zeit von ca. 10^{-8} s durch *spontane* Emission eines Lichtquants (s. Abschn. 8.1.2) wieder in seinen Grundzustand über. Daneben gibt es metastabile Anregungszustände, in denen ein Atom viel länger verweilen kann, ohne seine Energie abzustrahlen.

Atome in metastabilen Anregungszuständen können durch Bestrahlung mit Licht genau der Frequenz $f = \Delta E/h$, die der Anregungsenergie ΔE dieses Zustandes entspricht zu *stimulierter* Emission veranlaßt werden. Wichtig bei diesem Emissionsprozeß ist die Tatsache, daß das Quant, das die Emission auslöst, und das dabei entstehende Lichtquant in Phase (d.h. kohärent) sind. Dieser Effekt wird genutzt, um Quellen für kohärente elektromagnetische Strahlung zu bauen.

Der Laser:

Laser ist die Abkürzung für „Light amplification by stimulated emission of radiation". Durch sogenanntes optisches Pumpen (Einstrahlen von Licht) werden die Atome eines geeignet ausgewählten Gases, das sich in einem von zwei Spiegeln abgeschlossenen Glasrohr befindet, in einen metastabilen Zustand ge-

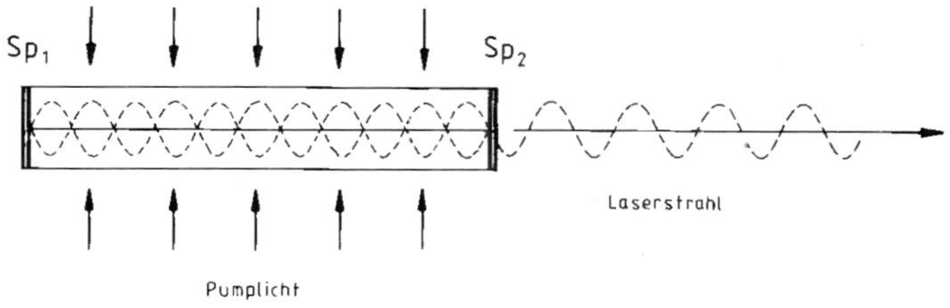

Abb. 7.22 Der Laser

hoben (Abb. 7.22). Ein einziges Lichtquant der richtigen Frequenz genügt sodann, um die Atome lawinenartig zur Emission zu „stimulieren". Zwischen den beiden Spiegeln bildet sich eine stehende Welle dieser Frequenz aus, die durch den teilweise durchlässigen Spiegel Sp_2 den Resonator verlassen kann.

Der Laser ist eine Quelle für kohärente, scharf gebündelte elektromagnetische Strahlung hoher Intensität.

Der Laser findet zunehmende Verwendung in der Medizin. Durch eine Linse kann man die Strahlleistung auf einen kleinen Brennfleck konzentrieren. In bestimmten Situationen ist der Laser als Operationswerkzeug von großem Nutzen. So können z.B. Netzhautschäden des Auges in mikroskopischen Bereichen repariert werden, und verletzte Blutgefäße lassen sich durch Photokoagulation verschließen.

7.4.2 Ausbreitung elektromagnetischer Wellen

Aus der Abb. 7.23, die ein Momentbild einer linear polarisierten elektromagnetischen Welle zeigt, kann man folgendes erkennen:

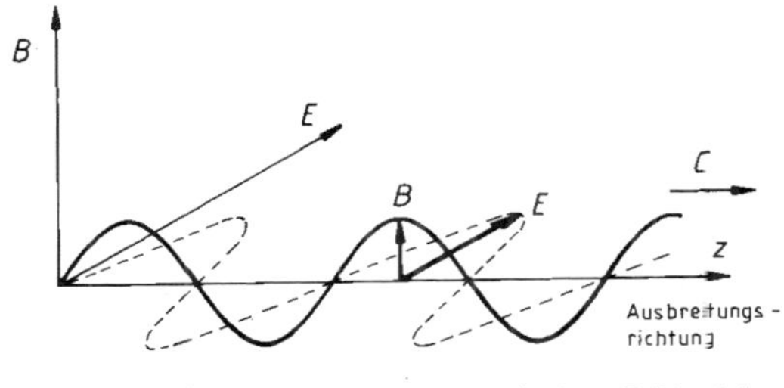

Abb. 7.23 Die Vektoren der elektrischen und der magnetischen Feldstärke (***E*** und ***B***) stehen stets senkrecht aufeinander und gemeinsam in einer Ebene senkrecht zur Ausbreitungsrichtung (Transversalwelle)

In einer elektromagnetischen Welle schwingen das elektrische Feld $\boldsymbol{E}$ und das Magnetfeld $\boldsymbol{B}$ in Phase. Sie stehen stets senkrecht aufeinander und liegen in einer Ebene senkrecht zur Ausbreitungsrichtung.

Diese Feststellungen gelten auch für nicht polarisierte Wellen, doch würden dann $\boldsymbol{E}$ und $\boldsymbol{B}$ *gemeinsam* Phase und Richtung statistisch ändern.

Ebenso wie die Ausbreitungsgeschwindigkeit mechanischer Wellen (Schallwellen) von den mechanischen Eigenschaften des Mediums abhängt, sind es für die elektromagnetischen Wellen die elektrischen und magnetischen Materialkonstanten, die diese Größe bestimmen.

Die Ausbreitungsgeschwindigkeit von elektromagnetischen Wellen in Materie berechnet sich nach der Beziehung

$$c = \sqrt{\frac{1}{\varepsilon \varepsilon_0 \mu \mu_0}}. \tag{7.15}$$

Darin bedeuten

ε: die Dielektrizitätszahl,

μ: die Permeabilität,

ε_0: die elektrische Feldkonstante $= 8{,}859 \cdot 10^{-12} \dfrac{\mathrm{A\,s}}{\mathrm{V\,m}}$,

μ_0: die magnetische Feldkonstante $= 4\pi \cdot 10^{-7} \dfrac{\mathrm{V\,s}}{\mathrm{A\,m}}$.

Da für Vakuum ε und μ gleich 1 sind, kann aus Gl. 7.15 die Geschwindigkeit elektromagnetischer Wellen im Vakuum berechnet werden:

$$c = \sqrt{\frac{1}{\varepsilon_0 \mu_0}} = 3{,}0 \cdot 10^8 \frac{\mathrm{m}}{\mathrm{s}}.$$

Alle elektromagnetischen Wellen (nicht nur das Licht!) breiten sich im Vakuum mit einer Geschwindigkeit von $3{,}0 \cdot 10^8$ m/s aus.

7.4.3 Das Spektrum der elektromagnetischen Wellen

In Tabelle 7.2 sind die wichtigsten Formen elektromagnetischer Wellen aufgeführt. Aus den Wellenlängen kann man mit Hilfe des für alle Wellen gültigen

Tabelle 7.2 Spektrum der elektromagnetischen Wellen

Bezeichnung	Wellenlängenbereich (in m)	Frequenzbereich (in Hz)	Energiebereich (in eV)
Gammastrahlung	$10^{-14}-10^{-11}$	$10^{22}-10^{19}$	$10^{8}-10^{5}$
Röntgenstrahlung	$10^{-11}-10^{-9}$	$10^{19}-10^{17}$	$10^{5}-10^{3}$
Ultraviolettes Licht (UV)	10^{-8}	10^{16}	10^{2}
Sichtbares Licht	$5 \cdot 10^{-7}$	$6 \cdot 10^{14}$	2,5
Infrarot (Wärmestrahlung)	$10^{-6}-10^{-5}$	$10^{14}-10^{13}$	0,1
Mikrowellen	10^{-2}	10^{10}	
Radarwellen	10^{-1}	19^{9}	
UKW-Wellen	1	10^{8}	
Mittel- und Langwelle	$10^{2}-10^{4}$	$10^{6}-10^{4}$	

Zusammenhangs $c = \lambda \cdot f$ den dazugehörenden Frequenzbereich errechnen (Spalte 2). Die in Spalte 4 angegebenen Energiewerte werden erst im nächsten Kapitel erläutert (s. Abschn. 8.1.2).

Dieser Abschnitt sollte dazu dienen, deutlich zu machen, daß für alle erwähnten Arten elektromagnetischer Strahlung viele *Gemeinsamkeiten* gelten, besonders in Bezug auf ihre Entstehung und ihre Ausbreitung. In den folgenden Kapiteln werden vor allem die *Unterschiede* im Vordergrund stehen (Brechung, Absorption, Polarisation, biologische Wirksamkeit usw.). Auf die folgenden Strahlungsarten werden wir dabei noch im Detail zurückkommen:

Gammastrahlung in der Kernphysik (Abschn. 10.3.2),
Röntgenstrahlung in der Atomphysik (Abschn. 8.4),
sichtbares Licht in der Optik (Kap. 9).

8 Atomphysik

8.1 Grundbegriffe der Quantenphysik

In Abschnitt 7.4 wurde schon darauf hingewiesen, daß für die Entstehung von elektromagnetischer Strahlung kurzer Wellenlänge Vorgänge in Atomen verantwortlich sind. Diese Vorgänge lassen sich klassisch nicht mehr erklären, wobei wir unter „klassisch" diejenigen Gesetzmäßigkeiten verstehen, die wir beim Studium makroskopischer Körper im Kapitel „Mechanik" kennengelernt haben.

Ehe wir uns eingehender mit elektromagnetischer Strahlung, insbesondere den optischen Erscheinungen, beschäftigen (Kapitel 9), ist es daher sinnvoll, zunächst die wichtigsten Begriffe der sogenannten „Quantenmechanik" vorzustellen.

8.1.1 Die Schwächen der klassischen Physik

Um die Eigenschaften der Materie zu erklären, haben wir in Abschn. 3.3.1 versucht, ein einfaches Atommodell zu entwickeln, wobei wir die Gesetze der klassischen Mechanik benutzten. Dies führt im Bereich der mechanischen und thermischen Eigenschaften zu brauchbaren Ergebnissen, in der Elektrizitätslehre ergeben sich die ersten Schwierigkeiten: Wir konnten zwar die Emission elektromagnetischer Strahlung auf die Beschleunigung zurückführen, die ein kreisendes Elektron erfährt, doch versagt dieses Modell, wenn es darum geht, die Existenz stabiler Atome zu erklären. Solche Atome dürfte es im Beschleunigungsbild nicht geben: Elektronen bewegen sich immer auf Kreisbahnen um den Atomkern; ein Atom müßte also klassisch gesehen solange strahlen, bis seine Elektronen keine Energie mehr besitzen und in den Kern gestürzt sind, womit das Atom als solches nicht mehr existierte.

Historisch war es tatsächlich so, daß sich die Experimente häuften, deren Ergebnisse sich mit einem klassischen Modell nicht befriedigend erklären ließen.

Stets waren es Experimente, bei denen Prozesse in einzelnen Atomen untersucht wurden.

Die klassische Physik versagt bei der Anwendung auf atomare Teilchen in bestimmten Belangen.

Es ergab sich somit die Notwendigkeit, einen neuen Gedanken, ein neues begriffliches Konzept zu finden, das aus den Schwierigkeiten heraushalf. Einige Beispiele sollen nun zeigen, worin diese Schwierigkeiten bestanden und welche neuen Hypothesen halfen, sie zu überwinden.

8.1.2 Teilcheneigenschaften von Wellen

Photoeffekt und Plancksche Konstante

Monochromatisches Licht (d.h. Licht einer Wellenlänge), das auf eine Metallplatte fällt, löst Elektronen aus dieser heraus. Sie verlassen die Platte mit einer bestimmten kinetischen Energie und können mit einem Kollektor gesammelt und als Strom nachgewiesen werden. Schaltet man in den Stromkreis eine Gegenspannung so ein, daß die Elektronen die Kollektorplatte nicht erreichen können, dann läßt sich aus der dazu nötigen Spannung die kinetische Energie der Photoelektronen ermitteln (Abb. 8.1).

Experimenteller Befund: a) Die Energie E der Elektronen ist unabhängig von der Intensität des Lichts; b) Unterhalb einer bestimmten Frequenz f_{min} des ankommenden Lichtes werden keine Elektronen mehr ausgelöst.

Klassische Vorhersage: Die mit der elektromagnetischen Welle transportierte Energie ist proportional zur Intensität des Lichts. E müßte also mit wachsender Intensität zunehmen, und jede Frequenz müßte bei ausreichender Intensität Elektronen auslösen.

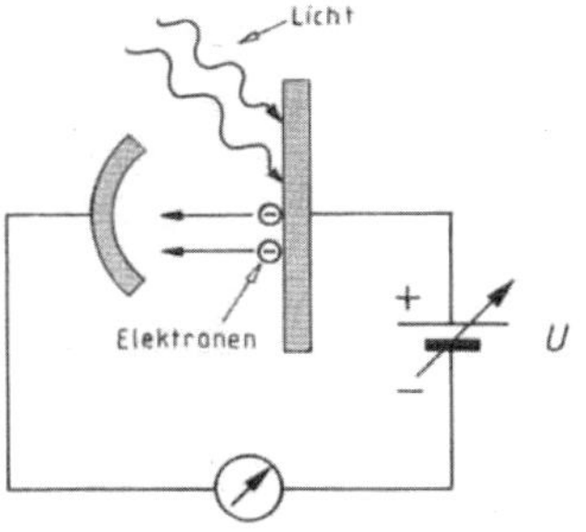

Abb. 8.1 Photoeffekt

Das experimentelle Ergebnis widerspricht somit in diesen beiden Punkten der klassischen Vorhersage. Im Jahre 1905 stellte Albert Einstein die folgende Hypothese auf, die mit einem Schlag alle Schwierigkeiten beseitigte:

Tritt elektromagnetische Strahlung der Frequenz f mit Atomen oder Elektronen in Wechselwirkung, dann muß sie als ein Strom von Energiequanten (Photonen) betrachtet werden, von denen ein jedes die Energie

$$E = h \cdot f \tag{8.1}$$

transportiert.

Die moderne Deutung des Photoeffektes lautet dann: Beim Auftreffen des Lichtes auf das Metall finden „Stöße" zwischen einem Photon der Energie $h \cdot f$ und einem Elektron statt. Die Energie $h \cdot f$ liefert zum einen die Austrittsarbeit A (sie ist nötig, damit das Elektron das Metall verlassen kann), zum anderen die kinetische Energie des herausgelösten Elektrons. Da der Energieerhaltungssatz auch im atomaren Bereich gültig ist, kann man schreiben:

$$h \cdot f = A + E_{\text{kin}}. \tag{8.2}$$

Erklärung der experimentellen Ergebnisse: a) Zunehmende Intensität des Lichtes bedeutet mehr einfallende Photonen. Damit steigt die Zahl der Photoelektronen, nicht jedoch ihre kinetische Energie E_{kin}. b) Unterhalb einer bestimmten Photonenenergie (d.h. unterhalb einer minimalen Frequenz f_{min}) können keine Photoelektronen mehr auftreten, da $h \cdot f_{\text{min}} < A$.

Aus Gl. 8.2 kann man die Konstante h berechnen, wenn man die Grenzfrequenz f_{min} für Photoelektronen bestimmt, die aus einem Metall austreten, dessen Austrittsarbeit bekannt ist.

Beispiel 8.1: Berechnung der Konstanten *h* aus der Austrittsarbeit von Zink

Für Zink (Austrittsarbeit $A = 2{,}5\,\text{eV} = 4 \cdot 10^{-19}\,\text{J}$) treten unterhalb einer Wellenlänge von $5 \cdot 10^{-7}$ m keine Photoelektronen mehr auf. Wie groß ist die Konstante h?

Da E_{kin} gleich Null ist, muß gelten

$$h = \frac{A}{f} = \frac{A \cdot \lambda}{c} = \frac{(4 \cdot 10^{-19}\,\text{J})\,(5 \cdot 10^{-7}\,\text{m})}{(3 \cdot 10^{8}\,\text{m/s})} = \mathbf{6{,}67 \cdot 10^{-34}\,Js}.$$

Die für den atomaren Bereich wichtige Naturkonstante h heißt Plancksches Wirkungsquantum. Sie hat den Wert

$$h = 6{,}67 \cdot 10^{-34}\,\text{Js}.$$

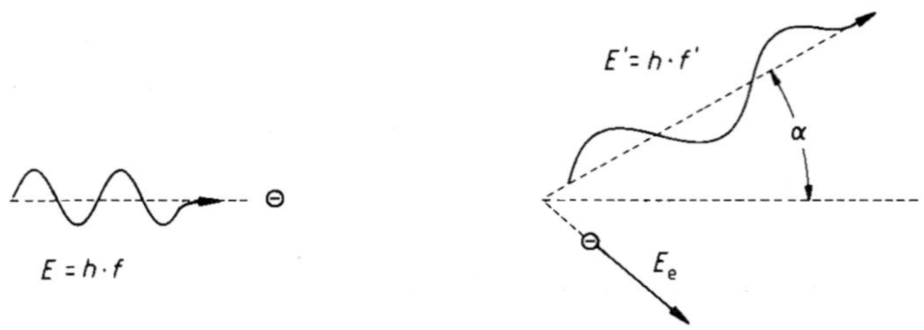

Abb. 8.2 Comptoneffekt

Man sollte sich den Zusammenhang zwischen der Wellenlänge und der dazugehörenden Quantenenergie merken:

$$E = h \cdot f = \frac{h \cdot c}{\lambda}, \quad \text{d.h. } E \sim \frac{1}{\lambda}. \tag{8.3}$$

In Beispiel 8.1 hatten wir gesehen, daß für die Wellenlänge $\lambda = 5 \cdot 10^{-7}$ m die Energie den Wert $E = 2{,}5$ eV hat. Dann ergibt sich z.B. für $\lambda = 10^{-6}$ m ein $E = 1{,}25$ eV oder für $\lambda = 10^{-10}$ m ein $E = 12{,}5$ keV usw. Diese Energiewerte stehen in Spalte 4 von Tab. 7.2.

Der Comptoneffekt

Die Vorstellung, daß man elektromagnetische Wellen bei der Wechselwirkung mit Teilchen als Photonen (d.h. ebenfalls als Teilchen) ansehen muß, wird auch durch den Comptoneffekt gestützt.

Läßt man Licht (Frequenz f) mit freien Elektronen wechselwirken, dann registriert man Streulicht mit einer Frequenz, die mit zunehmendem Streuwinkel α abnimmt (Abb. 8.2). Das Experiment und die Vorhersagen der Theorie stimmen quantitativ überein, wenn die Theorie das Licht als Strahl aus Photonen, also Lichtquanten, auffaßt, die mit den Elektronen zusammenstoßen, wobei wie beim elastischen Zusammenstoß zwischen zwei Billardkugeln Energie und Impuls erhalten bleiben. Für die Frequenz f' des Streulichts heißt das

$$hf' = hf - E_{el}. \tag{8..4}$$

E_{el} ist die kinetische Energie, die das Elektron beim Stoß mitbekommt.

8.1.3 Welleneigenschaften von Teilchen

Atomspektren

Untersucht man die von leuchtenden Gasen ausgehende Strahlung, dann stellt man fest, daß nur ganz bestimmte, für die jeweilige Substanz charakteristische Wellenlängen im Spektrum vertreten sind.

Die klassische Mechanik kann diese Erscheinungen nicht erklären, da nach ihren Gesetzen die Elektronen auf ihren Bahnen beliebige Energiewerte annehmen und daher auch aussenden können. Feste Frequenzen deuten dagegen darauf hin, daß die Elektronen nur ganz bestimmte Energiezustände einnehmen können – Energiezustände, die für jedes Element verschieden sind.

Nachdem Niels Bohr im Jahre 1913 bereits einen Deutungsversuch gemacht hatte (Bohrsches Atommodell, s. Abschn. 8.2), gelang Louis de Broglie 1924 der entscheidende Durchbruch mit seiner Hypothese, daß auch die Bewegung von Teilchen durch eine Welle beschrieben werden muß. In dieser Vorstellung entsprechen die Energiezustände der Elektronen in einem Atom den stehenden Wellen eines Seiles, die für eine gegebene Länge ebenfalls nur ganz bestimmte Wellenlängen und damit auch Energiewerte annehmen können.

Die Bewegung von Teilchen muß durch eine Welle beschrieben werden (Materiewelle, de-Broglie-Welle). Dabei hängt die Wellenlänge dieser Welle nach der folgenden Beziehung mit dem Impuls des Teilchens zussammen

$$\lambda = \frac{h}{p} = \frac{h}{m \cdot v}. \qquad (8.5)$$

Inzwischen ist durch eine Vielzahl von Beugungs- und Interferenzexperimenten mit atomaren Teilchen (Elektronen, Neutronen usw.) diese Theorie voll bestätigt worden.

Beispiel 8.2: Die de-Broglie-Wellenlänge eines beschleunigten Elektrons

Welche Wellenlänge besitzt ein Elektron, das mit einer Spannung von 100 V beschleunigt wurde?

Aus den Gleichungen

$$p = mv \quad \text{und} \quad \tfrac{1}{2} m v^2 = eU$$

kann der Impuls des Elektrons errechnet werden:

$$p = \sqrt{2emU} = \sqrt{2\,(1{,}6 \cdot 10^{-19}\,\text{C})\,(9{,}1 \cdot 10^{-31}\,\text{kg})\,(100\,\text{V})} = 5{,}4 \cdot 10^{-24}\,\frac{\text{kg} \cdot \text{m}}{\text{s}}.$$

Damit erhält man für die de-Broglie-Wellenlänge:

$$\lambda = \frac{6{,}67 \cdot 10^{-34}\,\text{Js}}{5{,}4 \cdot 10^{-24}\,\frac{\text{kg} \cdot \text{m}}{\text{s}}} = \mathbf{1{,}24 \cdot 10^{-10}\,m.}$$

Da wir aus Abschn. 7.2.4 wissen, daß Beugungseffekte nur dann beobachtbar sind, wenn λ/d in der Größenordnung von 1 liegt (s. Gl. 7.8), läßt dieser kleine Wert für die Wellenlänge den folgenden Schluß zu: Elektronenstrahlen (z. B. in einer Oszillographenröhre) bewegen sich geradlinig („klassisch“), da die Beugungseffekte vernachlässigt werden können. „Beleuchten“ wir mit Elektronenstrahlen dagegen einen Gegenstand in der Größenordnung der Wellenlänge, dann sehen wir Beugungsbilder.

Dadurch wird zwar das Auflösungsvermögen des Elektronenmikroskops begrenzt (s. 9.4.3), andererseits bietet sich damit aber die Möglichkeit, atomare Strukturen und Kristalle zu untersuchen.

8.2 Das Bohrsche Atommodell

Auf dem Wege zu einer vollständigen quantenmechanischen Theorie gelang Bohr, wie im letzten Abschnitt bereits erwähnt, ein beachtlicher Zwischenerfolg. Um die stationären, für die Elemente charakteristischen Energiezustände zu erklären, stellte er die folgenden zwei *Postulate* auf, die er aber damals noch nicht begründen konnte:

Bohrsche Postulate:
a) Für das Elektron sind nur Kreisbahnen möglich, für die der Drehimpuls des Elektrons ein Vielfaches des Planckschen Wirkungsquantums ist:

$$L = n \cdot \frac{h}{2\pi}, \quad \text{mit } n = 1, 2, \ldots \tag{8.6}$$

Auf diesen Bahnen läuft das Elektron strahlungslos um.
b) Beim Übergang zwischen zwei Bahnen mit den Energien E_a und E_e wird die Energiedifferenz als Photon ausgestrahlt, wobei für die Photonenenergie gilt:

$$hf = E_a - E_e. \tag{8.7}$$

Die Einbeziehung dieser „Quantenbedingung" in das Modell vom kreisenden Elektron macht keine Schwierigkeiten. Das soll im folgenden Abschnitt am Beispiel des Wasserstoffatoms gezeigt werden.

8.2.1 Das Wasserstoffatom

Das Wasserstoffatom besteht aus einem Proton (Ladung $+e$) als Kern und einem Elektron (Masse m, Ladung $-e$), das den Kern im Abstand r mit der Geschwindigkeit v umkreist. Der Drehimpuls des Elektrons beträgt dabei (s. Gl. 2.61 und 2.58)

$$L = I\omega = mr^2\frac{v}{r} = mvr. \tag{8.8}$$

Für die erlaubten Bahnen muß der Drehimpuls ein Vielfaches von $h/2\pi$ sein.

Wie für jede Kreisbewegung können Zentripetalkraft (= Coulombkraft) und Zentrifugalkraft gleichgesetzt werden:

$$\frac{mv^2}{r} = \frac{1}{4\pi\varepsilon_0}\frac{e^2}{r^2}. \tag{8.9}$$

Multipliziert man mit mr^3, so folgt

$$m^2 v^2 r^2 = \frac{1}{4\pi\varepsilon_0} e^2 mr = n^2 \left(\frac{h}{2\pi}\right)^2.$$

Für die erlaubten Radien erhalten wir

$$r_n = \frac{\varepsilon_0 h^2}{\pi e^2 m} \cdot n^2. \tag{8.10}$$

Nun müssen noch die zu diesen Radien gehörenden Energien berechnet werden. Das Elektron besitzt in dieser Situation sowohl kinetische als auch potentielle Energie

Die potentielle Energie E_{pot} ist definiert als die Arbeit, die geleistet werden muß, um das Elektron aus dem Unendlichen in den Abstand r zum Kern zu bringen:

$$E_{pot} = \int_\infty^r F\,\mathrm{d}r = \frac{e^2}{4\pi\varepsilon_0}\int_\infty^r \frac{\mathrm{d}r}{r^2} = -\frac{e^2}{4\pi\varepsilon_0}\frac{1}{r}. \tag{8.11}$$

E_{pot} ist negativ, da das Elektron infolge der Anziehung bei Annäherung Energie abgibt (Abb. 8.3).

Die kinetische Energie E_{kin} ergibt sich aus der Multiplikation von Gl. 8.9 mit $r/2$:

$$E_{kin} = \frac{1}{2} m v^2 = \frac{e^2}{8\pi\varepsilon_0}\frac{1}{r}. \tag{8.12}$$

Die Gesamtenergie des H-Atoms, dessen Elektron sich auf einer Kreisbahn mit dem Radius r bewegt, beträgt somit (Abb. 8.3):

$$E = E_{pot} + E_{kin} = -\frac{1}{8\pi\varepsilon_0}\frac{e^2}{r}. \tag{8.13}$$

Setzen wir jetzt noch die erlaubten Radien aus Gl. 8.10 ein, dann lautet das Resultat:

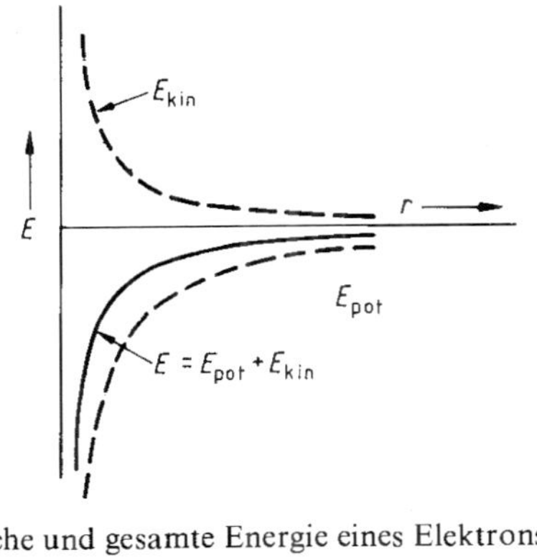

Abb. 8.3 Potentielle, kinetische und gesamte Energie eines Elektrons, das sich auf einer Kreisbahn mit dem Radius r um eine positive Ladung bewegt

Das Elektron in einem Wasserstoffatom kann sich nur in Zuständen mit den Energien

$$E_n = -\frac{e^4 m}{8 \varepsilon_0^2 h^2} \cdot \frac{1}{n^2} = -(13{,}6\ \text{eV})\frac{1}{n^2} \tag{8.14}$$

aufhalten, wobei die Quantenzahl n nur die ganzzahligen Werte 1, 2, ... annehmen kann.

8.2.2 Das Termschema des Wasserstoffs

Unter dem Termschema eines Atoms versteht man die Darstellung der möglichen Energiewerte auf einer vertikalen Energieskala durch horizontale Striche. Übergänge zwischen den Energiezuständen werden als vertikale Pfeile eingetragen.

Das Termschema des Wasserstoffs hat das Aussehen der Abbildung 8.4. Über den Grundzustand ($n = 1$) mit der niedrigsten Energie folgen (unendlich viele) angeregte Zustände (n größer 1), deren gegenseitige Energieabstände mit $1/n^2$ abnehmen. Der Zustand mit unendlich großem n entspricht dem abgelösten Elektron (Ionisierungsgrenze). Dieser Zustand hat vereinbarungsgemäß die Energie Null (so daß alle Energien des Atoms sowohl im Grundzustand [$n = 1$] als auch in seinen angeregten Zuständen [n größer 1] ein negatives Vorzeichen haben).

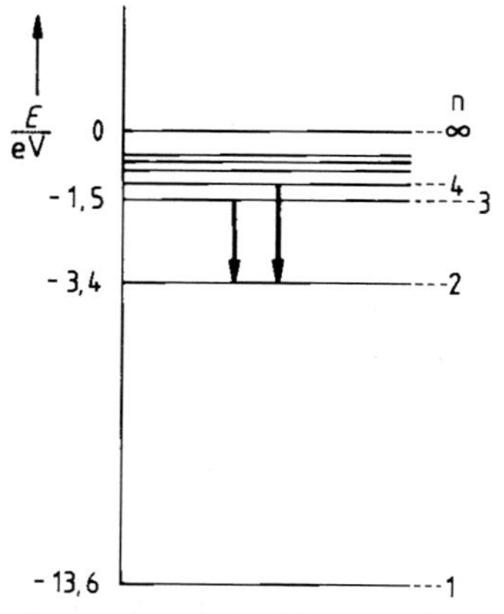

Abb. 8.4 Termschema (Energieniveauschema) des Wasserstoffatoms

Beispiel 8.3: Der Übergang $n = 3 \rightarrow n = 2$ im Wasserstoff
Welche Wellenlänge hat das Photon, das beim Übergang eines Wasserstoffatoms vom Zustand mit $n = 3$ nach $n = 2$ ausgesendet wird?

Die Photonenenergie ergibt sich aus Gl. 8.7:

$$E_{ph} = -(13{,}6\ \text{eV})\left(\frac{1}{3^2} - \frac{1}{2^2}\right) = -(13{,}6\ \text{eV})\left(\frac{4-9}{36}\right) = \frac{5}{36}(13{,}6\ \text{eV}) = 1{,}89\ \text{eV}.$$

Für die Wellenlänge erhalten wir damit

$$\lambda = \frac{h \cdot c}{E_{ph}} = \frac{(6{,}67 \cdot 10^{-34}\ \text{Js})\,(3 \cdot 10^8\ \text{m/s})}{(1{,}89\ \text{eV})\,(1{,}6 \cdot 10^{-19}\ \text{J/eV})} = 6{,}65 \cdot 10^{-7}\ \text{m} = \mathbf{665\ nm}.$$

Es entsteht ein Photon im Bereich des sichtbaren Spektrums.

8.2.3 Das Schalenmodell

Quantitativ läßt sich das Bohrsche Atommodell nur auf das Wasserstoffatom anwenden. Man erhält jedoch eine brauchbare Erweiterung auf Atome mit mehreren Elektronen, wenn man die folgenden zwei Prinzipien hinzunimmt:

a) Die zugelassenen Elektronenbahnen können von mehreren Elektronen besetzt werden. Man nennt sie dann Schalen und bezeichnet sie von $n = 1$ ausgehend mit den großen Buchstaben K, L, M usw.
b) Jede Schale bietet nur Platz für eine ganz bestimmte Anzahl von Elektronen und zwar gilt:

Die K-Schale kann maximal mit 2 Elektronen besetzt sein
Die L-Schale kann maximal mit 8 Elektronen besetzt sein
Die M-Schale kann maximal mit 18 Elektronen besetzt sein usw.

Die Begründung für diese Zahlen liegt im sogenannten Pauli-Prinzip, auf das hier nicht weiter eingegangen werden kann.

Demnach müssen Elektronen bei Atomen mit höherer Ordnungszahl bereits im Grundzustand zum Teil auf energetisch höher liegenden Schalen untergebracht sein.

So ergibt sich für das Na-Atom ($Z = 11$) das folgende Bild (Abb. 8.5):

K- und L-Schale fassen zusammen 10 ($= 2 + 8$) Elektronen. Sie sind „abgeschlossen". Das elfte Elektron befindet sich bereits in der M-Schale. Dabei ist zu beachten, daß die Absolutwerte für die Energiestufen zwischen den einzelnen Schalen stark zunehmen, wenn man zu den Atomen mit höherer Ordnungszahl Z übergeht. Die wachsende positive Ladung des Atomkerns führt dazu, daß

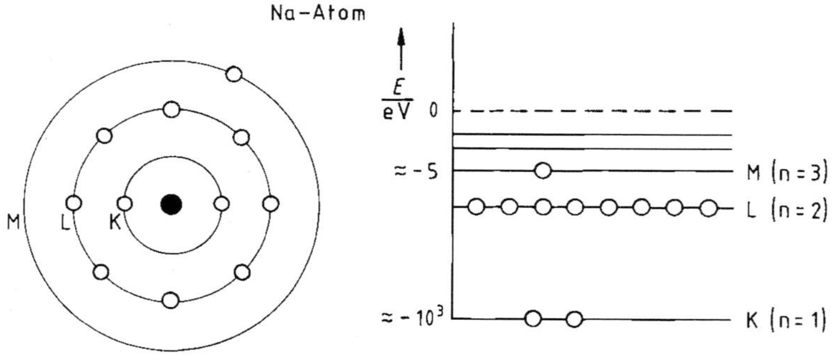

Abb. 8.5 Schalenaufbau und Termschema des Na-Atoms

der Abstand der innersten Schale (und folglich auch aller übrigen) vom Kern immer kleiner und die Bindung an den Kern damit immer stärker wird. Um etwa ein Elektron aus der K-Schale des Natriums abzulösen, benötigen wir mehr als die 100fache Energie verglichen mit dem H-Atom, also über 1 keV. Für die Elektronen auf weiter außen liegenden Schalen nimmt dieser Effekt immer mehr ab, da die Wirkung des Kerns durch die weiter innen liegenden, mit negativen Elektronen besetzten Schalen immer stärker abgeschirmt wird. Die Ionisationsenergie für die äußersten Elektronen ist für alle Elemente größenordnungsmäßig gleich der für das H-Atom.

Man beachte den Unterschied zwischen den beiden Darstellungen der Abb. 8.5: Links sehen wir ein (wenn auch nicht maßstäbliches) „räumliches Bild" des Atoms, der rechte Teil zeigt die „energetischen Verhältnisse" des gleichen Atoms. Für viele Zwecke nützlicher ist die Termdarstellung.

8.3 Spektren

Kennt man das Termschema eines Atoms und weiß man außerdem über die Besetzung der Schalen durch Elektronen Bescheid, dann sind auf einfache Weise Aussagen über Elektronenübergänge und damit verbundene Emissions- und Absorptionsvorgänge möglich.

8.3.1 Strahlungsabsorption und -emission

Ein Atom kann dadurch angeregt werden, daß genau der Energiebetrag, der für den Übergang eines Elektrons in einen höheren Zustand nötig ist, zugeführt wird. Die Anregung kann z. B. durch Bestrahlung mit elektromagnetischen Wellen (Licht) erfolgen.

Durch *Absorption* eines Photons der Frequenz f kann ein Atom vom Grundzustand (Energie E_g) in einen angeregten Zustand (Energie E_a) übergehen, wenn die Bedingung

$$h \cdot f = E_a - E_g \tag{8.15}$$

erfüllt ist.

Im allgemeinen gehen angeregte Atome nach einer mittleren Lebensdauer von ca. 10^{-8} s unter Aussendung von elektromagnetischer Strahlung wieder in den Grundzustand über (oft nicht direkt, sondern über dazwischenliegende Anregungszustände).

Beträgt der Energieunterschied zwischen den beiden an der *Emission* beteiligten Zuständen ΔE, dann gilt analog zu Gl. 8.15 für die Frequenz:

$$h \cdot f = \Delta E. \tag{8.16}$$

8.3.2 Atomspektren

Unter dem Spektrum einer Strahlungsquelle versteht man eine Darstellung, in der die Intensität der emittierten Strahlung als Funktion der Frequenz (oder Wellenlänge) aufgetragen ist.

Auf die praktische Durchführung einer „Spektralanalyse" (d.h. der Aufnahme von Spektren) werden wir in der Optik (Kapitel 9) noch zurückkommen. Momentan interessieren wir uns nur für das Ergebnis solcher Untersuchungen.

Prinzipiell unterscheidet man zwischen Emissions- und Absorptionsspektren.

Absorptionsspektren

Läßt man Strahlung, die alle Frequenzen eines bestimmten Bereiches enthält (Licht mit „kontinuierlichem Spektrum") auf eine Substanz S fallen (Abb. 8.6),

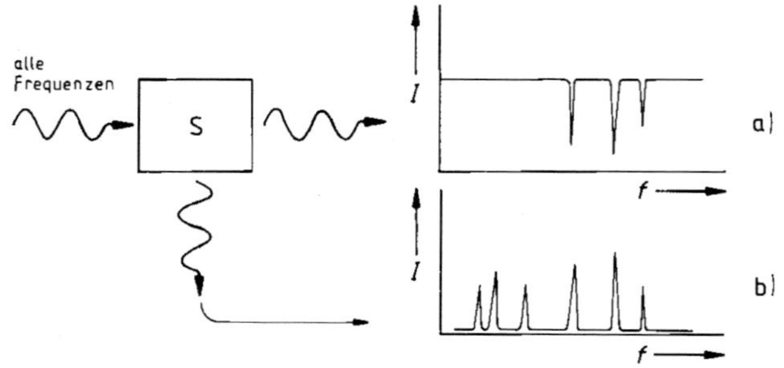

Abb. 8.6 Emissions- und Absorptionsspektren: Wird eine Substanz S mit kontinuierlichem Licht bestrahlt, dann registriert man im Spektrum der durchgehenden Strahlung (a) fehlende Frequenzen (Absorptionslinien). Nach einer Anregung strahlt die Substanz das Emissionsspektrum (b) aus

dann werden die Frequenzen, die eine spezielle Atomart der Substanz entsprechend Gl. 8.15 anregen können, absorbiert. Sie fehlen also im Strahl, der die Substanz durchlaufen hat. Im Spektrum treten dann bei diesen Frequenzen dunkle Stellen auf. Tatsächlich werden diese Frequenzen nur stark geschwächt. Die absorbierte Strahlung wird auch wieder ausgesendet, jedoch in alle Richtungen, so daß sich nur ein kleiner Teil in der untersuchten Richtung nachweisen läßt (Abb. 8.6 a).

Emissionsspektren

Untersucht man die Strahlung von angeregten Atomen (wobei es jetzt keine Rolle spielt, wie sie angeregt wurden), dann registriert man das sogenannte Emissionsspektrum. Hier findet man grundsätzlich die Frequenzen, die in einem Absorptionsspektrum fehlen. Dazu kommen jedoch noch weitere Frequenzen bei kleineren Werten, die die Elektronen beim Übergang auf energieärmere angeregte Zustände aussenden (Abb. 8.6 b).

8.3.3 Das Wasserstoffspektrum

Wasserstoff hat den einfachsten Atomaufbau. Welche Absorptions- und Emissionsspektren sind zu erwarten?

In der Abb. 8.7 a ist das Termschema des H-Atoms nochmals wiedergegeben; die im Bereich der ersten vier Zustände möglichen Übergänge sind als Pfeile eingetragen.

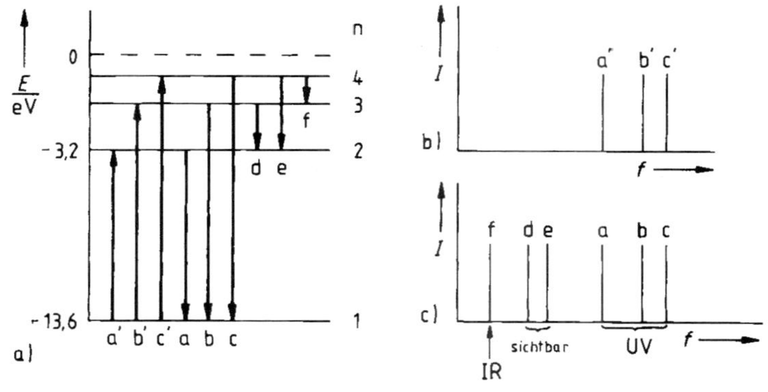

Abb. 8.7 Mögliche Elektronenübergänge (a), Absorptionsspektrum (b) und Emissionsspektrum (c) für das Wasserstoffatom unter Berücksichtigung der vier tiefsten Energiezustände ($n = 1$ bis 4)

Bei Strahlungsabsorption kann das Elektron aus dem Grundzustand in einen der angeregten Zustände ($n = 2, 3, \ldots$) übergehen. Nur Frequenzen, die diesen Energien entsprechen (s. Gl. 8.15), werden im Absorptionsspektrum fehlen (Abb. 8.7 b).

Beispiel 8.4: Absorptionslinien des Wasserstoffs
Bei welcher Wellenlänge erscheint die langwelligste Absorptionslinie des Wasserstoffs?

Der größten Wellenlänge entspricht die kleinste Anregungsenergie, das ist der Übergang von $n = 1$ nach $n = 2$. Mit Hilfe von Gl. 8.15 und 8.14 ergibt sich zunächst für die Frequenz:

$$hf = -(13{,}6\ \text{eV})\left(\tfrac{1}{4} - 1\right) = \tfrac{3}{4}\ 13{,}6\ \text{eV} = 10{,}2\ \text{eV} = 1{,}63 \cdot 10^{-18}\ \text{J},$$

und für die Wellenlänge

$$\lambda = \frac{hc}{1{,}63 \cdot 10^{-18}\ \text{J}} = 1{,}23 \cdot 10^{-7}\ \text{m} = \mathbf{123\ nm}.$$

Man erkennt, daß die Absorptionslinien des Wasserstoffs nicht im sichtbaren, sondern im ultravioletten Spektralbereich liegen.

Die Rückkehr eines angeregten Elektrons des H-Atoms in den Grundzustand kann über viele Zwischenniveaus erfolgen. Damit erscheinen zusätzlich zu den auch in Emission auftretenden Absorptionslinien weitere Frequenzen, die auf der niederfrequenten Seite der Absorptionslinien liegen (Abb. 8.7 c).

Beispiel 8.5: Emissionslinien des Wasserstoffs
Wie viele Emissionslinien sind im Spektrum möglich, wenn H-Atome vom Zustand mit $n = 4$ in den Grundzustand übergehen?

Es bestehen folgende Möglichkeiten:

a) unter Emission der Frequenz $f_{41} = (E_4 - E_1)/h$,
b) unter Emission von f_{42} und anschließend f_{21},
c) unter Emission von f_{43} und anschließend f_{31},
d) unter Emission von f_{43}, f_{32} und schließlich f_{21}.

Das Spektrum besteht insgesamt aus 6 Linien. Keine Frequenz ist jedoch größer als f_{41}, die der kurzwelligsten Absorptionslinie.

Um etwas Ordnung in die Vielzahl der möglichen Übergänge zu bringen, faßt man bestimmte Linien zu Serien zusammen.

Alle Übergänge, denen das untere Energieniveau gemeinsam ist, gehören zur gleichen Serie.

Die Serien tragen eigene Namen. Für das H-Atom z.B.

Lyman-Serie: unteres Niveau $n = 1$. Sie wird in Absorption und Emission beobachtet.
Balmer-Serie: unteres Niveau $n = 2$. Sie erscheint (wie alle höheren) nur in Emission.
Paschen-Serie: unteres Niveau $n = 3$.

Spektren schwerer Atome

Spektren schwerer Atome sind im allgemeinen viel komplizierter als das Wasserstoffspektrum, da z.B. mehrere Elektronen gleichzeitig angeregt werden können oder voll besetzte Schalen existieren, in die kein Übergang erfolgen kann. Viele Eigenschaften dieser Spektren lassen sich jedoch mit dem verwendeten einfachen Schalenmodell durchaus befriedigend erklären.

8.4 Röntgenstrahlung

In diesem Abschnitt wenden wir uns den elektromagnetischen Wellen im Wellenlängenbereich zwischen ca. 10^{-9} m und 10^{-11} m zu. Es sind dies die sogenannten „Röntgenstrahlen“ (nach ihrem Entdecker C. Röntgen), die in Medizin und Technik eine wichtige Rolle spielen.

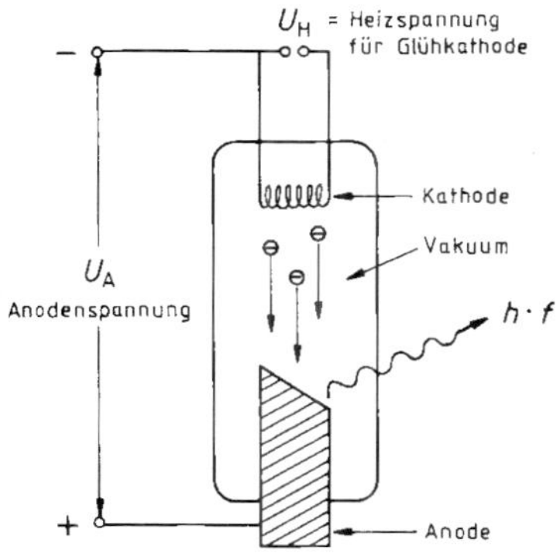

Abb. 8.8 Aufbau einer Röntgenröhre

8.4.1 Erzeugung von Röntgenstrahlung

Das Schalenmodell der Atome erlaubt Vorhersagen, bei welchen Übergängen Röntgenstrahlung emittiert wird. Die entsprechenden Quantenenergien liegen (s. Gl. 8.3) zwischen ca. 1,25 keV und ca. 125 keV.

Um ein Atom zur Emission eines Quants von z.B. 12,5 keV zu veranlassen, muß auf einer inneren (kernnahen) Schale, die normalerweise voll besetzt ist, eine Elektronenlücke erzeugt werden. Außerdem muß man zu schweren Atomen übergehen, um z.B. beim Übergang eines Elektrons von der L- auf die K-Schale ein Quant dieser Energie zu erhalten. In der Praxis erreicht man dies, indem man ein Material mit hohem Z (Ordnungszahl) mit energiereichen Elektronen beschießt.

Aufbau einer Röntgenröhre

In einem evakuierten Glaskolben treten aus einer Glühkathode Elektronen aus, die durch eine hohe Spannung U_A zur Anode hin beschleunigt werden (Abb. 8.8). Beim Auftreffen auf der Anode besitzen sie die Energie

$$E_{\text{kin}} = e \cdot U, \tag{8.17}$$

die bei den Stoßprozessen mit den Atomen der Anode zum Teil in Röntgenstrahlung umgewandelt wird.

Der größte Teil der Energie der ankommenden Elektronen wird allerdings als Wärme frei, die durch Kühlung der Röhre abgeführt werden muß.

8.4.2 Das Röntgenspektrum

Für die Entstehung von Röntgenstrahlung sind zwei unterschiedliche Prozesse verantwortlich. Beide liefern einen eigenen Anteil zum Gesamtspektrum.

Das Bremsspektrum

Dringt ein Elektron in die Elektronenhülle eines Anodenatoms ein, dann wird es infolge der Anziehung durch den Kern (obwohl dessen Ladung durch die Hülle zum Teil abgeschirmt ist) abgelenkt. Dies bedeutet jedoch eine Beschleunigung und führt zur Abstrahlung elektromagnetischer Wellen in Form eines Röntgenquants der Energie

$$hf = \Delta E_{\mathrm{kin}}. \tag{8.18}$$

ΔE_{kin} ist der dabei auftretende Energieverlust des Elektrons, es wird abgebremst. Bei dieser Art der Erzeugung von Röntgenquanten können alle Energien zwischen Null und einer maximalen Energie für das Quant erscheinen. Die maximale Energie hf_{max} entsteht dann, wenn das Elektron seine gesamte kinetische Energie in *einem* Stoßprozess abgibt. Auf die Wellenlänge bezogen kann man sagen:

Das Röntgenbremsspektrum besitzt eine kurzwellige Grenze, für die gilt

$$\lambda_{\mathrm{min}} = \frac{h \cdot c}{E_{\mathrm{kin}}} = \frac{h \cdot c}{U \cdot e}. \tag{8.19}$$

Sie hängt nur von der Anodenspannung, nicht jedoch vom Anodenmaterial ab.

Das Bremsspektrum hat die in Abb. 8.9 gezeigte charakteristische Form. Durch Veränderung der Röhrenbetriebsdaten läßt es sich in der folgenden Weise beeinflussen:

Intensität der Strahlung (Abb. 8.9 a): Wird der Heizstrom in der Kathode erhöht, dann stehen mehr Elektronen zur Verfügung, und die Intensität der Röntgen-

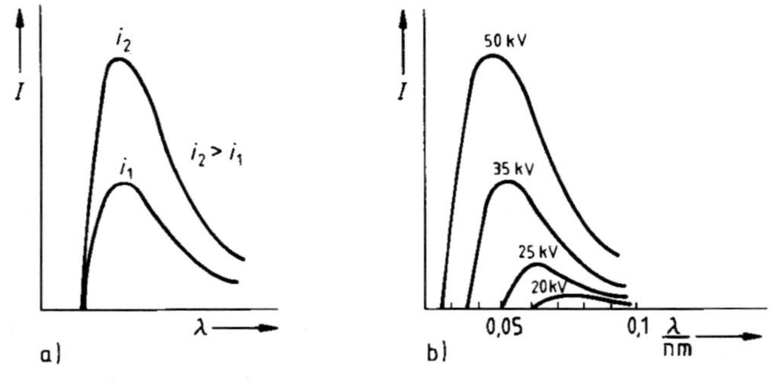

Abb. 8.9 Röntgenbremsspektrum: (a) Abhängigkeit vom Heizstrom. (b) Abhängigkeit von der Anodenspannung

strahlung steigt. Das Spektrum wird lediglich höher, es ändert jedoch nicht seine Form.

Härte der Strahlung (Abb. 8.9 b): Auch die Erhöhung der Anodenspannung bringt eine Intensitätssteigerung mit sich. Zusätzlich rücken das Maximum und die kurzwellige Grenze zu kleineren Werten für die Wellenlänge. Die Strahlung wird energiereicher, die „Härte" (d. h. die Durchdringungsfähigkeit) nimmt zu.

Das charakteristische Spektrum

Das auf die Anode auftreffende Elektron kann tief in die Hülle der Atome eindringen und aus einer inneren (normalerweise voll besetzten) Schale ein Elektron herausschlagen. Diese Lücke wird nun sofort von Elektronen der weiter außen liegenden Schalen (L-, M-Schale usw.) aufgefüllt – natürlich unter Emission von Licht mit der für die Anodensubstanz charakteristischen Frequenz (oder Wellenlänge). Man bezeichnet diese Linien (wie in Abb. 8.10 a angegeben) mit K_α, K_β, L_α, L_β, usw.

Das charakteristische Spektrum ist vom Anodenmaterial abhängig. Seine Linien überlagern sich dem Bremsspektrum (Abb. 8.10 b)

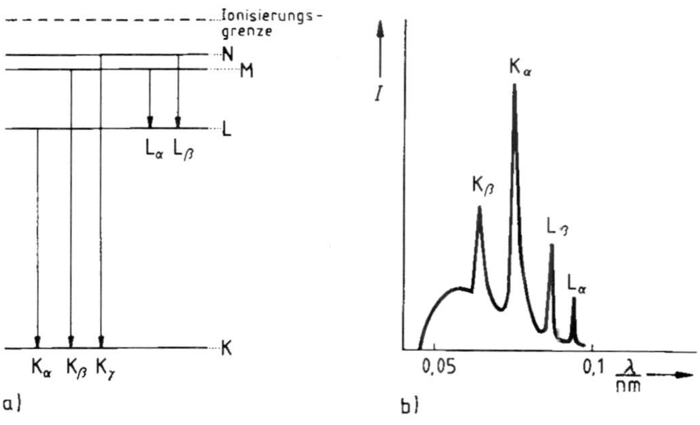

Abb. 8.10 Zur Entstehung der charakteristischen Röntgenstrahlung

Tabelle 8.1 Wellenlänge und Energie der K_α-Linie für einige Metalle

Metall	Ordnungszahl Z	Wellenlänge (in 10^{-11} m)	Energie (in keV)
Aluminium	13	83	1,55
Kupfer	29	15,4	8,1
Wolfram	74	2,1	59

In Tabelle 8.1 sind Wellenlängen und Energien für die K_α-Linie einiger Metalle aufgeführt.

Der Wirkungsgrad einer Röntgenröhre

Die Strahlungsleistung einer Röntgenröhre läßt sich, wie oben erwähnt, steigern, indem man den Heizstrom und die Anodenspannung vergrößert. Die Wahl eines Anodenmaterials mit hoher Ordnungszahl Z führt ebenfalls zu einer Zunahme der Intensität der Röntgenstrahlung.

Allerdings werden ca. 99 % der Energie des Elektronenstrahls in Wärme umgewandelt. Der Wirkungsgrad einer Röntgenröhre (d. h. der Prozentsatz der als Strahlung ausgesendeten Energie) liegt also bei 1 %.

Beispiel 8.6: Die Strahlung einer Röntgenröhre
Eine Röntgenröhre wird mit einer Anodenspannung von 100 kV betrieben, der Elektronenstrom beträgt 40 mA. Wie groß ist die in der Röhre verbrauchte Leistung? Welche Strahlungsleistung gibt sie ab, wenn der Wirkungsgrad 7‰ beträgt? Wie groß ist die minimale Wellenlänge der emittierten Bremsstrahlung?

Die Leistung errechnet man nach

$$P = U \cdot I = (10^5\ \text{V})\,(0{,}04\ \text{A}) = 4 \cdot 10^3\ \text{W} = \mathbf{4\ kW}.$$

Davon werden

$$P^* = 0{,}007 \cdot P = 0{,}007\,(4 \cdot 10^3\ \text{W}) = \mathbf{28\ W}$$

als Strahlung emittiert.

Die Grenzwellenlänge ergibt sich aus Gl. 8.19:

$$\lambda_{\text{min}} = \frac{h \cdot c}{e \cdot U} = \frac{(6{,}67 \cdot 10^{-34}\ \text{Js})\,(3 \cdot 10^8\ \text{m/s})}{(1{,}6 \cdot 10^{-19}\ \text{C})\,(10^5\ \text{V})} = \mathbf{1{,}25 \cdot 10^{-11}\ m}.$$

8.4.3 Absorption von Röntgenstrahlung

Die Nützlichkeit der Röntgenstrahlung liegt darin, daß sie zwar viele Stoffe praktisch ungeschwächt durchdringen kann, von bestimmten Substanzen aber doch merklich absorbiert wird. Diese Substanzen lassen sich daher beim Durchstrahlen nachweisen.

Wechselwirkung von energiereichen Photonen mit Materie

Röntgenstrahlung kann beim Durchgang durch Materie durch verschiedene Prozesse geschwächt werden. Im wesentlichen sind dies die folgenden:

a) *Photoeffekt* (Abb. 8.11 a): Das Photon schlägt ein Elektron aus der Hülle und gibt seine gesamte Energie an das Elektron ab (s. Abschn. 8.1.2).

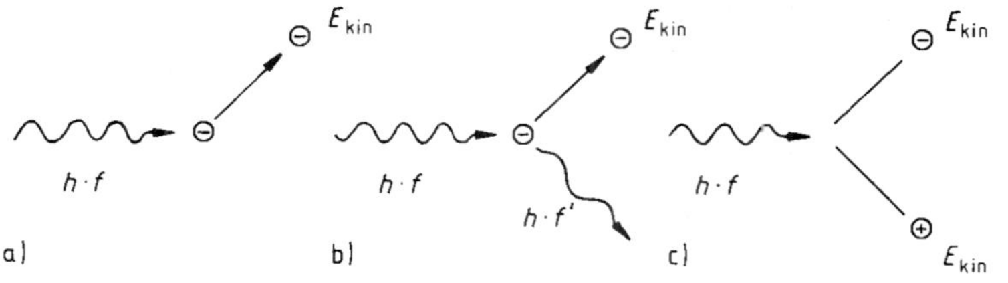

Abb. 8.11 Absorptionsprozesse hochenergetischer elektromagnetischer Strahlung (Röntgenstrahlung und Gammastrahlung) in Materie: (a) Photoeffekt, (b) Comptoneffekt und (c) Paarbildung

b) *Comptoneffekt* (Abb. 8.11 b): Das Photon wird elastisch an einem Elektron gestreut. Dabei übernimmt das Elektron einen Teil der Energie des Photons, das gleichzeitig Richtung und Frequenz ändert.
c) *Paarbildung* (Abb. 8.11 c): Das Photon wandelt sich beim Auftreffen auf einen Atomkern in Materie um. Es entsteht ein Elektron–Positron-Paar (Positron: positives Elektron). Die Umwandlung von Energie in Masse erfolgt nach der Einsteinschen Gleichung $E = mc^2$.

Während für weiche Röntgenstrahlen (kleine Quantenenergie) der Photoeffekt der wichtigste Absorptionseffekt ist, überwiegt bei hohen Energien die Absorption durch Paarbildung.

Das Absorptionsgesetz

Unabhängig davon, durch welchen Absorptionsmechanismus die Schwächung hervorgerufen wird, gilt für Röntgenstrahlung (wie übrigens für alle Strahlungsarten), daß die Intensität nach einem Exponentialgesetz abnimmt (s. Abschn. 1.4.3).

Trifft Röntgenstrahlung mit der Intensität I_0 auf Materie, dann beträgt die Intensität I nach Durchlaufen einer Strecke d noch

$$I = I_0 e^{-\mu d}. \tag{8.20}$$

μ nennt man den Schwächungskoeffizienten.

Die Halbwertsdicke d_H kennzeichnet die Schichtdicke einer Substanz, in der sich die Intensität einer Röntgenstrahlung um 50% reduziert. Nach Abschnitt 1.4.3 (insbesondere Gl. 1.44) besteht zwischen Schwächungskoeffizient und Halbwertsdicke die Beziehung

$$d_H = \frac{\ln 2}{\mu}. \tag{8.21}$$

Der Schwächungskoeffizient selbst hängt wiederum von anderen Größen ab:

$$\mu = C \cdot \varrho \cdot \lambda^3 \cdot Z^3. \tag{8.22}$$

Dabei bedeuten: ϱ: Dichte des Stoffes
Z: Ordnungszahl des Elementes
λ: Wellenlänge der Strahlung
C: Konstante

Die Schwächung von Röntgenstrahlung einer bestimmten Wellenlänge ist demnach um so stärker, je größer die Dichte und die Ordnungszahl des absorbierenden Materials sind.

Beispiel 8.7: Die Absorption von Röntgenstrahlung durch Materie
Für Röntgenstrahlen von 50 keV beträgt der Schwächungskoeffizient in Blei $6{,}5 \cdot 10^3\ \text{m}^{-1}$, in Wasser $20\ \text{m}^{-1}$. Wie groß ist die Halbwertsdicke für diese Stoffe?

Zu wieviel Prozent wird Röntgenstrahlung dieser Energie im menschlichen Körper absorbiert, wenn man annimmt, daß dieser im wesentlichen aus Wasser besteht und die Schichtdicke 20 cm beträgt? Welche Bleischicht ist notwendig, um diese Strahlung auf ca. 1 % zu schwächen?

Nach Gl. 8.21 gilt:

$$d_{\text{H}}\,(\text{Blei}) = \frac{\ln 2}{\mu_{\text{Pb}}} = \frac{\ln 2}{6{,}5 \cdot 10^3\ \text{m}^{-1}} = 1{,}07 \cdot 10^{-4}\ \text{m} = \mathbf{0{,}107\ mm}.$$

$$d_{\text{H}}\,(\text{Wasser}) = \frac{\ln 2}{20\ \text{m}^{-1}} = \mathbf{3{,}47\ cm}.$$

Wie in den mathematischen Grundlagen (s. Abschn. 1.4.3) beschrieben, hat die Exponentialfunktion die Eigenschaft, daß sie in gleichen Abschnitten um gleiche Bruchteile abnimmt. Da die Schichtdicke von 20 cm ca. 6 mal der Halbwertsdicke in Wasser entspricht, wird die Strahlung um den Faktor

$$(0{,}5)^6 = 0{,}016 \text{ geschwächt,}$$

d.h. es werden 98,4 % absorbiert.

Um die letzte Frage zu beantworten, also d zu berechnen, müssen wir Gl. 8.20 nach d auflösen:

$$\ln\frac{I}{I_0} = -\mu d \quad \text{oder} \quad d = -\frac{1}{\mu}\ln\frac{I}{I_0}.$$

Mit den obigen Angaben erhält man:

$$d = -\frac{\ln 0{,}01}{(6{,}5 \cdot 10^3\ \text{m}^{-1})} = 7{,}1 \cdot 10^{-4}\ \text{m} = \mathbf{0{,}71\ mm}.$$

Auf der Abhängigkeit des Schwächungskoeffizienten von Dichte und Ordnungszahl der durchstrahlten Materie beruht die Entstehung des Röntgenbildes. Infolge ihres Gehaltes an Ca absorbieren Knochen Röntgenstrahlung stärker als das umgebende Gewebe. Bestimmte Organe lassen sich durch die Verwendung von Kontrastmitteln, die z. B. Barium enthalten, auf dem Nachweisschirm oder Film sichtbar machen.

Generell ist Strahlung für den Organismus um so schädlicher, je stärker sie absorbiert wird. Da der Schwächungskoeffizient stark von der Wellenlänge (Gl. 8.22) abhängt, läßt sich der langwellige Anteil der Strahlung durch dünne Metallschichten leicht ausfiltern, wodurch die Strahlenbelastung für den Patienten stark herabgesetzt werden kann. Je kurzwelliger die Strahlung ist, um so durchdringungsfähiger ist sie (harte Strahlung).

8.4.4 Nachweis von Röntgenstrahlung

Röntgenstrahlung kann beim Durchgang durch Materie deren Atome anregen oder ionisieren. Sowohl das Licht, das von angeregten Atomen ausgeht, als auch die entstehenden Ionenpaare können für Nachweismethoden benutzt werden.

Die auf der Ionisation von Gasatomen beruhenden Methoden eignen sich auch zum Nachweis radioaktiver Strahlung und sollen daher erst in Zusammenhang mit dieser beschrieben werden (Kap. 10).

In der medizinischen Diagnostik verwendet man häufig photographische Schichten, die auch auf die Bildung von Ionen ansprechen. Besonders empfindlich macht man Röntgenfilme durch die Verwendung von Verstärkerfolien, die vor dem eigentlichen Röntgenfilm angebracht sind. In ihnen befinden sich fluoreszierende Substanzen, die durch das auftreffende Röntgenlicht zur Emission von UV-Licht angeregt werden. Da dieses ebenfalls zur Schwärzung des Films beiträgt, erreicht man damit eine bessere Bildqualität bei geringer Röntgenintensität.

Geben die durch Röntgenstrahlen angeregten Atome ihre Anregungsenergie in Form von sichtbarem Licht wieder ab, dann spricht man von Fluoreszens. Auf Schirmen, die mit geeignetem Fluoreszensstoffen präpariert sind, lassen sich Röntgenbilder direkt mit dem Auge beobachten oder anschließend elektronisch verstärken (Bildwandler).

9 Optik

Die Optik beschäftigt sich primär mit *dem* Bereich der elektromagnetischen Wellen, den das menschliche Auge wahrnehmen kann. Er liegt etwa zwischen 400 nm und 800 nm. Diese Strahlung wird ausschließlich durch „optische Übergänge“ in Atomen erzeugt. Damit sind Übergänge (Sprünge) von Elektronen gemeint, die in den äußersten Schalen der Atome stattfinden und bei denen Licht einer Energie in der Größenordnung von 2,5 eV emittiert wird.

9.1 Photometrie

Die Photometrie beschäftigt sich mit der Messung der mit einer Lichtwelle transportierten Energie.

Wie bei allen Wellen versteht man unter der Intensität der Lichtwelle den Energiestrom pro Flächeneinheit (s. Gl. 7.4). Auch das Abstandsgesetz für punktförmige Strahler (Gl. 7.5) behält seine Gültigkeit: Die Intensität ist umgekehrt proportional zum Quadrat des Abstandes von der Strahlungsquelle.

Da im Bereich der Optik das Auge als Strahlungsempfänger eine große Rolle spielt, muß man jedoch genau wie in der Akustik zwischen den physikalisch definierten Größen und anderen, die die subjektive Empfindlichkeit des Auges mit einbeziehen, unterscheiden.

9.1.1 Lichtechnische Größen

Das Auge bewertet sichtbare Strahlung wellenlängenabhängig, d.h. die gleiche Intensität aus verschiedenen Wellenlängenbereichen wird als unterschiedlich groß empfunden.

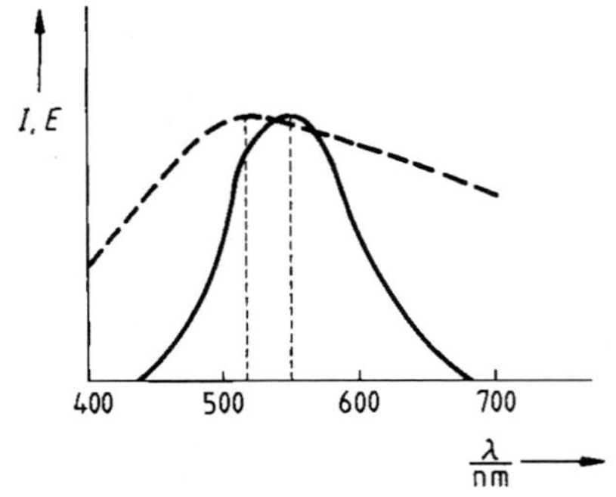

Abb. 9.1 Relative Augenempfindlichkeit E und Intensitätsspektrum des Sonnenlichts I (gestrichelt)

Die relative Augenempfindlichkeit läßt sich etwa durch die Kurve in Abb. 9.1 wiedergeben. Bemerkenswert ist die Tatsache, daß das Maximum etwa an der Stelle liegt, an der auch die Sonne am intensivsten strahlt (bei 550 nm). Dieser Empfindlichkeitskurve des Auges tragen die lichttechnischen Größen Rechnung. Man nennt sie auch physiologisch bewertete Größen.

Unter dem *Lichtstrom* ϕ versteht man die von einer Lichtquelle pro Zeiteinheit ausgesandte Strahlung, wie sie vom Auge subjektiv empfunden wird (SI-Einheit: 1 Lumen = 1 lm). Bezieht man den Lichtstrom auf den in einer bestimmten Richtung durchstrahlten Raumwinkel Ω, dann erhält man die *Lichtstärke* $I = \phi/\Omega$ (SI-Einheit: 1 Candela = 1 cd).

Die *Beleuchtungsstärke* spielt in der Optik die gleiche Rolle, wie die Lautstärke in der Akustik.

Die *Beleuchtungsstärke* gibt die von einer Lichtquelle ausgesandte „physiologisch bewertete" Strahlungsenergie an, die pro Sekunde auf einen Quadratmeter einer Fläche fällt. Die SI-Einheit der Beleuchtungsstärke ist 1 Lux (1 lx).

Diese Einheit entspricht der Einheit 1 Phon in der Akustik. In beiden Fällen handelt es sich um die subjektiv empfundene Intensität einer Welle (Licht bzw. Schall), wie sie uns durch unsere Sinnesorgane bewußt wird. Gleiche Beleuchtungsstärke (Lautstärke) erzeugt Licht (Schall) unabhängig von der spektralen Zusammensetzung, wenn wir den gleichen Helligkeitseindruck (Lautstärkeeindruck) empfinden.

9.1.2 Extinktion

Licht wird beim Durchgang durch Materie geschwächt. Dies geschieht zum einen durch Anregung von Atomen der Substanz (die Strahlung wird absorbiert) oder durch Ablenkung aus der Geradeausrichtung (die Strahlung wird gestreut). Wenn man sich lediglich für die gesamte Schwächung interessiert, die ein Strahl erfährt, der eine Substanz mit bestimmter Schichtdicke durchläuft, lassen sich die beiden Effekte zusammenfassen. Man spricht dann von Extinktion.

Ebenso wie für Röntgenstrahlung gilt für die Schwächung von Licht beim Durchgang durch Materie ein Exponentialgesetz:

Die Intensität I der Lichtwelle nimmt exponentiell mit der Schichtdicke x ab:

$$I = I_0 e^{-Kx}. \tag{9.1}$$

K nennt man den Extinktionskoeffizienten (oder Absorptionskoeffizienten, wenn Streuung nicht auftritt).

Untersucht man die Schwächung von Licht beim Durchgang durch eine Lösung, so bietet sich zur Beschreibung der Intensitätsschwächung häufig eine andere Größe an, die mit dem Extinktionskoeffizienten eng zusammenhängt, die Extinktion:

Trifft Licht der Intensität I_0 auf eine Lösung der Schichtdicke x, dann bezeichnet man den dekadischen Logarithmus des Verhältnisses I_0/I (I: durchgelassene Intensität) als Extinktion E:

$$E = \lg\left(\frac{I_0}{I}\right). \tag{9.2}$$

Gl. 9.1 liefert uns:

$$E = \lg\left(\frac{I_0}{I}\right) = Kx(\lg e).$$

Für Lösungen zeigt sich, daß der Extinktionskoeffizient K zur Konzentration c der Lösung proportional ist, d.h.

$$K = K' \cdot c. \tag{9.3}$$

Fassen wir noch die Größen K' und $\lg e$ zu einer neuen Konstanten ε, dem sog. spezifischen Extinktionskoeffizienten, zusammen, dann erhalten wir für die Extinktion die Beziehung:

$$E = \varepsilon \cdot c \cdot x. \tag{9.4}$$

Bei konstanter Schichtdicke x ist die Extinktion proportional zur Konzentration der Lösung. Dieses Gesetz, man nennt es das Lambert-Beersche Gesetz, gilt allerdings nur für verdünnte Lösungen. Es gestattet die Bestimmung von Konzentrationen.

Beispiel 9.1: Bestimmung der Blutzuckerkonzentration aus der Extinktion
Um eine unbekannte Blutzuckerkonzentration zu bestimmen, führt man zunächst eine Eichmessung durch. Diese Messung ergibt, daß eine Konzentration von $c_0 = 0{,}6\ \text{mg/cm}^3$ Licht einer bestimmten Wellenlänge um 25 % schwächt. Bei der unbekannten Probe betrage die Schwächung 60 %. Wie hoch ist die Blutzuckerkonzentration?

Bei einer Schwächung von 25 % beträgt die Lichtintensität nach Durchlaufen der Probe noch $I = 0{,}75 \cdot I_0$, d.h. die Extinktion E_0 der Eichlösung ist

$$E_0 = \lg\left(\frac{I_0}{0{,}75\ I_0}\right) = 0{,}125.$$

Ebenso beträgt die Extinktion der Meßlösung

$$E = \lg\left(\frac{I_0}{0{,}4\ I_0}\right) = 0{,}40.$$

Für die gesuchte Konzentration ergibt die zweimalige Anwendung von Gl. 9.4

$$c = c_0 \frac{E}{E_0} = (0{,}6\ \text{mg/cm}^3)\frac{0{,}4}{0{,}125} = \mathbf{1{,}9\ mg/cm^3}.$$

Für Messungen dieser Art benutzt man sogenannte Photometer. (Die Beschreibung dieses Gerätes folgt in Abschn. 9.4.5.)

Im Zusammenhang mit der Extinktion begegnet man auch oft dem Begriff der Transmission oder Durchlässigkeit.

Unter der Transmission versteht man den in Prozent angegebenen Anteil der durchgelassenen Intensität:

$$T = \frac{I}{I_0}\ 100\,\%. \tag{9.5}$$

Die Transmission im Beispiel 9.1 beträgt bei der Eichlösung $T = 75\,\%$, bei der Meßlösung $T = 40\,\%$.

9.2 Wellenoptik

Die Wellenoptik beschäftigt sich mit den Lichterscheinungen, die nur unter Berücksichtigung des Wellencharakters des Lichtes zu erklären sind: Interferenz, Beugung, Polarisation.

Die allgemeine Bedeutung dieser Begriffe haben wir schon im Kapitel über Wellen kennengelernt (Kap. 7). In diesem Abschnitt sollen sie speziell im Zusammenhang mit elektromagnetischen Wellen im sichtbaren Spektralbereich besprochen werden.

9.2.1 Kohärentes Licht und Interferenz

Wie in Abschnitt 7.4.1 erläutert wurde, läßt sich durch die Überlagerung des Lichtes von zwei unabhängigen (d. h. nicht kohärenten) Lichtquellen keine Interferenzfigur erzeugen. Um dennoch Interferenzen zu beobachten, spaltet man das Licht *einer* Lichtquelle in zwei Teilbündel auf und bringt diese an anderer Stelle zur Überlagerung. Da es sich in diesem Fall um das Licht derselben Lichtquelle handelt, ist die Phasenlage der beiden Bündel stets die gleiche (sie sind kohärent) und wir erhalten ein stationäres Interferenzbild. Eine Anwendung findet die Interferenz beispielsweise bei der Zerlegung von Licht in seine Spektralfarben.

Interferenzfilter

Interferenzfilter bieten die Möglichkeit, bestimmte Wellenlängen aus einem Lichtstrahl auszufiltern.

Um das Prinzip zu verstehen, betrachten wir ein dünnes, lichtdurchlässiges Plättchen, das von oben mit Licht bestrahlt wird (Abb. 9.2).

An beiden Grenzflächen der Schicht wird das Licht teils reflektiert, teils durchgelassen, so daß sich sowohl in Durchlaßrichtung (z. B. D_1 und D_2) als auch in Reflexionsrichtung (z. B. R_1 und R_2) verschiedene Wellen überlagern. Ist die Schichtdicke d gerade so groß, daß der Gangunterschied zwischen den durchgehenden Strahlen D_1 und D_2 ein Vielfaches der Wellenlänge λ beträgt, dann wird das Licht dieser Wellenlänge mit voller Intensität durch die Schicht treten. Licht mit einer Wellenlänge, für die dieser Gangunterschied ein ungeradzahliges Viel-

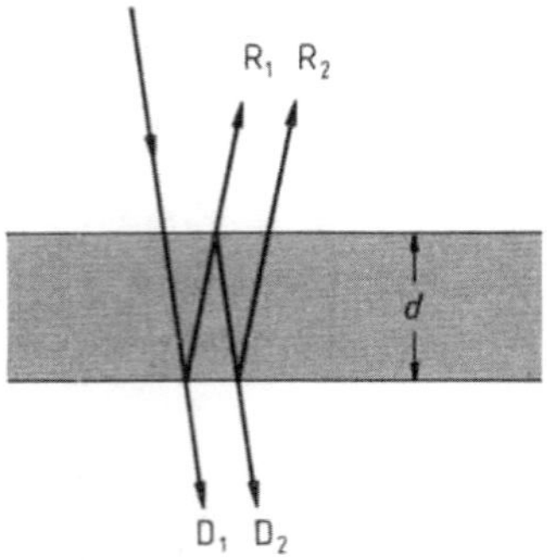

Abb. 9.2 Zur Entstehung von Interferenzen an dünnen Schichten

faches der halben Wellenlänge beträgt, wird dagegen in Durchlaßrichtung völlig durch Interferenz ausgelöscht. Die gesamte Intensität geht in diesem Fall in die Strahlen R_1 und R_2, d.h. Licht dieser Wellenlänge wird reflektiert.

In der Praxis bestehen solche Filter aus Aufdampfschichten (mit verschiedenen Brechungsindizes), die man in beliebiger Dicke auf Glasträger aufbringen kann. Filter mit unterschiedlich dicken Aufdampfschichten besitzen in gewisser Hinsicht unterschiedliche Eigenschaften, ihre prinzipielle Wirkungsweise ist aber dieselbe.

9.2.2 Beugung

Die Beugung ist verantwortlich dafür, daß das Licht hinter engen Blenden von der geraden Ausbreitungsrichtung abweicht. Für den Fall eines einzelnen Spaltes haben wir die Beugungsfigur kennengelernt: Einem zentralen Maximum folgen nach beiden Seiten hin Intensitätsminima und -maxima mit abnehmender Intensität (Abschn. 7.2.4).

Die Beugung spielt in der Optik für zwei Bereiche eine wichtige Rolle:

a) In optischen Geräten muß der Strahlengang durch spaltförmige oder runde Blenden (z.B. Linsenfassungen) eingegrenzt werden. Die Beugung an diesen Öffnungen führt dazu, daß der Schärfe der Abbildung eine natürliche Grenze gesetzt ist. Das Leistungsvermögen solcher Geräte (Fernrohr, Mikroskop, usw.) ist begrenzt.
b) Von großem technischem Nutzen sind dagegen die optischen Beugungsgitter. Sie eignen sich in hervorragender Weise zur spektralen Untersuchung von Lichtquellen.

Während Punkt a) im Abschnitt über „geometrische Optik" abgehandelt wird, wollen wir jetzt versuchen, das Prinzip des Beugungsgitters zu verstehen.

Beugungsgitter

Zunächst sei an das Interferenzbild zweier Punktquellen erinnert (Abb. 7.10). Für Licht kann diese Situation leicht realisiert werden, wenn man Strahlung auf einen Schirm fallen läßt, in dem sich zwei kleine Öffnungen befinden. Registriert man hinter dem Schirm die Intensitätsverteilung der Strahlung quer zur Ausbreitungsrichtung, dann erkennt man eine regelmäßige Folge von Maxima und Minima (Abb. 9.3).

Eine einfache Überlegung liefert uns eine Beziehung für die Richtungen, unter denen Maxima zu beobachten sind. Die von den beiden Spalten ausgehenden Wellen verstärken sich immer dann, wenn der Gangunterschied s für eine bestimmte Richtung ein Vielfaches der Wellenlänge ist.

Ein Doppelspalt (Spaltabstand d) ergibt bei Bestrahlung mit parallelem Licht (Wellenlänge λ) immer dann maximale Intensität, wenn für den Winkel α_n gilt:

$$\sin \alpha_n = \frac{n \cdot \lambda}{d} \qquad (9.6)$$

$(n = 1, 2, \ldots)$.

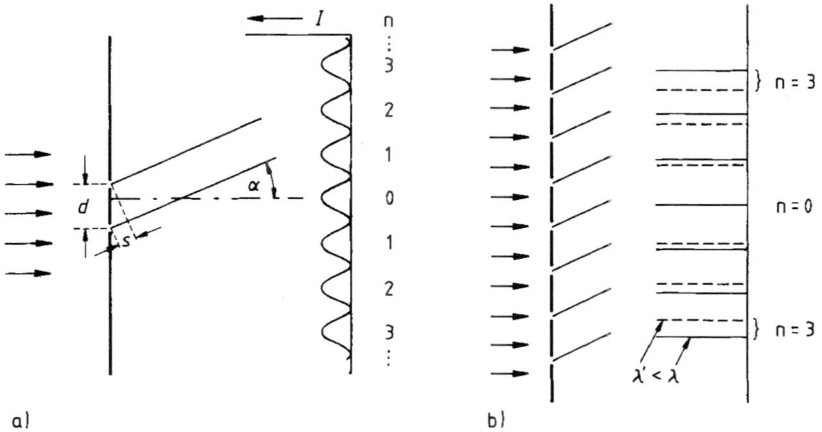

Abb. 9.3 Die Intensitätsverteilung hinter einem Doppelspalt besteht aus einer Folge äquidistanter Maxima (a). Erhöht man die Anzahl der durchstrahlten Spalte (Gitter) bei gleichbleibendem gegenseitigem Abstand d, so ändern die Maxima (durchgezogene Linien) ihre Lage nicht. Sie werden jedoch viel schmaler, so daß eine Trennung von Wellenlänge (λ' und λ) in Ordnungen $n > 0$ möglich ist (b)

Dieses Bild ändert sich in charakteristischer Weise, wenn man die Anzahl der beleuchteten Spalte erhöht, wobei jedoch der Abstand d benachbarter Spalte gleich bleiben soll.

Die Beugungsmaxima beim Gitter werden um so heller und schärfer, je mehr Spalte das Gitter umfaßt. Ihre Lage ändern sie nicht, d. h. Gl. (9.6) gilt auch hier.

Verwendet man an Stelle der 2 Gitterspalte z. B. 1000, dann erhält man eine Intensitätsverteilung, wie sie in Abb. 9.3 b durch die durchgezogenen Linien charakterisiert ist. Gegenüber Abb. 9.3 a hat sich die Lage nicht geändert, die Maxima sind jedoch höher und schärfer geworden.

Da die Lage der Maxima vom Beugungswinkel und dieser (außer vom Spaltabstand d) nur von der Wellenlänge abhängt, bietet sich die Möglichkeit, mit einem solchen Gitter die Strahlung einer Lichtquelle spektral, d. h. in die verschiedenen Wellenlängen, aufzuspalten. Während sich für das zentrale Maximum ($n = 0$) keine Aufspaltung ergibt, liegen in der ersten und in höheren Ordnungen ($n = 1, 2, 3, \ldots$) die Beugungsmaxima für eine kleine Wellenlänge (z. B. blaues Licht) bei kleineren Winkeln als die Beugungsmaxima für eine große Wellenlänge (z. B. rotes Licht) – so wie es aus Gl. 9.6 folgt. In Abb. 9.3 b ist dies durch gestrichelte Linien angedeutet. Man beachte, daß der Abstand zwischen diesen beiden Linien mit steigender Ordnung zunimmt.

Auf die technische Ausführung solcher „Spektralapparate“ werden wir noch zurückkommen (Abschn. 9.4.5).

9.2.3 Polarisation

Als elektromagnetische Welle ist Licht eine Transversalwelle, d. h. der Vektor der elektrischen Feldstärke E (und auch der für die magnetische Feldstärke B) steht immer senkrecht zur Ausbreitungsrichtung z der Welle. Aufgrund des Entstehungsmechanismus (Emissionsprozesse einzelner Atome, s. Abschnitt 7.4.1) wechselt die Richtung von E innerhalb einer Ebene senkrecht zu z statistisch.

Das Licht, das natürliche Quellen (glühende Körper oder Gase) aussenden, ist unpolarisiert.

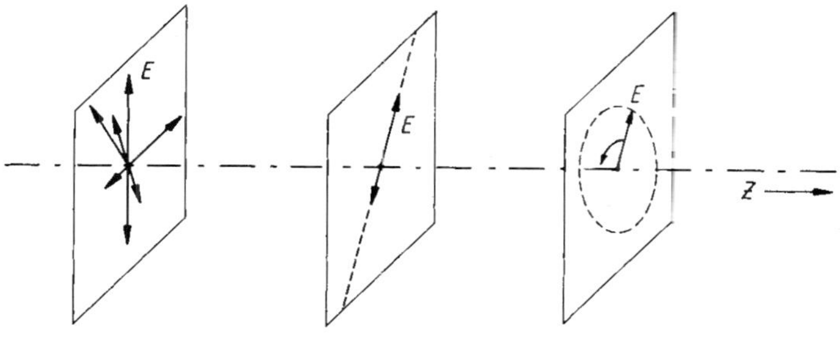

Abb. 9.4 Unpolarisiertes Licht (a), linear polarisiertes Licht (b) und links zirkular polarisiertes Licht (c)

Würde man in einer Ebene senkrecht zur Ausbreitungsrichtung für verschiedene Zeitpunkte den Vektor E der elektrischen Feldstärke aufzeichnen, dann erhielte man das in Abb. 9.4a wiedergegebene Bild.

Durch geeignete Maßnahmen, auf die wir unten eingehen, ist es möglich, diesen Zustand so zu ändern, daß die Richtung von E einer bestimmten Beziehung gehorcht, also nicht mehr statistisch wechselt:

Wenn für die Richtung von E an einem festen Punkt eine zeitliche Gesetzmäßigkeit angegeben werden kann, dann nennen wir die Strahlung polarisiert.

Polarisationszustände

In der Praxis sind zwei Fälle von Bedeutung: linear und zirkular polarisiertes Licht.

Liegt der Vektor der elektrischen Feldstärke E stets in der gleichen Richtung, dann spricht man von linear polarisiertem Licht. Ändert er seine Richtung mit konstanter Winkelgeschwindigkeit, dann handelt es sich um zirkular polarisiertes Licht (Abb. 9.4b, c).

Bei der zirkularen Polarisation unterscheidet man weiter zwischen rechts und links zirkular polarisiertem Licht, je nachdem ob der Vektor $\boldsymbol{E}$ – bei Blickrichtung gegen die Lichtquelle – im Uhrzeigersinn oder entgegengesetzt rotiert. Die Abb. 9.4c zeigt den Fall für linkszirkulares Licht.

Erzeugung von linear polarisiertem Licht

Es gibt verschiedene Möglichkeiten, Licht zu polarisieren. Sie beruhen auf der Tatsache, daß sowohl die optischen Eigenschaften (z. B. Absorption, Ausbreitungsgeschwindigkeit) mancher Stoffe als auch die Lichtstreuung und -reflexion von der Richtung des E-Vektors abhängen.

Dichroismus:

Bei bestimmten Stoffen, die in ihrem Aufbau eine Vorzugsrichtung besitzen (z. B. besonders präparierte Folien) hängt die Absorption von der Richtung des E-Vektors ab. Läßt man Licht durch eine solche Substanz laufen, dann bleibt nur eine Komponente übrig – das Licht ist polarisiert.

Bei den in der Praxis benutzten *Polaroidfiltern* handelt es sich um Plastikfolien, bei denen durch mechanische Dehnung eine Ausrichtung der langen Moleküle erreicht wird. Außerdem müssen sich längs dieser Moleküle Elektronen frei bewegen können. Fällt Licht auf eine solche Folie, dann erzeugt die zu den Molekülen parallele Komponente von $\boldsymbol{E}$ einen elektrischen Strom, was letztlich zu einer Schwächung und Absorption dieser Komponente führt. Der dazu senkrechte Anteil der ankommenden Welle kann ungestört passieren. Abb. 9.5 zeigt, wie unpolarisiertes Licht auf ein Polaroidfilter fällt. P bezeichnet die Polarisationsrichtung, das ist die Richtung, in der keine Schwächung des E-Vektors eintritt. Unabhängig davon, wie die momentane Richtung von $\boldsymbol{E}$ (gestrichelter Pfeil) beim Auftreffen auf das Filter liegt, wird stets die zu P senkrechte Komponente absorbiert (E_s). E_p kann ungehindert passieren.

Doppelbrechung:

Bei doppelbrechenden Kristallen (z. B. Quarz) gibt es Richtungen, in denen die Ausbreitungsgeschwindigkeit einer Lichtwelle von der Polarisationsrichtung abhängt. Das heißt aber auch, daß die beiden senkrecht zueinander polarisierten

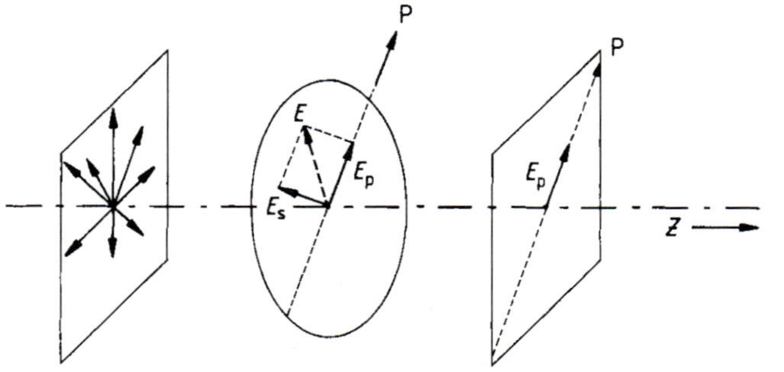

Abb. 9.5 Zur Wirkungsweise eines Polarisationsfilters

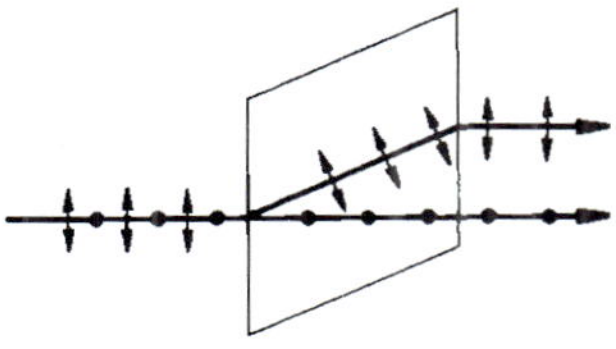

Abb. 9.6 Doppelbrechung

Komponenten verschieden stark gebrochen werden (s. Gl. 7.7), was eine räumliche Trennung dieser beiden Strahlen zur Folge hat.

Abb. 9.6 zeigt einen unpolarisierten Lichtstrahl, der senkrecht auf einen in bestimmter Weise geschnittenen Quarzkristall auftrifft. Während die eine Komponente, der „ordentliche Strahl", dem Brechungsgesetz folgend, nicht abgelenkt wird, erfährt der „außerordentliche Strahl" eine Ablenkung. Beide Strahlen sind senkrecht zueinander polarisiert, der a.o. Strahl in der Zeichenebene, der o. Strahl senkrecht zu ihr. Es bereitet keine Schwierigkeiten, einen der beiden auszublenden.

Polarisation durch Reflexion:

Wenn Licht unter einem bestimmten Winkel auf eine Glasoberfläche auftrifft, dann wird stets ein Teil reflektiert, der andere Teil dringt in das Glas ein. Für den besonderen Fall, daß der Winkel zwischen dem reflektierten und dem gebrochenen Strahl genau 90° beträgt, stellt man fest, daß der reflektierte Strahl senkrecht zur Einfallsebene polarisiert ist.

Abb. 9.7 gibt eine einleuchtende Erklärung dafür. Wenn die unpolarisierte Welle auf die Glasatome trifft, dann erregt sie die Ladungen in den Atomen zu Schwingungen in Richtung des E-Vektors. In Reflexionsrichtung können dann jedoch nur Atome abstrahlen, die senkrecht zur Zeichenebene schwingen. (s. Abstrahlungscharakteristik eines schwingenden Dipols; Abschn. 7.4.1). In der gleichen Richtung ist daher auch der reflektierte Strahl polarisiert. In der Zeichnung ist die Polarisationsrichtung durch Punkte und Pfeile angegeben. Der gebrochene Strahl ist nur teilweise in der Zeichenebene polarisiert, da der überwiegende Anteil der Intensität in das Glas eintritt.

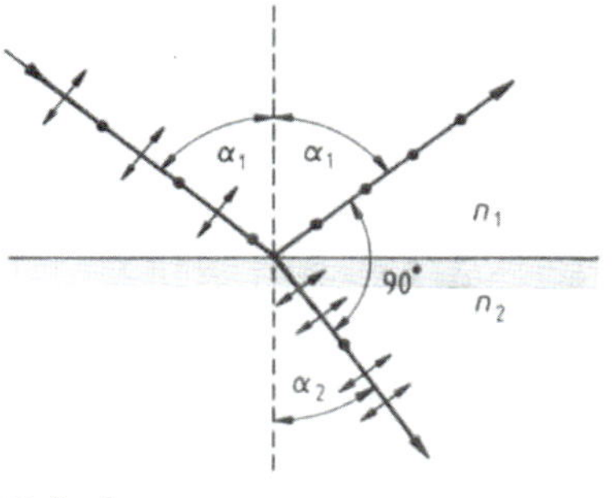

Abb. 9.7 Polarisation durch Reflexion

Erfolgt die Reflexion an der Grenzfläche zwischen zwei Medien mit den Brechungsindizes n_1 und n_2, dann kann man aus dem Brechungsgesetz (Gl. 9.12) den Einfallswinkel errechnen, der zur Polarisation des reflektierten Strahls führt:

$$\frac{\sin\alpha_1}{\sin\alpha_2} = \frac{\sin\alpha_1}{\sin(90^\circ - \alpha_1)} = \frac{\sin\alpha_1}{\cos\alpha_1} = \frac{n_2}{n_1}.$$

Fällt Licht unter dem *Brewster*schen Winkel

$$\tan\alpha_B = \frac{n_2}{n_1} \tag{9.7}$$

auf eine Grenzfläche zwischen zwei Substanzen mit den Brechzahlen n_1 und n_2, dann ist der reflektierte Strahl zu 100 % senkrecht zur Einfallsebene polarisiert.

Beispiel 9.2: Polarisation des Sonnenlichts durch Reflexion an der Wasseroberfläche
Unter welchem Winkel muß Sonnenlicht auf die Oberfläche des Sees auffallen, damit das reflektierte Licht vollständig polarisiert ist ($n_{H_2O} = 4/3$)?
Gl. 9.7 ergibt

$$\alpha_B = \arctan\frac{n_2}{n_1} = \arctan\frac{4/3}{1} = \mathbf{53^\circ}.$$

Das vom Wasser reflektierte Licht ist dann horizontal polarisiert.

Polarisation durch Streuung:

Unter Streuung versteht man die Absorption und sofortige Reemission von Licht durch Atome.

Läßt man Licht durch eine Substanz laufen, die einen merklichen Anteil der Strahlungsintensität streut (z. B. eine wässrige Seifenlösung), dann stellt man fest, daß das Licht, das rechtwinklig zum einfallenden Strahl gestreut wird, polarisiert ist. Die Polarisationsrichtung steht senkrecht zur Ebene, die vom einfallenden und gestreuten Strahl gebildet wird (Abb. 9.8 a). Wäre der einfallende Strahl bereits senkrecht polarisiert, dann würde der senkrecht nach oben gestreute Strahl verschwinden (Abb. 9.8 b).

Die Erklärung für dieses Verhalten liegt – wie bei der Reflexion – darin, daß die Ladungen durch das einfallende Licht zu Schwingungen längs des E-Vektors angeregt werden. Auch hier erfolgt die anschließende Emission nach den Regeln

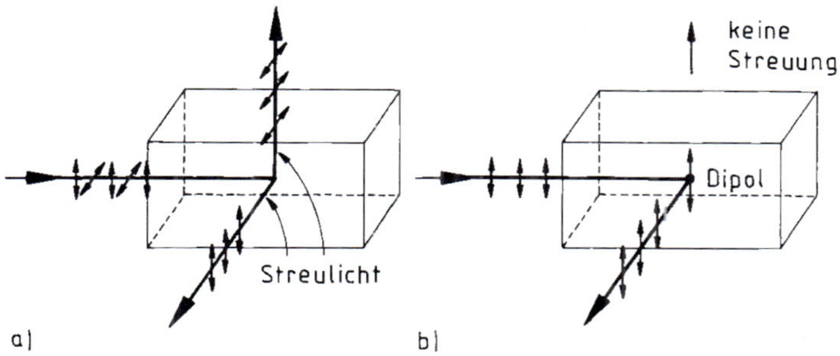

Abb. 9.8 Polarisation durch Streuung

der Dipolstrahlung: Emissionsrichtung senkrecht zum Dipol, Polarisationsrichtung gleich Dipolrichtung. In Abb. 9.8 b werden die Ladungen zu senkrechten Schwingungen angeregt. Das ausgesendete Licht ist dann in gleicher Richtung polarisiert.

Das Blau des Himmels ist gestreutes Sonnenlicht und daher (wenn auch nur teilweise, da der Streuwinkel nicht immer 90° beträgt) polarisiert. Bienen besitzen die Fähigkeit, diesen Polarisationszustand zu erkennen. Sie können daher die Richtung zur Sonne feststellen, obwohl sie nur einen kleinen Ausschnitt des Himmels sehen.

Optische Aktivität

In optisch aktiven Stoffen hängt die Ausbreitungsgeschwindigkeit von zirkular polarisiertem Licht vom Drehsinn ab. Dies hat zur Folge, daß die Polarisationsebene von linear polarisiertem Licht, das eine optisch aktive Substanz durchläuft, gedreht wird.

Linear polarisiertes Licht kann (gegen die Ausbreitungsrichtung gesehen) als Überlagerung einer links und einer rechts zirkular polarisierten Welle verstanden werden (Abb. 9.9 a). Laufen diese beiden Komponenten unterschiedlich schnell, dann treten sie phasenverschoben aus der optisch aktiven Substanz aus. Die vektorielle Addition ergibt als Resultat wieder eine linear polarisierte Welle, deren Polarisationsrichtung jedoch um einen Winkel α gedreht wurde.

Zu den optisch aktiven Substanzen gehören auch Lösungen vieler Stoffe (z. B. Zucker). Für Lösungen gilt, daß der Drehwinkel von der Konzentration c der Lösung und von der Strecke l abhängt, die das Licht in der Lösung durchläuft:

$$\alpha = \alpha^* l c. \tag{9.8}$$

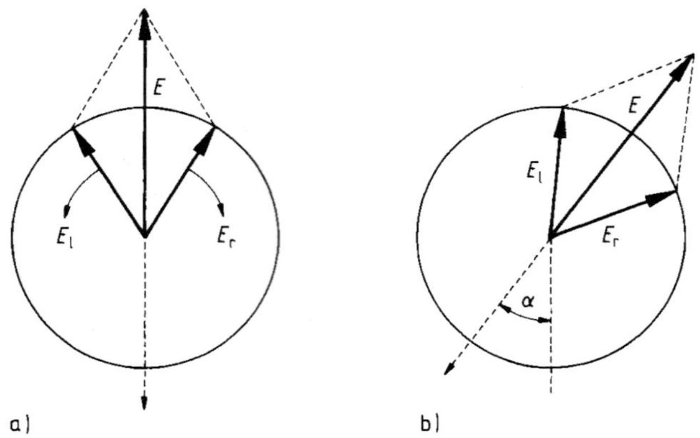

Abb. 9.9 Drehung der Polarisationsebene linear polarisierten Lichts durch optisch aktive Substanzen

α^* ist eine Stoffkonstante und heißt spezifisches Drehvermögen dieser Substanz. Die Beziehung 9.8 kann zur Bestimmung von Lösungskonzentrationen benutzt werden.

Polarimeter (Abb. 9.10):

Um mit Hilfe des Polarimeters Lösungskonzentrationen zu bestimmen, schickt man Licht, das zunächst durch ein Polaroidfilter linear polarisiert wurde, durch die zu untersuchende Lösung. Dahinter läßt sich nun mit einem zweiten Polarisator (dem sogenannten Analysator) der Drehwinkel feststellen, indem man den Analysator solange dreht, bis maximale Intensität zu beobachten ist. Der Winkel zwischen Polarisator und Analysator ist dann der gesuchte Drehwinkel. Sind außerdem die Strecke l, die das Licht in der Lösung durchlaufen hat, und das spezifische Drehvermögen α^* bekannt, dann kann die Konzentration errechnet werden.

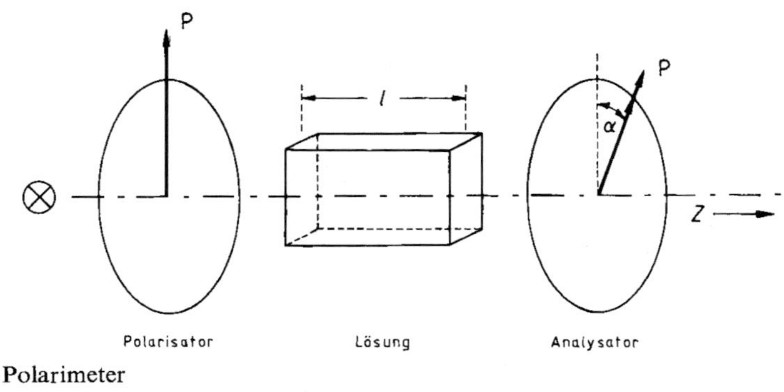

Abb. 9.10 Polarimeter

Polarimeter dienen z. B. zur Bestimmung des Zuckergehalts im Harn. Ferner ermittelt der Winzer mit ihrer Hilfe die Oechsle-Grade (d. h. ebenfalls den Zukkergehalt) im Most.

9.3 Geometrische Optik

Es wurde bereits betont (s. Abschn. 7.2.4), daß die Beugungseffekte bei Wellen nur dann zu beobachten sind (d. h. eine merkliche Abweichung der Wellenausbreitung von der Geradeausrichtung bewirken), wenn die Lichtwellen durch Blenden begrenzt werden, deren Abmessungen in der Größenordnung der Wellenlänge des betreffenden Lichtes liegen. Für viele Anwendungen der Optik im technischen Bereich trifft das nicht zu, und man kann von einer geradlinigen Ausbreitung der Wellen („Strahlen") ausgehen.

Die geometrische Optik umfaßt den Bereich, in dem die Beugungseffekte bei der Lichtausbreitung keine Rolle spielen.

9.3.1 Der Gültigkeitsbereich der geometrischen Optik

Bei der Betrachtung der Beugung am Spalt (Abschn. 7.2.4) haben wir festgestellt, daß unter dem Winkel $\sin\alpha = \lambda/D$ (Gl. 7.8) neben dem zentralen Beugungsmaximum ein Dunkelbereich zu beobachten ist. Wenn wir zur Vereinfachung annehmen, daß man die in die Nebenmaxima gehende Intensität vernachlässigen kann, so daß die gesamte Intensität im zentralen Maximum enthalten ist (d. h. sich innerhalb des Winkels 2α ausbreitet; Abb. 9.11), dann folgt daraus:

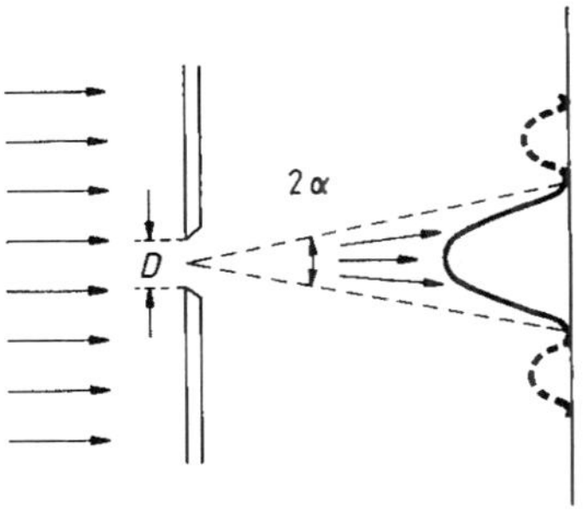

Abb. 9.11 Zum Gültigkeitsbereich der geometrischen Optik

Nach dem Durchtritt durch eine Öffnung D sind die Winkelabweichungen einer ebenen Welle von der Geradeausrichtung maximal von der Größenordnung

$$\alpha = \frac{\lambda}{D}. \tag{9.9}$$

(Dabei wurde $\sin \alpha = \alpha$ gesetzt, da $\lambda \ll D$ ist!)

Beispiel 9.3: Die Blendengröße von optischen Geräten
Wir wollen annehmen, daß Abweichungen des Strahlenganges von der Geradeausrichtung experimentell nicht nachweisbar sind (d.h. nicht stören), wenn sie kleiner sind als $\sin \alpha = 0{,}01$ (dies entspricht etwa einem Winkel von 0,6°). Welche Blendengröße darf nicht unterschritten werden, damit diese Bedingung erfüllt ist?

Gl. 9.9 nach D aufgelöst ergibt die Antwort:

$$D = \frac{\lambda}{\alpha} = \frac{5 \cdot 10^{-7}\,\mathrm{m}}{10^{-2}} = 5 \cdot 10^{-3}\,\mathrm{m} = \mathbf{0{,}5\ cm}.$$

Dabei wurde eine mittlere Wellenlänge des sichtbaren Spektralbereiches eingesetzt.

Blenden, die in der Praxis eingesetzt werden, haben immer einen Durchmesser, der größer als 0,5 cm ist. Wir können daher davon ausgehen, daß sich Lichtstrahlen in optischen Geräten im allgemeinen geradlinig ausbreiten. Das gilt für fast alle in diesem Buch beschriebenen Geräte; Ausnahmen werden besonders vermerkt.

9.3.2 Die Gesetze der geometrischen Optik

Die Gesetze, die die Ausbreitung von Wellen für den Fall beschreiben, daß die Beugung keine Rolle spielt, haben wir bereits in Abschnitt 7.2.3 kennengelernt: Reflexion und Brechung. Während wir das Gesetz für die Reflexion unverändert übernehmen können, ist es zweckmäßig, zur Beschreibung der Brechung eine für die Optik spezifische Größe einzuführen: den Brechungsindex (auch Brechzahl genannt; beide Bezeichnungen werden im folgenden gleichberechtigt benutzt).

Der *Brechungsindex* (auch *Brechzahl*) einer Substanz ist definiert als Verhältnis der Lichtgeschwindigkeit im Vakuum (c_0) zur Lichtgeschwindigkeit in dem betreffenden Stoff (c):

$$n = \frac{c_0}{c}. \tag{9.10}$$

Tabelle 9.1 Brechzahl n einiger Stoffe für Licht der Wellenlänge $\lambda = 589$ nm

Substanz	n
Luft (bei Normalbedingungen)	1,00029
Wasser	1,333
Äthylalkohol	1,362
Kronglas	1,517
Flintglas	1,647
Diamant	2,417

Da c nie größer sein kann als c_0, ist n stets größer als 1. Von zwei Stoffen bezeichnet man denjenigen als optisch dichter, der die größere Brechzahl n besitzt. Die Tabelle 9.1 gibt die Brechzahlen für einige Substanzen an.

Die Frequenz einer Lichtwelle hängt nur von der Quelle ab, nicht jedoch vom Medium, in der sich die Welle ausbreitet. Das hat zur Folge, daß sich die Wellenlänge ändern muß, wenn sich die Brechzahl des Mediums ändert, in dem sich die Welle fortpflanzt. Da stets $\lambda \cdot f = c = c_0/n$ gilt, erhält man für das Verhältnis der Wellenlängen in zwei verschiedenen Stoffen mit den Brechzahlen n_1 und n_2:

$$\frac{\lambda_2}{\lambda_1} = \frac{n_1}{n_2}. \tag{9.11}$$

Die Wellenlängen in zwei verschiedenen Stoffen verhalten sich umgekehrt wie die Brechzahlen.

Beispiel 9.4: Wellenlänge, Frequenz und Ausbreitungsgeschwindigkeit von grünem Licht in Glas
Grünes Licht mit einer Vakuumwellenlänge von 500 nm dringt in eine Glasplatte ($n = 1{,}5$) ein. Wie groß sind Wellenlänge, Ausbreitungsgeschwindigkeit und Frequenz im Glas?

$$\lambda_{\text{Glas}} = \lambda_{\text{Vakuum}} \frac{n_{\text{Vakuum}}}{n_{\text{Glas}}} = 5 \cdot 10^{-7}\,\text{m}\,\frac{1{,}0}{1{,}5} = \mathbf{3{,}33 \cdot 10^{-7}\,m}.$$

$$c_{\text{Glas}} = \frac{c_0}{n} = \frac{3 \cdot 10^8\,\text{m/s}}{1{,}5} = \mathbf{2 \cdot 10^8\,m/s}.$$

$$f_{\text{Glas}} = \frac{c}{\lambda} = \frac{2 \cdot 10^8\,\text{m/s}}{3{,}33 \cdot 10^{-7}\,\text{m}} = \mathbf{6 \cdot 10^{14}\,Hz}.$$

und zum Vergleich

$$f_{\text{Vakuum}} = \frac{c_0}{\lambda_0} = \frac{3 \cdot 10^8\,\text{m/s}}{5 \cdot 10^{-7}\,\text{m}} = \mathbf{6 \cdot 10^{14}\,Hz}.$$

Während die Frequenz unverändert bleibt, verringern sich die Wellenlänge und die Geschwindigkeit gegenüber den Werten im Vakuum um den Faktor $1/n$.

Das Snelliussche Brechungsgesetz

Unter Verwendung der Brechzahl n ist es möglich, das Brechungsgesetz (Gl. 7.7) anders zu formulieren, wenn gleichzeitig bedacht wird, daß sich nach Gl. 9.10 die Lichtgeschwindigkeiten in zwei Stoffen umgekehrt wie die Brechzahlen verhalten.

Tritt ein Lichtstrahl aus einem Stoff mit der Brechzahl n_1 in ein Medium mit der Brechzahl n_2 über, dann gilt für den Zusammenhang zwischen Einfallswinkel und Brechungswinkel:

$$\frac{\sin\alpha_1}{\sin\alpha_2} = \frac{n_2}{n_1}. \tag{9.12}$$

Um die Indizes nicht zu verwechseln, kann man sich diese Beziehung auch in dieser Form merken:

$$n_1 \sin\alpha_1 = n_2 \sin\alpha_2. \tag{9.12 a}$$

Jetzt ist auch leicht zu erkennen, daß der Winkel α um so kleiner wird, je größer die Brechzahl n ist und umgekehrt:

Läuft der Lichtstrahl vom optisch dünneren ins optisch dichtere Medium, dann wird er zum Einfallslot hin gebrochen. Im anderen Fall ist der Brechungswinkel größer als der Einfallswinkel (Abb. 9.12).

Man beachte, daß die Winkel stets gegen das Lot gerechnet werden, nicht gegen die Grenzfläche.

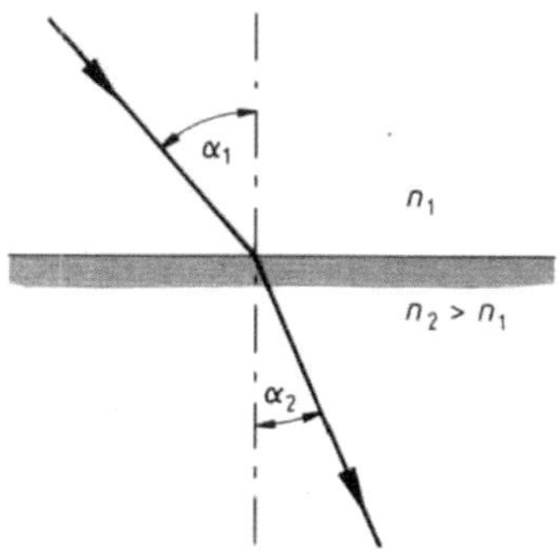

Abb. 9.12 Brechungsgesetz

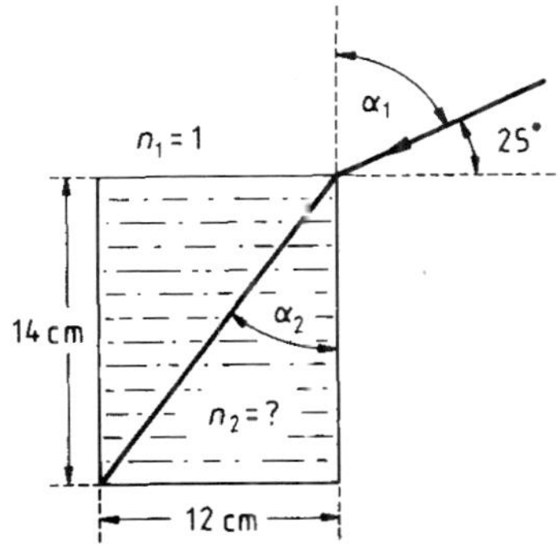

Abb. 9.13 Zu Beispiel 9.5

Beispiel 9.5: Berechnung des Brechungsindex aus dem Brechungswinkel
Ein Gefäß (Höhe 14 cm, Durchmesser 12 cm) ist mit einer unbekannten Flüssigkeit gefüllt. Ein Beobachter, der unter 25° gegenüber der Horizontalen über den Rand blickt, kann gerade den unteren Gefäßrand sehen (Abb. 9.13). Welchen Brechungsindex n_2 hat die Flüssigkeit, wenn wir den der darüberliegenden Luft zu $n_1 = 1$ annehmen?

Der Einfallswinkel α_1 beträgt $90° - 25° = 65°$. Den Brechungswinkel α_2 erhält man aus den Gefäßdimensionen:

$$\tan\alpha_2 = \frac{12\text{ cm}}{14\text{ cm}} \quad \text{und} \quad \alpha_2 = \arctan\frac{12\text{ cm}}{14\text{ cm}} = 40{,}6°.$$

Das Brechungsgesetz liefert den gesuchten Wert für n_2:

$$n_2 = n_1 \frac{\sin 65°}{\sin 40{,}6°} = \mathbf{1{,}39} \quad (n_1 = 1).$$

Totalreflexion

Trifft ein Lichtstrahl aus einem Medium mit großem n (optisch dichtes Medium) auf die Grenzfläche zu einem optisch dünneren Medium, dann kann er in das dichtere Medium zurückreflektiert werden (Abb. 9.14).

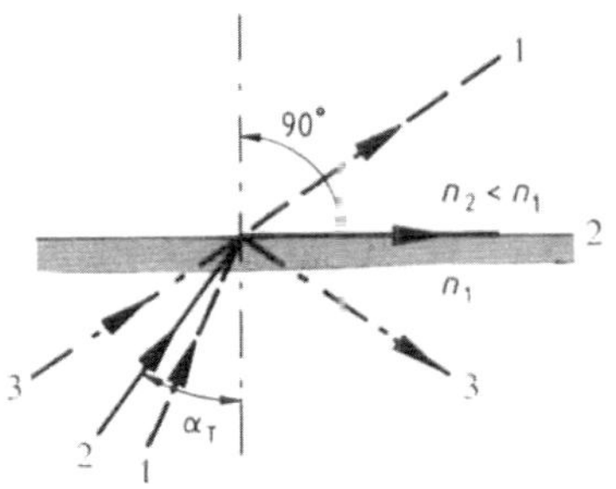

Abb. 9.14 Totalreflexion
Strahl 1: $\alpha < \alpha_T$ (Strahl tritt in Medium 1 über)
Strahl 2: $\alpha = \alpha_T$
Strahl 3: $\alpha > \alpha_T$ (Strahl wird in Medium 2 zurückreflektiert)

Dies ist dann der Fall, wenn der Einfallswinkel größer wird als ein Grenzwinkel α_T, für den der Brechungswinkel 90° ist. Da in diesem Fall $\sin \alpha_2 = 1$ ist, gilt für diesen Grenzwinkel (vgl. Gl. 9.12):

$$\sin \alpha_T = \frac{n_2}{n_1}. \tag{9.13}$$

α_T nennt man den Grenzwinkel der Totalreflexion.

Überschreitet der Einfallswinkel beim Übergang vom optisch dichteren zum optisch dünneren Medium den Grenzwinkel der Totalreflexion, dann wird die Intensität des Strahls zu 100% in das dichtere Medium zurückreflektiert.

Beispiel 9.6: Die Totalreflexion an der Grenzfläche Glas/Luft
Wie groß ist der Grenzwinkel der Totalreflexion beim Übergang von Glas ($n = 1{,}5$) in Luft?
Setzt man in Gl. 9.13 $n_2 = 1$ und $n_1 = 1{,}5$ ein, dann erhält man

$$\sin \alpha_T = \frac{1}{1{,}5} = 0{,}67 \quad \text{und} \quad \boldsymbol{\alpha_T = 42°}.$$

Da bei einer Reflexion mit Hilfe von Spiegeln die reflektierte Intensität immer kleiner ist als die einfallende, verwendet man in optischen Geräten (Fernrohr, Spiegelreflexkamera), bei denen auf hohe Lichtintensität Wert gelegt wird, totalreflektierende Prismen (Abb. 9.15 a).

Ein weiteres wichtiges Anwendungsgebiet für die Totalreflexion ist die *Glasfaseroptik*. Wird Licht unter einem Winkel, der größer ist als α_T (für den Übergang von Glas in Luft oder in ein anderes Medium), in das Ende einer Glasfaser eingestrahlt, so kann es die Faser erst am anderen Ende wieder verlassen. Der Grund ist, daß das Licht durch Totalreflexion an den Rändern der Faser vollständig zurückgeworfen wird (Abb. 9.15 b). Selbst eine gebogene Glasfaser kann

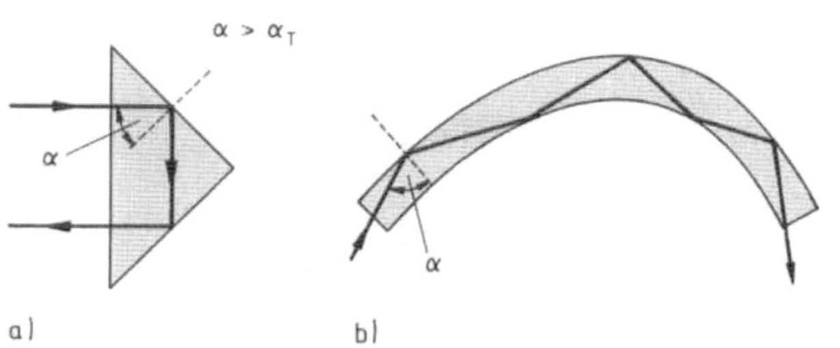

Abb. 9.15 Anwendungen der Totalreflexion: Strahlumkehrung durch ein Prisma (a) und Glasfaser als Lichtleiter (b)

daher sehr effektiv Lichtenergie weiterleiten. Durch Benutzung ganzer Bündel solcher Glasfasern ist es möglich, Bilder zu übertragen, wobei dann jede Glasfaser einen bestimmten Bildpunkt erzeugt. Die Qualität dieser Bilder hängt sehr stark vom Durchmesser der Fasern ab: Je kleiner dieser ist (bis zu 10^{-6} m) und je mehr Bildpunkte erzeugt werden (d.h. je mehr Fasern man benutzt), desto besser ist die Bildqualität.

Die Bedeutung für die Medizin ist offensichtlich. Untersuchungen von Darm, Magen, Blase usw. können auf diese Weise relativ einfach vorgenommen werden (Endoskopie).

Dispersion

Die Ausbreitungsgeschwindigkeit und damit auch die Brechzahl von Licht in Materie hängen von der Frequenz ab. Obwohl diese Abhängigkeit nur gering ist, besitzt sie doch große technische Bedeutung.

Läßt man das weiße Licht einer Glühlampe unter einem anderen Winkel als 0° auf Glas fallen, dann werden die verschiedenen darin enthaltenden Wellenlängen unterschiedlich stark gebrochen, was eine Aufspaltung des Lichts nach den Wellenlängen zur Folge hat. Benutzt man dazu ein Prisma, dann erhält man nach zweimaliger Brechung ein Spektrum aller im weißen Licht enthaltenen Wellenlängen (Abb. 9.16).

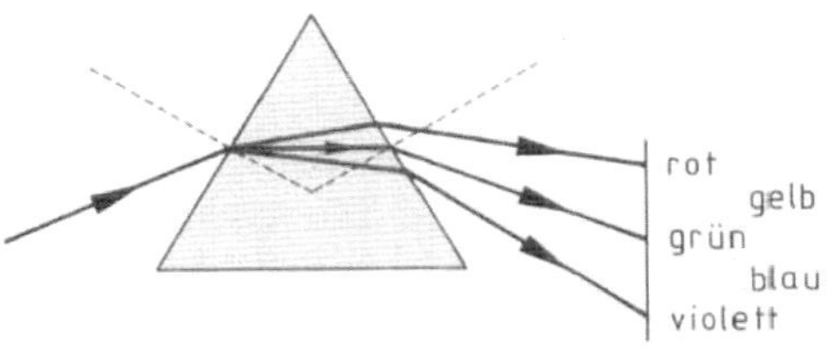

Abb. 9.16 Aufspaltung von weißem Licht durch ein Prisma

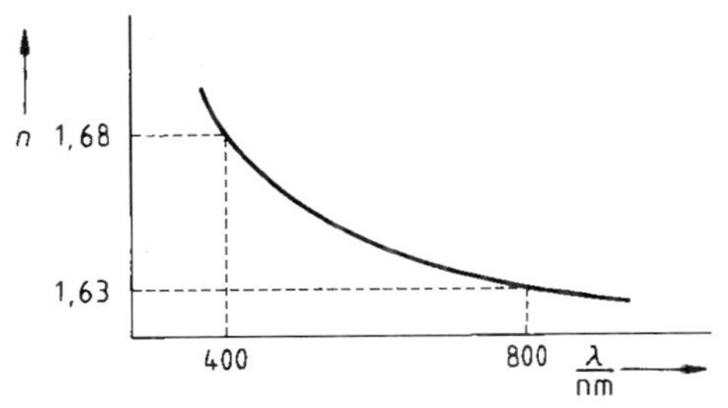

Abb. 9.17 Abhängigkeit der Brechzahl von der Wellenlänge (Dispersionskurve)

Man bezeichnet die Frequenzabhängigkeit der Brechzahl und die dadurch erreichbare Zerlegung von Licht in verschiedene Wellenlängen als Dispersion.

In der überwiegenden Zahl von Stoffen nimmt n mit wachsender Wellenlänge ab. Für eine gängige Glassorte zeigt die Abbildung 9.17 den Abfall.

9.3.3 Abbildungen

Mit den Mitteln der Reflexion und der Brechung ist es möglich, die Richtung von Lichtstrahlen zu ändern. Hauptanliegen der geometrischen Optik ist es, durch geschickte Anordnung von reflektierenden und brechenden Flächen Bilder von Gegenständen zu erzeugen.

Einen Gegenstandspunkt in einen Bildpunkt abbilden heißt, die vom Gegenstandspunkt ausgehenden Strahlen so zu führen, daß sie in einem Punkt, dem Bildpunkt, wieder vereinigt werden.

Spiegel

Am einfachsten läßt sich die Entstehung eines Bildes bei der Benutzung eines Spiegels verstehen. Läßt man die von einer punktförmigen Lichtquelle P ausgehenden Strahlen auf einen ebenen Spiegel fallen, so gilt für jeden einzelnen Strahl das Reflexionsgesetz. Die zurückgeworfenen Strahlen scheinen für einen vor dem

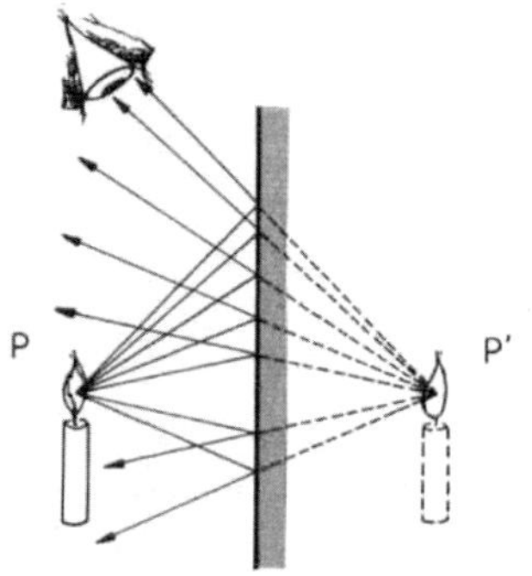

Abb. 9.18 Ein Spiegel erzeugt von einem Gegenstand ein virtuelles, aufrechtes Bild gleicher Größe

Spiegel stehenden Beobachter von einem Punkt P′ hinter dem Spiegel herzukommen (Abb. 9.18). P′ bezeichnet man als den Bildpunkt von P. Es handelt sich in diesem Fall um ein *virtuelles* Bild, da die Lichtstrahlen den Punkt P′ nicht wirklich passieren. Es ist daher nicht möglich, das Bild von P (d. h. P′) mit einem Schirm sichtbar zu machen. Aus der Abbildung folgt auch unmittelbar, daß Bild und Gegenstand stets die gleiche Größe haben.

Ein ebener Spiegel entwirft von einem Gegenstand stets ein virtuelles, gleich großes und aufrecht stehendes Bild.

Mit kugelförmig oder parabolisch gekrümmten Spiegeln können auch vergrößerte oder verkleinerte Bilder erzeugt werden.

Brechende Grenzflächen

Beim Spiegel entsteht ein Bild aufgrund von *Reflexion*. Der Spiegel ist die Grenzfläche zwischen einem durchsichtigen und einem *un*durchsichtigen Medium.

Von besonderer Bedeutung für die geometrische Optik sind jedoch die abbildenden Eigenschaften von kugelförmigen Begrenzungsflächen zwischen *zwei* verschiedenen *durchsichtigen* Stoffen. Wir wollen also im folgenden betrachten, wie Bilder durch *Brechung* des Lichts entstehen.

Der einfachste in der Praxis vorkommende Fall ist das Auge, wo (vereinfacht dargestellt) die gekrümmte Hornhaut die Luft ($n = 1$) vom Glaskörper ($n = 1{,}33$) trennt. Wie wirkt ein solches System?

Lassen wir die von einem Punkt A ausgehenden divergenten, d. h. auseinander laufenden Lichtstrahlen auf die kugelförmige Oberfläche eines durchsichtigen Stoffes mit größerem n fallen, so werden sie in einem bestimmten Punkt dahinter, im Punkt A′ wieder vereinigt: A′ ist das Bild von A, und zwar ein reelles, weil die Lichtstrahlen den Punkt A′ wirklich passieren (Abb. 9.19). Eine genaue quantitative, hier jedoch zu weitführende Betrachtung ergibt, daß zwischen den Größen g (Gegenstandsabstand), b (Bildabstand), r (Krümmungsradius), n und n' (Brechzahlen der beiden Medien) die Beziehung

$$\frac{n}{g} + \frac{n'}{b} = \frac{n' - n}{r}. \tag{9.14}$$

besteht.

Bei dieser wie bei allen kommenden Überlegungen ist der folgende Hinweis zu beachten: Sie gelten nur unter der Näherung, daß alle betrachteten Strahlen *kleine* Winkel φ mit der optischen Achse (der Verbindungslinie von Punkt A und

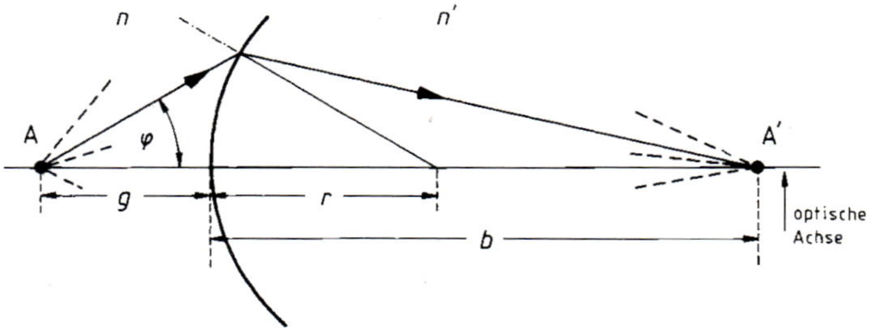

Abb. 9.19 Die kugelförmige Grenzfläche zwischen zwei Medien mit unterschiedlichem Brechungsindex hat abbildende Eigenschaften: Die von einem Gegenstandspunkt A ausgehenden Strahlen werden in einem Bildpunkt A′ vereinigt

Bildpunkt A′) einschließen. In zeichnerischen Darstellungen werden die Winkel stark vergrößert, um die Anschaulichkeit zu erhöhen.

Wichtig an diesem Ergebnis ist, daß der Winkel φ nicht in der Beziehung auftaucht. Das heißt:

> Alle achsennahem Lichtstrahlen, die von einem Punkt im Abstand g herkommend auf eine brechende Kugelfläche fallen, werden im Abstand b dahinter wieder vereinigt.

In der Abbildung ist das durch einige zusätzliche Strahlen (gestrichelt) angedeutet.

Abb. 9.19 macht eine weitere wichtige Gesetzmäßigkeit der geometrischen Optik deutlich: Lichtstrahlen, die vom Punkt A′, dem Bildpunkt von A, ausgehen, werden in A wieder zusammentreffen.

> Der Strahlengang in der geometrischen Optik ist stets umkehrbar.

Brennpunkt, Brennweite und Brechkraft

Läßt man den Punkt A nach links ins Unendliche rücken, dann sind die Strahlen, die auf die Kugeloberfläche treffen, parallel. Mit der Betrachtung paralleler Strahlen lassen sich die nächsten Begriffe der geometrischen Optik besonders einfach einführen.

> Unter dem Brennpunkt F versteht man den Punkt, in dem achsenparallele Strahlen gebündelt werden. Der Abstand des Brennpunktes von der brechenden Fläche heißt Brennweite f des optischen Systems.

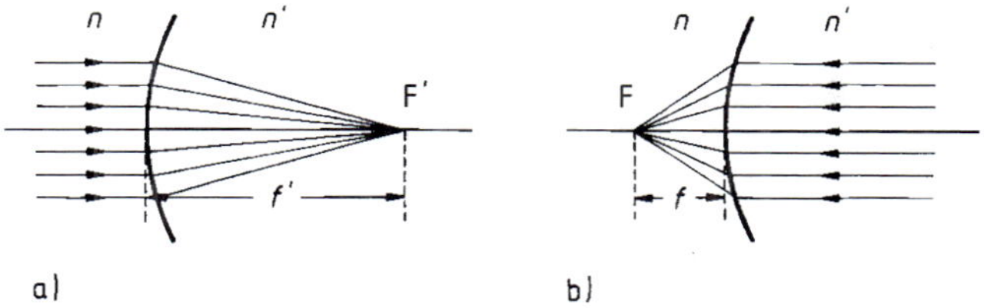

Abb. 9.20 Zur Definition des Brennpunktes

Da die Strahlen von beiden Seiten durch die Grenzfläche treten können, besitzt die Kugelfläche zwei Brennpunkte und zwei (verschiedene) Brennweiten f und f' (Abb. 9.20a, b).

Aus Gl. 9.14 läßt sich ein quantitativer Ausdruck für die Brennweiten herleiten, indem wir annehmen, daß einmal g, und zum anderen b unendlich groß wird (Bedingung für die Parallelität der Strahlen):

$$g \text{ unendlich (d.h. } n/g = 0\text{):} \quad b = \frac{n'}{n' - n}\, r = f'$$

$$b \text{ unendlich (d.h. } n'/b = 0\text{):} \quad g = \frac{n}{n' - n}\, r = f. \qquad (9.15)$$

Bildet man das Verhältnis dieser beiden Gleichungen, dann ergibt sich

$$\frac{f'}{f} = \frac{n'}{n} \quad \text{oder} \quad \frac{n}{f} = \frac{n'}{f'} = \varphi. \qquad (9.16)$$

Die Abbildungseigenschaften einer kugelförmig gekrümmten Begrenzungsfläche zwischen zwei verschiedenen Stoffen (Brechzahlen n und n') lassen sich durch eine einzige Größe, die Brechkraft φ, charakterisieren. Unter der Brechkraft eines Systems versteht man den Quotienten aus Brechzahl und Brennweite.

Die Einheit für die Brechkraft ist $1\ \text{m}^{-1} = 1$ Dioptrie $= 1$ dpt.

Beispiel 9.7: Brennweite und Brechkraft des Augapfels

Beim menschlichen Auge trennt die Hornhaut (Krümmungsradius $r = 0{,}78$ cm) das Innere des Auges (Brechungsindex $n = 1{,}34$) von der Außenluft. Wie groß sind hintere Brennweite und Brechkraft dieses Systems?

Für f' erhalten wir nach Gl. 9.15:

$$f' = \frac{n'}{n' - n}\, r = \frac{1{,}34}{1{,}34 - 1}\,(0{,}0078\ \text{m}) = \mathbf{3{,}07\ cm}.$$

Damit kann die Brechkraft berechnet werden:

$$\varphi = \frac{n'}{f'} = \frac{1{,}34}{3{,}07\ \text{cm}} = 0{,}436\ \text{cm}^{-1} = \mathbf{43{,}6\ dpt}.$$

Da der Augapfel insgesamt nur eine Länge von 2,3 cm besitzt, bedeutet das, daß die Brechkraft dieser brechenden Fläche nicht ausreicht, um einen unendlich fernen Gegenstand auf die Netzhaut abzubilden, da das Bild ca. 0,8 cm hinter der Netzhaut entsteht. Die zusätzliche Brechkraft der Augenlinse ist notwendig, damit wir scharf sehen können.

Die Abbildungsgleichung

Berücksichtigt man die Gl. 9.15, dann läßt sich Gl. 9.14 umformulieren:

$$\frac{n}{g} + \frac{n'}{b} = \frac{n}{f} \quad \left(= \frac{n'}{f'}\right). \tag{9.17}$$

Dies ist die Abbildungsgleichung eines optischen Systems. Mit ihrer Hilfe kann man die Bildweite (d.h. die Entfernung des Bildortes von der brechenden Fläche) berechnen, wenn die Gegenstandsweite gegeben ist.

Bildkonstruktion

Die Lage des Bildpunktes läßt sich auch auf konstruktivem Wege ermitteln, wenn der Verlauf von mindestens zwei vom Gegenstandspunkt ausgehenden Strahlen gezeichnet werden kann. Ihr Schnittpunkt auf der Bildseite ergibt den gesuchten Bildpunkt.

Abb. 9.21 zeigt das Verfahren. Die gekrümmte Fläche (gestrichelt) ist hier durch eine Ebene (durchgezogen) ersetzt, da nur achsennahe Strahlen zur Abbildung beitragen sollen und die Krümmung in dem betrachteten kleinen Bereich rund um die Achse vernachlässigt werden kann. Der Gegenstand wird durch einen Pfeil symbolisiert. Die Konstruktion wird nur für die Pfeilspitze durchgeführt, für alle anderen Punkte des Gegenstandes verläuft sie analog.

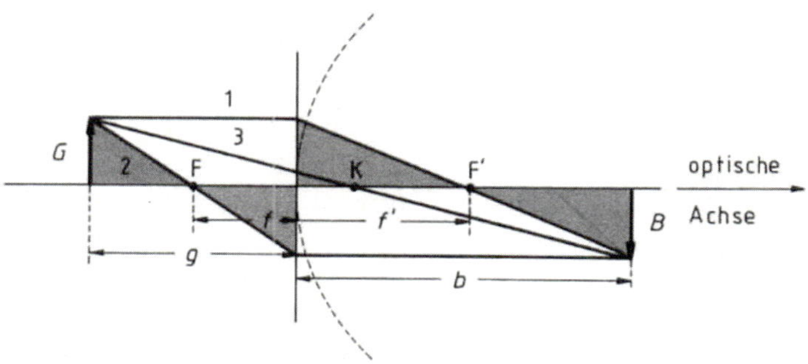

Abb. 9.21 Bildkonstruktion bei einer brechenden Grenzfläche

Von den unendlich vielen vom Gegenstandspunkt ausgehenden Strahlen wählen wir die folgenden aus:

1) den Strahl, der parallel zur optischen Achse verläuft; er geht nach der Brechung durch den Brennpunkt F′ (Definition des Brennpunktes).
2) den Strahl, der durch den Brennpunkt F geht; er wird auf der rechten Seite zum Parallelstrahl.

Im Schnittpunkt dieser beiden Strahlen liegt der Bildpunkt, d. h. das Bild der Pfeilspitze. Der Pfeil B ist Bild des Gegenstandes G.

Es gibt stets auch einen Strahl, der ungebrochen durch die Grenzfläche geht. Der Punkt, in dem er die optische Achse schneidet, nennt man den *Knotenpunkt*. Ist die Lage des Knotenpunktes K bekannt, dann kann man auch diesen Strahl (3) für die Konstruktion verwenden.

Achsenparallele Strahlen werden zu Brennpunktsstrahlen und Brennpunktsstrahlen werden zu achsenparallelen Strahlen. Der Strahl durch den Knotenpunkt behält seine Richtung bei.

Aus dem Konstruktionsbild läßt sich auch für die Größe des Bildes eine Beziehung ablesen, wenn die Ähnlichkeit der in der Abbildung markierten Dreiecke beachtet wird:

Unter dem Vergrößerungsmaßstab versteht man das Verhältnis Bildgröße zu Gegenstandsgröße. Dafür gilt:

$$V = \frac{B}{G} = \frac{f}{g-f} = \frac{b-f'}{f'}. \qquad (9.18)$$

Für den gezeichneten Fall lassen sich die Eigenschaften des Bildes folgendermaßen beschreiben: Es ist umgekehrt und reell. Letzteres bedeutet, daß sich hier (im Gegensatz zum virtuellen Bild) die Lichtstrahlen tatsächlich treffen und daß das Bild mit einem Schirm an dieser Stelle aufgefangen werden kann. Außerdem ist $V = 1$, das Bild ist ebenso groß wie der Gegenstand (vgl. Tabelle 9.2 für $g = 2f$).

Dünne Linsen

In der Praxis verwendet man zur Abbildung sphärische Linsen. Dies sind Körper aus durchsichtigem Material, die von zwei kugelförmigen, brechenden Ober-

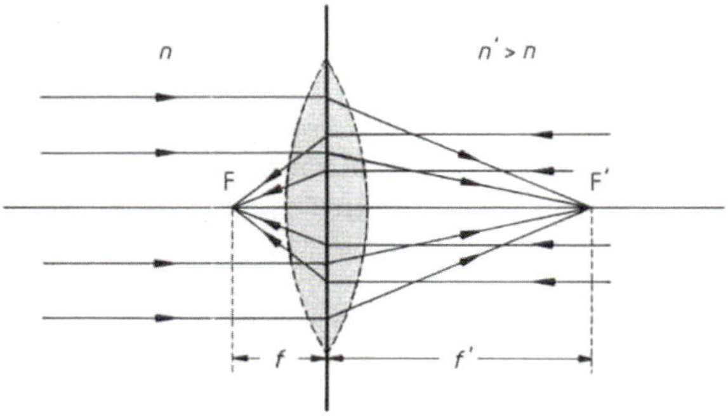

Abb. 9.22 Eine dünne Linse hat die gleichen abbildenden Eigenschaften wie eine brechende Grenzfläche (s. Abb. 9.20)

flächen begrenzt werden. Ist der gegenseitige Abstand der brechenden Flächen klein im Vergleich zur Gegenstands- und Bildweite (g bzw. b), so spricht man von *dünnen* Linsen. Die zweimalige Brechung kann man sich dann durch eine einzige Brechung ersetzt denken, die an der Mittelebene (auch Hauptebene genannt) einer solchen Linse erfolgt. Von dort aus sind die Strecken g, b (Gegenstands- und Bildweite) sowie f und f' (Brennweiten) zu rechnen.

Betrachtet man diese Mittelebene als brechende Grenzfläche, dann können alle Begriffe und Definitionen aus dem letzten Abschnitt übernommen werden:

Brennweite:

Achsenparallele Strahlen werden durch die Linse im bildseitigen Brennpunkt F' vereinigt. Der Abstand des Brennpunktes von der Mittelebene heißt die Brennweite f' der Linse (Abb. 9.22).

In gleicher Weise findet man die gegenstandsseitige Brennweite f. Beide Brennweiten unterscheiden sich nur dann, wenn sich zu beiden Seiten der Linse verschiedene Medien befinden. Wenn nicht anders erwähnt, soll nun stets gleiches Medium (z. B. Luft) angenommen werden. Dann ist $n = n'$, und es gilt $f = f'$.

Die Abbildungsgleichung:

Für eine Linse in Luft (allgemein $n = n' = 1$) vereinfacht sich die Abbildungsgleichung 9.17:

$$\frac{1}{g} + \frac{1}{b} = \frac{1}{f}. \qquad (9.19)$$

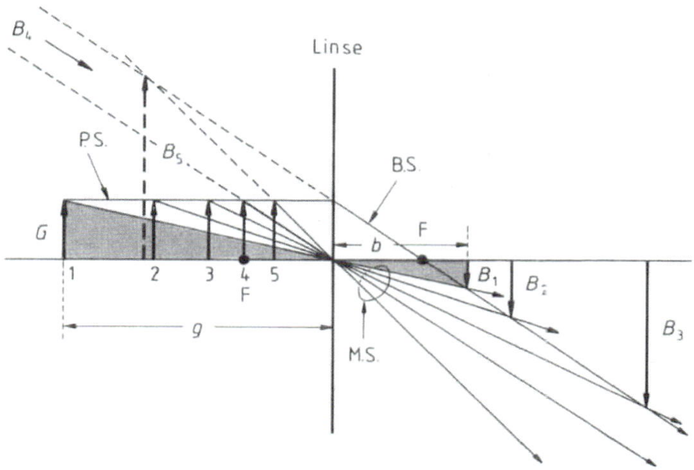

Abb. 9.23 Bildkonstruktion für einen Gegenstand G bei verschiedenen Gegenstandsweiten g. Es wurden jeweils derselbe Parallelstrahl und der Mittelpunktstrahl verwendet. Die Eigenschaften des Bildes für die fünf gewählten Fälle sind in Tab. 9.2 zusammengefaßt

Bildkonstruktion:

Da für $f = f'$ die Knotenpunkte in die Mittelebene fallen, kann für die Bildkonstruktion neben dem Brennstrahl (Strahl durch den Brennpunkt) und dem Parallelstrahl (achsenparalleler Strahl) auch der Mittelstrahl (Strahl durch die Linsenmitte) verwendet werden. Er geht ungebrochen durch die Linse.

In der Abb. 9.23 wurden für einen Gegenstand in verschiedenen Abständen von der Linse die Bilder konstruiert. Dazu wurde der Parallelstrahl (er wird zum Brennstrahl und ist für alle Entfernungen der gleiche) und der Mittelpunktstrahl benutzt. Die Eigenschaften des Bildes für die fünf ausgewählten Fälle sind in Tabelle 9.2 zusammengestellt.

Tabelle 9.2 Bildeigenschaften als Funktion der Gegenstandsweite. Es wird Bezug genommen auf die fünf Fälle der Abb. 9.23

Gegenstandsweite (bezogen auf die Brennweite)	Bildeigenschaften		
$g > 2f$	umgekehrt	reell	verkleinert
$g = 2f$	umgekehrt	reell	unverändert
$f < g < 2f$	umgekehrt	reell	vergrößert
$g = f$	Bild entsteht im Unendlichen		
$g < f$	aufrecht	virtuell	vergrößert

Wenn man die markierten Dreiecke in Abb. 9.23 betrachtet, erkennt man eine einfache Beziehung für den Abbildungsmaßstab V:

$$V = \frac{B}{G} = \frac{b}{g}. \qquad (9.20)$$

Die Gln. 9.19 und 9.20 können wir auf einfache optische Systeme anwenden.

Beispiel 9.8: Die Bildkonstruktion bei der Kamera
Eine Kameralinse besitzt eine Brennweite von 10 cm. In welchem Abstand von der Linse muß der Film liegen, wenn die Kamera auf einen Mann in 2 m Entfernung scharf gestellt wird? Wie groß ist das Bild, wenn die Größe des Mannes 1,8 m beträgt?

Aus Gl. 9.19 erhalten wir:

$$\frac{1}{b} = \frac{1}{f} - \frac{1}{g} \quad \text{oder} \quad b = \frac{gf}{g-f} = \frac{(2\ \text{m})\,(0{,}1\ \text{m})}{2\ \text{m} - 0{,}1\ \text{m}} = \mathbf{0{,}105\ m}.$$

Die Bildgröße ergibt sich aus Gl. 9.20:

$$B = G\frac{b}{g} = (1{,}8\ \text{m})\,\frac{0{,}105\ \text{m}}{2\ \text{m}} = \mathbf{0{,}095\ m}.$$

Sammel- und Zerstreuungslinsen:

Die bislang besprochenen Linsen haben die Eigenschaft, parallel einfallende Strahlen im Brennpunkt zu bündeln. Man bezeichnet sie daher als Sammellinsen.

Linsen, die parallel einfallende Lichtstrahlen auffächern (divergent machen), heißen Zerstreuungslinsen. Als Brennpunkt definiert man in diesem Fall den

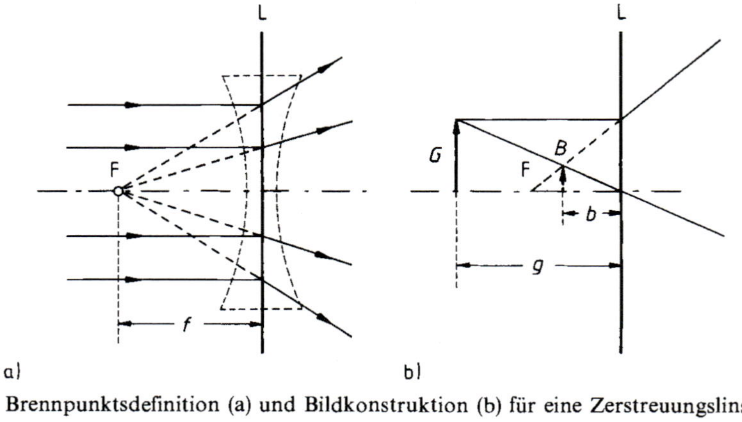

Abb. 9.24 Brennpunktsdefinition (a) und Bildkonstruktion (b) für eine Zerstreuungslinse

Punkt, in dem sich die nach rückwärts verlängerten Strahlen treffen (Abb. 9.24a). Die Strahlen scheinen von diesem Punkt herzukommen.

Auch mit Zerstreuungslinsen lassen sich Bilder erzeugen (Abb. 9.24b). Man erhält aber virtuelle Bilder, da sich die Strahlen in ihnen nicht wirklich schneiden. Für die Bildkonstruktion in Abb. 9.24b wurden wieder ein Parallelstrahl und der Mittelstrahl verwendet.

Linsenkombinationen:

Werden mehrere dünne Linsen unmittelbar hintereinander angeordnet, dann errechnet sich die Brechkraft der Kombination nach der folgenden Regel:

Die Brechkraft einer Linsenkombination ist gleich der Summe der Brechkräfte der Einzellinsen.

$$\varphi = \varphi_1 + \varphi_2 + \cdots \quad \left(\text{bzw. } \frac{1}{f} = \frac{1}{f_1} + \frac{1}{f_2} + \cdots\right). \tag{9.21}$$

Die Brechkraft (bzw. die Brennweite) für Zerstreuungslinsen muß in diesen Gleichungen negativ angesetzt werden.

Zylinderlinsen:

Besitzt eine brechende Fläche nicht Kugelform, sondern ist sie zylinderförmig, dann werden die Strahlen nur in einer Richtung gebrochen. Ein achsenparalleler Strahl ergibt kein punktförmiges Bild, sondern einen Strich im Abstand der Brennweite (Abb. 9.25). Zwei senkrecht zueinander orientierte Zylinderlinsen gleicher Brennweite haben die gleiche Wirkung wie eine sphärische Linse.

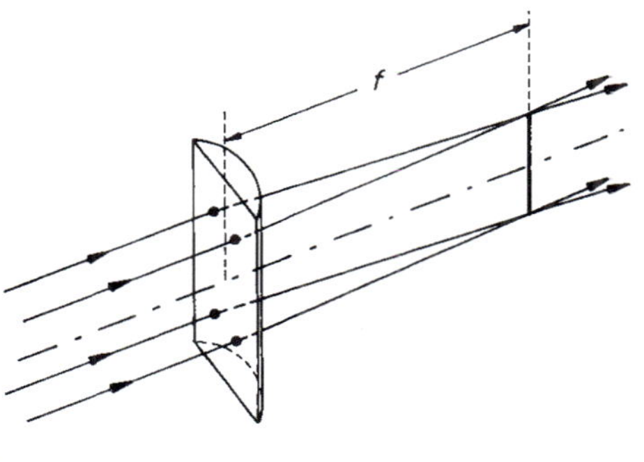

Abb. 9.25 Zylinderlinse

Linsenfehler

Bei der Herleitung der Abbildungsgleichung wurde angenommen, daß nur achsennahe und monochromatische Lichtbündel verwendet werden (monochromatisch: Licht einer Wellenlänge). Ohne diese Voraussetzungen können die erzeugten Abbildungen Mängel aufweisen, d. h. unscharf und verzerrt sein. Ursache der Abbildungsmängel sind die sogenannten Linsenfehler.

Der *Öffnungsfehler* (*sphärische Aberration*) tritt auf, wenn auch achsenferne Lichtstrahlen, die durch die äußeren Zonen der Linse laufen, zur Abbildung beitragen. Die exakte Anwendung des Brechungsgesetzes ergibt für diese Strahlen eine kleinere Brennweite als für achsennahe Bündel (Abb. 9.26). Durch Abschirmung dieser Strahlen mit einer kreisförmigen Blende B läßt sich dieser Fehler verringern.

Ist die Linsenfläche nicht kugelförmig, sondern oval, dann beobachtet man den *Astigmatismus*. Die Linse besitzt in diesem Fall in zwei zueinander senkrechten Richtungen verschiedene Krümmung und damit auch verschiedene Brennweiten.

Die Funktionsweise einer astigmatischen Linse kann man mit der Kombination (Hintereinanderschaltung) zweier senkrecht zueinander orientierter Zylinderlinsen mit unterschiedlicher Brennweite vergleichen (Abb. 9.27). Astigmatismus tritt häufig als Abbildungsfehler des Auges auf. Bei der Betrachtung eines

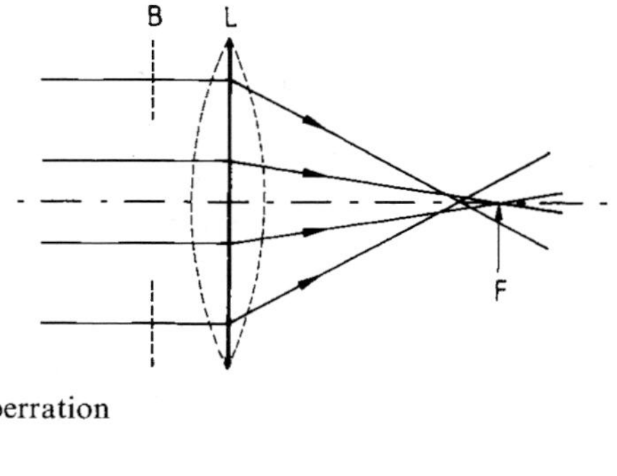

Abb. 9.26 Sphärische Aberration

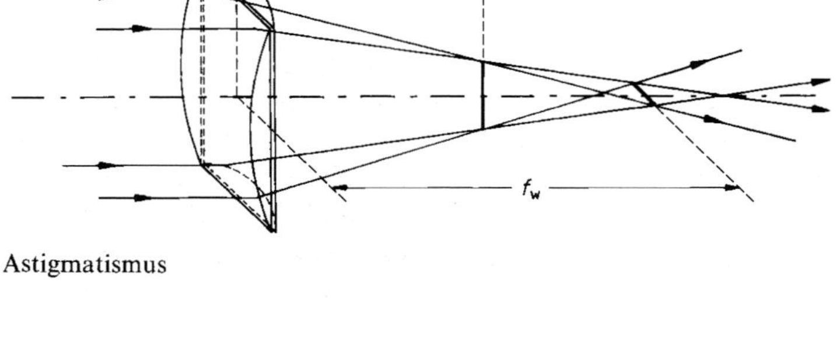

Abb. 9.27 Astigmatismus

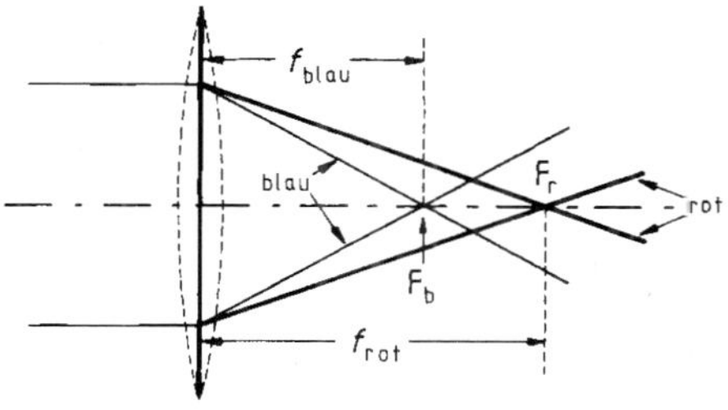

Abb. 9.28 Farbfehler (Chromatische Aberration)

kreuzförmigen Gitters können entweder nur die waagrechten oder nur die senkrechten Striche scharf gesehen werden. Durch Benutzung einer entsprechenden Zylinderlinse als Brille kann der Unterschied in den beiden Brennweiten leicht ausgeglichen werden.

Die Tatsache, daß die Brechzahl im allgemeinen eine Funktion der Wellenlänge ist (Dispersion), führt zur *chromatischen Aberration.* Dispersion bedeutet nämlich nichts anderes als daß auch die Brennweite einer Linse für verschiedene Farben verschieden ist. Für Sammellinsen liegt der Brennpunkt für blaues Licht näher bei der Linse als derjenige für rotes Licht (Abb. 9.28). Dieser Linsenfehler führt bei der Abbildung mit weißem Licht zum Auftreten von Farbrändern. Durch geschickte Kombination von Sammel- und Zerstreuungslinsen läßt sich dieser Fehler beheben.

Dicke Linsen

Für viele Zwecke, insbesondere zur Korrektur von Linsenfehlern, sind Linsensysteme und dicke Linsen notwendig. In diesen Fällen ist es nicht mehr möglich, die Eigenschaften allein durch die Angabe der Brennweite zu beschreiben.

Bei dicken Linsen muß man zwei Hauptebenen einführen, auf die alle Abstände bezogen werden: Gegenstandsweite g und gegenstandsseitige Brennweite f auf die gegenstandsseitige Hauptebene H, Bildabstand b und bildseitige Brennweite f' auf die bildseitige Hauptebene H′.

Der Grund für die Einführung von zwei Hauptebenen besteht darin, daß man wieder – wie bei der dünnen Linse – die eigentlich zweimalige Brechung des durchtretenden Lichts durch eine einzige beschreiben möchte, nun aber zu beachten hat, von welcher Seite das Licht einfällt. Man erhält die Lage der Hauptebene H', indem man die von links einfallenden Parallelstrahlen mit den nach rückwärts verlängerten, aus der Linse austretenden Strahlen zum Schnitt

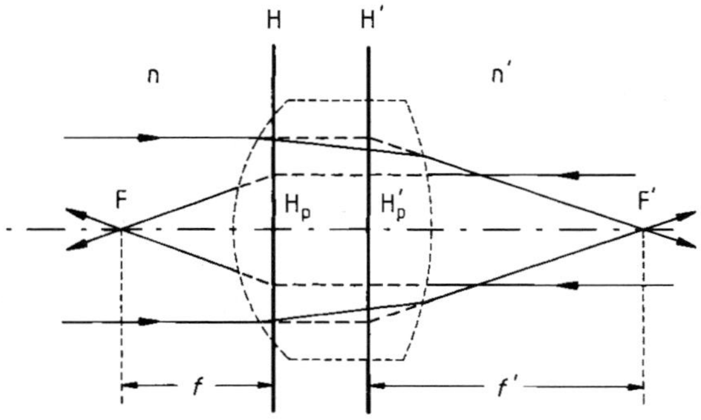

Abb. 9.29 Auch bei dicken Linsen kann man sich für die Konstruktion des Bildes den tatsächlichen Strahlengang (durchgezogene Linien) durch eine einmalige Brechung an der Hauptebene H' (gestrichelte Linien) ersetzt denken. Allerdings benötigt man bei dicken Linsen zwei solcher Bezugsebenen (H und H'), von denen aus die gegenstandsseitigen (H) und die bildseitigen Größen (H') gerechnet werden müssen

bringt (gestrichelte Linien in Abb. 9.29). Hier muß die (angenommene) einmalige Brechung erfolgen, wenn sie der tatsächlichen zweimaligen entsprechen soll. In gleicher Weise erhält man auch die gegenstandsseitige Hauptebene H. Befinden sich auf beiden Seiten der Linse unterschiedliche Medien (Brechzahlen n und n'), dann können auch die Knotenpunkte K und K' zur Bildkonstruktion benutzt werden. Dies sind die Schnittpunkte des unabgelenkten Strahls mit der optischen Achse.

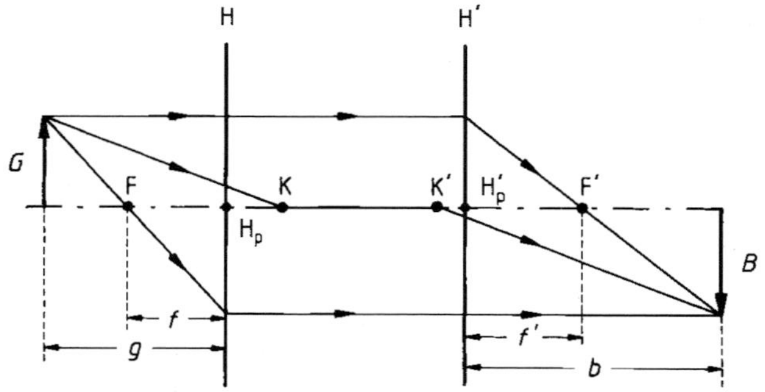

Abb. 9.30 Kardinalpunkte einer dicken Linse bzw. eines Linsensystems: Brennpunkte F und F', Hauptpunkte H und H', Knotenpunkte K und K'. Für die Bildkonstruktion lassen sich die folgenden Strahlen verwenden: Der Parallelstrahl läuft bis zur Hauptebene H' und dann durch den bildseitigen Brennpunkt F'. Der Brennpunktstrahl durch F wird ab der gegenstandsseitigen Hauptebene H zum Parallelstrahl. Der Strahl durch den Knotenpunkt K läuft parallel versetzt in K' weiter

Unter den Kardinalpunkten einer Linse versteht man die Brennpunkte, die Hauptpunkte (d.h. die Schnittpunkte der Hauptebene mit der optischen Achse) und die Knotenpunkte. Ist ihre Lage bekannt, dann sind die Abbildungseigenschaften einer Linse festgelegt.

Für eine dünne Linse fallen die Hauptpunkte und die Knotenpunkte in die Linsenmitte.

Die Abbildung 9.30 zeigt die Bildkonstruktion für eine dicke Linse, wenn sich zu beiden Seiten der Linse Medien mit unterschiedlicher Brechzahl befinden. Man sollte sich jedoch stets bewußt sein, daß es sich hier um Konstruktionsstrahlen handelt und daß die tatsächlichen Lichtstrahlen in der Linse einen anderen Verlauf nehmen.

9.4 Optische Instrumente

Linsen setzt man meistens in optischen Geräten ein, die dazu dienen, bestimmte Objekte, die entweder zu klein oder sehr weit entfernt sind, mit dem Auge besser zu sehen. Obwohl heute die elektronische Bildverarbeitung bereits sehr weit fortgeschritten ist, wird für den Menschen das Auge auch in der Zukunft der wichtigste Bildempfänger sein.

Wir wollen uns daher zunächst mit dem Auge beschäftigen und anschließend die Möglichkeiten besprechen, wie das Auge in seiner Leistungsfähigkeit unterstützt und verstärkt werden kann.

9.4.1 Das Auge

Der optische Apparat

Das abbildende System des Auges besteht aus zwei Elementen, der brechenden Grenzfläche zwischen Luft und Hornhaut und der eigentlichen Augenlinse (Abb. 9.31). Während der Übergang Luft–Hornhaut eine feste Brechkraft von ca. 43 dpt besitzt, kann die Brechkraft der Linse durch Veränderung der Krümmung zur Scharfeinstellung des Bildes in bestimmten Grenzen verändert werden.

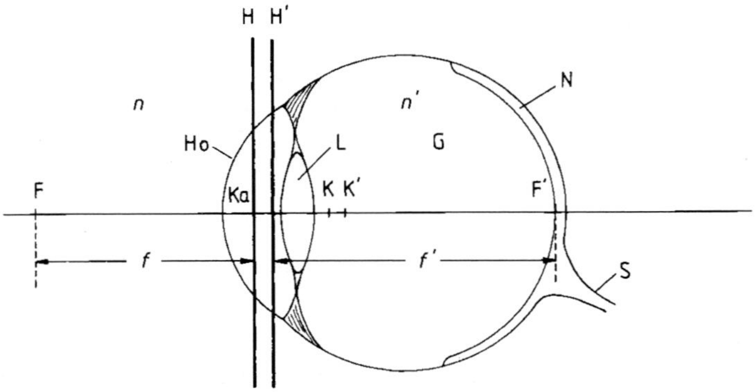

Abb. 9.31 Das Auge im Schema. Die für die Abbildung wichtigen Bestandteile sind die Hornhaut Ho, das Kammerwasser Ka, die Linse L, der Glaskörper G, die Netzhaut N und der Sehnerv S. Außerdem sind die Kardinalelemente des Auges eingezeichnet

Das ist notwendig, damit bei gleichbleibendem Bildabstand (Distanz Linse–Netzhaut) Objekte in verschiedener Entfernung scharf gesehen werden können. Diese Eigenschaft nennt man *Akkomodationsvermögen*.

In Abb. 9.31 ist die Lage der Kardinalpunkte angegeben. Die Zahlenwerte für die wichtigsten optischen Daten des Auges finden sich in Tab. 9.3. Die in der Tabelle angegebenen Brennweiten beziehen sich auf den entspannten Zustand der Augenlinse, der beim Blick in die Ferne vorliegt.

Beispiel 9.9: Die Gesamtbrechkraft des Auges

Wie groß ist die Brechkraft $\varphi_G(\infty)$ des Auges im entspannten Zustand? Welche Brechkraft $\varphi_L(\infty)$ muß die Augenlinse besitzen, wenn die Grenzfläche Luft–Hornhaut einen Beitrag von 43 dpt zur Gesamtbrechkraft liefert?

Gl. 9.16 liefert für die Gesamtbrechkraft des Auges:

$$\varphi_G = \frac{n'}{f'} = \frac{1{,}336}{22{,}8\ \text{mm}} = 58{,}6\ \text{m}^{-1} = \mathbf{58{,}6\ dpt}.$$

Das gleiche Resultat muß sich auch für den Quotienten n/f ergeben.

Da sich die Brechkräfte von Linsenkombinationen addieren (Gl. 9.21), erhält man die Brechkraft der Linse, wenn von φ_G die Brechkraft der Grenzfläche Luft–Hornhaut (43 dpt) abgezogen wird:

$$\varphi_L(\infty) = \varphi_G - \varphi_{LH} = 58{,}6\ \text{dpt} - 43\ \text{dpt} = \mathbf{15{,}6\ dpt}.$$

Tabelle 9.3 Optische Daten des Auges

Brechzahl von Kammerwasser und Glaskörper	1,3365
Brechzahl der Augenlinse	1,358
Abstand der Knotenpunkte = Abstand der Hauptpunkte	0,254 mm
Vordere Brennweite f bei entspanntem Auge	17,05 mm
Hintere Brennweite f' bei entspanntem Auge	22,8 mm

Die Akkomodationsbreite

Die kürzeste oder die weiteste Entfernung, auf die ein Auge scharf eingestellt werden kann, nennt man den Nah- bzw. Fernpunkt. Die Brechkraftänderung der Linse, die dafür nötig ist, heißt die Akkomodationsbreite.

Die Größe der Akkomodationsbreite $\Delta\varphi$ läßt sich nach Gl. 9.17 ermitteln. Da die Brennweite $f'(\infty)$ des entspannten Auges gleich der konstanten Bildweite b ist, können wir für den Term $n'/b = n'/f'(\infty) = \varphi_G(\infty) = 58{,}6$ dpt setzen. Mit $n = 1$ (für Luft) ergibt sich die folgende Beziehung für die gesamte Brechkraft des Auges als Funktion der Gegenstandsweite g:

$$\varphi_G(g) = \varphi_G(\infty) + \frac{1}{g} = \varphi_G(\infty) + \Delta\varphi\,. \qquad (9.22)$$

Die Brechkraftänderung zwischen dem Fernpunkt $g = \infty$ (für Normalsichtigkeit) und dem Nahpunkt g_N ist also direkt gleich $1/g_N$. Die Akkomodationsbreite liegt für Jugendliche (Nahpunkt bei 10 cm) bei ca. 1/0,1 m = 10 dpt und verringert sich für Erwachsene (Nahpunkt bei 25 cm) auf ca. 4 dpt.

In Abb. 9.32 ist das Wesentliche dieser Überlegungen nochmals zusammengefaßt. Die Brechkraft der Grenzfläche Luft–Hornhaut (43 dpt) reicht nicht aus, um das Bild eines unendlich entfernten Objektes auf der Netzhaut entstehen zu

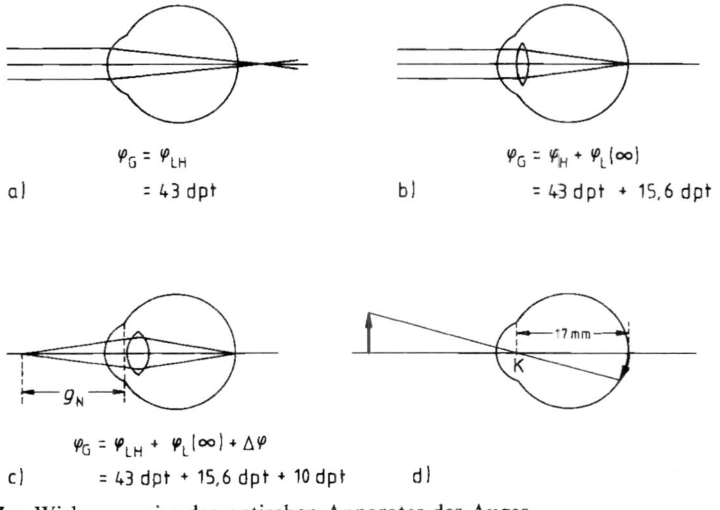

Abb. 9.32 Zur Wirkungsweise des optischen Apparates des Auges

lassen (Abb. 9.32a). Dazu benötigen wir noch die entspannte Augenlinse (ca. 15,6 dpt; Abb. 9.32b). Bringen wir das Objekt an den Nahpunkt, dann muß die Linse ihre Brechkraft um $\Delta\varphi$ (Akkomodationsbreite) $= 1/g_N$ steigern, um das Bild auf die Netzhaut zu bringen (Abb. 9.32c). Für die weiteren Betrachtungen werden wir eine vereinfachte Darstellung des Auges, das *reduzierte Auge* (Abb. 9.32d) benutzen, bei dem man sich die Gesamtbrechung an einer brechenden Fläche entstanden denkt. Da der Bildort festliegt (Netzhaut), benötigen wir für die Bildkonstruktion nur mehr den Mittelstrahl.

Für genaue Überlegungen ist dabei zu berücksichtigen, daß der Mittelstrahl durch die Knotenpunkte gehen muß. Diese haben jedoch nur einen geringen Abstand (ca. 0,25 mm) und liegen ca. 17 mm vor der Netzhaut.

Fehlsichtigkeit

Zur Fehlsichtigkeit kommt es, wenn das vom optischen Apparat des Auges entworfene Bild vor (Kurzsichtigkeit) oder hinter der Netzhaut (Weitsichtigkeit) liegt. Ursache hierfür ist in den meisten Fällen ein zu langer bzw. ein zu kurzer Augapfel. Durch Vorschalten zusätzlicher Linsen in Form einer Brille lassen sich diese Mängel im allgemeinen leicht beheben.

Kurzsichtigkeit (*Myopie*): Während ein Kurzsichtiger nahe Gegenstände scharf sehen kann, benötigt er für das Sehen in die Ferne eine Zerstreuungslinse, um die zu große Brechkraft des Auges (das Bild liegt dann vor der Netzhaut) zu verringern (Abb. 9.33a).

Weitsichtigkeit (*Hyperopie*): Der Nahpunkt des Weitsichtigen liegt zu weit vom Auge entfernt. Er kann in der Nähe nicht scharf sehen, da die Brechkraft der Linse nicht ausreicht, um das Bild auf die Netzhaut zu bringen. Ein sammelndes

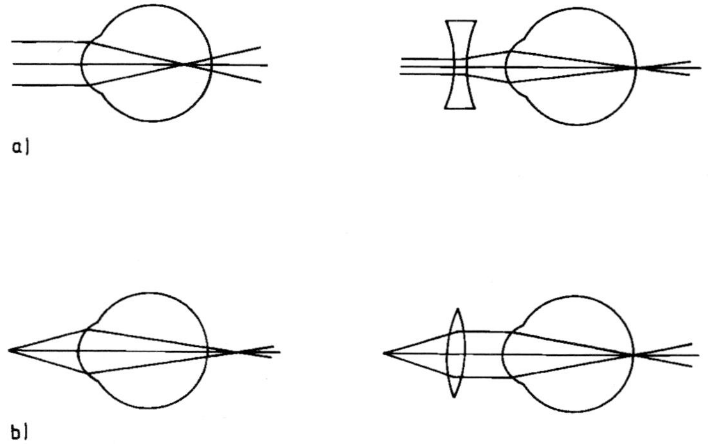

Abb. 9.33 Fehlsichtigkeit: Kurzsichtigkeit (a) und Weitsichtigkeit (b)

Brillenglas verstärkt die Brechkraft und holt das Bild auf die Netzhaut (Abb. 9.33 b).

Alterssichtigkeit (Presbyopie): Mit zunehmendem Alter verliert die Linse ihre Elastizität, der Nahpunkt rückt immer weiter in die Ferne, die Akkomodationsbreite geht gegen Null. Eine entsprechend starke Sammellinse schafft auch hier Abhilfe.

Sehwinkel und Vergrößerung

Wir wissen aus Erfahrung, daß wir einen Gegenstand um so größer sehen, je näher wir ihn an das Auge bringen. Um diesen subjektiven Eindruck zu charakterisieren, definiert man den sogenannten Sehwinkel.

Unter dem Sehwinkel versteht man den Winkel ε, unter dem uns ein bestimmter Gegenstand erscheint (Abb. 9.34).

Wie aus der Zeichnung zu erkennen ist, vergrößern wir mit der Annäherung des Gegenstandes an das Auge den Sehwinkel und natürlich auch das Bild auf der Netzhaut. Die Vergrößerung bei Betrachtung mit dem Auge ist folgendermaßen definiert:

Unter der Vergrößerung verstehen wir den Quotienten aus dem Sehwinkel ε, unter dem wir einen Gegenstand tatsächlich betrachten, und dem Sehwinkel ε_0, unter dem uns der Gegenstand erscheinen würde, wenn man ihn in der deutlichen Sehweite s_0 (= 25 cm) betrachtete:

$$V = \frac{\varepsilon}{\varepsilon_0}. \qquad (9.23)$$

Die Vergrößerung ist also größer als 1, wenn die Gegenstandsweite kleiner als s_0 ist, im anderen Fall ist sie kleiner als 1.

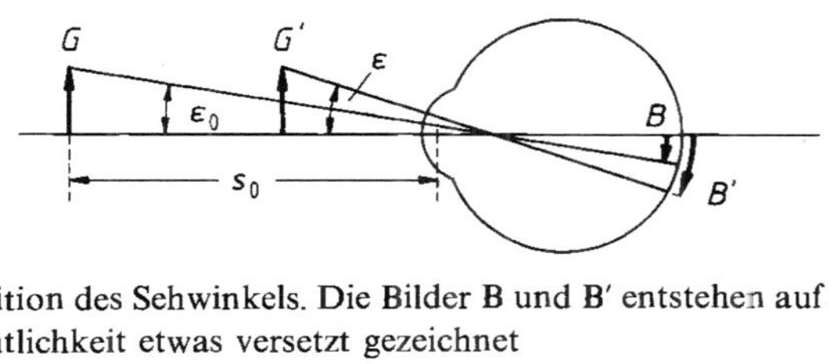

Abb. 9.34 Zur Definition des Sehwinkels. Die Bilder B und B′ entstehen auf der Netzhaut. Sie sind aus Gründen der Deutlichkeit etwas versetzt gezeichnet

Das Auflösungsvermögen des Auges

Unter dem Auflösungsvermögen des Auges versteht man den kleinsten Sehwinkel, unter dem man zwei Gegenstandspunkte noch als getrennte Punkte wahrnehmen kann.

Daß dieser Winkel nicht beliebig klein ist, dafür gibt es zwei Gründe: einen biologischen und einen physikalischen.

Biologisch wird das Auflösungsvermögen des Auges durch die Tatsache eingeschränkt, daß die Lichtsinneszellen auf der Netzhaut eine endliche Größe besitzen (ca. 5 µm). Getrennt werden zwei Punkte nur dann gesehen, wenn ihre Bildpunkte auf verschiedene Zapfen fallen.

Physikalisch wird das Auflösungsvermögen durch die Beugung begrenzt, die durch die Pupillenöffnung hervorgerufen wird. Getrennt werden zwei Punkte nur dann gesehen, wenn ihr Winkelabstand größer ist als die Beugungsunschärfe nach Gl. 9.9.

Beispiel 9.10: Das Auflösungsvermögen des Auges

Man schätze das biologische (ε_b) und das physikalische (ε_p) Auflösungsvermögen des Auges ab, wenn von folgenden Annahmen ausgegangen wird:

Zapfendurchmesser $= 5 \cdot 10^{-6}$ m; Knotenpunktsabstand von der Netzhaut = 17 mm; Durchmesser der Augenöffnung (Pupille) = 0,25 cm; mittlere Wellenlänge des Lichtes $= 5 \cdot 10^{-7}$ m.

Für den minimalen Sehwinkel errechnet sich der folgende Wert:

$$\varepsilon_b = \frac{5 \cdot 10^{-6}\,\text{m}}{0{,}017\,\text{m}} = \mathbf{3 \cdot 10^{-4}\,rad.}$$

Für die Beugungsunschärfe ergibt sich:

$$\alpha = \varepsilon_p = \frac{\lambda}{d} = \frac{5 \cdot 10^{-7}\,\text{m}}{2{,}5 \cdot 10^{-3}\,\text{m}} = \mathbf{2 \cdot 10^{-4}\,rad.}$$

Betrachtet man z. B. in der deutlichen Sehweite (25 cm) Punkte, dann können wir sie solange getrennt sehen, solange ihr Abstand nicht kleiner ist als

$$G = s_0 \cdot \varepsilon_b = (0{,}25\,\text{m})\,3 \cdot 10^{-4}\,\text{rad} \approx \mathbf{0{,}1\,mm}.$$

Interessanterweise liegen die Werte von ε_b und ε_p in der gleichen Größenordnung. Die Natur hat sich also bei der Entwicklung des Sehorgans nicht mehr angestrengt als es physikalisch sinnvoll ist. Die Beugungsunschärfe ist vorgegeben, eine Verkleinerung der Zapfen hätte keine Steigerung des Auflösungsvermögens für das Auge gebracht.

9.4.2 Die Lupe

Wenn man die Einzelheiten eines Gegenstandes besser erkennen will, dann kann man ihn zunächst näher an das Auge bringen (Vergrößerung des Sehwinkels). Diesem Verfahren ist jedoch eine Grenze gesetzt, da sich der Nahpunkt nicht unterschreiten läßt. Um trotzdem eine weitere Vergrößerung zu erzielen, kann man im einfachsten Fall eine Sammellinse verwenden, die zwischen Auge und Gegenstand gebracht wird.

Betrachtet man ein Objekt mit einer Lupe, so muß es innerhalb der einfachen Brennweite oder genau in der Brennebene der Linse liegen (Abb. 9.35). Die damit erreichbare Vergrößerung hängt im allgemeinen von der Gegenstandsweite g ab. Sie läßt sich leicht angeben für den Fall $g = f$. Das Auge sieht durch die Linse blickend, ein aufrechtes, vergrößertes im Unendlichen liegendes Bild. Durch die Brechkraft des Auges werden die parallel in das Auge treffenden Strahlen auf der Netzhaut zu einem Bild vereinigt.

Wie aus der Zeichnung zu ersehen ist, beträgt der Sehwinkel bei Verwendung der Lupe

$$\varepsilon \approx \tan \varepsilon = \frac{G}{f}.$$

Mit Gl. 9.23 erhält man für die Vergrößerung durch eine Lupe

$$V = \frac{\varepsilon}{\varepsilon_0} = \frac{G/f}{G/s_0} = \frac{s_0}{f}. \qquad (9.24)$$

Beispiel 9.11: Die Vergrößerung einer Lupe

Welche Vergrößerung läßt sich mit einer Sammellinse der Brennweite $f = 0{,}1$ m erzielen, wenn sie als Lupe benutzt wird?

$$V = \frac{0{,}25\ \text{m}}{0{,}1\ \text{m}} = \mathbf{2{,}5}.$$

Alle Gegenstände werden 2,5mal so groß gesehen wie ohne Lupe.

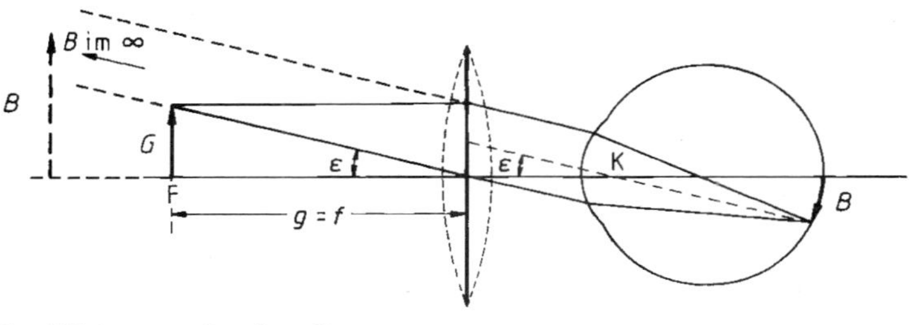

Abb. 9.35 Zur Wirkungsweise einer Lupe

9.4.3 Das Mikroskop

Soll die Vergrößerung weiter gesteigert werden, dann besteht die Möglichkeit, von dem Gegenstand zunächst mit einer Sammellinse (dem Objektiv) ein vergrößertes Bild zu entwerfen, das anschließend mit einer Lupe (dem Okular) betrachtet wird.

Der Gegenstand befindet sich unmittelbar vor dem Brennpunkt des Objektivs (Abb. 9.36). Dieses erzeugt ein umgekehrtes, reelles und vergrößertes Zwischenbild ZB. Der Abbildungsmaßstab des Objektivs ergibt sich aus den Mikroskopdaten:

$$V = \frac{\mathrm{ZB}}{\mathrm{G}} = \frac{\Delta}{f_{\mathrm{ob}}}.$$

Die Tubuslänge Δ ist der Abstand zwischen den benachbarten Brennpunkten von Objektiv und Okular.

Fällt das Zwischenbild in die Brennebene des Okulars, dann gilt für die Vergrößerung dieser Linse die Gl. 9.24.

Die Gesamtvergrößerung eines Mikroskops erhält man aus dem Produkt von Objektiv- und Okularvergrößerung:

$$V = V_{\mathrm{ob}} \cdot V_{\mathrm{ok}} = \frac{\Delta \cdot s_0}{f_{\mathrm{ob}} \cdot f_{\mathrm{ok}}}. \tag{9.25}$$

Beispiel 9.12: Die Vergrößerung eines Mikroskops
Ein Mikroskop hat die folgenden Daten: $f_{\mathrm{ob}} = 4 \cdot 10^{-3}$ m; $f_{\mathrm{ok}} = 3$ cm; $\Delta = 20$ cm.

Wie groß ist die Vergrößerung? Wie groß ist die kleinste Entfernung zwischen zwei Punkten, $d_{\min}(\mathrm{M})$, die mit diesem Instrument getrennt wahrgenommen werden können?

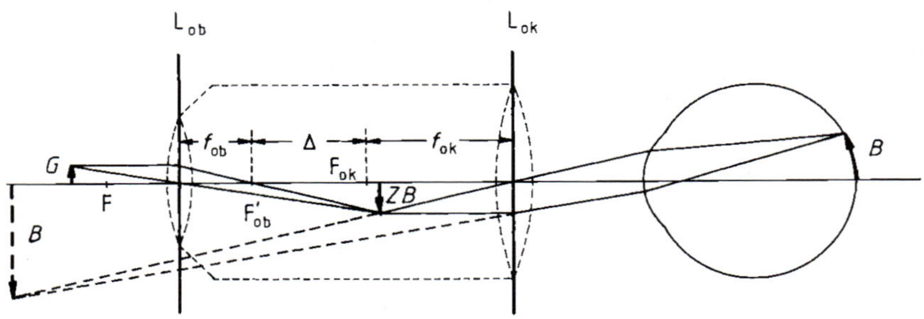

Abb. 9.36 Strahlengang durch das Mikroskop. In der Praxis liegt der Gegenstand nahe am Brennpunkt F, das Zwischenbild in der Nähe des Okularbrennpunkts F_{ok}

Wenn wir die obigen Angaben in die Formel für die Vergrößerung (9.25) einsetzen, dann erhalten wir:

$$V = \frac{(0{,}2\ \text{m})\ (0{,}25\ \text{m})}{(4 \cdot 10^{-3}\ \text{m})\ (0{,}03\ \text{m})} \approx \mathbf{400}.$$

Aus Beispiel 9.10 wissen wir, daß das unbewaffnete Auge in der deutlichen Sehweite noch ca. 0,1 mm auflösen kann ($= d_{\min}(\text{A})$). Mit Hilfe des Mikroskops verkleinert sich dieser Wert also um den Faktor 400.

$$d_{\min}(\text{M}) = \frac{d_{\min}(\text{A})}{400} = 2{,}5 \cdot 10^{-7}\ \text{m} = \mathbf{250\ nm}.$$

Das Auflösungsvermögen des Mikroskops

Wie beim Auge ist auch beim Mikroskop das Auflösungsvermögen durch Beugungseffekte begrenzt. Während beim Auge die Pupillenöffnung die entscheidende Bündelbegrenzung darstellt, ist dies beim Mikroskop die Objektivöffnung, d. h. die Fassung der Objektivlinse. Die Beugung bewirkt, daß ein Punkt (z. B. die Pfeilspitze in Abb. 9.36) im Zwischenbild nicht als Punkt, sondern als kleiner runder Lichtfleck abgebildet wird. Die weitere Vergrößerung durch das Okular ändert daran nichts mehr. Liegen zwei Gegenstandspunkte zu dicht beisammen, dann überdecken sich die „Beugungsscheibchen" zu einem Fleck, sie können nicht mehr aufgelöst werden.

Die genaue Überlegung ergibt für den kleinsten noch trennbaren Punktabstand d die Beziehung

$$d = \frac{\lambda}{n \cdot \sin\alpha} = \frac{\lambda}{A}. \qquad (9.26)$$

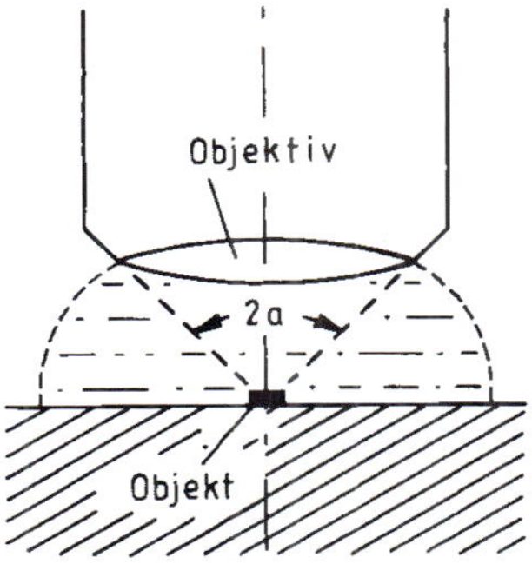

Abb. 9.37 Zum Auflösungsvermögen des Mikroskops

λ ist die Wellenlänge des verwendeten Lichtes, n der Brechungsindex des Mediums zwischen Objekt und Objektiv, und α ist der halbe Öffnungswinkel, unter dem die Objektivöffnung vom Objekt aus betrachtet erscheint (Abb. 9.37). Das Produkt $n \cdot \sin\alpha$ nennt man die *numerische Apertur A*.

Das Auflösungsvermögen läßt sich in geringem Umfang steigern, indem man zwischen Objekt und Objektiv ein Medium mit großer Brechzahl bringt (z. B. Zedernöl mit $n = 1{,}4$). Dadurch wird die Wellenlänge des Lichts verkleinert. Man spricht dann von einem *Immersionssystem*.

Beispiel 9.13: Der kleinste von einem Mikroskop trennbare Punktabstand
Wie groß ist der kleinste trennbare Punktabstand, wenn mit grünem Licht beleuchtet wird ($\lambda = 500$ nm), der halbe Öffnungswinkel 60° beträgt und mit einer Immersionsflüssigkeit ($n = 1{,}5$) gearbeitet wird?

Einsetzen dieser Werte in Gl. 9.26 liefert

$$d = \frac{500\ \text{nm}}{1{,}5 \cdot \sin 60°} = \mathbf{385\ nm}.$$

Dies ist für Mikroskope, die mit sichtbarem Licht arbeiten, ein nicht zu unterschreitender Wert. Es hat daher auch keinen Sinn, die Vergrößerung über 400 zu steigern (s. Beispiel 9.12), denn der damit erreichte minimale Abstand d liegt bereits unter dem durch die Beugung festgelegten Grenzwert. Dies würde zwar das Bild weiter vergrößern, jedoch keine weiteren Details des betrachteten Gegenstandes sichtbar machen.

Damit sind den Möglichkeiten von Lichtmikroskopen natürliche Grenzen gesetzt. Genaue Untersuchungen an Bakterien mit typischen Größen von ca. 1000 nm sind aus diesem Grunde z. B. nicht möglich. Einen enormen Fortschritt bedeutete jedoch die Erkenntnis, daß sich auch Elektronenstrahlen zur Abbildung von kleinsten Strukturen verwenden lassen.

Das Elektronenmikroskop

Wie in Abschnitt 8.1.3 dargelegt, muß die Bewegung von Elektronen durch eine Welle beschrieben werden, wobei die Wellenlänge mit dem Impuls der Teilchen verknüpft ist ($\lambda = h/p$). Die erreichbaren Wellenlängen liegen um einige Größenordnungen unter der des sichtbaren Lichtes. Werden z. B. die Elektronen mit einer Spannung von 50 kV beschleunigt, dann beträgt ihre Wellenlänge nur ca. 0,2 nm.

Da es technisch möglich ist, Elektronenstrahlen wie Lichtstrahlen zu bündeln und zu fokussieren („Elektronenoptik“: magnetische und elektrische Linsen), können damit Elektronenmikroskope (s. auch Abschn. 6.5.1) gebaut werden, die in ihrem prinzipiellen Aufbau einem Lichtmikroskop analog sind. Die mit ihnen erreichbare Auflösung ist jedoch ca. 1000mal besser. Damit kommt man in den Bereich atomarer und molekularer Strukturen.

9.4.4 Die Kamera

Die wichtigsten Bestandteile eines Photoapparates sind eine Sammellinse, die ein reelles, verkleinertes Bild eines Gegenstandes auf dem Film erzeugt und eine kreisförmige, in ihrer Größe regulierbare Blende, mit der die einfallende Lichtintensität eingestellt werden kann. Außerdem bestimmt die Blende die bei einer Aufnahme erreichbare Schärfentiefe.

Die Linse (das Objektiv):
Die Abbildungseigenschaften der Linse sind bestimmt durch ihre Brennweite und ihren Durchmesser. Die relative Öffnung einer Kameralinse ist als Zahlenverhältnis d/f (Verhältnis von Objektivdurchmesser zur Brennweite) auf dem Objektiv angegeben. Je größer dieses Verhältnis, um so lichtstärker ist die Kamera.

Die Brennweite des Objektivs bestimmt die Größe des Bildes auf dem Film. Da die Gegenstandsweite g stets viel größer ist als die Bildweite b ($g \gg b$), folgt aus der Abbildungsgleichung (9.19), daß die Brennweite f etwa gleich der Bildweite b sein muß ($f = b$). Für die Bildgröße erhalten wir damit (Gl. 9.20):

$$B = G \cdot \frac{b}{g} = \frac{G}{g} \cdot f \sim f.$$

Um starke Vergrößerungen zu erzielen, verwendet man Teleobjektive mit großer Brennweite (z.B. $f = 30$ cm, gegenüber einem Normalobjektiv mit $f = 5$ cm).

Die Blende:

Mit Hilfe der Blende kann die effektive Objektivöffnung verkleinert werden. Die Blendenwerte entsprechen jeweils einer Halbierung der Blendenfläche, der Durchmesser nimmt daher schrittweise um den Faktor $\sqrt{2}$ ab ($1; 1/\sqrt{2} = 1/1{,}4$; $1/2$; $1/2{,}8$ usw.). Die Kehrwerte ergeben die Blendenzahl.

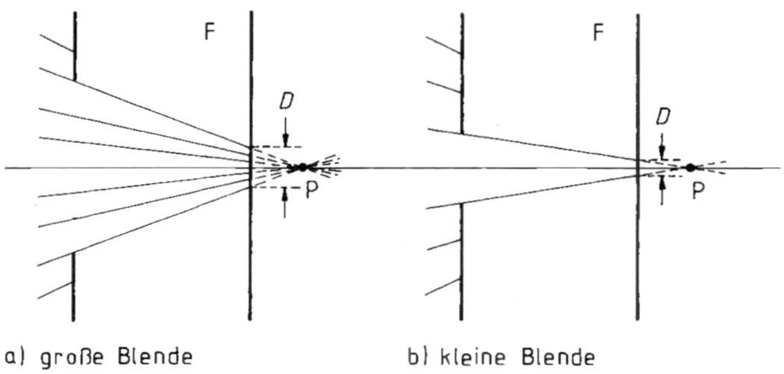

Abb. 9.38 Die Blendenwirkung beim Fotoapparat

Um den Einfluß der Blendenöffnung auf die Schärfentiefe zu verstehen, betrachten wir Abb. 9.38. Das (nicht gezeichnete) Objektiv ist so eingestellt, daß ein Objekt in bestimmter Entfernung auf dem Film F scharf abgebildet wird. Ein Gegenstand in geringerer Entfernung würde daher hinter der Filmebene (z. B. im Punkt P) scharf erscheinen. Aus der Abbildung ist leicht zu ersehen, daß der Durchmesser D des Bildpunktes in der Filmebene um so kleiner ist, je enger die Blende das abbildende Lichtbündel beschneidet.

Die Abbildung ist über einen um so größerern Bereich der Gegenstandsweite scharf, je kleiner die Blende eingestellt ist (d. h. große Blendenzahl!). Andererseits erfordert dies eine längere Belichtungsdauer, da diese Maßnahme auch die Lichtintensität reduziert.

9.4.5 Spektralapparate

In Abschnitt 8.3.2 haben wir bereits den Begriff des Spektrums kennengelernt. An dieser Stelle soll nun der Aufbau und die Funktionsweise eines Spektralapparates beschrieben werden.

Man unterscheidet zwei Typen von Spektralapparaten, den Prismen- und den Gitterspektralapparat. Beim Prisma nutzt man die Wellenlängenabhängigkeit der Brechung zur Zerlegung des Strahls, beim Gitter die Abhängigkeit des Beugungswinkels von der Wellenlänge.

Der Prismenapparat

Beim Prismenapparat (Abb. 9.39 a) wird das Licht der zu untersuchenden Strahlungsquelle zunächst mit einer Linse L_1 (dem Kondensor) auf einen engen

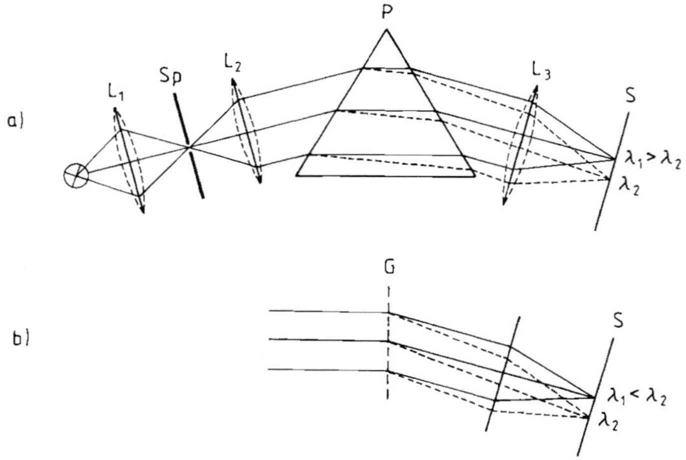

Abb. 9.39 Prismenspektralapparat (a) und Gitterspektralapparat (b)

Spalt Sp gebündelt, der sich in der Brennebene einer weiteren Linse L_2 befindet. Das auf diese Weise parallel gemachte Lichtbündel fällt nun auf ein Prisma P, welches das Licht spektral zerlegt. In der Abbildung ist die Spektralaufspaltung für zwei verschiedene Wellenlängen angedeutet. Die Linse L_3 vereinigt die Strahlen gleicher Richtung (d.h. gleicher Wellenlänge) und erzeugt Bilder des Spaltes (Linien) auf einem Schirm S, der in der Brennweite von L_3 aufgestellt ist.

Der Gitterapparat

An der Stelle des Prismas sitzt hier ein Gitter G, das senkrecht vom Lichtbündel getroffen wird (Abb. 9.39 b). Während ein Teil des Lichts in gerader Richtung (0. Beugungsordnung) durch das Gitter tritt, also nicht zerlegt wird, findet in der ersten Beugungsordnung (s. Abschn. 9.2.2) und allen höheren Ordnungen eine Aufspaltung des Lichts nach Wellenlängen statt. Nach dieser Auftrennung werden die Strahlen wiederum durch die Linse zu Spaltbildern mit unterschiedlicher Wellenlänge (d.h. Farbe) vereinigt.

Spektralapparate werden häufig auch als Monochromatoren bezeichnet, da man mit ihnen aus mischfarbigem Licht eine beliebige Wellenlänge aussondern kann.

Das Photometer

Mit dem Photometer (Abb. 9.40) untersucht man die Absorptionseigenschaften von Substanzen in Abhängigkeit von der Wellenlänge des eingestrahlten Lichts (vgl. Abschn. 9.1).

Es besteht aus einem Monochromator M, der an Stelle des Schirms einen Spalt besitzt, mit dem Licht einer bestimmten Wellenlänge auf die zu untersuchende Probe gerichtet werden kann. Benutzt man eine Lichtquelle, die alle Wellenlängen des sichtbaren Lichts emittiert (kontinuierliches Spektrum), dann läßt sich

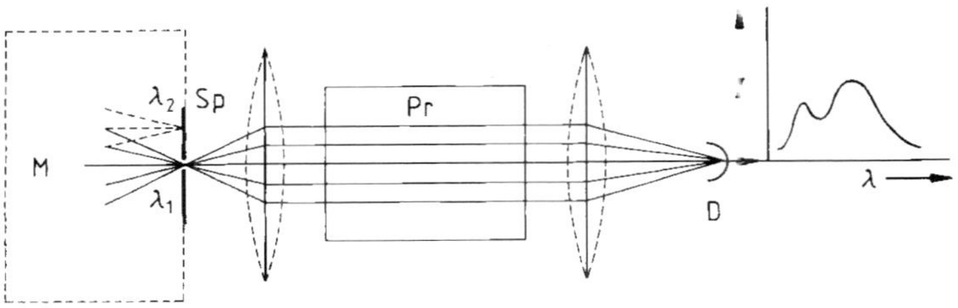

Abb. 9.40 Spektralphotometer

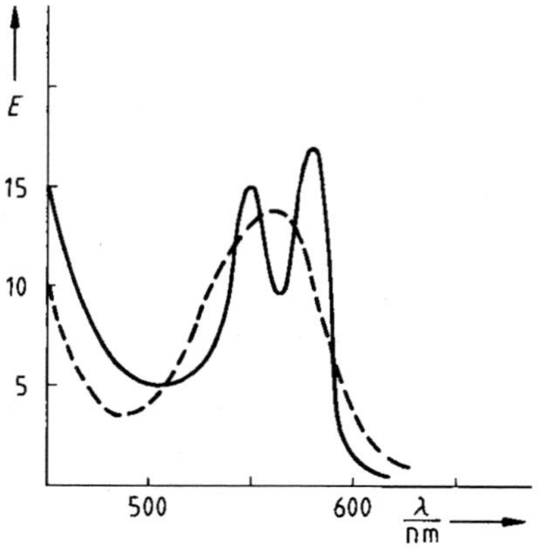

Abb. 9.41 Photometerkurven für sauerstofffreies (durchgezogene Kurve) und sauerstoffbeladenes (gestrichelte Kurve) Hämoglobin

dieser ganze Bereich für die Messung verwenden. Hinter der Probe registriert ein Detektor D die durchgelassene Intensität.

Aus den so gewonnenen Absorptions- (oder Extinktions-)kurven können wichtige Schlüsse auf Eigenschaften der untersuchten Substanz gezogen werden. In Abb. 9.41 sind zwei Spektren gezeigt, wobei die durchgezogene Kurve zum sauerstofffreien Hämoglobin, die gestrichelte zum sauerstoffbeladenen Hämoglobin gehört.

10 Kernphysik

Bis jetzt haben wir den Atomkern lediglich als denjenigen Teil des Atoms betrachtet, der fast die gesamte Masse enthält und durch seine positive Ladung die negativen Elektronen des Atoms an sich bindet (vgl. Kap. 8). Seit über einem halben Jahrhundert weiß man, daß der Kern aus bestimmten Bausteinen besteht und seine Zusammensetzung durchaus nicht unveränderlich ist. Aus diesen Erkenntnissen haben sich weitreichende Konsequenzen für die Umwelt und die Technik ergeben, mit denen wir uns in diesem Kapitel beschäftigen wollen.

10.1 Der Atomkern

10.1.1 Der Kernaufbau

Wir wissen bereits, daß der Kern aus Protonen und Neutronen besteht. Zusammen bezeichnet man diese Teilchen als Nukleonen. Zwischen den Kernbausteinen wirkt eine starke Anziehung, die Kernkraft. Der Durchmesser der Kerne liegt in der Größenordnung von 10^{-15} bis 10^{-14} m.

Ein Atomkern ist vollständig charakterisiert, wenn man die Zahl seiner Protonen und Neutronen kennt.

Die Nukleonenzahl A (auch Massenzahl genannt) gibt an, wieviel Nukleonen (das ist die Summe aus Protonen und Neutronen) ein Kern enthält. Die Protonenzahl Z (auch Kernladungszahl genannt) nennt die Zahl der Protonen. Die Zahl der Neutronen N erhält man aus der Differenz Nukleonenzahl minus Protonenzahl ($N = A - Z$).

Man schreibt diese Zahlen oben (A) und unten (Z) vor das Elementsymbol. Aus der Angabe $^{238}_{92}U$ kann man also entnehmen, daß der bezeichnete Urankern aus 92 Protonen und 146 Neutronen aufgebaut ist. Im neutralen Zustand besitzt dieser Kern als Atomhülle auch 92 Elektronen. Z ist daher gleich der Ordnungszahl dieses Elementes im Periodensystem.

Isotope

Unter Isotopen versteht man Nuklide (Atomkerne), die sich nur in der Zahl der Neutronen N, nicht aber in der Zahl der Protonen unterscheiden. Sie gehören also zum gleichen chemischen Element.

So besitzt der Wasserstoff z. B. die drei Isotope: $^{1}_{1}H$, $^{2}_{1}H$ und $^{3}_{1}H$. In diesem speziellen Fall besitzen die beiden schweren Isotope zusätzlich eigene Namen: Deuterium und Tritium. Auch die Bezeichnungen $^{2}_{1}D$ und $^{3}_{1}T$ sind daher üblich.

Massendefekt und Bindungsenergie

Die Massen des *freien* Protons und des *freien* Neutrons sind sehr genau bekannt. Vergleicht man die Masse eines bestimmten Atomkerns $^{A}_{Z}X$, in dem die Nukleonen ja *gebunden* vorliegen, mit der Masse von Z freien Protonen und $N = A - Z$ freien Neutronen, dann stellt man eine Differenz zwischen den beiden Werten fest:

$$(Z \cdot m_p + N \cdot m_n) - m(^{A}_{Z}X) = \Delta m. \qquad (10.1)$$

Der Massendefekt gibt an, um wieviel sich die Masse eines Kerns von der Summe der Massen seiner Bausteine unterscheidet.

Für diesen Massenbetrag Δm, der bei der Bildung eines Kerns „verschwindet“, wird ein äquivalenter Energiebetrag E_B freigesetzt, der über die Einsteinsche Masse–Energie-Beziehung mit Δm zusammenhängt. Dieser Energiebetrag muß andererseits dem Kern wieder zugeführt werden, wenn er in seine Bestandteile zerlegt werden soll.

Die Bindungsenergie E_B wird bei der Verbindung von Nukleonen zu einem Kern frei. Sie erscheint in Form von elektromagnetischer Strahlung. Für die Beziehung zwischen dem auftretenden Massendefekt Δm und der freiwerdenden Energie gilt:

$$E_B = \Delta m \cdot c^2. \qquad (10.2)$$

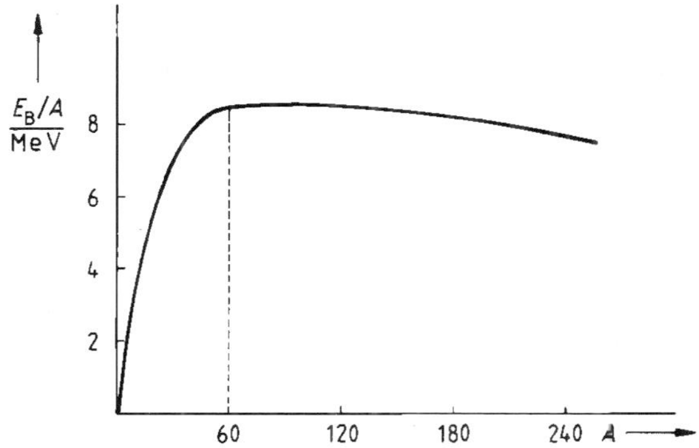

Abb. 10.1 Mittlere Bindungsenergie pro Nukleon als Funktion der Massenzahl

Beispiel 10.1: Die Bindungsenergie von Deuteriumkernen
Bei der Bildung eines Deuteriumkerns aus einem Proton und einem Neutron beobachtet man einen Massendefekt von $2{,}4 \cdot 10^{-3}$ atomaren Masseneinheiten (u). Wie groß ist die freiwerdende Bindungsenergie, welche Wellenlänge hat das emittierte Quant?

Die Bindungsenergie erhalten wir nach Gl. 10.2 zu:

$$E_B = 2{,}4 \cdot 10^{-3} (1{,}67 \cdot 10^{-27}\,\text{kg})\,(3 \cdot 10^8\,\text{m/s})^2 = 3{,}61 \cdot 10^{-13}\,\text{J} = \mathbf{2{,}25\,MeV}.$$

Dies ist die Energie $h \cdot f$ des Quants, das emittiert wird. Seine Wellenlänge beträgt

$$\lambda = \frac{h \cdot c}{E_B} = \frac{(6{,}67 \cdot 10^{-34}\,\text{Js})\,(3 \cdot 10^8\,\text{m/s})}{3{,}61 \cdot 10^{-13}\,\text{J}} = \mathbf{5{,}54 \cdot 10^{-13}}\,\text{m}.$$

Man beachte, daß bei diesem Prozeß ca. 1‰ der beteiligten Masse in Energie umgewandelt wird.

Eine sehr nützliche Größe ist die Bindungsenergie pro Nukleon (E_B/A). Sie gibt an, mit welcher mittleren Energie jedes Nukleon eines Kerns mit insgesamt A Nukleonen gebunden ist. Trägt man E_B/A gegen die Nukleonenzahl A auf, dann erhält man die in Abb. 10.1 dargestellte (etwas vereinfachte) Kurve. Man erkennt, daß die Nukleonen der Kerne in der Nähe von $A = 60$ (z.B. Eisen) am festesten gebunden sind. Man kann Energie gewinnen, indem man entweder schwere Kerne in Kerne dieser Größe spaltet oder leichte Kerne zu schwereren Kernen vereinigt (Kernspaltung bzw. Kernverschmelzung).

10.1.2 Stabile und instabile Nuklide

Bringt man Protonen und Neutronen in beliebiger Zahl zusammen, dann ergibt sich nicht in jedem Fall ein stabiler Kern.

Das Verhältnis Neutronen/Protonen liegt in stabilen Kernen für leichte Nuklide etwa bei 1 und wächst bis zu Werten von 1,6 für die schwersten Kerne an.

Weicht das Verhältnis von diesen Werten ab, dann zeigen die Nuklide im allgemeinen das Bestreben, sich durch spontane Prozesse, die das Verhältnis Neutronen/Protonen ändern, in stabile Kerne umzuwandeln. In einem Diagramm, in dem jeder mögliche Kern durch seine Protonen- bzw. Neutronenzahl gekennzeichnet werden kann, liegen die stabilen Kerne in dem markierten Bereich (Abb. 10.2). Der schwerste stabile Kern ist der von Wismut ($Z = 83$, $N = 126$). In der Natur findet man auch Nuklide, die außerhalb dieses Bereiches liegen (z. B. ^{40}K, ^{226}Ra oder ^{238}U). Diese sind jedoch instabil und suchen durch Umwandlungsprozesse eine stabile Konfiguration zu erreichen, wobei sie Teilchen und Strahlung emittieren. Solche Kerne sind radioaktiv.

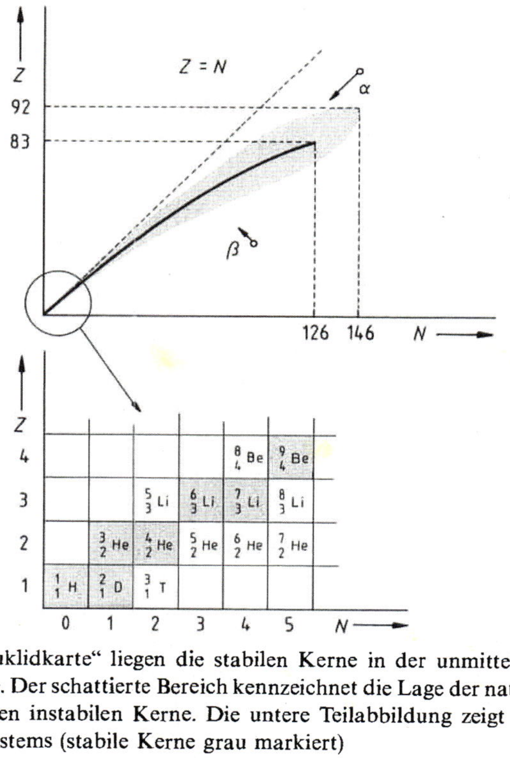

Abb. 10.2 In der „Nuklidkarte" liegen die stabilen Kerne in der unmittelbaren Umgebung der durchgezogenen Kurve. Der schattierte Bereich kennzeichnet die Lage der natürlich vorkommenden oder künstlich erzeugten instabilen Kerne. Die untere Teilabbildung zeigt einen Ausschnitt vom Beginn des Periodensystems (stabile Kerne grau markiert)

10.2 Radioaktivität

Unter Radioaktivität versteht man die spontane (d.h. ohne Einwirkung von außen stattfindende) Umwandlung von Atomkernen.

10.2.1 Zerfallsarten

Alphazerfall

Beim Zerfall wird aus dem Kern ein $^{4}_{2}$He-Kern ausgestoßen. Dabei wird eine Energie in der Größenordnung von 1–10 MeV frei, die der Heliumkern als kinetische Energie mitbekommt.

Aus dem Stabilitätsdiagramm Abb. 10.2 kann man entnehmen, daß dieser Prozeß nur bei schweren protonenreichen Nukliden näher an den Stabilitätsbereich heranführt. Bei diesen tritt er auch vorzugsweise auf.
Beispiel: $^{238}_{92}\mathrm{U} \rightarrow {}^{234}_{90}\mathrm{Th} + {}^{4}_{2}\mathrm{He}$ (+ 4,18 MeV).

Betazerfall

Besitzt ein Kern zu viele Neutronen, um stabil zu sein, dann emittiert er ein Elektron (Betazerfall).

Im Kern wandelt sich zunächst ein Neutron in ein Proton und ein Elektron um (dabei entsteht außerdem ein weiteres Teilchen, ein sog. Neutrino, das aber für unsere Betrachtung nicht interessant ist):

$$\mathrm{n} \rightarrow \mathrm{p} + \mathrm{e}^- \text{ (+ Neutrino).}$$

Das Elektron verläßt als „Betateilchen" den Kern, während das Proton zurückbleibt. Auch nach diesem Prozeß liegt der entstehende Kern näher an der Kurve für stabile Elemente.
Beispiel: $^{3}_{1}\mathrm{H} \rightarrow {}^{3}_{2}\mathrm{He} + \mathrm{e}^-$ (+ 35 keV).

Beim Alpha- und Betazerfall ändert sich jeweils die Kernladungszahl, d.h. es entstehen neue Elemente.

Das durch Alphazerfall gebildete Element steht im Periodensystem zwei Stellen links vom Ausgangselement, beim Betazerfall entsteht das im Periodensystem folgende Element.

Gammazerfall

Dieser Prozeß ist eine Begleiterscheinung fast aller radioaktiven Zerfälle. Es handelt sich dabei um die Emission von elektromagnetischer Strahlung („Gammaquanten") mit Energien zwischen 0,1 und 1 MeV.

Viele der bei Kernumwandlungsprozessen entstehenden Nuklide besitzen noch überschüssige Energie, sie sind „angeregt". Durch Aussendung von Gammaquanten können sie diese Anregungsenergie abgeben und in den energetischen Grundzustand übergehen. Den dabei auftretenden Gammaenergien entsprechen Wellenlängen, die kleiner als 10^{-10} m sind.

Kernspaltung

Schwere Kerne können auch spontan in zwei Bruchstücke zerfallen. Bei diesem Prozeß werden außerdem noch durchschnittlich 2–3 Neutronen freigesetzt. Die freiwerdende Energie liegt bei ca. 200 MeV. Technisch wichtig ist der Zerfall des Uranisotops ^{235}U:

$$^{235}_{92}U \rightarrow {}^{144}_{56}Ba + {}^{89}_{36}Kr + 2\,{}^{1}_{0}n \;(+\,200\text{ MeV}).$$

Er bildet die Grundlage für die Energiegewinnung aus der Kernspaltung.

10.2.2 Das Zerfallsgesetz

Der radioaktive Zerfall von Atomkernen ist ein statistischer Prozeß. Das heißt, man kann für einen speziellen, aus der Masse vieler identischer Kerne herausgegriffenen Kern nicht vorhersagen, wann sein Zerfall eintritt. Untersucht man jedoch eine Substanzmenge, die eine Vielzahl von Atomen enthält, so stellt man fest:

Die Zahl der Kerne einer radioaktiven Substanz, die in einer Sekunde zerfällt ($\mathrm{d}N/\mathrm{d}t$), ist proportional zur Zahl der momentan noch vorhandenen nicht zerfallenen Kerne N:

$$-\frac{\mathrm{d}N}{\mathrm{d}t} = \lambda \cdot N. \tag{10.3}$$

Die mathematische Umformulierung (Integration) dieser Beziehung liefert uns das radioaktive Zerfallsgesetz:

Die Zahl der Kerne einer radioaktiven Substanz nimmt exponentiell ab:

$$N(t) = N_0\, e^{-\lambda t}. \tag{10.4}$$

λ nennt man die Zerfallskonstante des betreffenden Stoffes, N_0 ist die Anzahl der zu Beginn (d. h. zum Zeitpunkt $t = 0$) vorhandenen Kerne.

(Siehe dazu auch Abschnitt 1.4.3: Beispiele zur Exponentialfunktion).

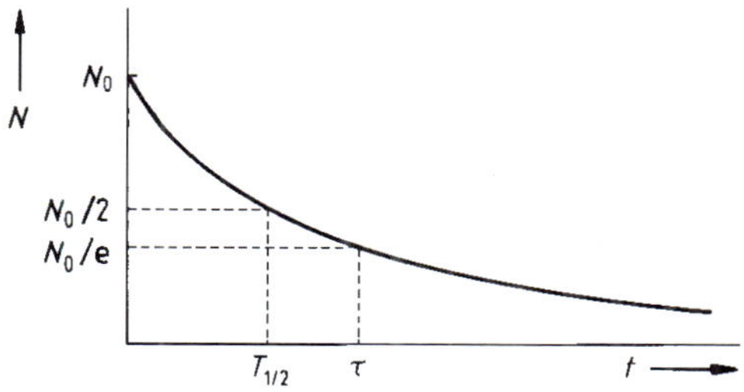

Abb. 10.3 Graphische Darstellung des Zerfallgesetzes

Die Eigenschaften dieser „Exponentialfunktion" sind uns inzwischen bekannt (Abb. 10.3). Der zeitliche Abfall für einen bestimmten radioaktiven Stoff kann charakterisiert werden durch die Zeit, die vergeht, bis ein bestimmter Prozentsatz der Ausgangsmenge zerfallen ist. Zwei Begriffe werden dabei nebeneinander benutzt:

Die *Halbwertszeit* (*HWZ*) $T_{1/2}$ gibt an, nach welcher Zeit 50% der Ausgangsmenge zerfallen sind.

Wenn die *mittlere Lebensdauer* τ verstrichen ist, ist nur noch der e-te Teil vorhanden.

Aus dem Zerfallsgesetz ergibt sich die folgende Beziehung zwischen diesen beiden Größen:

$$\tau = \frac{1}{\lambda} = \frac{T_{1/2}}{\ln 2}. \qquad (10.5)$$

Die Aktivität

Unter der Aktivität einer radioaktiven Probe versteht man die Anzahl von Zerfällen, die in dem Präparat pro Sekunde stattfinden. Sie ist gleich der in Gl. 10.3 eingeführten Größe $\mathrm{d}N/\mathrm{d}t$.

$$A = -\frac{\mathrm{d}N}{\mathrm{d}t} = \lambda N. \qquad (10.6)$$

Die SI-Einheit für die Aktivität ist das Becquerel (Bq). Die Aktivität 1 Bq bedeutet einen Zerfall pro Sekunde (1 Becquerel = 1 Bq = 1 s^{-1}).

Früher wurde die Aktivität von 1 g ^{226}Ra als Einheit benutzt: 1 Curie = 1 Ci. Umrechnung: 1 Ci = 3,7 · 10^{10} Bq.

Da die Aktivität A zur Zahl der vorhandenen Kerne N proportional ist, gilt für diese Größe ebenfalls ein Exponentialgesetz:

$$A(t) = A_0 e^{-\lambda t}, \tag{10.7}$$

oder zusammen mit Gl. 10.6, angewendet auf den Zeitpunkt $t = 0$ $(A_0 = \lambda N_0)$:

$$A(t) = \lambda N_0 e^{-\lambda t}. \tag{10.8}$$

Beispiel 10.2: Die Aktivität einer Gammaquelle
Die Aktivität einer Gammaquelle für Bestrahlungszwecke (Anfangsaktivität $A_0 = 10^8$ Bq) nimmt im Laufe eines halben Jahres um 10% ab. Wie groß ist die Zerfallskonstante des Präparats? Wie viele Kerne umfaßte die Quelle zum Zeitpunkt $t = 0$? Wie schwer ist sie, wenn es sich um Nuklide mit der relativen Atommasse $\mu = 200$ handelt (der Gammazerfall ändert die Masse nur unwesentlich)?

Setzen wir in Gl. 10.7 für $A(t) = 0{,}9\ A_0$ und für $t = 0{,}5\,\text{a}$ ein, dann erhalten wir

$$0{,}9\ A_0 = A_0 e^{-\lambda (0{,}5\,\text{a})}$$

$$\ln 0{,}9 = -\lambda (0{,}5\ \text{a})$$

$$\lambda = \frac{\ln 0{,}9}{0{,}5\ \text{a}} = 0{,}21\ \text{a}^{-1} = \mathbf{6{,}7 \cdot 10^{-9}\,s^{-1}}.$$

Für N_0 ergibt sich (Gl. 10.6)

$$N_0 = \frac{A_0}{\lambda} = \frac{10^8\,\text{s}^{-1}}{6{,}7 \cdot 10^{-9}\,\text{s}^{-1}} = \mathbf{1{,}5 \cdot 10^{16}\ Kerne}.$$

Für die Masse des Präparates errechnet man

$$m = N_0 \cdot u \cdot \mu = 1{,}5 \cdot 10^{16} (1{,}67 \cdot 10^{-24}\,\text{g}) \cdot 200 = \mathbf{5{,}01 \cdot 10^{-6}\,g}.$$

Die biologische Halbwertszeit

Wenn dem menschlichen Körper ein radioaktives Nuklid zu Diagnose- oder Therapiezwecken zugeführt wird, dann verringert sich die Menge dieser Substanz nicht nur infolge ihres Zerfalls. Durch den natürlichen Stoffwechsel wird dieser Stoff zusätzlich ständig ausgeschieden. Dieser Vorgang läuft ebenfalls nach einem Exponentialgesetz ab, so daß es sinnvoll ist, auch in diesem Zusammenhang von einer Halbwertszeit, der biologischen Halbwertszeit zu sprechen.

Dies können wir berücksichtigen, indem wir Gl. 10.3 um ein Glied erweitern:

$$\frac{dN}{dt} = -\lambda_p \cdot N - \lambda_b \cdot N = -(\lambda_p + \lambda_b)\, N = -\lambda_{eff} \cdot N.$$

Damit erhalten wir eine „effektive“ Zerfallskonstante, in der λ_p den physikalischen Zerfall und λ_b den biologischen Abbau beschreibt. Da die Halbwertszeiten zu den entsprechenden Zerfallskonstanten umgekehrt proportional sind $(\lambda \sim 1/T)$, gilt allgemein

$$\frac{1}{T_{eff}} = \frac{1}{T_p} + \frac{1}{T_b}. \tag{10.9}$$

Beispiel 10.3: Die biologische Halbwertszeit von Eisen-59
Die (physikalische) Halbwertszeit von ^{59}Fe ist 46,3 Tage. Wird einem Patienten zur Blutuntersuchung eine bestimmte Menge dieses Nuklids injiziert, dann stellt man jedoch eine Abnahme der Aktivität fest, die einer Halbwertszeit von 27 Tagen entspricht (T_{eff}). Wie groß ist die biologische Halbwertszeit?

Lösen wir Gl. 10.9 nach T_b auf, dann ergibt sich

$$T_b = \frac{T_{eff}\, T_p}{T_p - T_{eff}} = \frac{(46{,}3\text{ d})\,(27\text{ d})}{46{,}3\text{ d} - 27\text{ d}} = \mathbf{64{,}7\ d}.$$

Die Menge dieser Substanz würde auch ohne radioaktiven Zerfall in 64,7 Tagen auf die Hälfte der Ausgangsmenge abgenommen haben.

10.2.3 Natürliche und künstliche Radionuklide

Die natürlich vorkommenden Radionuklide sind größtenteils Glieder von sogenannten Zerfallsreihen.

Unter einer Zerfallsreihe versteht man eine Folge von radioaktiven Kernen, die durch Alpha- oder Betazerfall des jeweils vorangehenden Kernes entsteht. Die Zerfallsreihe beginnt bei langlebigen natürlich vorkommenden Radionukliden, z.B. $^{238}_{92}U$ mit einer Halbwertszeit von $4{,}5 \cdot 10^9$ Jahren, und endet bei einem stabilen Kern, hier beim $^{206}_{82}Pb$.

Die große Halbwertszeit des Ausgangskerns $^{238}_{92}U$ (sie ist vergleichbar mit dem Erdalter) ist Ursache dafür, daß die wesentlich kurzlebigeren Folgeprodukte auch heute noch in der Natur vorkommen, da sie stets neu gebildet werden. Der Beginn der Uran–Radium-Reihe ist in Abb. 10.4 wiedergegeben.

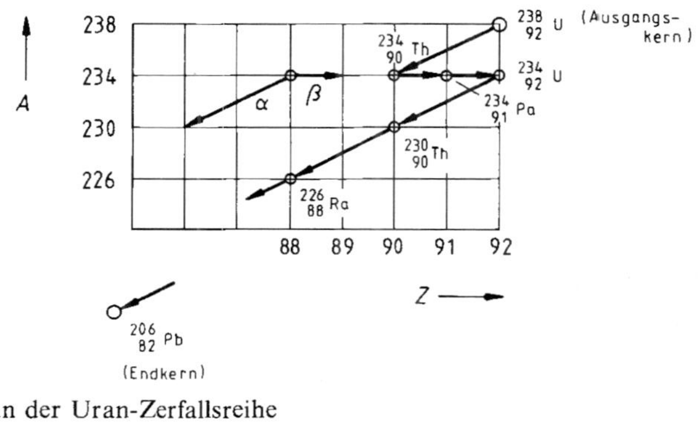

Abb. 10.4 Beginn der Uran-Zerfallsreihe

Beispiel 10.4: Die Uran–Radium-Reihe
Wieviel Alpha- und Betazerfälle umfaßt die Uran–Radium-Reihe?

Nur beim Alphazerfall ändert sich die Nukleonenzahl (sie nimmt um vier ab). Es sind also insgesamt $(238 - 206)/4 = 8$ Alphazerfälle notwendig, damit der Endkern $^{206}_{82}Pb$ erreicht wird. Da dabei jedoch gleichzeitig die Protonenzahl Z um 8 mal 2 Einheiten auf $Z = (92 - 16) = 76$ abnehmen würde, sind außerdem 6 Betazerfälle erforderlich, damit ein Endkern mit $Z = 82$ entsteht, denn beim Betazerfall erhöht sich die Kernladungszahl bei gleichbleibender Nukleonenzahl um 1.

Die Uran-Radium-Reihe umfaßt 8 Alpha- und 6 Betazerfälle.

Sehr zahlreich sind die Radionuklide, die man heute künstlich herstellen kann und die in Technik und Medizin weite Anwendung finden.

Die wichtigste Methode zur Erzeugung radioaktiver Isotope ist die *Neutronenaktivierung*. Dabei beschießt man bestimmte Kerne mit Neutronen. Das Neutron wird absorbiert und die überschüssige Bindungsenergie z. B. in Form eines Gammaquants abgegeben. Auf diese Weise wird das für Bestrahlungszwecke verwendete ^{60}Co hergestellt:

$$^{59}Co + n \rightarrow {}^{60}Co + \gamma .$$

10.3 Wechselwirkung energiereicher Strahlung mit Materie

10.3.1 Alpha- und Betastrahlen

Dringen Alpha- oder Betastrahlen in Materie ein, so verlieren sie allmählich ihre Energie in Zusammenstößen mit Atomen der Substanz.

Die wichtigsten Wechselwirkungsprozesse geladener Teilchen mit Materie sind: *elastische Stöße*, bei denen lediglich kinetische Energie auf die angestoßenen Atome übertragen wird, sowie *Anregung* und *Ionisation* von Atomen. Bei diesen Prozessen werden Elektronen der Atomhülle auf energetisch höher liegende Bahnen gehoben oder vollkommen vom Atom abgelöst.

Zur Ionisation von Atomen ist durchschnittlich eine Energie von 10 eV notwendig. Da Alpha- und Betastrahlen Energien in der Größenordnung von

10^6 eV besitzen, können sie längs ihrer Bahn ca. 10^5 Ionenpaare erzeugen, bis sie zur Ruhe kommen.

Als *Reichweite* bezeichnet man die Strecke, die ein Teilchen in Materie zurücklegt. Sie ist um so größer, je größer die Teilchenenergie und je kleiner die Dichte des Absorbermaterials ist.

Für mittlere Energien (um 1 MeV) betragen die Reichweiten für Alphastrahlen in Luft einige cm, in Gewebe nur ca. 10^{-4} m. Die entsprechenden Werte für Betastrahlen liegen bei einigen Metern bzw. bei einigen cm. Sehr klein ist die Reichweite dieser Teilchen in Metallen. Metalle eignen sich daher gut für eine wirksame Abschirmung von α- und β-Strahlung.

10.3.2 Gammastrahlen

Gammastrahlen sind physikalisch identisch mit den Röntgenstrahlen. Sie unterscheiden sich von diesen nur durch den Entstehungsmechanismus. Während Gammastrahlen im Atomkern entstehen, haben Röntgenstrahlen ihren Ursprung in der Atomhülle.

Auch für Gammastrahlen (und Röntgenstrahlen) spielen die eben erwähnten Wechselwirkungsprozesse eine Rolle. Weiterhin gilt jedoch auch alles, was in Abschn. 8.4.3 bezüglich der Absorption für Röntgenstrahlen gesagt wurde.

Gammastrahlen haben eine große Durchdringungsfähigkeit (d.h. große Reichweite in Materie) und folgen einem exponentiellen Absorptionsgesetz.

10.4 Meßgeräte für ionisierende Strahlung

Unter ionisierender Strahlung versteht man alle Strahlungsarten, die beim Durchgang durch Materie Ionen erzeugen. Dazu gehören die radioaktiven Strahlungen (Alpha, Beta und Gamma) sowie auch Röntgenstrahlen.

Strahlenmeßgeräte nutzen die ionisierende Wirkung zum Nachweis. Mit ihnen kann die Intensität (d. h. die Zahl der Teilchen, die pro Sekunde auf eine bestimmte Fläche fallen) und die Energie der Strahlung gemessen werden.

Die Ionisationskammer

Die Ionisationskammer (Abb. 10.5) ist ein luftgefüllter Kondensator, der in einem Stromkreis mit Spannungsquelle und Strommeßgerät liegt. Läuft ionisierende Strahlung durch den Raum zwischen den Platten, so werden die dabei entstehenden Elektronen und Ionen zu den Platten gezogen, und das Meßgerät zeigt einen Strom an, dessen Stärke der Strahlungsintensität proportional ist.

Mit der Ionisationskammer ist es nicht möglich, einzelne Teilchen nachzuweisen. Sie läßt sich jedoch auf einfache Weise als Dosimeter benutzen.

Das Zählrohr

Durch spezielle Formgebung des Kondensators (zylindrische, negative Außenelektrode, zentraler positiver Draht), Erniedrigung des Gasdruckes in der Kam-

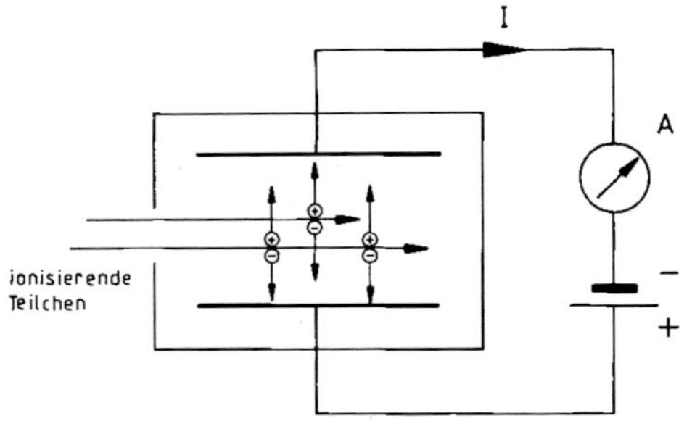

Abb. 10.5 Ionisationskammer

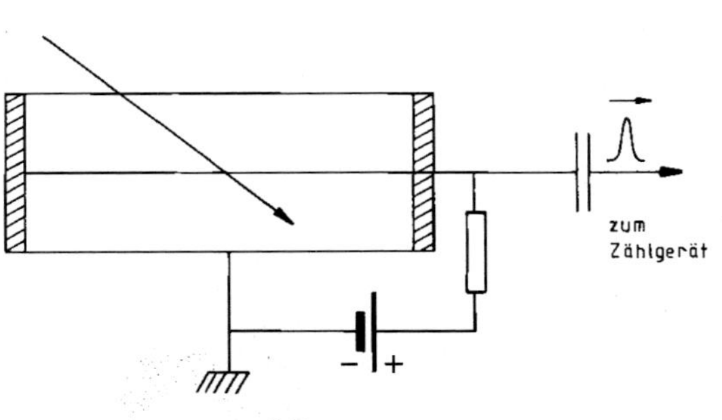

Abb. 10.6 Zählrohr

mer und Erhöhung der angelegten Spannung kann man erreichen, daß bereits ein einzelnes radioaktives Teilchen, das durch diese Anordnung (das Zählrohr) fliegt, einen nachweisbaren Stromimpuls liefert (Abb. 10.6).

Die durch die primäre Ionisation entstehenden Elektronen werden auf ihrem Weg zur positiven Mittelelektrode so stark beschleunigt, daß die dabei aufgenommene Energie ausreicht, weitere Gasmoleküle zu ionisieren (Sekundärionisation). Es bildet sich eine kurzzeitige Gasentladung im gesamten Rohr aus, die als Stromstoß mit Hilfe einer elektronischen Zählapparatur nachgewiesen werden kann.

Der Szintillationszähler

Szintillationszähler (Abb. 10.7) haben eine hohe Nachweisempfindlichkeit für Gammastrahlen und ermöglichen außerdem Energiemessungen.

Ein solches Gerät besteht aus einem Kristall, der die ankommenden Gammaquanten absorbiert und anschließend kleine Lichtblitze emittiert, sowie einem Photomultiplier, der aus diesen Lichtblitzen Ladungsimpulse erzeugt. Die im Kristall (z. B. NaJ) entstehenden Photonen treffen im Photomultiplier zunächst auf eine Photokathode, aus der Elektronen ausgelöst werden (Photoeffekt). Diese Elektronen werden durch eine geeignete Spannung beschleunigt und prallen auf eine sogenannte Dynode, wobei jedes auftreffende Elektron 3–4 neue Elektronen (Sekundärelektronen) auslöst, d. h. es tritt eine Verstärkung um den Faktor 3–4 ein. Bei Benutzung von bis zu 10 hintereinandergeschalteten Dynoden erreicht man dadurch Verstärkungsfaktoren von 10^6.

Mit Szintillationszählern läßt sich auch die Energie von Gammaquanten messen, da sie in eindeutigem Zusammenhang mit der Gesamtladung steht, die als Stromimpuls den Photomultiplier verläßt.

Der Halbleiterdetektor

Das elektrische Verhalten von Halbleitern, d. h. die Zahl der sich in ihnen freibewegenden Ladungsträger, hängt (vgl. Abschn. 6.1.3) von der zugeführten Energie ab. Energie läßt sich einmal zuführen durch Erwärmung, aber auch durch Einfall von ionisierender Strahlung, wobei um so mehr Ladungsträger gebildet werden, je höher die Energie der eingestrahlten Teilchen ist.

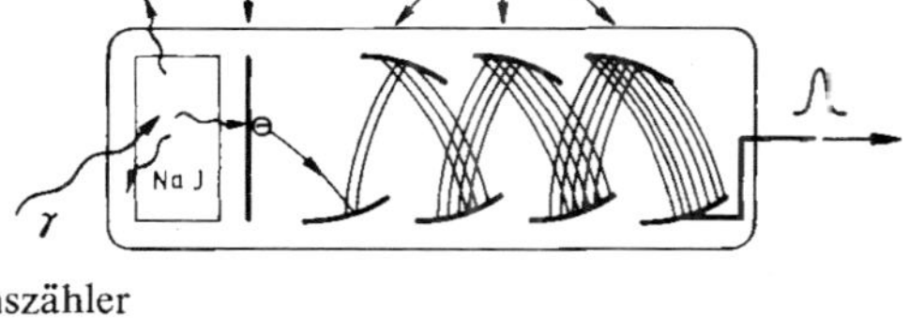

Abb. 10.7 Szintillationszähler

Wird ein Halbleiter in geeigneter Weise in einen Stromkreis eingeschaltet, dann ist damit die Registrierung ionisierender Teilchen sowie deren Energiebestimmung möglich.

Das Dosimeter

Dosimeter dienen zur Messung von Strahlungsmengen. Sie summieren die an einem bestimmten Ort eintreffende Strahlung über einen gewissen Zeitraum auf.

Im Prinzip können dazu die genannten Nachweisgeräte für ionisierende Strahlung verwendet werden. Am geeignetsten ist jedoch die mit Luft gefüllte Ionisationskammer, da sich mit dieser direkt die Ionendosis (s. u.) messen läßt.

10.5 Dosimetrie

Die Dosimetrie beschäftigt sich mit den Möglichkeiten, die Auswirkung von ionisierender Strahlung auf das Gewebe messend zu erfassen. In diesem Zusammenhang sind die Begriffe Ionendosis, Energiedosis, RBW (Relative biologische Wirksamkeit) und Bewertungsfaktor wichtig.

Die Ionendosis ist ein Maß für die Strahlungsmenge, die auf einen bestimmten Körper auftrifft. Die Energiedosis beschreibt dagegen die von diesem Körper absorbierte Energie und ist daher ein Maß für die biologische Wirksamkeit der betreffenden Strahlung. Während also die Ionendosis für die Strahlung charakteristisch ist, hängt die Energiedosis von den Eigenschaften des durchstrahlten Stoffes ab. Die RBW und der Bewertungsfaktor wiederum vergleichen verschiedene Strahlungsarten bezüglich ihrer Wirkung auf das Gewebe.

Die Ionendosis

Unter der Einheit der Ionendosis versteht man die Strahlungsmenge, die in 1 kg trockener Luft eine Ladungsmenge von $2{,}58 \cdot 10^{-4}$ C erzeugt; sie hat den Namen

$$1 \text{ Röntgen} = 1 \text{ R} = 2{,}58 \cdot 10^{-4} \text{ C/kg}. \qquad (10.10)$$

Die Ionendosis einer Strahlung kann mit einem Dosimeter relativ leicht gemessen werden. Dagegen ist es im allgemeinen nicht möglich, die im Gewebe absorbierte Energiemenge direkt zu messen, da diese viel zu klein ist. Sie läßt sich jedoch über die Ionendosis ermitteln.

Die Energiedosis

Die Energiedosis ist definiert als die Energiemenge, die von einem Kilogramm der absorbierenden Substanz aufgenommen wird:

$$D_E = \frac{\text{absorbierte Strahlungsenergie}}{\text{Masse des durchstrahlten Stoffes}}$$

$$D_E = \frac{dE}{dm}. \qquad (10.11)$$

SI-Einheit: 1 J/kg = 1 Gray = 1 Gy.

Häufig benutzt man auch noch die früher übliche Einheit 1 rad. Die Umrechnung lautet:

$$1 \text{ rad} = 10^{-2} \text{ Gy}.$$

Der Zusammenhang zwischen Ionendosis I und Energiedosis D ist in Abb. 10.8 dargestellt. Man ersieht daraus, daß (mit Ausnahme von Knochensubstanz bei kleinen Quantenenergien) das Verhältnis $D/I = 10^{-2}$ Gy/R = 1 rad/R beträgt, also konstant ist.

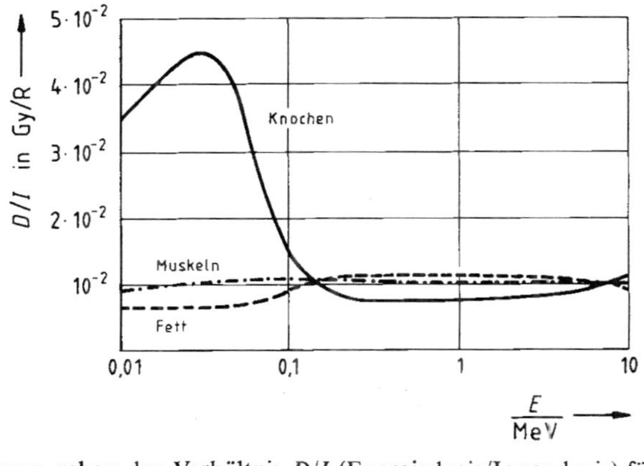

Abb. 10.8 Die Kurven geben das Verhältnis D/I (Energiedosis/Ionendosis) für Fett, Muskel und Knochen als Funktion der Energie der Strahlung an

Energiedosis/Ionendosis = 1 rad/R bedeutet, daß eine Strahlungsmenge von 1 R in Gewebe zu einer Energieabsorption von 1 rad führt.

Beispiel 10.5: Die Zerstörung von Gewebe durch ionisierende Strahlung
Wird lebendes Gewebe mit einer Energiedosis von 5000 rad bestrahlt, dann führt dies zu seiner völligen Zerstörung. Um welchen Betrag wird die Temperatur des Gewebes durch diese Bestrahlung erhöht? $\left(\text{Die spezifische Wärmekapazität des Gewebes kann gleich der von Wasser gesetzt werden; } c_{H_2O} = 4{,}18\,\frac{\text{kJ}}{\text{kg}\cdot\text{K}}.\right)$

Die Verwendung von Gl. 5.7 liefert die gesuchte Größe:

$$\Delta T = \frac{Q}{c \cdot m} = \frac{5000 \cdot 10^{-2}\,\text{J}}{\left(4{,}18 \cdot \frac{\text{kJ}}{\text{kg}\cdot\text{K}}\right)(1\,\text{kg})} = \mathbf{0{,}012\,K}.$$

Diese Temperaturerhöhung ist für das Gewebe absolut ungefährlich. Die schädliche Wirkung von Strahlung liegt in der Tatsache begründet, daß sich die zugeführte Energie nicht gleichmäßig über den gesamten bestrahlten Stoff verteilt, sondern daß einzelne Atome und Moleküle relativ große Energiebeträge absorbieren und dadurch zerstört werden.

Die relative biologische Wirksamkeit (RBW)

Die relative biologische Wirksamkeit einer bestimmten Strahlungsart ist definiert als das Verhältnis der Energiedosen, die benötigt werden, um denselben Effekt einerseits mit einer Standardstrahlung (dazu wird Gammastrahlung gewählt) und andererseits mit der zu messenden Strahlung zu erreichen.

$$\text{RBW} = \frac{\text{Energiedosis von Gammastrahlung}}{\text{Energiedosis der betrachteten Strahlung}}.$$

Definitionsgemäß ist also die RBW von Gammastrahlung (und natürlich auch Röntgenstrahlung) gleich 1.

Der Bewertungsfaktor

Da die RBW auch von der Teilchenenergie sowie von den betrachteten strahlenbiologischen Effekten abhängt, verwendet man in der Praxis einen Mittelwert für die RBW, den Bewertungsfaktor q.

Tabelle 10.1 Bewertungsfaktor q für verschiedene Strahlungsarten. q ist auch ein Maß für die relative biologische Wirksamkeit (RBW) einer Strahlung

Röntgen- und Gammastrahlung	1
Elektronen	1
Langsame (thermische) Neutronen	3
Schnelle Neutronen	10
Alphateilchen (1 MeV)	10
Schwere Ionen	20

Der Bewertungsfaktor q gibt an, um wieviel die biologische Wirkung einer Strahlung größer ist als die von Gamma- oder Röntgenstrahlung. So gelangt man schließlich zum Begriff der Äquivalentdosis:

Äquivalentdosis = Bewertungsfaktor mal Energiedosis,

$$D_q = q \cdot D_E. \tag{10.12}$$

Da q dimensionslos ist, erhält man für D_q ebenfalls die SI-Einheit 1 J/kg. Um eine Unterscheidung zu erreichen, gibt man dieser Einheit den Namen

$$1 \text{ Sievert} = 1 \text{ Sv} = 1 \text{ J/kg}.$$

Auch hier ist noch eine ältere Einheit in Gebrauch:

$$1 \text{ rem} = 10 \text{ mSv}.$$

Die Bewertungsfaktoren für einige Strahlungsarten zeigt die Tab. 10.1.

Beispiel 10.6: Bestrahlung mit Alphastrahlen

Eine Alphaquelle erzeugt in einer Stunde eine Energiedosis von 3000 rad/h. Wie lange muß bestrahlt werden, damit eine Energiedosis von 200 rad erreicht wird? Welche Zeit ist für eine Äquivalentdosis von 200 rem = 2 Sv erforderlich?

$$D_E = (3000 \text{ rad/h}) \, t_E,$$

$$t_E = \frac{200 \text{ rad}}{3000 \text{ rad/h}} = 0{,}067 \text{ h} = \mathbf{4{,}0\ min}.$$

$$t_Ä = \frac{t_E}{q} = \frac{4{,}0 \text{ min}}{10} = \mathbf{0{,}4\ min}.$$

Während z. B. mit einer Gammaquelle ($q = 1$) 4 min lang bestrahlt werden müßte, bewirkt die hohe Ionisierungsdichte von Alphastrahlen in Gewebe, daß nur der 10te Teil dieser Zeit nötig ist, um eine Äquivalentdosis von 200 rem zu erreichen.

10.6 Radionuklide in der Medizin

Radionuklide finden sowohl in der Diagnostik als auch in der Therapie weite Verwendung. In der *Strahlentherapie* wird die zerstörende Wirkung von ionisierender Strahlung benutzt, um Krankheitsherde (z. B. Krebszellen) zu bekämpfen. Dies geschieht z. B. mit Gammaquellen der Nuklide ^{60}Co oder ^{137}Cs.

Bei der *Markierung* von biologischen Substanzen werden Radionuklide (z. B. ^{14}C oder ^{35}S) in Form einfacher Verbindungen zugesetzt, um deren Verteilung und Abbau im Organismus verfolgen zu können. Mit Hilfe eines *Szintigramms* ist es möglich, Organe sichtbar zu machen, in denen bestimmte radioaktive Stoffe bevorzugt abgelagert werden (Niere, Schilddrüse).

Strahlenschutz

Der Umgang mit ionisierender Strahlung im medizinischen oder technischen Bereich bedeutet auch eine Gefahr für den gesunden Organismus. Zudem sind wir in der natürlichen Umwelt ebenfalls einer geringfügigen unvermeidlichen Strahleneinwirkung ausgesetzt. Ursachen für diese natürliche Radioaktivität sind einmal die Höhenstrahlung (eine aus dem Kosmos kommende energiereiche Strahlung geladener Teilchen wie Protonen, Alphateilchen usw.) zum anderen die in der Natur vorkommenden radioaktiven Isotope, die wir sogar auf verschiedene Weise in den Körper aufnehmen (z. B. ^{40}K oder ^{14}C durch Nahrung bzw. Atemluft).

Die Äquivalentdosisleistung (Dosisleistung = Dosis pro Zeiteinheit, z. B. pro Jahr) dieser Umweltstrahlung liegt abhängig vom Ort zwischen 2 und 6 mJ/(kg · a). Darüber hinaus legt die Strahlenschutzverordnung fest, daß maximal 1,5 mJ/(kg · a) beim beruflichen Umgang mit radioaktiven Stoffen hinzu kommen dürfen. Diese Äquivalentdosisleistungen gelten allgemein als ungefährlich.

Neben Grenzwerten für die Dosisleistung gibt es auch solche für die Einzeldosis. Man nimmt an, daß Äquivalentdosen zwischen 25 und 150 rem (= 0,25–1,5 Sv) die Wahrscheinlichkeit einer Genmutation verdoppeln, die zu Erbschädigungen führt. Äquivalentdosen um 500 rem (= 5 Sv = 5 J/kg) sind im allgemeinen tödlich.

Diese Zahlen zeigen, wie wichtig eine strenge Überwachung aller im Strahlenbereich tätigen Personen ist. Verantwortungsbewußter Umgang mit den Strahlenquellen, Einhaltung der Vorschriften und eine laufende medizinische Kontrolle bieten den besten Schutz gegen Gesundheitsschäden.

11 Steuerung und Regelung

Sowohl die Technik als auch menschliches Leben wäre ohne die Möglichkeit, Prozesse in gezielter und vorhersagbarer Weise zu steuern, nicht denkbar. In diesem Abschnitt sollen daher die wichtigsten Begriffe der Steuerungs- und Regeltechnik erläutert werden.

11.1 Grundbegriffe

Unter *Steuerung* versteht man den Eingriff in einen Prozeßablauf, mit dem Ziel, die Arbeitsweise eines Gerätes in gewünschter Weise zu beeinflussen. Kennzeichnend dabei ist der lineare Wirkungsablauf, bei welchem ein bestimmtes Eingangssignal stets ein entsprechendes Ausgangssignal und damit die gewünschte Wirkung erzeugt. Zwischen Ausgangs- und Eingangssignal gibt es allerdings *keine* Rückkopplung (die die Grundlage der Regelung ist, s. u.).

Ein Autofahrer beeinflußt durch eine Reihe von „Steuerungsvorgängen" die Fahrt seines Wagens: Durch Drehen des Steuerrades die Fahrtrichtung, durch Tritt auf das Gaspedal die Geschwindigkeit usw. Ist ihm die genaue Funktionsweise dieser Steuereinrichtungen bekannt, so wäre es ihm prinzipiell möglich, auf trockener, ebener Strecke bei Windstille eine vorgegebene, bekannte Route „blind" zu fahren. Treten jedoch unvorhergesehene Störungen auf (vereiste Fahrbahn, Gegenwind usw.), dann wird er mit Sicherheit im Straßengraben landen, da er diese veränderten Umstände bei seinem Steuerungsverhalten nicht berücksichtigt (linearer Wirkungsablauf!).

Um wohlbehalten am Ziel anzukommen, wird er daher nicht blind fahren, sondern mit den Augen die Auswirkungen seiner Steuerung überprüfen und gegebenenfalls das Eingangssignal (Lenkradeinschlag und Gaspedalstellung) entsprechend korrigieren. Damit hat er die Steuerung durch eine Regelung ersetzt.

Bei der *Regelung* liegt ein geschlossener Wirkungsablauf vor. Es erfolgt ein zusätzlicher Informationsfluß vom Ausgang des Steuergerätes zum Eingang, wodurch das Eingangssignal so geregelt wird, daß unabhängig von irgendwelchen Störfaktoren eine bestimmte Wirkung erzielt wird. Man nennt dies einen Regelkreis.

Der Autofahrer wird daher bei beginnender Steigung mehr Gas geben, um eine bestimmte Geschwindigkeit zu halten. Am Beispiel der Fahrtrichtungsänderung erkennt man jedoch auch, daß diese Regelkreise nicht unabhängig voneinander funktionieren. Auf Glatteis hilft es nicht, etwa den Lenkradeinschlag zu verringern, zusätzlich muß man die Fahrgeschwindigkeit herabsetzen.

Beeinflussen sich Regelkreise gegenseitig, dann spricht man von einer Vermaschung dieser Kreise.

11.2 Aufbau eines Regelkreises

Ein Regelkreis besteht prinzipiell aus einer Regelstrecke und einem Regler. Die Regelstrecke ist das System, dessen Zustand in gewünschter Weise beeinflußt werden soll, der Regler umfaßt alle Vorrichtungen, die diesem Ziel dienen.

Abb. 11.1a zeigt das Schema eines Regelkreises. Zum Regler gehört ein Meßwerk, das den momentanen Wert der Regelgröße feststellt. Im Regler wird dann dieser Istwert mit einem Sollwert, der Führungsgröße, verglichen und die Regelabweichung ermittelt. Schließlich gibt der Regler die zur Einstellung der Regelgröße auf den Sollwert notwendige Stellgröße an die Regelstrecke ab.

Am Beispiel eines Thermostaten soll dies nun veranschaulicht werden (Abb. 11.1b).

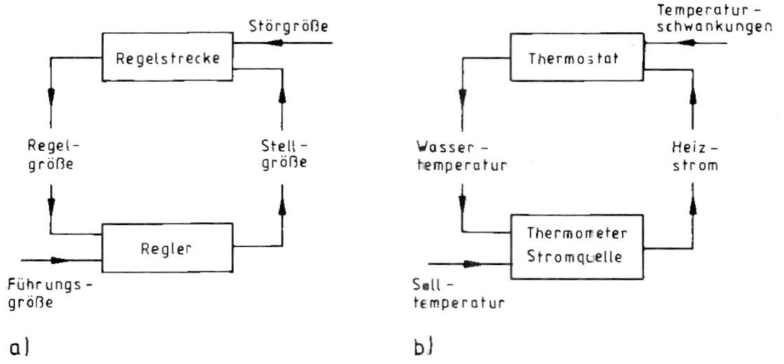

Abb. 11.1 Regelkreis: (a) Schematischer Aufbau und (b) Regelkreis zur Konstanthaltung der Temperatur eines Wasserbades

Ein Thermostat soll Wasser auf einer bestimmten Temperatur halten. Die unvermeidlichen Wärmeverluste an die Umgebung werden durch eine elektrische Heizung ausgeglichen. Eine Änderung der Wassertemperatur (Schwankung der Umgebungstemperatur, Zugabe von kaltem Wasser usw.) wird nun von einem Thermometer registriert und mit dem Sollwert verglichen (Kontaktthermometer). Die Regelung erfolgt dann durch eine geeignete Änderung des Heizstromes. Die Gegenüberstellung in Abb. 11.1 ergibt die Zuordnung der verschiedenen Größen zu den eingeführten Begriffen.

11.3 Rückkopplung

Bei Regelkreisen ist ein Gesichtspunkt außerordentlich wichtig: Wie aus dem Thermostat-Beispiel zu ersehen ist, muß bei einer *Erniedrigung* der Wassertemperatur der Heizstrom *erhöht* werden; nur so erreicht man wieder den Sollwert der Temperatur; im anderen Fall würde kein Regeleffekt erzielt.

Bei einem Regelkreis muß die Änderung der Stellgröße die Regelgröße wieder an den Sollwert heranführen. Man nennt dies negative Rückkopplung oder Gegenkopplung. Nur so arbeitet die Regelung stabil.

Hat hingegen die Änderung der Stellgröße das gleiche Vorzeichen wie die Abweichung des Istwerts vom Sollwert, wird dadurch die Abweichung verstärkt, was zu einer Zerstörung der Regelstrecke führen kann. Man bezeichnet dies als positive Rückkopplung oder Mitkopplung.

11.4 Biologische Regelsysteme

Im menschlichen Organismus gibt es viele Größen, für die ein Sollwert eingehalten werden muß (Blutdruck, Blutvolumen, Körpertemperatur usw.). Um diese Konstanz zu erreichen, müssen Regelsysteme den Einfluß der verschiedenen Störgrößen (Außentemperatur, Körperlage, Nahrungsaufnahme, usw.) ausgleichen.

In den apparativen Einzelheiten unterscheiden sich biologische Regelkreise von denjenigen, die in der Technik benutzt werden, in der Funktionsweise herrscht weitgehende Analogie vor: Rezeptoren stellen den Momentanwert fest, Nervenleitung und Stofftransport sorgen für die Informationsübertragung, und die Regelung erfolgt durch chemische Prozesse, Dosierung von Hormonen und ähnlichem.

Biologische Regelkreise sind im allgemeinen stark vermascht, d.h. mehrere Regelkreise stehen miteinander in Verbindung und beeinflussen sich gegenseitig. So kann z.B. die Stellgröße des einen Kreises als Störgröße eines anderen wirken.

Den Blutkreislauf als Regelsystem könnte man folgendermaßen charakterisieren: Der Blutkreislauf selbst ist die Regelstrecke; Chemo- und Druckrezeptoren in den Adern stellen als Meßeinrichtungen die Momentanwerte der Regelgrößen (Blutdruck, Blutvolumen, Nährstoffgehalt usw.) fest; der Einfluß der Störgrößen (Außentemperatur, Arbeitsleistung) wird durch Stellgrößen (Herzleistung, Gefäßwiderstand) ausgeglichen.

Einen Regelkreis, bei dem durch die Rückkopplung eine Verstärkung der Abweichung erzielt wird (Mitkopplung), nennt man „Circulus vitiosus“. Auch dieser Fall spielt in der Medizin eine Rolle. Auf seiner Grundlage entstehen Gewöhnung und Suchtkrankheiten.

Register